T0219741

Mathematik Primarstufe und Sekundarstufe I + II

Reihe herausgegeben von

Friedhelm Padberg, Universität Bielefeld, Bielefeld, Deutschland

Andreas Büchter, Universität Duisburg-Essen, Essen, Deutschland

Die Reihe „Mathematik Primarstufe und Sekundarstufe I + II" (MPS I+II), herausgegeben von Prof. Dr. Friedhelm Padberg und Prof. Dr. Andreas Büchter, ist die führende Reihe im Bereich „Mathematik und Didaktik der Mathematik". Sie ist schon lange auf dem Markt und mit aktuell rund 60 bislang erschienenen oder in konkreter Planung befindlichen Bänden breit aufgestellt. Zielgruppen sind Lehrende und Studierende an Universitäten und Pädagogischen Hochschulen sowie Lehrkräfte, die nach neuen Ideen für ihren täglichen Unterricht suchen.

Die Reihe MPS I+II enthält eine größere Anzahl weit verbreiteter und bekannter Klassiker sowohl bei den speziell für die Lehrerausbildung konzipierten Mathematikwerken für Studierende aller Schulstufen als auch bei den Werken zur Didaktik der Mathematik für die Primarstufe (einschließlich der frühen mathematischen Bildung), der Sekundarstufe I und der Sekundarstufe II.

Die schon langjährige Position als Marktführer wird durch in regelmäßigen Abständen erscheinende, gründlich überarbeitete Neuauflagen ständig neu erarbeitet und ausgebaut. Ferner wird durch die Einbindung jüngerer Koautorinnen und Koautoren bei schon lange laufenden Titeln gleichermaßen für Kontinuität und Aktualität der Reihe gesorgt. Die Reihe wächst seit Jahren dynamisch und behält dabei die sich ständig verändernden Anforderungen an den Mathematikunterricht und die Lehrerausbildung im Auge.

Konkrete Hinweise auf weitere Bände dieser Reihe finden Sie am Ende dieses Buches und unter http://www.springer.com/series/8296

Bärbel Barzel · Matthias Glade · Marcel Klinger

Algebra und Funktionen

Fachlich und fachdidaktisch

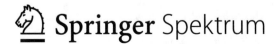 Springer Spektrum

Bärbel Barzel
Fakultät für Mathematik
Universität Duisburg-Essen
Essen, Deutschland

Matthias Glade
Fakultät für Mathematik
Universität Duisburg-Essen
Essen, Deutschland

Marcel Klinger
Fakultät für Mathematik
Universität Duisburg-Essen
Essen, Deutschland

Mathematik Primarstufe und Sekundarstufe I + II
ISBN 978-3-662-61392-4   ISBN 978-3-662-61393-1   (eBook)
https://doi.org/10.1007/978-3-662-61393-1

Die Deutsche Nationalbibliothek verzeichnet diese Publikation in der Deutschen Nationalbibliografie; detaillierte bibliografische Daten sind im Internet über http://dnb.d-nb.de abrufbar.

Planung/Lektorat: Annika Denkert
Springer Spektrum ist ein Imprint der eingetragenen Gesellschaft Springer-Verlag GmbH, DE und ist ein Teil von Springer Nature.
Die Anschrift der Gesellschaft ist: Heidelberger Platz 3, 14197 Berlin, Germany

Herausgeberseite

Dieser Band von Bärbel Barzel, Matthias Glade und Marcel Klinger bietet fachliches und fachdidaktisches Hintergrundwissen für die elementare Algebra und Funktionenlehre der Sekundarstufe I. Der Band erscheint in der Reihe Mathematik Primarstufe und Sekundarstufe I + II, aus der Sie insbesondere die folgenden Bände unter mathematischen oder mathematikdidaktischen Gesichtspunkten interessieren könnten:

- H. Humenberger/B. Schuppar: Mit Funktionen Zusammenhänge und Veränderungen beschreiben
- G. Wittmann: Elementare Funktionen und ihre Anwendungen
- A. Büchter/H.-W. Henn: Elementare Analysis – Von der Anschauung zur Theorie
- T. Leuders: Erlebnis Algebra – zum aktiven Entdecken und selbstständigen Erarbeiten
- T. Leuders: Erlebnis Arithmetik – zum aktiven Entdecken und selbstständigen Erarbeiten
- A. Büchter/F. Padberg: Einführung in die Arithmetik – Primarstufe und Sekundarstufe
- A. Büchter/F. Padberg: Arithmetik und Zahlentheorie – Primarstufe und Sekundarstufe I
- F. Padberg/A. Büchter: Elementare Zahlentheorie
- M. Helmerich/K. Lengnink: Einführung Mathematik Primarstufe – Geometrie
- S. Krauter/C. Bescherer: Erlebnis Elementargeometrie
- B. Schuppar: Geometrie auf der Kugel – Alltägliche Phänomene rund um Erde und Himmel
- H. Kütting/M. Sauer: Elementare Stochastik
- B. Schuppar/H. Humenberger: Elementare Numerik für die Sekundarstufe

- H.-J. Vollrath/J. Roth: Grundlagen des Mathematikunterrichts in der Sekundarstufe
- H.-J. Vollrath/H.-G. Weigand: Algebra in der Sekundarstufe
- G. Greefrath: Anwendungen und Modellieren im Mathematikunterricht
- A. Pallack: Digitale Medien im Mathematikunterricht der Sekundarstufe I + II
- F. Padberg/S. Wartha: Didaktik der Bruchrechnung
- H.-G. Weigand et al.: Didaktik der Geometrie für die Sekundarstufe I
- K. Heckmann/F. Padberg: Unterrichtsentwürfe Mathematik Sekundarstufe I

- K. Krüger/H.-D. Sill/C. Sikora: Didaktik der Stochastik in der Sekundarstufe I
- V. Ulm/M. Zehnder: Mathematische Begabung in der Sekundarstufe
- T. Bardy/P. Bardy: Mathematisch begabte Kinder und Jugendliche

Bielefeld/Essen   Friedhelm Padberg
März 2020   Andreas Büchter

Einleitung

Schön, dass Sie sich für dieses Buch interessieren. Wir hoffen, Sie damit zu einer intensiven Auseinandersetzung mit den fachmathematischen Inhalten der elementaren Algebra und Funktionen anzuregen. Dazu gehört für uns auch die Reflexion des eigenen Verstehensprozesses, den Sie hoffentlich gut mit den im Buch angebotenen fachdidaktischen Konstrukten verknüpfen können. Damit dies gelingen kann, würden wir uns wünschen, dass Sie aktiv mit dem Buch arbeiten. Das tun Sie, wenn Sie zu Definitionen, Sätzen oder didaktischen Konstrukten auch eigene Beispiele suchen, wenn Sie sich Fragen stellen und diese mit anderen zu klären versuchen und wenn Sie mit den im Lehrbuchtext eingestreuten Aufträgen arbeiten. Warum?

Jedes Buch steht vor dem Dilemma, ob es ein Lernbuch oder ein Nachschlagewerk sein will. Für das Lernen ist es hilfreich, wenn man von einem konkreten Problem ausgehend ein neues Thema erarbeitet, indem man eigene Ideen entwickelt. Ein Nachschlagewerk sollte hingegen einen deduktiven systematischen Aufbau haben, bei dem man schnell findet, was man sucht, und einen guten Überblick erhält.

Mit diesem Buch haben wir versucht, beide Zielsetzungen zu verfolgen. Ausgehend von konkreten Beispielen und Problemsituationen wollen wir mit Ihnen die mathematischen Objekte sinnhaft erarbeiten. Dabei begleitet Sie der Text und führt Sie weitergehend in die Inhalte. Diese ersten Schritte münden in Definitionen und Sätze, in denen die fachsystematische Perspektive verdichtet wird. Ausführliche Begründungen zu den Sätzen bzw. die Anregung, sich selbst solche zu erarbeiten, vertiefen die Auseinandersetzung mit dieser fachsystematischen Ebene.

Aber auch die fachdidaktische Ebene wird als Hilfe zum Aufarbeiten oder zur Einordnung von eigenen oder fremden Lösungsansätzen immer wieder herangezogen, um Mathematik noch besser zu verstehen und auf die eigene Lehrtätigkeit in diesem Inhaltsbereich vorzubereiten.

So wollen wir Sie durch verschiedene Aufgabentypen zum Einstieg in ein Kapitel, im Lehrtext des Kapitels sowie am Ende des Kapitels immer wieder anregen, sich auf verschiedene Arten mit den Inhalten auseinanderzusetzen.

Dabei gehören digitale Werkzeuge wie Computeralgebrasystem, Funktionenplotter oder Tabellenkalkulation zu den Mitteln, die Sie zum Verstehen nutzen sollten. Da solche digitalen Medien sowohl für das Lernen als auch für das Anwenden von Mathematik eine wichtige Unterstützung bieten, haben wir sie in unseren Ausführungen stets mitgedacht, auch wenn sie nicht immer explizit genannt sind. Kleine vorbereitete digitale Lernumgebungen und Hinweise zur Bedienung bieten wir ergänzend auf der Website zum Buch (http://www.algebra-und-funktionen.de/) oder Sie nutzen die Hilfen der Anbieter der Programme und Apps, die Sie persönlich nutzen. In jedem Fall sollten Sie sicherstellen, dass Sie mit den digitalen Mathematikwerkzeugen im Inhaltsbereich Algebra und Funktionen auf einem basalen Niveau sicher umgehen können.

Jedes Kapitel dieses Buches ist gleich aufgebaut. Im Check-in sollen Sie ausgehend von einem konkreten Beispiel zunächst einen Einblick in die Kernideen des Kapitels erhalten und dann Ihr Vorwissen an einigen Beispielen überprüfen. So können Sie das neue Wissen bewusster auf dem alten aufbauen.

Dem folgen die Abschnitte des Lehrbuchtextes, die Sie anregen sollen, Ihr Vorwissen durch Nachlesen, Weiterdenken, Beispiele suchen etc. weiterzuentwickeln. Dieser Text enthält zum Abschluss Überblicksdarstellungen, die helfen sollen, die zentralen Zusammenhänge besser zu verstehen.

Am Ende jedes Kapitels finden Sie im Check-out eine Formulierung der intendierten Kompetenzen, die Sie mit den dort ebenfalls abgedruckten Aufgaben trainieren können. Auf der Homepage zum Buch finden Sie zu allen Aufgaben Lösungshinweise, Tipps und Links auf digitale Inhalte.

Wir wünschen Ihnen viel Freude und Erfolg bei der Arbeit mit diesem Buch.

Inhaltsverzeichnis

Algebra

1.1 Check-in

Wenn man im Großhandel einkauft, muss man als Privatkunde zum ausgewiesenen Nettopreis noch die Mehrwertsteuer dazu addieren. In Deutschland sind das 19 % des Nettopreises. Der Nettopreis einer Spielkonsole beträgt 336,13 €. Was kostet so ein Gerät für den Privatkunden? Wie kann man allgemein den Bruttopreis – also mit Mehrwertsteuer – ausgehend vom Nettopreis berechnen?

Wenn man Probleme nicht nur in Bezug auf den Einzelfall, sondern allgemein lösen will, braucht man Variablen, Terme und/oder Gleichungen, also Algebra. Mit einer Gleichung lässt sich der Ansatz zur Berechnung des Bruttopreises aufstellen. Die Rechenregeln der Algebra erlauben dann das ökonomische Vereinfachen der Terme und Gleichungen.

Bruttopreis $=$ Nettopreis $+$ Nettopreis $\cdot$ Mehrwertsteuersatz, also $b = n + 0{,}19 \cdot n = 1{,}19 \cdot n$

In diesem Sinn hilft die Algebra, allgemeine Beziehungen mit Termen oder Gleichungen zu beschreiben und diese mathematischen Beschreibungen zu vereinfachen bzw. zu lösen.

Auf einen Blick

In diesem Kapitel wollen wir Ihnen einen ersten Überblick geben über die wesentlichen Objekte (Terme, Gleichungen) und Tätigkeiten der elementaren Algebra (z. B. Verallgemeinern, Mathematisieren, Regeln nutzen, Umformen, Interpretieren), wie Sie Ihnen in der Schule bereits begegnet sind. Diese werden jeweils mit relevanten fachdidaktischen Aspekten vernetzt, um eine weitere Reflexionsebene für die zu lernende Mathematik zu eröffnen und Bewusstsein zu schaffen für Ihre eigenen Lernprozesse und die von anderen.

© Springer-Verlag GmbH Deutschland, ein Teil von Springer Nature 2021
B. Barzel et al., *Algebra und Funktionen,* Mathematik Primarstufe und Sekundarstufe I + II, https://doi.org/10.1007/978-3-662-61393-1_1

Aufgaben zum Check-in

1. Vereinfachen   Sie   den   Term   so   weit   wie   möglich:
   $3 + 19 + 97 + 81 + 49 + 56 + 51 + 44$
2. Vereinfachen Sie den Term so weit wie möglich: $(x + 4) \cdot (x - 3) + 6(x + 4)$
3. Berechnen Sie: $1 + 9 =$; $2 + 8 =$; $3 + 7 =$; $4 + 6 =$.
   Begründen Sie, wieso immer dasselbe Ergebnis entsteht.
4. Schreiben Sie den Term $x^2 - 4$ als Produkt.
5. Lösen Sie die Gleichung $4x - 5 = 19$.
6. Lösen Sie die Gleichung $4 \cdot (x - 3) + 25 = 9 \cdot (x - 3)$.
7. Geben Sie eine Situation an, die sich durch den Term $3x + 5$ beschreiben lässt.
8. Wie viele Plättchen liegen an der 4., (16., n-ten) Position?

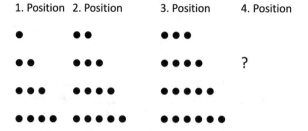

9. Erklären Sie das Distributivgesetz $a \cdot (b + c) = a \cdot b + a \cdot c$ anhand eines Bildes.
10. Begründen Sie, dass die Summe zweier aufeinanderfolgender ungerader Zahlen durch 4 teilbar ist.
11. An unserer Uni kommen auf eine Professorin vier Studierende. Stellen Sie eine Gleichung auf.

1.2 Zentrale Konzepte der elementaren Algebra

Grundidee der elementaren Algebra ist es, Zusammenhänge zwischen Zahlen allgemein durch Terme und Gleichungen zu beschreiben und damit Probleme allgemein zu lösen. Solche Probleme können in der realen Welt, aber auch in der Mathematik aufkommen. So ist die elementare Algebra ein Werkzeug, mit dem sich viele mathematische wie geometrische, arithmetische und stochastische Probleme lösen lassen, wenn in ihnen quantifizierbare Größen vorkommen.

Im Folgenden wird dies konkreter entwickelt, indem die zentralen Objekte und Tätigkeiten der Algebra unter einer doppelten Perspektive dargestellt werden – sowohl als fachlicher Inhalt als auch in der Reflexion des Lernens von Algebra.

Dazu wird in Abschn. 1.2.1 zwischen den wichtigsten Tätigkeiten in der elementaren Algebra unterschieden, in Abschn. 1.2.2 die verschiedenen Rollen vorgestellt, die Variablen in der elementaren Algebra spielen, bevor im damit aufgespannten Feld relevanter Begriffe in Abschn. 1.3 Tätigkeiten mit Termen und in Abschn. 1.4 Tätigkeiten mit Gleichungen genauer unter fachinhaltlicher und fachdidaktischer Perspektive betrachtet werden.

1.2.1 Zentrale Tätigkeiten in der elementaren Algebra

Bei der Bearbeitung des Check-in haben Sie vielleicht bemerkt, dass sich die Aufgaben in ihrem Charakter unterscheiden. Bei einigen Aufgaben haben Sie einfach nur gerechnet. Bei anderen ging es über die Anwendung von Rechenprozeduren hinaus und Sie haben sich Gedanken über die Bedeutungen der Zeichen gemacht und Beziehungen zwischen mathematischen Darstellungen und anderen Zeichen (Bildern, Wörtern) gebildet (z. B. Aufgabe 8 bis 11). Man kann in der elementaren Algebra (und Arithmetik) grob zwischen zwei typischen Tätigkeiten unterscheiden:

1. Kalkülmäßiges Operieren: Man verändert formal-symbolische Darstellungen (z. B. $a \cdot (b + c)$) durch die Nutzung von Rechenregeln, z. B. Terme umformen, Gleichungen lösen (Aufgaben 1 bis 6).
2. Inhaltliches Denken: Man nutzt keine Rechenregeln, sondern denkt in Bildern oder Situationen oder überlegt, welche Bedeutung die symbolisch-algebraischen Darstellungen haben (Welche Situation beschreibt $a \cdot (b + c)$? Welcher Term passt zum Bild?), und löst Aufgaben oder einzelne Schritte innerhalb von Aufgaben ohne Nutzung der kalkülmäßigen Rechenregeln.

Kalkülmäßiges Operieren

▶ **Definition** *Kalkülmäßiges Operieren* heißt, formal, regelgeleitet und interpretationsfrei mit den mathematischen Symbolen zu arbeiten. Das heißt: Man denkt nicht inhaltlich anschaulich, probiert oder sucht individuelle kreative Lösungswege, sondern wendet die Standardrechenregeln an. Der Sinn des kalkülmäßigen Operierens ist es, den Verstand zu entlasten (vgl. Krämer 1988, S. 59 f., 176 f.).

Die Anwendung der Rechenregeln mag einem Rechnenden beim Umformen mehr oder weniger bewusst sein. Man agiert intuitiv und hat die Regeln vielleicht nicht immer genau im Kopf, sondern verfährt einfach wie gewohnt. Bei Aufgabe 1 haben Sie sicher in ganz selbstverständlicher Weise einige Summanden vertauscht, ohne sich bewusst zu machen, dass Sie das Kommutativgesetz (Für alle reellen Zahlen gilt: $a + b = b + a$) verwenden dürfen, ohne sich Rechenschaft darüber abzulegen, ob diese Umstrukturierung erlaubt ist.

Ein Bewusstmachen der genutzten Regeln kann helfen, Rechenfehler zu vermeiden und mit komplexeren Termstrukturen sicher und ökonomisch umzugehen sowie auf

Phasen des Erklärens und Lehrens gut vorbereitet zu sein (vgl. Abschn. 1.3.3). Überlegen Sie beim Rechnen immer wieder bewusst, welche Regeln Sie nutzen.

Inhaltliches Denken (insbesondere Darstellungswechsel)
Wenn man überlegt, was die symbolischen Darstellungen bedeuten, wenn man ein Bild dazu erstellt oder einen passenden Term zu einer Situation oder einem Bild sucht, denkt man inhaltlich und handelt nicht einfach nur nach Regeln mit Buchstaben, Rechenzeichen und Zahlen. So kann z. B. in $3x + 5$ die 5 als Startwert (z. B. Grundgebühr bei einem Vertrag) gedeutet werden und die 3 als Änderung pro Einheit (z. B. Stückkosten für verbrauchte Einheiten in dem Vertrag). Solche Darstellungswechsel sind Beispiele für inhaltliches Denken, die Terme und ihre Strukturen verstehen helfen.

▶ **Definition** *Inhaltliches Denken* erfasst einen anderen Umgang mit mathematischen Objekten. Man nutzt keine Rechenregeln, um mit algebraischen Symbolen zu arbeiten, sondern nutzt Vorstellbares, wie es sich in Bildern, realen Objekten oder verbalen Beschreibungen von Situationen greifen lässt. Das konkrete Vorgehen stützt man dabei auf die Anschauung und „überlegt selbst", anstatt sich auf Regeln zu berufen. Den Bezug zu Vorstellbarem braucht man nicht nur als Ersatz und Grundlage kalkülmäßiger Wege, sondern immer auch, wenn man Beziehungen zwischen der abstrakten Mathematik und der Welt herstellt, also z. B. zum Lösen von Problemen in der Welt mit Mitteln der Mathematik (vgl. z. B. Treffers 1987; van den Heuvel-Panhuizen 2000; Prediger 2009).

▶ **Beispiele**

Inhaltliches Lösen einer innermathematischen Aufgabe
Anstatt Gleichungen kalkülmäßig zu lösen, kann man die Lösung der Gleichung $3 \cdot x + 5 = 20$ auch schlicht „sehen" und im Nachgang inhaltlich untermauern („Ich suche das Vielfache von 3, das um 5 vermehrt 20 ergibt."), probierend erarbeiten („$x = 1$? $3 \cdot 1 + 5 = 8$, nein. $x = 2$, nein. $x = 3$, nein. $x = 5, 3 \cdot 5 + 5 = 20$, passt.") oder mit der Vorstellung einer Waage lösen („Wenn ich auf beiden Seiten 5 wegnehme, dann bleibt die Waage im Gleichgewicht. Wenn 3 Gewichte 15 kg wiegen, dann wiegt eines 5 kg.").

Lösen einer Sachaufgabe mit Mitteln der Mathematik
Anna hat 5 € und bekommt jede Woche 3 € Taschengeld. Wann kann sie sich das Shirt für 20 € kaufen? Um die Aufgabe zu lösen, kann man inhaltlich überlegen: „5 € hat sie ja schon, also muss sie nur noch 15 € ansparen. Bei 3 € pro Woche braucht sie 5 Wochen." Man kann auch eine Gleichung aufstellen und diese dann kalkülmäßig lösen. Zum Aufstellen der passenden Gleichung ist inhaltliches Denken notwendig. 3 € pro Woche muss sie eine unbekannte Anzahl an Wochen sparen, also $3x$. Die bereits gesparten 5 € kommen als fester Wert dazu. Die Summe muss 20 € ergeben, also $3 \cdot x + 5 = 20$.

Problem: Mangelnde Vernetzung von Kalkül und inhaltlichen Vorstellungen

Das Vergessen (oder Aussparen) der inhaltlichen Bedeutungen der mathematischen Symbole ist die Stärke von kalkülmäßigem Arbeiten (Krämer 2003). Es kann aber bewirken, dass die Regeln willkürlich wirken, wie es das folgende typische Zitat ausdrückt:

„Achte Klasse, Gleichungslehre. Die Schüler fragen ihren neuen Mathe-Lehrer: ‚Wie ist das bei Ihnen? Bei unserem bisherigen Mathe-Lehrer mussten wir beim Rüberbringen immer das Vorzeichen ändern'" (Andelfinger 1985, S. 97).

Die Rechenregeln erscheinen in diesem Fall nicht inhaltlich begründet, sondern als reine bedeutungslose und austauschbare Setzung des Lehrers:

„Abstrakte Symbole, die nicht durch die eigene Aktivität des Kindes mit Sinn gefüllt, sondern ihm von außen aufgeprägt werden, sind tote und nutzlose Symbole. Sie verwandeln den Lehrstoff in Hieroglyphen, die etwas bedeuten könnten, wenn man nur den Schlüssel dazu hätte. Da aber der Schlüssel fehlt, ist der Stoff eine tote Last" (John Dewey, zitiert nach Wittmann 2003, S. 18).

Damit diese Beliebigkeit gar nicht erst entstehen kann, müssen die mathematischen Zeichen eine Bedeutung erhalten, die über die reine Kalkülebene, also die Ebene der algebraischen Symbole, hinausgeht und mit der sich die Rechenregeln letztlich auch begründen lassen. Beispielsweise kann man Umformungsregeln für Terme und Gleichungen an Bildern oder mit Modellen begründen (z. B. mit einem Waagemodell für lineare Gleichungen, siehe Abschn. 1.4.5).

Nimmt man diesen Ansatz ernst, ergibt sich auf der Ebene der Lernziele als zentrale Forderung: Lernende müssen die Rechnungen und Rechenregeln nutzen, aber auch interpretieren, anwenden und begründen können, wenn Rechenregeln nicht beliebig erscheinen sollen (vgl. Glade 2016, S. 14). Für die Gestaltung von Lernpfaden heißt dies: Inhaltliches Denken soll zeitlich vor Kalkül stattfinden – bevor kalkülmäßige Wege erlernt werden, müssen Vorstellungen aufgebaut werden, sodass die Kalkülregeln als Abkürzung der modellgestützten Wege sinnhaft und überprüfbar sind (vgl. Prediger 2009).

Exkurs: Die Rolle der Darstellungen für das Lernen von Mathematik

Während beim kalkülmäßigen Operieren nur mathematische Symbole genutzt werden und man in der formal-symbolischen Darstellung bleibt, sind für das inhaltliche Denken weitere Darstellungsformen wesentlich. Es ergibt sich die Frage, welche Rolle verschiedene Darstellungsformen für das Lernen von Mathematik spielen.

Alle im Beispiel abgebildeten Darstellungen beziehen sich auf eine Zahl, also auf ein und dasselbe mathematische Objekt. Das wirft die Frage auf, welche von diesen Darstellungen das mathematische Objekt ist.

Die Antwort: Keines, denn mathematische Objekte sind abstrakt, und so wie das Bild einer Person immer verschieden von der Person selbst ist, ist das mathematische Objekt immer verschieden von seinen Darstellungen. Zwar steht die Zahl 1 für das Konzept, was alle diese Darstellungen verbindet, kann aber selbst über diese Ziffer nicht vollständig erfasst werden.

Andererseits benötigen wir jedoch die Darstellungen (Sprache, Bilder, Dinge, Symbole, …), um über mathematische Objekte sprechen und mit ihnen handeln zu können. Damit ergibt sich eine spannende Situation. Mathematische Objekte können nur über Darstellungen gegriffen werden, sind aber selbst verschieden von ihren Darstellungen. Daraus ergibt sich, dass man mathematische Objekte in verschiedenen Darstellungen erfassen können muss, um sie zu verstehen (vgl. z. B. Duval 1999). Beim Lernen von Mathematik bedarf es deshalb vielfältiger Aktivitäten des Wechsels und der Vernetzung von Darstellungen, um ein adäquates Verständnis aufzubauen.

In der Algebra sind die formal-symbolische Darstellungsform (Terme und Gleichungen), die graphisch-visuelle (meist als Bilder oder Punktmuster), die numerisch-tabellarische (Tabellen, Beispiele) und die situativ-sprachliche Darstellungsform (Beschreibungen von Situationen) relevant. Genauer werden die Darstellungsformen in Kap. 2 erläutert.

Genauerer Blick auf die Tätigkeiten in der Algebra

Mit Blick auf die Darstellungsformen lassen sich die zentralen Tätigkeiten „kalkülmäßiges Operieren" und „inhaltliches Denken" differenzierter fassen, wie es im folgenden Schaubild dargestellt ist.

▶ **Auftrag**
   Ordnen Sie die Aufgaben aus dem Check-in von oben in das Schaubild von
   Abb. 1.1 ein.

Für die Tätigkeiten des Umformens (und analog des Gleichungslösens) in Abb. 1.1 ganz links benötigt man ausschließlich Rechenregeln. Für die durch die horizontalen Pfeile dargestellten Tätigkeiten muss man verschiedene Darstellungsformen miteinander verknüpfen, was in aller Regel inhaltliches Verständnis erfordert. Für ein adäquates Verständnis von Mathematik braucht man alle vier Darstellungsformen, da jede davon

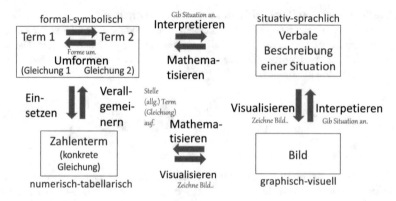

Abb. 1.1 Verschiedene Tätigkeiten in der elementaren Algebra

andere Aspekte des mathematischen Objekts offenbart und andere Vorteile in der Handhabung hat. Zum Beispiel kann man mit den formal-symbolischen Darstellungen kalkülmäßig operieren. Durch „Einsetzen" kann man Umformungen von Termen überprüfen, durch das Visualisieren an einem Bild kann man die Gleichwertigkeit der Terme anschaulich stützen.

Weitere zentrale, im Lernprozess stattfindende Prozesse wie das Entwickeln von Kalkülregeln, das zugehörige Vermuten, Widerlegen, Begründen, Überprüfen lassen sich ebenfalls im Schaubild verorten.

Zur Erfassung eigenen und fremden Verstehens (in Bezug auf die elementare Algebra) ist also die Unterscheidung zwischen kalkülmäßigem Umformen und inhaltlichem Denken wichtig, insofern elementare Algebra weit mehr ist als nur das oft überakzentuierte kalkülmäßige Umformen von algebraischen Symbolen. Bei einer Beschränkung auf Kalkülhandlungen läuft Algebra im Unterricht Gefahr, zu einem sinnentleerten Unterfangen zu verkommen, das keine Anwendung auf außermathematische Situationen und keinen Bezug zu Vorstellbarem besitzt. Zudem erschließt sich dann auch nicht das große Potenzial der Algebra, mit variablen Termen sich verändernde Situationen modellieren zu können. Erst durch den Wechsel zwischen Darstellungsformen kann Verstehen und Anwenden erfolgen. Mit Bezug auf Bilder und Situationen können zudem Rechenregeln begründet und damit der scheinbaren Willkür enthoben werden. Darstellungswechsel und inhaltliche Wege sind eine wichtige Strategie zur Unterstützung eigenen oder fremden Lernens.

1.2.2   Variablen und ihre Rollen

Im Unterschied zur Schularithmetik, in der nur Zahlen und Operationen vorkommen, sind Variablen die neuen zentralen Elemente der elementaren Algebra. Schülerinnen und Schülern fällt es oft schwer, Variablen sachgemäß zu interpretieren. Das liegt u. a. an den mannigfaltigen Rollen, die eine Variable im Kontext ihrer Anwendungen einnehmen kann.

▶ **Auftrag**

   Machen Sie sich mithilfe der folgenden Situationen in Abb. 1.2 bewusst, welche verschiedenen Rollen Variablen spielen können.

Rollen von Variablen

Mit einer Variablen beschreibt man Zahlen, die man nicht unmittelbar greifen kann, da man sie nicht kennt, oder greifen will, da man bewusst für mehrere Zahlen eine Beschreibung sucht. Insofern können Variablen verschiedene Rollen einnehmen, wie Ihnen vielleicht bei der Betrachtung der Aufgaben in Abb. 1.2 bereits aufgefallen ist. Die Rollen als „allgemeine Zahl", „Veränderliche" oder „Unbekannte" werden im Folgenden genauer erläutert (vgl. Zeilennamen in der folgenden Tab. 1.1): Um den Flächeninhalt

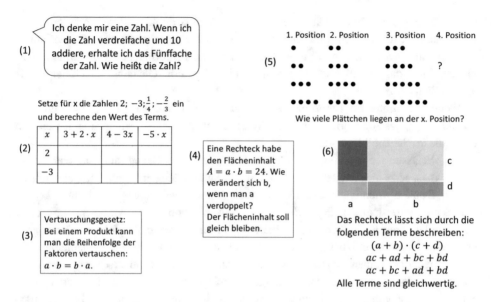

Abb. 1.2 Situationen, in denen Variablen vorkommen

(Bild (6) in Abb. 1.2) allgemein zu beschreiben, Situationen mit beliebigen Größen mit Variablen zu fassen oder Rechengesetze ((3) in Abb. 1.2) allgemein zu formulieren, braucht man die Vorstellung, dass die Variable eine *allgemeine Zahl* beschreibt. Egal wie groß die Seitenlängen *a, b* und *c* sind, man kann den allgemein gedachten Flächeninhalt des Rechtecks mit den allgemein gedachten Seitenlängen durch die drei abgedruckten Terme beschreiben.

Untersucht man, wie sich eine Größe mit einer anderen ändert, also z. B. (4) in Abb. 1.2, so deutet man diese von der Variablen repräsentierte allgemeine Zahl bewusst funktional, also als *Veränderliche,* und kann untersuchen, wie sich eine Zahl in Abhängigkeit von der anderen ändert (auch in (5), Abb. 1.2).

Bei einem Zahlenrätsel ((1) in Abb. 1.2) wie beim Lösen von Gleichungen dominiert die Vorstellung, dass man eine konkrete Zahl sucht, die man noch nicht kennt, aber durch Rechnungen herausfinden kann *(Unbekannte).*

Variablen bezeichnen also entweder eher konkret gedachte, aber unbekannte Zahlen oder allgemeine Zahlen. Dabei können die allgemeinen Zahlen eher statisch (z. B. in Bildern oder allgemein beschriebenen Situationen) oder eher dynamisch, also veränderlich (z. B. in Bild-/Zahlenfolgen) gedacht werden.

Es ist wichtig, dass diese verschiedenen Rollen von Variablen durch das Aufstellen und Interpretieren von Termen und Gleichungen und durch das Einsetzen von konkreten Zahlwerten für Variablen erfahren werden. Sonst ergeben viele Fragestellungen in der elementaren Algebra gar keinen Sinn. Wer zum Beispiel nur die Vorstellung einer Variablen als Unbekannte aufgebaut hat, kann (6) in Abb. 1.2 nicht richtig deuten. Denn dieser sieht die Allgemeinheit der dargestellten Beziehungen zwischen den Flächeninhalten nicht, sondern deutet die Variable als Zeichen für eine konkrete, evtl. nur der Lehrkraft bekannte Zahl, die man nachmessen könnte. Der Grund, warum im Unterricht immer mit den Buchstaben statt mit den konkreten Größen gerechnet wird, bleibt diesen Lernenden verborgen (vgl. Zwetzschler 2016, S. 173 ff.).

Typische Tätigkeiten zum Umgang mit Variablen innerhalb der verschiedenen Rollen haben Sie sicher schon bei der Betrachtung der Beispiele zur Nutzung von Variablen unterschieden, insofern sie den Tätigkeiten aus Abb. 1.1 sehr ähnlich sind: Einsetzen, Rechnen, Aufstellen von Termen und Gleichungen, um Situationen zu beschreiben. Sie bilden das Unterscheidungsmerkmal der Spalten in Tab. 1.1.

Für die Rollen der Variablen bedeutet diese Unterscheidung zwischen verschiedenen Tätigkeiten:

- Egal ob die durch die Variablen beschriebenen Zahlen allgemein, veränderlich oder konkret gedacht werden, man kann gleichermaßen mit ihnen rechnen (mittlere Spalte von Tab. 1.1).
- Von der Rolle der Variable hängt es aber ab, wie wir beim Aufstellen eines Terms oder einer Gleichung denken müssen:
  Unbekannte gesuchte Größe: Peter ist drei Jahre älter als Marie. Peter ist 7. Wie alt ist Marie?
  Allgemeine Zahl: Peter ist drei Jahre älter als Marie. Beschreibe Peters Alter durch einen Term.

Tab. 1.1 Rollen von Variablen (nach Barzel und Holzäpfel 2017)

		… und was man mit Variablen in den verschiedenen Rollen tun kann		
Die Rollen, die Variablen spielen können		Man kann Werte dafür **einsetzen**	Man kann damit **rechnen**	Man nutzt sie, um damit etwas zu **beschreiben**
	Variable als allgemeine Zahl	Es können beliebige Zahlen und Terme eingesetzt werden	✓	Situationen in denen Beziehungen zwischen Zahlen allgemein beschrieben werden (z. B. geometrische Formeln, Terme, Rechengesetze)
	Variable als Unbekannte	Nur das Einsetzen von Lösungswerten erfüllt die Gleichung	✓	Situationen, bei denen ein unbekannter Wert gesucht ist (Gleichung mit einer Variablen)
	Variable als Veränderliche	Die Werte der Definitionsmenge können eingesetzt werden	✓	Unabhängige und abhängige Größen, die in Beziehung zueinander stehen und sich miteinander ändern (Term, Gleichung)

Bei beiden Situationen wird eine Größe im Zusammenhang mit einer anderen gedacht, aber bei der Unbekannten ist die gesuchte Größe eindeutig bestimmbar, da die andere Größe konkret gegeben ist. Bei der allgemeinen Zahl muss man die Unbestimmtheit aushalten und in Abhängigkeit von der nicht konkretisierten anderen Zahl beschreiben.

Auch das Einsetzen von Zahlen zur Bestimmung konkreter Werte unterscheidet sich in Abhängigkeit von der Rolle der Variable. Das Einsetzen in eine Variable, die eine allgemeine oder veränderliche Zahl beschreibt, liefert beliebig viele Werte(paare); das Einsetzen in eine Variable, die für eine unbekannte Zahl steht, zeigt eine wahre Aussage im Fall einer richtigen Lösung, sonst eine falsche.

Die Gegenüberstellung zeigt: Allein durch „Rechnen" baut man kein adäquates Konzept der Variablen auf. Die anderen Tätigkeiten sind unverzichtbar, um ein differenziertes, tragfähiges Konzept einer Variablen aufzubauen.

Andere Nutzungsweisen von Variablen in der Algebra

Es können auch mehrere verschiedene Variablen in Termen und Gleichungen vorkommen, wenn weitere Elemente einer Situation allgemein beschrieben oder untersucht werden sollen. Bei Funktion mit einer Veränderlichen, die meist x genannt wird, können zum Beispiel weitere Variablen vorkommen, um mehrere verwandte Funktionen auf einmal beschreiben zu können. Diese Variablen spielen die Rolle einer allgemeinen Zahl neben der Veränderlichen x und werden dann als Parameter bezeichnet.

▶   **Beispiele**

- $f(x) = a \cdot x^2$ mit $a < 0$ ist die Menge aller quadratischen Funktionen, deren Graphen einen Scheitelpunkt im Ursprung besitzen und die nach unten geöffnet sind.
- Für die Gleichung $mx + b = 0$ ist $x = \frac{-b}{m}$ für $m \neq 0$ die Menge der Lösungen der Gleichung in Abhängigkeit von b und m.

An den Beispielen lässt sich bereits erkennen, dass man mit Parametern analog zu „normalen Variablen" verfährt, wenn man sie zum Rechnen, zur Beschreibung von allgemeinen bzw. veränderlich gedachten Situationen nutzt. Man kann Parameter auch als Veränderliche denken. Dies ist zum Beispiel der Fall, wenn man die Auswirkungen des Faktors a auf den Verlauf des Graphen in $f(x) = ax^2$ untersucht und beispielsweise herausfindet, dass die Parabel stärker gestreckt wird, wenn a betragsmäßig wächst.

In den in Abschn. 1.2.1 beschriebenen Tätigkeiten in der Algebra nehmen Variablen also verschiedene Rollen ein. Für ein tragfähiges Verständnis von Termen und Gleichungen müssen die Lernenden Variablen in diesen verschiedenen Rollen und Situationen nutzen können.

Der Unterschied in den Rollen ist beim kalkülmäßigen Umgang mit algebraischen Objekten jedoch kaum relevant, sondern vor allem beim inhaltlichen Arbeiten mit verschiedenen Darstellungsformen, wenn Terme und Gleichungen aufgestellt, gedeutet oder konkretisiert werden.

Im Folgenden werden – getrennt nach den zentralen Objekten Terme und Gleichungen – die wichtigsten Tätigkeiten auch mit Blick auf die Rollen der Variablen konkret aufgearbeitet, indem das relevante Wissen und Können sowie mögliche Fehler, Heuristiken und didaktische Konzepte explizit gemacht werden.

1.3 Terme

▶ **Definition** *Terme* sind in der symbolisch-algebraischen Darstellungsform notierte Zeichenketten aus Zahlen, Klammern, Operationszeichen und Variablen. Kommt keine Variable vor, redet man auch von einem *Zahlenterm*.

Beispiele für Terme sind $x^2 - 1$ und $(3x - 2)^3 \cdot (x + 11)$, während $3 \cdot 14 + 12$ ein Zahlenterm ist. Wie man den Beispielen entnehmen kann, gelten für das Aufstellen von Termen bestimmte Konventionen. Zwischen zwei Variablen oder einer Zahl und einer Variablen kann das Multiplikationszeichen wegfallen. Alle anderen Operationszeichen werden immer notiert. Vor allem stehen zwar Ziffern innerhalb einer Zahl hintereinander, aber zwei Zahlen oder Operationszeichen dürfen nicht unmittelbar hintereinanderstehen.

Aus zwei Termen lassen sich durch Gleichsetzung („=") Gleichungen bilden. So wird z. B. aus $x^2 - 1$ und $2x$ durch Gleichsetzen $x^2 - 1 = 2x$.

Das Gleichheitszeichen macht also im Kern den Unterschied zwischen Termen und Gleichungen aus. Diese äußere, recht technische Unterscheidung hat eine wichtige inhaltliche Bedeutung.

Sichtweisen auf Terme
Terme nutzt man, um Zahlen oder Situationen allgemein zu beschreiben. Zum Beispiel kann man mit n^2 die Quadratzahlen, mit $2n$ die geraden und mit $2n + 1$ die ungeraden Zahlen beschreiben. Die Variable n steht dann für eine beliebige natürliche Zahl, also $1, 2, 3$ usw. (Rolle: allgemeine Zahl).

Wenn man sich vorstellt, dass n^2 Quadratzahlen beschreibt, dann denkt man den Term als Objekt. Aber mit Termen beschreibt man nicht nur eine bestimmte Situation oder Charakteristik (wie z. B. „Quadratzahlen"), sondern Terme dienen auch als Aufforderung zum rechnerischen Operieren. Beide Sichtweisen sind für den Umgang mit Termen wesentlich (vgl. Sfard 1991). Beispiele zu dieser Unterscheidung finden sich in der folgenden Tab. 1.2.

Der Term wird vor allem dann als ein eigenständiges Objekt betrachtet, wenn er in Beziehung zu anderen Objekten steht. Zum Beispiel kann man eine Beziehung zwischen zwei Termen herstellen ($x + 2 = 2 + x$; $n < 2n$; „Das ist das Gleiche."; $3x + 2 = 3 - x$, „Die Beziehung zwischen den Termen soll für das gesuchte x erfüllt sein.") oder zwischen einem Term und einer Situation ($2 + 1$ heißt: „Zwei Bonbons und ein Bonbon kommt dazu."). Betrachtet man den Term so als eigenes Objekt in der Beziehung zu anderen Objekten, also anderen Termen oder zu außermathematischen Situationen oder

Tab. 1.2 Verschiedene Sichtweisen auf einen Term (in Anlehnung an Sfard 1991; Nydegger-Haas 2018, S. 29)

Term	Deutung als Rechenaufforderung	Deutung als Objekt
$2+1$	Rechne $2+1$	Das ist eine Summe Das heißt: 2 Bonbons und 1 Bonbon kommt dazu
$3/4$	Teile 3 durch 4	Das ist eine Bruchzahl
$x+2$	Addiere x und 2 (wie geht das?)	Das ist eine Summe

Ein Term kann verschieden gedeutet werden, beide Sichtweisen sind fundamental

Bildern, spricht man von der relationalen Deutung von Termen (vgl. Nydegger-Haas 2018, S. 29). Wenn Terme einen Berechnungsprozess initiieren, dann nennt man sie operativ und sie werden dann als Aufforderung zum Operieren gedeutet.

Beide Sichtweisen sind nötig für einen erfolgreichen Umgang mit Termen. Die relationale Sichtweise zielt jedoch viel stärker darauf, die Zusammenhänge und Strukturen innerhalb eines Terms oder zwischen verschiedenen Termen, z. B. beim Vergleichen (siehe Beispiel $x+2=2+x$; Struktur: Kommutativgesetz) oder in der Vernetzung mit Situationen oder Bildern, herauszuarbeiten (siehe Beispiel $2+1$).

1.3.1 Mit Termen beschreiben

Mit Termen beschreiben wir Situationen. Gleichzeitig abstrahieren Zahlen- und Variablenterme von konkreten Objekten und Handlungen. Das bedeutet: Mit einem Term kann man eine Vielzahl von Situationen beschreiben, aber die konkreten Einzelheiten der Situation sind im Term nicht erkennbar, es bleibt nur die allgemeine Struktur.

▶ **Beispiel**

$4 \cdot 5$ kann heißen, dass ich immer 5€-Geldstapel bilde, und zwar insgesamt 4 Stück, oder dass 4 Kinder jeweils 5€ haben oder dass 4 Erwachsene jeweils 5 Teddys haben oder dass man 4 Hosen und 5 Pullover hat und sich fragt, auf wie viele Arten man sich anziehen könnte usw.

Durch die Vernetzung mit Situationen bekommen die mathematischen Objekte (Zahlen und Operationen) eine Bedeutung, denn $4 \cdot 5$ kann man sich in allen Beispielen vorstellen als 4 Gruppen mit je 5 Elementen, sodass man insgesamt 4-mal 5 Elemente hat.[1]

---

[1]Alternativ kann man die Operation Multiplikation auch mathematisch mit Rückgriff auf Axiome definieren (vgl. z. B. Strehl 1996; Padberg et al. 1995). Aber dieser Weg wird sinnigerweise in der Schule nicht eingeschlagen, sondern eher zur Reflexion in universitären Veranstaltungen.

Abb. 1.3 Grundvorstellungen zum Übersetzen zwischen Welt und Mathematik (aus vom Hofe 2003, S. 5)

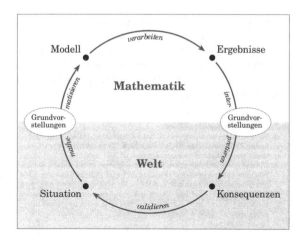

Man muss über eine tragfähige Vorstellung zur Operation verfügen, um beispielsweise Terme mit einem Multiplikationszeichen zu deuten (Fachwort: interpretieren, vgl. Abb. 1.1) und um Situationen durch Terme mit einem Multiplikationszeichen formal zu beschreiben (Fachwort: mathematisieren, vgl. Abb. 1.1). Die Vorstellungen fungieren als „Übersetzungsscharniere" zwischen Mathematik und Welt (Prediger 2010, S. 10), denn sie verleihen den abstrakten mathematischen Symbolen einen Sinn durch den Bezug zu Handlungen in der Welt und ermöglichen es, Mathematik zur Lösung außermathematischer Probleme zu nutzen (siehe Abb. 1.3).

Exkurs Grundvorstellungen

Da Vorstellungen als Übersetzungsscharniere so wichtig sind, bezeichnet man sie als „Grundvorstellungen". Im Schaubild ist die Rolle als Übersetzungsscharnier gut erkennbar. Wir starten unten links mit einer Situation innerhalb der Welt: Wenn mir z. B. von $\frac{3}{4}$ einer Pizza $\frac{2}{3}$ übrig bleiben, wie viel habe ich dann? Um diese Frage zu beantworten übersetzen wir die relevanten Aspekte der Situation in ein mathematisches Modell (mathematisieren), in diesem Fall die Multiplikation von Brüchen. Für diesen Prozess des Mathematisierens braucht man die Vorstellung des Anteils vom Anteil und dass dies eine multiplikative Struktur darstellt $\left(\frac{2}{3}\right.$ von $\frac{3}{4}$ ist mathematisch $\left.\frac{2}{3} \cdot \frac{3}{4}\right)$. Den Rechenterm $\frac{2}{3} \cdot \frac{3}{4}$ kann man durch mathematisches Verarbeiten in das Ergebnis $\frac{6}{12}$ überführen. Dann bezieht man das Ergebnis wieder auf die Welt, indem man es als Anteil der Pizza deutet (interpretiert).

„Die Grundvorstellungsidee beschreibt Beziehungen zwischen mathematischen Inhalten und dem Phänomen der individuellen Begriffsbildung. In ihren unterschiedlichen Ausprägungen charakterisiert sie mit jeweils unterschiedlichen Schwerpunkten insbesondere drei Aspekte dieses Phänomens:

- Sinnkonstituierung eines Begriffs durch Anknüpfung an bekannte Sach- oder Handlungszusammenhänge bzw. Handlungsvorstellungen,
- Aufbau entsprechender (visueller) Repräsentationen bzw. ,Verinnerlichungen', die operatives Handeln auf der Vorstellungsebene ermöglichen,
- Fähigkeit zur Anwendung eines Begriffs auf die Wirklichkeit durch Erkennen der entsprechenden Struktur in Sachzusammenhängen oder durch Modellieren des Sachproblems mit Hilfe mathematischer Struktur" (vom Hofe 1992, S. 347).

Damit verkörpert das Grundvorstellungskonzept die Idee, zu erwerbende Vorstellungen im Sinne einer „normativen Leitlinie" (vom Hofe 1995, S. 123) für Lehrende zu explizieren.

Das Konzept zielt darauf, mathematische Objekte als Struktur von prototypischen Anwendungssituationen und Handlungszusammenhängen zu erschließen und eng daran zu binden, sodass die mathematischen Objekte eine Sinnhaftigkeit und die Lernenden in Bezug auf diese eine Deutungsfähigkeit erwerben.

▶   **Beispiele**
   Grundvorstellung einer Operation
   Um die Multiplikation in verschiedenen Situationen zur Mathematisierung nutzen zu können, muss man wissen, dass man Multiplizieren als Rechteckfeld, als wiederholtes Hinzufügen oder als Kombination von Größen oder Möglichkeiten deuten kann (siehe Abb. 1.4).

   Grundvorstellung zu einer Zahl (oft als Zahlaspekte benannt)
   Die Zahl 5 kann z. B. gedeutet werden als die Zahl nach der 4 (Ordinalzahlaspekt), als Menge mit einer Anzahl an Objekten, z. B. fünf Äpfel (Kardinalzahlaspekt), oder als Maß für eine Länge, z. B. 5 m, einen Flächeninhalt oder ein Gewicht (Maßzahl).

   Auch wenn die Zahlaspekte zusammenhängen, so ist jeder einzelne Aspekt zu lernen: Wenn ein Kind weiß, dass die 5 nach der 4 kommt, hat es noch nicht notwendigerweise eine Vorstellung von der 5 als Anzahl von fünf Objekten oder als Maßzahl.

Mit Variablentermen beschreiben

Terme mit Variablen (also z. B. $a + b$) abstrahieren nicht nur von den Objekten und der konkreten Handlung bzw. Situation, sondern auch von der Anzahl der Objekte: Es werden allgemeine Zahlen beschrieben (vgl. die erste Rolle einer Variablen in Tab. 1.2). Diese Abstraktion von Handlungen, Objekten und Anzahlen ist die Stärke der Mathematik und insbesondere der elementaren Algebra, da man sehr viele Klassen von Situationen auf einmal betrachten kann.

Zum Beispiel kann man den Term $x \cdot y$ allgemein untersuchen (Wenn man x verdoppelt, verdoppelt sich der Wert des Terms, bei Verdoppelung von y auch.), ohne die Vielzahl der möglichen Deutungen zu sehen. Beispiel: $x \cdot y$ kann $\frac{2}{3} \cdot \frac{3}{4}$ sein und z. B. als Anteil von dem Anteil einer Pizza gedeutet werden. Daran haben Sie bei $x \cdot y$ wahrscheinlich eben nicht gedacht.

In der Abstraktion von Objekten, Situationen und Anzahlen liegt die Kraft, aber auch eine mögliche Hürde beim Verstehen algebraischer Zeichen, da Lernende oft die verschiedenen Vorstellungen und Rollen nicht mehr aktivieren. Dadurch werden die mathematischen Zeichen bedeutungslos, und das Operieren mit den Zeichen erscheint beliebig (vgl. z. B. Prediger 2009). Insofern sind das Aufstellen und das Deuten von Termen für die Sinnhaftigkeit der Algebra fundamental.

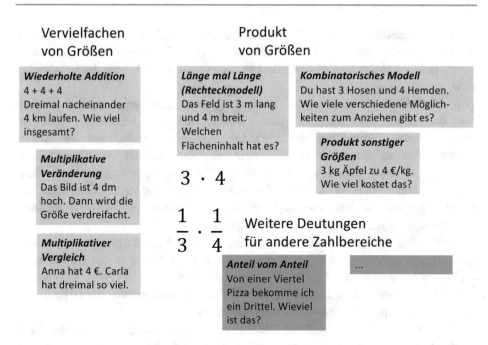

Abb. 1.4 Vorstellungen zur Multiplikation

1.3.2   Terme aufstellen

Beim Aufstellen von Termen können die zu beschreibenden Situationen „aus der Welt" stammen, aber auch innermathematisch sein, z. B. aus der Geometrie oder der Arithmetik stammen. Für Bildmuster und einfachste Zahlenmuster wird meist implizit auf die Menge der natürlichen Zahlen $\mathbb{N} = \{1; 2; 3; 4; \ldots\}$ als Vorrat für die möglichen Einsetzungen der Variablen zurückgegriffen.

Am Beispiel von Aufgabe 8. aus dem Check-in sollen die zentralen Strategien und Herausforderungen anhand verschiedener Ansätze dargestellt werden.

1. Position	2. Position	3. Position	4. Position
•	• •	• • •	
• •	• • •	• • • •	?
• • •	• • • •	• • • • •	
• • • •	• • • • •	• • • • • •	

Sicher haben Sie festgestellt, dass an der ersten Position zehn Plättchen liegen und bei jedem Schritt von einer Position zur nächsten vier Plättchen hinzukommen.

Wer dies algebraisch mit $x + 4$ gefasst hat, hat die Bildungsvorschrift des Terms *rekursiv* zu fassen versucht, da er angibt, mit welcher Bildungsvorschrift („immer 4 dazu") man von einem zum nächsten Bild gelangt. Genauer würde man das aufschreiben als $a_1 = 10; a_{n+1} = a_n + 4$.

Der Nachteil einer rekursiven Darstellung ist, dass man nicht unmittelbar den Wert der n-ten Position durch Einsetzen berechnen kann, da man alle $n - 1$ Positionen davor durchlaufen haben muss, um zu wissen, welcher Wert an der n-ten Position steht. Für das Beispiel $n = 5$ ergibt sich: $a_1 = 10; a_2 = 10+4 = 14; a_3 = 14+4 = 18; a_4 = 18+4 = 22; a_5 = 22+4 = 26$. Wenn man mit einem Term direkt den Wert des n-ten Folgeliedes berechnen kann, ohne vom ersten Folgeglied ausgehend alle vorigen Folgeglieder bis zum n sukzessive durchlaufen zu müssen, nennt man eine solche Darstellung *explizit*.

Wem solche Muster vertraut sind, der hat schnell einen Term wie $4n + 6$ oder $4(n - 1) + 10$ gebildet. Den Term hat er vielleicht aus den Zahlen an den verschiedenen Positionen erschlossen (10; 14; 18; ... immer ein Unterschied von 4, also $4n + b$. b ist nicht 10, denn dann passen eingesetzte Werte nicht, also muss ich statt der 10 die $10 - 6$ nehmen oder mein n um 1 verringern, dann passt es auch).

Vielleicht haben Sie aber auch die Bilder bewusst strukturiert: „Es kommt immer eine schräge Spalte dazu, wie im Bild markiert, und ich starte mit 6."

Dabei hätte man das Bild auch ganz anders strukturieren und den Term $x + (x + 1) + (x + 2) + (x + 3)$ erhalten können. Dann hätte man jeweils die Zeilen der Figur betrachtet – beginnend mit der obersten. An der ersten Position ist in der ersten Zeile ein Plättchen, dann in jeder Zeile ein Plättchen mehr. An der zweiten Position sind in der ersten Zeile zwei Plättchen usw. An der abgebildeten dritten Position liegen drei Plättchen in der ersten Zeile, dann $3 + 1, 3 + 2$ und $3 + 3$ Plättchen (vgl. Abb. 1.5 rechts).

Eine zentrale Strategie ist also das bewusste Strukturieren von Bildern, um allgemeine beschreibende Terme aufzustellen. Dabei lässt sich als übergreifende Strategie die Unterscheidung zwischen konstanten und veränderlichen Elementen erkennen: Was bleibt gleich? Was ändert sich?

Während sich mit diesen Fragen lineare Terme auch auf der Basis von Tabellen oder Listen aufstellen lassen, benötigt man für die Bestimmung von Termen zu komplexeren Zahlenfolgen Erfahrung zu weiteren funktionalen Zusammenhängen und muss sich

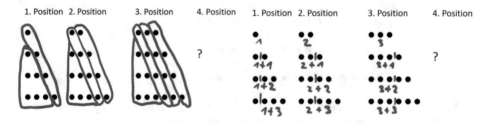

Abb. 1.5 Strukturierungen des Punktmusters

noch bewusster fragen: „Was ist die Art des Zusammenhangs, die zu diesen Zahlen oder diesem geometrischen Muster passt?" (vgl. dazu die folgenden Kapitel).

Dies machen wir an folgendem Beispiel explizit:

▶ **Auftrag**

Stellen Sie zur Folge 0; 3; 8; 15; 24; 35; 48; . . . einen Term auf.

Rekursiv kann man dies mit $a_1 = 0$; $a_{n+1} = a_n + 2n + 1$ beschreiben. Einen expliziten Term zu finden erscheint schwierig. Stellt man das Muster aber graphisch dar, ist es einfach zu erkennen, sodass die Relevanz von graphischen Darstellungen zur Entwicklung von einem Denken in (hier geometrischen) Strukturen als Teil der elementaren Algebra fassbar wird.

Das Aufstellen von rekursiven Beschreibungen von Bilder-/Zahlenfolgen ist ein probates Mittel, wenn es keinen expliziten Term gibt. In der elementaren Algebra ist es aber eine zentrale Idee, explizite Darstellungen aufzustellen, und gerade dies ist gemeint, wenn ein Term aufgestellt werden soll – auch wenn die andere Darstellung überhaupt nicht falsch, aber eben nicht sehr praktisch ist.

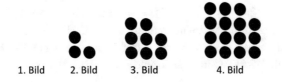

1. Bild   2. Bild   3. Bild   4. Bild   ...

Probleme beim Aufstellen von Termen

Das zentrale Problem beim Aufstellen von Termen (als explizite Darstellung) ist, die gegebene Struktur in den Bildern, Situationen oder Tabellen tragfähig zu erfassen und zu mathematisieren.

Leitfragen für das Aufstellen von Termen machen zugleich die Probleme deutlich:

1. Welche Größen oder Anzahlen sind bekannt? Welche sind unbekannt oder veränderlich?
2. Wie müssen die im Text (Bild, Liste) gegebenen Zahlen miteinander verknüpft werden?
3. Was ist der Charakter des Musters? (Kommt immer gleich viel dazu? Sonst: Lässt sich ein typisches Zahlenmuster erkennen (Quadratzahlen, Kubikzahlen) oder lassen sich Produkte finden?)
4. Passt dein Ergebnis zur Frage/Aufgabe? Mache die Probe.

(zum Teil angelehnt an Krägeloh und Prediger 2015).
Die Leitfragen wollen wir kurz erläutern.

Zu Leitfrage 1: Gesuchte, gegebene, variable Größen erkennen und passend fassen Die Leitfragen unterstützen die Identifikation der mit Variablen zu belegenden Größen. Aber wie genau sind die Variablen zu wählen? Wie offen oder konkret müssen sie sein?

▶ **Beispiel**

„Begründen Sie, dass die Summe zweier aufeinanderfolgender ungerader Zahlen durch 4 teilbar ist." Naheliegende, nicht tragfähige Terme dazu sind:

1. $2m + 1 + 2n + 1$
2. $n + n + 2$ (n ist ungerade)

Im 1. Beispielterm wird die Summe zweier ungerader Zahlen dargestellt, aber die Beziehung zwischen den Zahlen (sie sollen aufeinanderfolgen) wird nicht genutzt. Der Term ist zu allgemein, man kann zwar folgern, dass die Summe gerade ist, aber nicht, dass sie ein Vielfaches von 4 ist: $2m + 1 + 2n + 1 = 2(m + n + 1)$. Ebenso beim 2. Beispielterm mit: $n + n + 2 = 2(n + 1)$.

Mit dem Term $(2n - 1) + (2n + 1) = 4n$ lässt sich die Aussage unmittelbar begründen. Der Term nutzt eine Variable und stellt die beiden Summanden in Abhängigkeit von der einen Variablen n dar. Dadurch gewinnt der Term seine Aussagefähigkeit. Wichtige Strategie: Wähle gleiche Variablen, wo möglich!

Terme können aber nicht nur zu allgemein sein, um mit ihnen produktiv zu arbeiten, sondern auch unzulässig speziell, sodass sie nicht mehr zur Situation passen.

▶ **Beispiel**

Die Summe zweier ungerader Zahlen soll beschrieben werden, also $(2m + 1) + (2n + 1)$. Stattdessen werden zwei spezielle ungerade, nämlich aufeinanderfolgende Zahlen (Term $((2n - 1) + (2n + 1))$ oder zweimal dieselbe Zahl genutzt $((2n + 1) + (2n + 1))$. In beiden Fällen werden Informationen in den Term eingearbeitet, die im Text nicht enthalten sind.

Zu Leitfrage 2: Verknüpfungen zwischen Größen erkennen Als unzureichende Strategie für das Problem, Verknüpfungen zwischen Größen zu erkennen, werden von Lernenden in der Schule beliebige Kombinationen der Zahlen gewählt oder Signalwörter genutzt, um den Term zu finden, anstatt die Situation gründlich zu durchdringen (Krägeloh und Prediger 2015, S. 950). Man muss aber sowohl über tragfähige Grundvorstellungen zu den Operationen verfügen als auch die Strukturen innerhalb der Situation verstanden haben – nur wenn beides vorhanden ist, kann eine korrekte Übersetzung in eine Termstruktur gelingen.

Wenn man jedoch nicht weiß, dass die vier Plättchen, die wiederholt hinzukommen, als Faktor in einem Produkt mathematisiert werden können, dann hat man die benötigte Grundvorstellung der Multiplikation nicht verfügbar und kann Übersetzungen zwischen einem Bild oder Text und einem algebraischen Ausdruck nicht leisten.

Zu Leitfrage 3: Charakter des Musters fokussieren Das Erkennen der Art des Musters ist voraussetzungsreich, insofern es die Fähigkeit erfordert, Funktionen höheren Grades oder andere Strukturen in verbalen Beschreibungen von Situationen, Bildern oder Zahlenfolgen zu identifizieren. Zum Beispiel führt die Nähe zu den Quadratzahlen in der Zahlenfolge 0; 3; 8; 15; 24; ... dazu, die Differenz von Quadratzahlen und 1 zu betrachten und einen Term zu finden. Allgemein braucht es ein bewusstes Zerlegen in Summen oder Produkte bzw. das Suchen nach einem Muster in den Differenzen oder Quotienten von aufeinanderfolgenden Zahlen.

▶ **Auftrag**
   Zerlegen Sie die einzelnen Folgeglieder in Produkte: 2; 6; 12; 20; 30; ...

Natürlich lassen sich verschiedene Arten von Produkten bilden. Aber vielleicht fällt Ihnen auf, dass der Faktor 3 in der 6 und der 12 steckt, der Faktor 5 in der 20 und der 30 und dass allgemein immer Produkte von einer Zahl und der um 1 größeren Zahl zu sehen sind, sodass sich der Term $n \cdot (n + 1)$ ergibt.

Muster in Zahlenfolgen oder Situationen zu erkennen, ist eine zentrale Kompetenz im Umgang mit Termen, die auch beim Arbeiten mit Funktionen zentral ist. Die Folgekapitel Kap. 3 bis 8 zielen deshalb explizit darauf, Ihre Mathematisierungskompetenz an dieser Stelle zu erhöhen. In Kap. 8 wird die Leitfrage nochmal vernetzend aufgenommen.

Zu Leitfrage 4: Einsetzen in den Term – zentrale Strategie zum Überprüfen Das Einsetzen von konkreten Werten in den Term ist das mächtigste Mittel zum Überprüfen von aufgestellten Termen und Gleichungen. Diese Kontrollmöglichkeit funktioniert, da mit dem Einsetzen von Werten der Wechsel zu einer inhaltlichen variablenfreien Darstellung des mathematischen Objekts vorgenommen wird, die leichter gedeutet werden kann. Wer zur ersten Punktfolge (Abb. 1.5) den Term $6n + 4$ aufgestellt hat und dann wiederum eine Tabelle zum Term notiert, merkt sicher, dass die generierten Zahlenpaare nicht zum Bildmuster passen.

Insofern ist das Einsetzen von Werten zur Überprüfung von Termen und Gleichungen eine wichtige Strategie für Sie und Lernende in der Schule, um selbst die Richtigkeit von Termen kontrollieren zu können und damit Sicherheit zu gewinnen.

Dabei denken Lernende nicht immer tragfähig über die Bedingungen von Einsetzungen, z. B. wollen sie manchmal nicht dieselbe Zahl für x und y zulassen (zu spezielle Vorstellung der möglichen Einsetzungen) oder sie gestehen zu, dass eine

Variable in einem Term gleichzeitig durch zwei verschiedene Zahlen ersetzt wird (vgl. Barzel und Holzäpfel 2017, S. 5).

1.3.3 Terme kalkülmäßig umformen

Wenn man einen Term umformt, erhält man einen neuen gleichwertigen Term, der für alle Einsetzungen dieselben Werte annimmt. Basis des Umformens von Termen ist zunächst die Anwendung von Konventionen und den folgenden Rechengesetzen.

Es gelten folgende Konventionen:

- Potenz vor Punkt- vor Strichrechnung, also Potenz bindet stärker als z. B. Multiplikation.
  Beispiel: $3 \cdot 4^2 = 3 \cdot 16$ (und nicht 12^2)
- Bei gleichartigen Operationen wird von links nach rechts gerechnet.
  Beispiel: $4 - 3 + 4 = 1 + 4$ (und nicht $4 - 7$)
- Klammern werden zuerst ausgerechnet.
  Beispiel: $2 \cdot (3 + 4) = 2 \cdot 7$, auch wenn ohne Klammer zuerst multipliziert würde.

Zudem gelten die folgenden Gesetze (mit $a, b, c, d \in \mathbb{R}$):

- $a + b = b + a$ (Kommutativgesetz (Vertauschung) der Addition)
- $a \cdot b = b \cdot a$ (Kommutativgesetz der Multiplikation)
- $(a + b) + c = a + (b + c)$ (Assoziativgesetz (Verknüpfungsgesetz) der Addition)
- $(a \cdot b) \cdot c = a \cdot (b \cdot c)$ (Assoziativgesetz der Multiplikation)
- $a \cdot (b + c) = a \cdot b + a \cdot c$ (Distributivgesetz (Verteilungsgesetz))

Die Rechengesetze lassen sich für die verschiedenen Zahlbereiche formal aus den Definitionen der Operationen herleiten (vgl. z. B. Strehl 1996; Padberg et al. 1995), aber auch inhaltlich durch Rekurs auf graphische Darstellungen oder die verbale Darstellung von Situationen stützen. Im Sinne eines begründbaren Kalküls in der elementaren Algebra der Schule macht es Sinn, diese inhaltlich zu begründen.

▶ **Beispiel**

$(a + b) + c = a + (b + c)$, also das Assoziativgesetz der Addition, lässt sich situativ stützen durch Überlegungen, dass es egal ist, ob ich von drei Mengen zuerst die ersten beiden vereinige und die dritte hinzufüge oder erst die zweite und die dritte vereinige und dann zur ersten hinzufüge. Analog gilt dies für Strecken (siehe folgende Abbildung). Für Produkte braucht man die Rechteckdarstellung.

Darüber hinaus sind für die elementare Algebra noch viele weitere Gesetze relevant, zum Beispiel die Potenz- und Logarithmengesetze (Kap. 5).

Die Anwendung von Rechengesetzen erfordert das Erkennen der spezifischen Termstrukturen, denn die Terme müssen exakt die in den Gesetzen beschriebene Form haben, damit die Rechengesetze anwendbar sind.

▶ **Beispiel**

$$2a + (3b + 4a) \overset{\text{KG Add}}{=} 2a + (4a + 3b) \overset{\text{AG Add}}{=} (2a + 4a) + 3b \overset{\text{DG}}{=} (2 + 4) \cdot a + 3b$$

$$= 6a + 3b.$$

Meist sind wir uns beim Umformen von Termen nicht so genau bewusst, warum wir welchen Schritt tun dürfen, da wir genügend Vertrautheit im Umgang mit diesen Objekten haben. Wahrscheinlich haben Sie nicht an das Distributivgesetz gedacht, sondern einfach $2a + 4a = 6a$ gerechnet. Dieses Nicht-so-genau-Hinsehen kann in weniger vertrauten Situationen oder bei mangelnder Sorgfalt schnell zur falschen Wahrnehmung der Termstrukturen führen. Das führt dann schnell zu Fehlern, da das regelgeleitete Operieren mit Termen sich nur auf die Nutzung der Regeln und sonst nichts stützt. Deshalb sind – wenn möglich – eine inhaltliche Deutung und das Einsetzen von Werten zur Kontrolle anzuraten.

Fehler beim Umformen von Termen

Wie oben angedeutet, lassen sich systematische Fehler beim Umformen vor allem auf die unzureichende Wahrnehmung der Struktur des Terms bzw. der nutzbaren Regeln zurückführen. Die Fehler bestehen eben darin, dass die Terme anders als durch die Vorfahrtsregeln definiert, strukturiert und mit eigenen „Spontanregeln" manipuliert werden.

Malle (1993, S. 171 ff.) unterscheidet zwei Fehlerstrategien, in denen diese unzureichende Fokussierung der Termstrukturen zum Ausdruck kommt:

- Unzulässiges Strukturieren von Termen

▶ **Beispiel**

- $3 + 5 \cdot 4 = 8 \cdot 4$: Die Priorität der Multiplikation gegenüber der Addition wird zugunsten der Abfolge der Teilterme ignoriert.
- $\frac{4x - k}{2x} = \frac{2 - k}{2}$: Es wird gekürzt, indem im Zähler und Nenner dieselbe Zahl oder Variable aus einem Summanden herausgestrichen wird, obwohl dies nur möglich ist, wenn man im ganzen Zähler und Nenner die Variable als Faktor ausklammern kann.
- Übergeneralisieren von Schemata, insbesondere Linearisieren

Tab. 1.3 Schema
$\Delta(a \circ b) = \Delta a \circ \Delta b$

Erlaubt	Allgemein nicht erlaubt
$(a \cdot b)^2 = a^2 \cdot b^2$	$(a + b)^2 = a^2 + b^2$
$-(a + b) = (-a) + (-b)$	$-(a \cdot b) = (-a) \cdot (-b)$
$m \cdot (c \cdot x) = c \cdot m \cdot x$	$\sin (c \cdot x) = c \cdot \sin (x)$

(vgl. Malle 1993, S. 161)

Die in Tab. 1.3 links abgebildeten Schemata (also „Handlungsregeln") werden unkritisch auf die rechts abgebildeten Beispiele übertragen. Dies zeigt, dass die „Regeln" zu unscharf gedacht (und oft auch formuliert) werden, sodass sie fälschlich auf weitere Strukturen übertragen werden. Es ist also erforderlich, Strukturen von Termen sauber zu unterscheiden und immer wieder zu überprüfen, um solche Fehler auszuschließen.

Struktursinn erwerben

Das bewusste Fokussieren von Strukturen kann man trainieren. Es hilft in der Vielzahl der vorkommenden Terme und Gleichungen den Überblick zu behalten und passende oder ökonomische Umformungen auch dann vorzunehmen, wenn die algebraischen Objekte komplizierter werden.

▶   **Auftrag**

Vergleichen Sie Ihre Lösung von Aufgabe 6 aus dem Check-in („Lösen Sie die Gleichung $4 \cdot (x - 3) + 25 = 9 \cdot (x - 3)$") mit der folgenden Lösung.

$$4 \cdot (x - 3) + 25 = 9 \cdot (x - 3) \,|\, -4 \cdot (x - 3)$$

$$25 = 5 \cdot (x - 3) \,|\, : 5$$

$$5 = x - 3 \,|\, +3$$

$$8 = x$$

Wer diese Strukturierungsanforderung vermeidet, multipliziert die Klammern aus, sodass sich die Anzahl der Rechenschritte vergrößert. Wird der Term $4 \cdot (x - 3)$ wie in der Beispiellösung bewusst als Teilterm identifiziert, wird ein strukturierteres Vorgehen möglich, wie es zur effizienten Bearbeitung komplexerer Ausdrücke unverzichtbar ist.

Für das eigene Lernen: Es empfiehlt sich, bewusst Terme auf ihre Struktur hin zu untersuchen und die Struktur zu beschreiben, um nicht zu oberflächlich wahrzunehmen und dann unzulässig zu strukturieren (vgl. Rüede 2012, 2015). Zudem empfiehlt es sich beim Umformen explizit, die genutzten Regeln zu notieren und dann den Umformungsschritt abzugleichen. Auch eine inhaltliche Interpretation der Terme kann helfen, die Struktur der Terme aufzuschließen, da die abstrakten Zeichen mit einer Bedeutung versehen werden (vgl. z. B. Marxer 2012a). Überprüfen Sie Ihre Termumformungen auch durch Einsetzen verschiedener Werte, wenn Sie unsicher sind (vgl. nächster Abschnitt).

Für den Unterricht: Es empfiehlt sich zudem, die unzulässigen Schemata bewusst zu thematisieren, mit den tragfähigen zu konfrontieren und die Falschheit z. B. durch das Einsetzen von Werten und durch inhaltliche Deutung der Umformungen begründen zu lassen.

Umformen von Termen mit dem Computer
Gute Idee! Algebraische Umformungen sind zwar eine wichtige Technik, aber zum Teil auch lästige Rechenarbeit, deren Nutzen in einiger Hinsicht sehr beschränkt erscheinen kann, solange man sich auf das unreflektierte Abarbeiten von Algorithmen beschränkt.

Ein Computeralgebrasystem (CAS) kann hier helfen, von aufwendigen, langwierigen Umformungen zu entlasten. Es reicht, einen Term in das Algebra-Fenster *(calculator)* einzugeben und die Eingabe abzuschließen, der Term wird dann automatisch vereinfacht.

Es stellt auch ein Hilfsmittel zur Überprüfung oder sogar beim Umformen selbst dar, das Ihnen helfen kann, mehr Sicherheit im rechnerischen Umgang mit Termen zu erlangen. Das Ziel ist es hierbei nicht, unzureichende Kompetenzen beim rechnerischen Umgang mit Termen zu überspielen und die problematischen Stellen zu meiden, sondern durch eine reflektierte Nutzung das CAS gezielt bei schwierigen Beispielen zur Überprüfung oder lokal als Hilfe zu nutzen.

Der sinnvolle Einsatz eines CAS in der Algebra erfordert also einen bewussten Umgang mit dem Werkzeug und eine begleitende Reflexion, aber auch eine veränderte Aufgabenkultur. Der Auftrag „Berechne!" muss ersetzt werden durch: „Erkunde, finde und beschreibe den Zusammenhang und begründe!" Dies illustriert das folgende Beispiel, in dem die Umformung eine spannende Entdeckung mit einem Begründungsauftrag motiviert.

▶ **Auftrag**
Vereinfachen Sie den Term $\sqrt{\left(9 + 4 \cdot \sqrt{5}\right)}$ mit einem Computeralgebrasystem und begründen Sie das Ergebnis.

Termumformungen lernen
Damit das Umformen von Termen für Lernende kein willkürlicher Umgang mit beliebigen Regeln ist, sondern ein Verstehen angeregt werden kann, sind sowohl eine inhaltliche Stützung der Regeln als auch eine genaue Fokussierung von Termstrukturen und ein Validieren durch das Einsetzen von hinreichend vielen Beispielwerten notwendig.

In einem Lernweg zum Umformen von Termen sollte also ein Verständnis der Gleichwertigkeit durch verschiedene Handlungen erfahrbar werden (vgl. Prediger 2009):

- „Gleiches beschreiben": Die Gleichwertigkeit von Termen kann man sich vorstellen und verstehen lernen, wenn zwei Terme in korrekter Weise dieselbe Situation beschreiben (z. B. eine *n*-te Stelle einer figurierten Zahlenfolge).

- „Einsetzen": Die Gleichwertigkeit von Termen kann man sich vorstellen und verstehen lernen, wenn beim Einsetzen einer bestimmten Zahl anstelle der Variablen bei den Termen gleiche Werte entstehen. Die Zahl der notwendigen Einsetzungen hängt vom Typ des Terms ab; häufig ist es nicht nur müßig, sondern auch gar nicht möglich, alle Werte zu prüfen.
- „Umformen": Die Gleichwertigkeit von Termen kann man durch Umformen zeigen, wenn man durch kalkülhafte, also regelgeleitete Umformungen vom einen zum anderen Term kommt.

Eine sinnvolle Lernsequenz im Unterricht zur Gleichwertigkeit beginnt damit, dass Terme zu gegebenen Punktmustern und Situationen aufgestellt werden. Dabei ist es naheliegend, dass verschiedene Terme zu einem vorgegebenen Punktmuster von den Lernenden gefunden werden, z. B. $x + (x + 1) + (x + 2) + (x + 3)$ oder $4x + 6$. Dieser authentische Prozess ermöglicht die zentrale Erfahrung, dass beide Terme zu dem Punktmuster passen, auch wenn sie verschieden aussehen. Man erkennt diese „Gleichwertigkeit" auch, wenn man verschiedene Werte einsetzt und erkennt, dass immer dieselben Ergebnisse herauskommen. Diese Schritte zum Vorstellungsaufbau sind wichtig und motivieren darüber hinaus die Suche nach einem effizienteren Weg, Gleichwertigkeit zu erkennen, denn die Suche nach Bildern oder das Einsetzen hinreichend vieler Werte ist umständlich. Da liegt die Suche nach Rechenregeln nahe als allgemeingültiges, sicheres Mittel zum Prüfen der Gleichwertigkeit.

Über einen Lernweg dieser Art bekommen Terme und ihre Gleichwertigkeit einen Sinn. Zudem gewinnen die Lernenden das Einsetzen als wichtige Kontrollmöglichkeit.

Struktursinn bei Lernenden anregen

Die Strukturen von Termen werden nicht erst in der Algebra relevant, sondern greifen bereits in der Arithmetik. Zunächst muss die Notwendigkeit von Vorfahrtsregeln oder anders gearteten Konventionen zur Berechnung von Zahlentermen fassbar werden (vgl. Abb. 1.6). Im Sinne der Eindeutigkeit müssen hier Absprachen zu Vorfahrtsregeln getroffen werden.

Zudem sollten die Lernenden immer wieder produktiv mit Termstrukturen und mit den Vorfahrtsregeln arbeiten (vgl. folgende Aufgabenformate in Abb. 1.7), um Terme zunächst in ihrer Struktur zu durchdringen und in der Folge als Objekte wahrnehmen zu können und somit immer komplexere Strukturen zu verstehen. Ziel ist es dabei, die Lernenden immer wieder anzuregen, nicht einfach zu rechnen, sondern die Bedeutung der Zeichen zu erfassen, indem sie untersuchen, wie sich Veränderungen der Zahlen auswirken.

Im Beispiel werden die Lernenden angeregt, die Bedeutung einzelner Elemente eines Terms zu erfassen, indem sie erleben, welche Veränderungen eines Zahlenterms eine Veränderung der Zahlen in der Sachsituation bewirkt. Probieren Sie es aus. Dadurch wird die Struktur des Objektes (verstehbar in der Struktur der Situation und in der Struktur des Terms) erfasst.

4 Missverständnisse bei Termen vermeiden

Ole hat sich überlegt, wie viel Jan bezahlen soll.
Merve erzählt Pia, wie Ole rechnet. Pia schreibt Oles Rechnung als Term auf.

Wir nehmen ein Viertel von den Getränken und dem Essen, denn Jan hat auch etwas getrunken.

Ole rechnet Getränke plus Essen und teilt dann durch vier.

Oles Term ist also 60 + 72 : 4.

Dann soll Jan also 33 Euro bezahlen.

Nein, er muss 78 Euro bezahlen!

a) Warum kommen Pia und Merve nicht zum gleichen Ergebnis?
   Woher kommt ihr Missverständnis?

Erinnere dich
Klammern regeln, was
man zuerst ausrechnet.

b) Wie würdest du den Term schreiben, damit er eindeutig zu Oles Bild passt
   und es keine Missverständnisse gibt? Wie können dir Klammern dabei helfen?

Abb. 1.6 Die Notwendigkeit von Vorfahrtsregeln einsehen (Prediger et al. 2013, S. 106, Mathe-werkstatt © Cornelsen Verlag)

Fünf Freunde planen einen Ausflug nach Hamburg.

Benzinkosten (PKW mit max. 5 Personen) 120 €	Eintritt Modellbahnausstellung 8 € pro Person

Kosten pro Person [in €]: $\frac{120}{5} + 8$

(a) Was ändert sich, wenn die Benzinkosten auf 130 € steigen?

(b) Was ändert sich, wenn zwei Freunde krank werden?

(c) Was ändert sich, wenn insgesamt sechs Freunde mitfahren?

(d) Was ändert sich, wenn es in der Ausstellung eine Gruppenkarte zu 36 € für bis
   zu sechs Besucher gibt?

(e) Mit welchem Term kann man die Gesamtkosten für alle ausrechnen?

Abb. 1.7 Bedeutung der Elemente eines Terms erfahren (Marxer 2012b, S. 582)

Während die obigen Beispiele mit der Verknüpfung der formalen Zeichen auf einer inhaltlichen Ebene arbeiten, zielen die folgenden Beispiele ausschließlich auf eine bewusstere Wahrnehmung der formalen Strukturen (in Anlehnung an Malle 1993, S. 255).

- Setze in den folgenden Term möglichst viele Klammern, ohne den Wert des Terms zu verändern: $4 \cdot (-2) + 6 \cdot 8 \cdot 3 - 1 \cdot 5^3$
- Schreibe Terme wie in dem Beispiel unten.

$$45 - \left(48 : \left(\begin{smallmatrix} 5+3 \end{smallmatrix} \right) - 3 \right) \cdot \left(7 \cdot \left(\begin{smallmatrix} 8-5 \end{smallmatrix} \right) - 19 \right)$$

- Welche Strukturen haben die folgenden Terme $A + B$ oder $A \cdot B$?
- Benennen Sie die Struktur. Ist es z. B. die Summe zweier Produkte oder das Produkt zweier Summen oder eine Potenz?
  $4 \cdot (x + 5) + (x - 3) \cdot 7$
  $2^{3 \cdot 4 + 5}$
  $(a - 3) \cdot (3 - 4y)$
- Was auf der linken und rechten Seite ist gleich oder ähnlich? Versuchen Sie Strukturen zu erkennen und zu nutzen.
  $386x^2 - 299x^2 = 385x^2 - 299x^2 + 2x$
  $12 \cdot (7x + 13) = 6 \cdot (14x + 27)$
- Lösen Sie die Aufgaben nochmal. Gelingt es Ihnen, ökonomischer zu arbeiten und bewusster Termstrukturen zu nutzen?

Algebraische Terme beschreiben auf abstrakte Weise Situationen, indem die konkreten Objekte inkl. deren Anzahl und Handlungen der Situationen in abstrakte Zahlen, Variablen und Operationen übersetzt werden. Das Aufstellen von Termen verlangt eine gründliche Analyse des Charakters der in der Situation gegebenen Größen (gesuchte, allgemeine, gegebene Größe) und der Zusammenhänge zwischen ihnen. Dazu sind neben der angedeuteten differenzierten Wahrnehmung der Variabilität der Situation insbesondere Grundvorstellungen zu den Operationen nötig, durch die diese Größen in der Situation miteinander verbunden sind. Ebenso bedarf es eines Settings an Regeln, nach denen Terme umgeformt werden, und deren bewusster reflektierter Nutzung. Zur Sicherung eines erfolgreichen Umgangs mit Termen ist das bewusste Überprüfen der Richtigkeit (z. B. durch Einsetzen) und der Sinnhaftigkeit (durch Plausibilitätsbetrachtungen) wesentlich.

Das Lernen von elementarer Algebra sollte schon inhaltlich in der Arithmetik von Klasse 1 bis 6 beginnen. In der zunehmenden Fokussierung von Regeln in den späteren Jahrgängen sollten immer wieder Rückbezüge auf den inhaltlichen Kern im Sinne einer Begründung (z. B. mittels Bildern) oder Validierung (durch Einsetzen) enthalten sein, um die Sinnhaftigkeit der Algebra und des Tuns der Lernenden zu gewährleisten.

1.4   Gleichungen

▶ **Definition** Aus zwei Termen T_1 und T_2 lässt sich durch Gleichsetzung eine *Gleichung* $T_1 = T_2$ bilden. Auf der inhaltlichen Ebene werden in einer Gleichung zwei allgemein gedachte Zahlen oder Situationen zueinander in Beziehung gesetzt, indem ihre Gleichwertigkeit behauptet wird.

Insofern hier etwas behauptet wird, drücken Gleichungen *Aussagen* aus. Sie können deshalb auch wahr oder falsch sein. $2 + 5 = 7$ ist zum Beispiel eine wahre Aussage. Ob eine Gleichung, in der Variablen vorkommen, wahr oder falsch ist, kann davon abhängen, welche konkreten Werte man für die Variablen einsetzt.

▶   **Beispiel**
     $x^2 + 3x = 0$ ist z. B. für $x = 1$ falsch, da man durch Einsetzen die falsche Aussage
     $4 = 0$ erhält, aber für $x = 0$ richtig, da sich mit $0 = 0$ eine wahre Aussage ergibt.

Gleichungen, die Variablen beinhalten, sind *Aussageformen,* die durch das Einsetzen von Zahlen zu wahren oder falschen Aussagen werden. Ihr Wahrheitswert (ob sie also wahr oder falsch sind) kann aber auch unabhängig von Einsetzungen klar sein, wie z. B. bei $2x + 1 = 2x + 3$ oder $a + b = b + a$.
  Im Gegensatz zu Gleichungen sind Terme – wie z. B. $x^2 + 4$ oder $\sqrt{x}$ – nicht wahr oder falsch, da sie keine Aussagen sind.

1.4.1   Klassifizieren von Gleichungen

Gleichungen in der Schulalgebra lassen sich nach verschiedenen Aspekten unterscheiden (vgl. Barzel und Holzäpfel 2011; Vollrath 1994, S. 213 ff.). Nach äußeren Merkmalen lassen sich z. B. abhängig von vorkommenden Termen verschiedene Typen von Gleichungen unterscheiden. Man kann aber auch auf die Bedeutung schauen, die wesentlich davon abhängt, wie man das Gleichheitszeichen deutet (vgl. Prediger 2008).

Deutungen des Gleichheitszeichens
Bereits in der Arithmetik der Grundschule taucht das Gleichheitszeichen auf. In Aufgaben wie zum Beispiel „Berechne $16 + 17 =$" wird es als Zeichen interpretiert, mit dem eine Handlungsaufforderung, nämlich „Bestimme das Ergebnis", verknüpft ist. Die Gleichung $16 + 17 = 33$ gilt, da man die rechte Seite als Ergebnis ausgerechnet hat. Hier wird die Gleichung nicht symmetrisch gedeutet, sondern (irrtümlich) angenommen, dass das Ergebnis immer rechts steht und stehen muss. Man nennt dies „operationale" Deutung des Gleichheitszeichens.

Mit dem Schritt von der Arithmetik zur Algebra gewinnt auch das Gleichheitszeichen an Deutungsmöglichkeiten, sodass neue Arten von Gleichungen entstehen. Wesentlich ist die Deutung als Relations- oder auch Vergleichszeichen, was besagt, dass eine Gleichung eine Beziehung zwischen zwei Termen herstellt. Neu ist, dass diese Gleichung auch von rechts nach links gelesen werden kann und nicht mehr nur von links nach rechts. Denn die Gleichheit ist (als Äquivalenzrelation) symmetrisch, d. h., wenn $a = b$, gilt auch $b = a$.

Gleichheitszeichen als Relationszeichen

1. *Arithmetische, aber symmetrisch gedachte Gleichheit:* Auch im Kontext der Arithmetik lässt sich die Gleichheit schon symmetrisch denken. In Gleichungen wie $3 + 4 = 4 + 3$ oder Aufgaben wie „Ergänze $3 + 4 = 4 +$ ___" wird das Gleichheitszeichen nicht mehr nur als Zeichen, hinter dem das Ergebnis steht, gedeutet, sondern eben symmetrisch.

In der Algebra kommen dann mit den Variablen verschiedene weitere Gleichungen hinzu:

2. *Bestimmungsgleichungen:* Man stellt beispielsweise eine Gleichung auf, die eine bestimmte Bedingung darstellt. Beispiel: „Gesucht ist x mit $x^2 + x - 6 = 0$."
3. *Allgemeine Gleichungen:* Gleichungen können aber auch allgemein und nicht nur für gesuchte Lösungen gelten. Dabei gilt die Gleichheit aus verschiedenen Gründen:
   a) *Inhaltliche Gleichheit:* Beispiele sind Formeln in einem Sachzusammenhang: Hier beschreibt die Gleichung inhaltliche Beziehungen, z. B. zwischen dem Volumen eines Kegels und dessen Radius und Höhe, wie sie die Formel $V = \frac{1}{3}\pi \cdot r^2 \cdot h$ ausdrückt.
   b) *Formale Gleichheit:* Eine Gleichung kann auch allgemein gelten, da sie die Gleichheit zweier Terme ausdrückt, die auf Rechengesetzen beruhen. Zum Beispiel gewinnt man mit dem Distributivgesetz aus dem ersten Term den zweiten: $(x - 2)(x + 3) = x^2 + x - 6$
   c) *Definitorische Gleichheit:* Gleichungen können auch allgemein gelten, da mit ihnen eine Gleichheit gesetzt wird, die einer Variable eine Bedeutung zuweist, z. B.: „Sei $a := b + c$." Hier wird die Gleichheit zwar allgemein, aber nicht streng symmetrisch gedacht, da zwischen dem Gleichheitszeichen und dem zu Definierenden noch ein Doppelpunkt steht, der deutlich macht, welches Zeichen definiert wird.

Bestimmungsgleichungen löst man, indem man die Unbekannte bestimmt, während man allgemeine Gleichungen, die Beziehungen zwischen allgemein oder veränderlich gedachten Zahlen beschreiben, nicht lösen will, wohl aber mehr oder weniger sinnvoll umformen kann.

▶ **Beispiel**

$A = a \cdot b \Rightarrow a = \frac{A}{b}$ (sinnvoll);

$a + b = b + a | - b \Rightarrow a = a$ (Ziel unklar)

Die verschiedenen Gleichungen haben zudem zwei zentrale Funktionen:

Beschreibende Funktion: Wie die zuvor behandelten Terme zielen Gleichungen darauf, Zusammenhänge allgemein algebraisch-symbolisch zu beschreiben. Dabei werden verschiedene Zusammenhänge beschrieben: Rechengesetze bei der formalen Gleichheit, inhaltliche Zusammenhänge bei der inhaltlichen Gleichheit oder konkretere Bedingungen in den Bestimmungsgleichungen.

Heuristische Funktion (Hilfe beim Problemlösen): Sobald man weiß, dass man Zusammenhänge durch Gleichungen beschreiben und Gleichungen kalkülmäßig lösen oder inhaltlich analysieren kann, wird die Gleichung als bewusstes Werkzeug in einem Problemlöseprozess nutzbar. Die Strategie „Suche Beziehungen zwischen den Größen und stelle eine Gleichung auf!" zielt darauf, bestimmte mathematische Probleme einer algebraischen Lösung zugänglich zu machen, indem man allgemeine inhaltliche Gleichungen oder Bestimmungsgleichungen aufstellt. Die Gleichheit muss bewusst als Schlüssel genutzt werden, um Probleme wie „Wann ist welcher Handytarif günstiger?", „Wann treffen sich die Läufer?" oder „Wie weit kann ich für mein Geld fahren?" lösen zu können (vgl. Barzel und Holzäpfel 2011). Die formale Gleichheit ist relevant, wenn man Terme kalkülmäßig durch einfachere Terme ersetzt. Definitionen helfen, einfacher zu beschreiben und in der Folge besser Probleme zu lösen.

Typen von Gleichungen

Gleichungen lassen sich auch danach unterscheiden, welche Funktionstypen oder Operationen in ihnen vorkommen.

Algebraische Gleichungen: Wenn in Gleichungen nur Summen von Vielfachen von Potenzen (also Terme von Polynomfunktionen) vorkommen, spricht man von einer algebraischen Gleichung. Dazu gehören lineare Gleichungen, quadratische Gleichungen usw. Abhängig von der höchsten vorkommenden Potenz einer Variablen lässt sich der *Grad einer Gleichung* fassen: $x^2 - 3x + 1 = 0$ ist eine Gleichung zweiten Grades, während $x^4 - 3x^3 + x^2 = 0$ eine Gleichung vierten Grades ist.

Es können aber auch weitere Operationen oder Funktionen Gleichungen komplizierter machen. Wenn Variablen im Nenner eines Bruches vorkommen, nennt man die Gleichung Bruchgleichung. Wenn die Variable unter einer Wurzel steht, nennt man sie Wurzelgleichung. Wenn die Variable im Exponenten einer Potenz steht, nennt man sie Exponentialgleichung.

Probleme von Lernenden

Irritationen beim Umgang mit Gleichungen entstehen für Lernende, wenn diese nur eine Art der Gleichheit, also nur eine Verwendung des Gleichheitszeichens kennen, aber andere Deutungen erforderlich sind.

So führt die Deutung des Gleichheitszeichens als Operationszeichen im Sinne der Aufgabe-Ergebnis-Deutung bei Gleichungsketten schnell zu „Meinungsverschiedenheiten" zwischen Lernenden und Lehrkräften: Eine Schülerin liest das Gleichheitszeichen als Handlungszeichen, notiert immer hinter einem „$=$" das Ergebnis und rechnet dann mit dem Ergebnis weiter: $3 + 4 = 7 + 6 = 13 + 2 = 15 - 4 = 11$. Für Lehrkräfte ist die Gleichheitsrelation symmetrisch und transitiv ($a = b$ und $b = c \Rightarrow a = c$) und daher bewerten sie die Gleichungsketten als falsch. Für die Schülerin ist die Rechnung richtig, da sie das Gleichheitszeichen anders deutet. Ihr hilft ein bloßes Verweisen auf die andere Sichtweise wenig, vielmehr muss diese relationale symmetrische Deutung frühzeitig verankert und die Unterschiede in den Deutungen expliziert und reflektiert werden (vgl. Prediger 2008). Dies ist schon in der Grundschule und zu Beginn der Sekundarstufe mit Aufgaben wie $4 + \_ = 3 + 4$ möglich (vgl. Steinweg 2013, Kap. 3).

1.4.2 Gleichungen aufstellen

Abhängig vom Typ der Gleichung sucht man beim Aufstellen Beziehungen zwischen allgemeinen Zahlen (allgemeine Gleichung) oder zwischen gegebenen und gesuchten Zahlen (Bestimmungsgleichung).

Dabei muss die durch den Text gegebene Struktur der Situation erst in die abstrakte Struktur der Gleichung übersetzt werden, wie am folgenden Beispiel der Aufgabe zum Verhältnis von Studierenden und Professoren diskutiert werden soll: „An einer Universität sind P Professorinnen und S Studierende. Auf eine Professorin kommen vier Studierende. Drücken Sie das durch eine Gleichung in S und P aus" (vgl. Malle 1986, S. 2, und Check-in). Gängig ist folgende Fehlstrukturierung: Auf eine Professorin kommen vier Studierende, also eine Professorin $\cong$ vier Studierende, also $1P = 4S$.

▶ **Auftrag**
   Begründen Sie, warum das falsch ist.

In der Antwort oben wird die Struktur der Zuordnung der Objekte, also der Professorinnen und der Studierenden, auf die Variablen abgebildet. Insofern wird P hier als Abkürzung für das Objekt Professorin gelesen, gibt aber gerade nicht die Anzahl der Objekte wieder, wie sie durch die Variable beschrieben wird. Konkret: Wenn auf eine Professorin vier Studierende kommen, dann ist die Anzahl der Studierenden viermal so groß wie die der Professorinnen.

Hier liegt wieder eine falsche Deutung der Variablen als Objekt (wie bei den Birnen und Äpfeln) statt als Anzahl (der Birnen, Äpfel, Professorinnen) vor. Die anschauliche Struktur der Situation wird in eine Gleichung übersetzt, ohne auf die durch Variable beschriebenen Anzahlen im Sinne einer formalen Struktur zu fokussieren (vgl. Malle 1993). Um diese Hürde zu überwinden, müssen die Zahlbeziehungen fokussiert und aufgestellte Gleichungen überprüft werden. Denn $1P = 4S$ wird durch Einsetzen sofort falsifiziert: $1 \cdot 1 = 4 \cdot 4$, oder es wird klar, dass man eigentlich gar nicht für P und S einsetzen wollte, sondern nur die Objekte anstatt der Anzahlen mit P und S fokussiert hat.

Ähnliche Formate, die eine solche Verwechslung von Objekt und Anzahl durch eine offensichtlich erscheinende Vergleichssituation provozieren können, sind: „Die Schwester ist zwei Jahre älter als Karl" (falsch: $S + 2 = K$), oder: „Ich habe dreimal so viel Geld wie du" (falsch: $i \cdot 3 = d$).

Die dargestellten Probleme gelten für allgemeine Gleichungen wie für Bestimmungsgleichungen, auch wenn sich die Beispiele auf allgemeine Gleichungen beziehen.

Bestimmungsgleichungen ergeben sich dann, wenn eine Beziehung zwischen zwei Größen allgemein beschrieben wird und eine der beiden Größen bekannt und die andere unbekannt ist.

▶ **Beispiel**
Die Mehrwertsteuer in Deutschland beträgt 19 %. Wie viel kostet eine Spielekonsole netto, die im Verkauf 399 € kostet?

Der Bruttopreis hängt vom Nettopreis ab: Bruttopreis = Nettopreis + Nettopreis · Mehrwertsteuersatz, also $b(n) = n + 0{,}19 \cdot n = 1{,}19 \cdot n$. Mit $b(n) = 399$ lässt sich der Nettopreis berechnen, indem man die Gleichung $399 = 1{,}19 \cdot n$ löst.

Durch die Änderung der Schreibweise haben wir den Zusammenhang, wie der Brutto- vom Nettopreis abhängt, bewusster als funktionalen Zusammenhang dargestellt. Bestimmungsgleichungen ergeben sich also auch dann, wenn in einem funktionalen Zusammenhang die Funktionswerte bekannt sind und passende x-Werte gesucht werden (vgl. Abschn. 2.8.1).

Interpretieren, Überprüfen und Visualisieren von Gleichungen
Wie das Interpretieren oder Visualisieren von Termen ist auch das Deuten von Gleichungen ein selten vollzogener Darstellungswechsel.

▶ **Auftrag**
Welche Situation passt zu $4x + 5 = 27$?
Kennen Sie auch eine Situation zu $-4x + 25 = 9$?
Oder zu $-x^2 + 4x + 3 = 2$?

Das regelmäßige Interpretieren oder Visualisieren macht aber Sinn,

- um Anwendungssituationen zu Typen von Gleichungen/Funktionen zu sichern (Welche Anwendungssituationen für quadratische Funktionen und Gleichungen kennen wir?),
- um tragfähige Vorstellungen im Sinne der Übersetzungsfähigkeit zwischen den verschiedenen Darstellungsformen aufzubauen,

- um die Vernetzung mit den Funktionen zu erhöhen und keine von funktionalem Denken unabhängige Gleichungslehre zu betreiben, sondern die Gleichung als wichtiges Werkzeug im Umgang mit Funktionen und das funktionale Denken als wichtige inhaltliche Stütze für das Verständnis von Gleichungen zu nutzen,
- um den Grad des Aufbaus der Vorstellungen diagnostizieren zu können.

1.4.3 Verschiedene Wege zum Lösen von Gleichungen

Wenn man Gleichungen lösen will, geht man implizit schon davon aus, dass man eine Bestimmungsgleichung vor sich hat. Aber auch bei den anderen Arten von Gleichungen kann man von den Lösungen der Gleichung sprechen. Zum Beispiel ist die Gleichung $x + 2 = 2 + x$ wahr für alle x-Werte, die wir zulassen. Die Lösungsmenge ist gleich der Definitionsmenge, also $L = D$.

Anzahl der Lösungen einer Gleichung
Die Anzahl der möglichen Lösungen einer Gleichung ist abhängig vom Typ der Gleichung. In Abb. 1.8 sind die Gleichungen in einer vereinfachten Form notiert: Zum Beispiel lässt sich eine lineare Gleichung $\alpha x + \beta = \gamma x + \delta$ umformen zu $(\alpha - \gamma)x + (\beta - \delta) = 0$ und somit vereinfacht notieren als $ax + b = 0$ mit $a = \alpha - \gamma$ und $b = \beta - \delta$. So lässt sich das Lösen von Gleichungen als Suche nach den Nullstellen einer Funktion, also als Suche nach den Schnittpunkten mit der x-Achse interpretieren (vgl. Abb. 1.8).

Lineare Gleichungen der Form $ax + b = 0$ mit $a \neq 0$ haben genau eine Lösung, quadratische Gleichungen höchstens zwei, kubische Gleichungen höchstens drei, gewöhnliche Gleichungen n-ten Grades haben höchstens n Lösungen (vgl. Abb. 1.8). Wenn es mehr als genau eine Lösung gibt, so lässt sich dies begrifflich fassen, indem man diese als Lösungsmenge zu einer Gleichung denkt.

Die Lösungsmenge ist dabei abhängig von der Definitionsmenge der Gleichung, also von den Werten, die man überhaupt für die Variable zulässt.

▶ **Beispiel**
Die Gleichung $x^2 = 4$ hat in $\mathbb{N}$ (also wenn die Definitionsmenge die Menge der natürlichen Zahlen $\mathbb{N}$ ist) die Lösungsmenge $L = \{2\}$, in $\mathbb{Z}$ die Lösungsmenge $L = \{-2; 2\}$, während Gleichungen der Form $x^2 = a$ (mit $a > 0$) im Allgemeinen weder in $\mathbb{N}$ noch in $\mathbb{Z}$ noch in $\mathbb{Q}$ Lösungen haben, z. B. $x^2 = 3$.

Falls Sie dieses Herausstellen der Abhängigkeit der Lösungsmenge von der Definitionsmenge für eine Spitzfindigkeit halten, da man doch eigentlich immer von dem maximalen Definitionsbereich ausgeht, bedenken Sie bitte:

- In verschiedenen Sachkontexten machen nur bestimmte Werte Sinn, z. B. nur positive Zahlen in geometrischen Kontexten (Wie lang ist die Hypotenuse eines recht-winkligen Dreiecks, wenn die Katheten 3 cm und 4 cm lang sind?).
- Mathematikerinnen und Mathematiker würden $\mathbb{R}$ ebenfalls als stark eingeschränkten Definitionsbereich betrachten: In $\mathbb{R}$ hat die Gleichung $x^2 = -1$ keine Lösung. Wenn man den Zahlbereich erweitert, um diese Gleichung lösen zu können (mit der Lösung i mit $i^2 = -1$), dann hat – in den komplexen Zahlen – jede Polynom-gleichung (komplexe) Lösungen, und zwar so viele, wie der Grad der Funktion ist (Fundamentalsatz der Algebra, bewiesen von Gauß, vgl. z. B. Liesen und Mehrmann 2015, S. 231 f.).

Für die elementaren Gleichungen im Schulkontext lässt sich festhalten: In den reellen Zahlen hat eine Polynomgleichung n-ten Grades – also die Gleichungen in Abb. 1.8 – *höchstens* n Lösungen (vgl. auch Abschn. 5.3.2). Das heißt aber nicht, dass die Lösungen dieser Gleichungen mit einem Lösungsalgorithmus ähnlich wie für quadratische Gleichungen mit der pq-Formel sicher gefunden werden können. Zum Beispiel hat eine Polynomgleichung fünften Grades eine Nullstelle, denn anschaulich ist klar, dass der Graph von z. B. $f(x) = x^5 - 4x^3 + 4$ die x-Achse schneidet, aber es gibt keinen algebraischen Weg, diese reelle Nullstelle zu finden. Man ist auf numerische Annäherungen angewiesen.

Allgemein gilt: Für Gleichungen mit einem Grad >4 gibt es keinen Lösungsalgorith-mus (vgl. Satz von Abel Ruffini, z. B. in Beutelspacher 2018). Das zeigt auch noch ein-mal aus einer ganz anderen Perspektive, wie wichtig auch die nichtalgebraischen Wege zum Lösen von beliebigen Gleichungen sind (vgl. Abschn. 5.3.2).

Gleichungen lösen

Allgemein lassen sich Gleichungen in verschiedenen Darstellungsformen (graphisch-visuell, numerisch-tabellarisch, formal-symbolisch, situativ-sprachlich) lösen.

Aus didaktischer Perspektive lassen sich verschiedene Arten von Wegen unter-scheiden (vgl. Abb. 1.10, in der die Arten für lineare Gleichungen konkretisiert sind):

- *Informelle Wege* wie das graphische Bestimmen der Lösungen oder das probierende Bestimmen der Lösungen mit Tabellen: Informelle Wege erfordern kein spezi-fisches Vorwissen zu speziellen Lösungsformeln und sind damit eine frei verfügbare Ressource auf der Suche nach einer Lösung.
- *Modellgestützte Wege* wie das Lösen von Gleichungen mit Waagen oder anderen Modellen: Modellgestützte Wege erlauben es, den kalkülmäßigen Weg zu stützen, insofern dieser analog verläuft. Diese Stützung ist gerade die Funktion der Modelle.
- *Kalkülmäßige Wege,* die mit formal-symbolischen Darstellungen arbeiten: Sie erlauben ein schematisches, interpretationsfreies Vorgehen, das schneller und ein-facher durchzuführen ist.

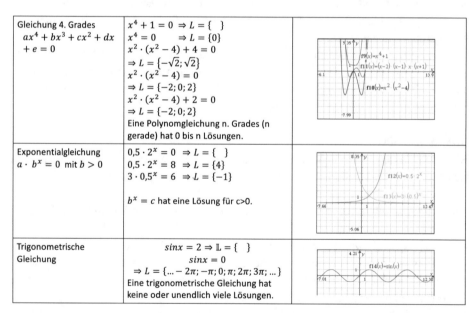

Typ der Gleichung	Beispiele und Lösungsmenge	Graphische Darstellungen (Schnittpunkte mit x-Achse)
Lineare Gleichung $ax + b = 0$	$2 = 0 \quad \Rightarrow L = \{\ \}$ $0 = 0 \quad \Rightarrow L = D$ $3x - 6 = 0 \Rightarrow L = \{2\}$ Wenn $f(x)$ nicht konstant ist, dann hat f(x)=0 genau eine Lösung.	
Quadratische Gleichung $ax^2 + bx + c = 0$	$x^2 - 4x + 6 = 0 \Rightarrow L = \{\ \}$ $x^2 - 4x + 4 = 0 \quad \Rightarrow L = \{2\}$ $x^2 - 4x + 2 = 0$ $\Rightarrow L = \{2 - \sqrt{2}; 2 + \sqrt{2}\}$ Eine quadratische Gleichung hat 0 bis 2 Lösungen.	
Gleichung 3. Grades $ax^3 + bx^2 + cx + d = 0$	$(x + 3)^3 = 0 \Rightarrow L = \{-3\}$ $x^2 \cdot (x - 2) = 0 \quad \Rightarrow L = \{0; 2\}$ $(x - 1) \cdot (x - 2) \cdot (x + 1) = 0$ $\Rightarrow L = \{-1; 1; 2\}$ Eine Polynomgleichung n. Grades (n ungerade) hat mindestens eine und höchstens n Lösungen.	
Gleichung 4. Grades $ax^4 + bx^3 + cx^2 + dx + e = 0$	$x^4 + 1 = 0 \Rightarrow L = \{\ \}$ $x^4 = 0 \quad \Rightarrow L = \{0\}$ $x^2 \cdot (x^2 - 4) + 4 = 0$ $\Rightarrow L = \{-\sqrt{2}; \sqrt{2}\}$ $x^2 \cdot (x^2 - 4) = 0$ $\Rightarrow L = \{-2; 0; 2\}$ $x^2 \cdot (x^2 - 4) + 2 = 0$ $\Rightarrow L = \{-2; 0; 2\}$ Eine Polynomgleichung n. Grades (n gerade) hat 0 bis n Lösungen.	
Exponentialgleichung $a \cdot b^x = 0$ mit $b > 0$	$0{,}5 \cdot 2^x = 0 \Rightarrow L = \{\ \}$ $0{,}5 \cdot 2^x = 8 \Rightarrow L = \{4\}$ $3 \cdot 0{,}5^x = 6 \Rightarrow L = \{-1\}$ $b^x = c$ hat eine Lösung für c>0.	
Trigonometrische Gleichung	$sin x = 2 \Rightarrow \mathbb{L} = \{\ \}$ $sin x = 0$ $\Rightarrow L = \{\ldots - 2\pi; -\pi; 0; \pi; 2\pi; 3\pi; \ldots\}$ Eine trigonometrische Gleichung hat keine oder unendlich viele Lösungen.	

Abb. 1.8 Anzahl an Lösungen verschiedener Gleichungen

    Im Sinne eines erfolgreichen Umgangs mit Gleichungen sind alle Wege relevant.

    Im Sinne der Vernetzung von Algebra und Funktionen sind die informellen Lösungswege, die Funktionen nutzen, also das Ablesen am Graphen und das systematische Erstellen von Tabellen wichtig, damit die Relevanz der Gleichungen für die Funktionen deutlich ist und so die Funktionen als Wege zur Lösung von Gleichungen oder Überprüfung von Lösungen zur Verfügung stehen. Dies ist wichtig für das Verständnis der Gleichungen, auch wenn das Arbeiten mit Graphen und Tabellen nicht hilft, einen kalkülmäßigen Weg zum Lösen von Gleichungen zu finden. Das ist gerade der Nutzen der Modelle.

Leider gibt es nicht für Gleichungen jeden Typs allgemein anwendbare Lösungswege, wie Sie es von den linearen oder quadratischen Gleichungen gewohnt sind. Für Gleichungen vom Grad größer 4, also z. B. $x^5 - 3x^4 - 5x^3 + x - 3 = 0$, gibt es keinen Lösungsalgorithmus. Insofern sind für die verschiedenen Typen von Gleichungen verschiedene Lösungswege relevant oder ökonomisch (vergleiche Schaubild in Abb. 1.10 und Kap. 8).

Gleichungen kalkülmäßig lösen
Grundsätzlich lassen sich folgende zentrale Arten des kalkülmäßigen Umgangs mit Gleichungen im Rahmen der elementaren Algebra unterscheiden:
- Termumformungen: Hier wird im strengen Sinn nicht die Gleichung umgeformt, insofern nicht mit beiden Seiten der Gleichung operiert wird, vielmehr wird ein Term (manchmal auch beide) durch einen gleichwertigen Term ersetzt. Die Termumformung zielt darauf ab, die Komplexität der Gleichung zu reduzieren (Beispiel 1) oder eine bestimmte Form der Gleichung herzustellen, die die Anwendung eines Lösungsalgorithmus ermöglicht (Beispiel 2).

▶   **Beispiele**
   Beispiel 1: $4x + 3 + x = 4 + 9x - 5 \Rightarrow 5x + 3 = 9x - 1$.
     Beispiel 2: $3x^2 + 6x = 0 \Rightarrow 3x(x - 3) = 0 \Rightarrow x = 0$ oder $x = 3$, um die Lösung abzulesen.

Im zweiten Beispiel nutzt man den folgenden „Satz vom Nullprodukt".

▶ **Satz** Ein Produkt ist genau dann null, wenn mindestens einer der Faktoren null ist.
   Zur Begründung des Satzes mache man sich klar, dass die folgenden Gleichungen gelten: $4 \cdot 0 = 0$; $0 \cdot 4 = 0$ und $0 \cdot 0 = 0$. Nur wenn mindestens einer der Faktoren 0 ist, ergibt sich als Produkt 0. Im Umkehrschluss wird bei der Nutzung des Nullprodukts untersucht, wann die Faktoren jeweils 0 sind, um so geeignete Unbekannte zu finden. Besonders naheliegend ist dieses Verfahren, wenn sich die Variable ausklammern lässt, also $x = 0$ eine Lösung darstellt. Es funktioniert allerdings nur, wenn das Produkt auch wirklich 0 ist, und nicht bei Gleichungen wie z. B. $(x - 5) \cdot (x + 2) = 4$.

- Äquivalenzumformungen: Hier wird die Gleichung manipuliert, indem man auf die beiden gleichwertigen Terme dieselbe Operation (Addition, Subtraktion eines Terms, Multiplikation und Division mit einer Zahl ungleich 0) anwendet, die die Lösungsmenge der Gleichung nicht verändert. Inhaltlich gestützt wird dies durch die Füllung der Äquivalenzumformungen durch Handlungen an der Waage (vgl. Abschn. 1.4.5).

▶ **Beispiel**

$$4x + 5 = 9 | {-5} \Leftrightarrow 4x = 4 | : 4 \Leftrightarrow x = 1$$

Zur Anwendung von Äquivalenzumformungen müssen das Konzept der Umkehr-operation aktiviert und die Umformungsregeln angewendet werden. Über die Umkehr-operation wird die passende Operation identifiziert, mit der die Gleichung erfolgreich manipuliert werden kann. Im Beispiel: Zur Operation $+5$ wird mit -5 eine passende Umkehroperation identifiziert. Die passende Regel („Die Addition einer Zahl auf beiden Seiten einer Gleichung verändert die Lösungsmenge der Gleichung nicht.") ermöglicht die Subtraktion der 5 auf beiden Seiten der Gleichung.

• Nutzung von Lösungsalgorithmen: Hier hat eine Gleichung eine bestimmte Form, die die Anwendung einer Lösungsformel erlaubt, oder sie wird durch Umformungen in diese Form gebracht, z. B. die pq-Formel, das Ablesen von Lösungen beim Null-produkt oder Substitution.

Die Anwendung dieser Verfahren auf die verschiedenen Typen von Gleichungen wird in Kap. 8 erläutert.

Wenn man Operationen auf eine Gleichung anwendet, ist es wichtig, im Blick zu behalten, dass die Lösungsmenge gleich bleibt, dass also wirklich Äquivalenz-umformungen stattfinden.

Wenn man z. B. $x = 5$ quadriert, dann ergibt sich $x^2 = 25$ mit den Lösungen $x = 5$ und $x = -5$. Die Gefahr hier ist, dass neu hinzugekommene Lösungen nicht kritisch überprüft und als Lösung der ursprünglichen Gleichung aufgefasst werden. Auch beim Lösen von Gleichungssystemen vergrößert sich die Lösungsmenge, wenn man nicht weiterhin alle Gleichungen aufschreibt (vgl. Vollrath 1994).

Die Lösungsmenge und der Grad der Gleichung können sich aber auch verkleinern.

▶ **Beispiele**

$$x^2(x - 4) = 0 \Rightarrow x - 4 = 0 \Rightarrow x = 4$$

$$x^3 + 3x^2 - 6x + 2 = 0.$$

Polynomdivision: $(x^3 + 3x^2 - 6x + 2):(x - 1) = x^2 + 4x - 2$

Ziel dieses Vorgehen ist es, eine Seite der Gleichung zu faktorisieren, um den „Satz vom Nullprodukt" zu nutzen und zunehmend einfache Gleichungen zu betrachten. Die Gefahr dabei ist, dass Lösungen vergessen werden.

Problem: Strukturen erkennen und herstellen

Insofern bei der Anwendung von Lösungsalgorithmen oder beim Faktorisieren ver-schiedene Strukturen von Gleichungen erkannt und zum Teil bewusst hergestellt werden müssen, ist wieder das Strukturieren von Termen und Gleichungen fundamental.

Dazu gehört die Flexibilität, sich von erarbeiteten Verfahren zu lösen und anders zu strukturieren. Zum Beispiel kommt man mit der Strategie „Mit Äquivalenzumformungen nach x auflösen" bei quadratischen Gleichungen nicht weiter, da sich x nur vollständig isolieren lässt, wenn man bestimmte Strukturen in der Gleichung herstellt (quadratische Ergänzung, vgl. Kap. 4).

So verfährt Anna mit der Gleichung $x^2 - 4x + 4 = 0$ folgendermaßen:

$$x^2 - 4x + 4 = 0 |+4x| - 4$$

$$x^2 = 4x - 4$$

$$x = \pm\sqrt{4x - 4}$$

Wie am Beispiel ersichtlich ist, führt die Idee des Isolierens von x (hier gedacht als Isolieren von x^2) nicht zum intendierten Ziel[2]. Analog hilft die pq-Formel als Verfahren für quadratische Gleichungen nicht unbedingt beim Lösen von Gleichungen dritten Grades. Und allein für das Lösen quadratischer Gleichungen lassen sich schon mehrere syntaktische Wege unterscheiden (vgl. Abschn. 4.4.1). Für Gleichungen vom Grad >4 steht gar kein allgemeines Lösungsverfahren zur Verfügung.

Insofern ist der flexible, die Struktur von Gleichungen fokussierende Umgang mit Gleichungen zentral für ein erfolgreiches Lösen verschiedener Typen von Gleichungen. Bei der Fokussierung der Struktur einer Gleichung können die folgenden Leitfragen unterstützen:

- Welcher Typ Gleichung liegt vor?
- Welche kalkülmäßigen Lösungsverfahren gibt es für diesen Typ Gleichung? Welches ist für das vorliegende Beispiel besonders günstig?
- Welche Struktur der Gleichung muss ich herstellen, damit dieses Lösungsverfahren anwendbar wird?
- Mit welcher Umformung kann ich die gegebene Gleichung verändern, sodass sie die für die Lösungsformel erforderliche Form erhält?
- Welche anderen Wege machen sonst Sinn?
- Kontrolliere ich regelmäßig mein Ergebnis durch Einsetzen?

Diese flexible Fokussierung der Struktur der Gleichungen setzt natürlich voraus, dass alle Lösungsverfahren erarbeitet wurden. In diesem Buch werden die Lösungsalgorithmen in den Kapiteln zu den verschiedenen Funktions- und Gleichungstypen sukzessive ausgebaut, sodass der flexible Umgang mit diesen Gleichungen erst in Kap. 8 gut trainiert werden kann. Die Fragen bieten aber eine wichtige Hilfe beim Arbeiten mit Gleichungen in den einzelnen Kapiteln.

---

[2]Auch wenn daran anknüpfend über graphische Betrachtungen und Symmetrieüberlegungen ein Lösungsverfahren entwickelt werden kann (vgl. Vehling 2018).

1.4.4 Ungleichungen

Ungleichungen unterscheiden sich formal von Gleichungen, insofern sie kein Gleichheitszeichen, sondern das Relationszeichen $<$ oder $>$ enthalten. Inhaltlich steht die Ungleichung dafür, dass die Terme auf der linken und rechten Seite in Bezug auf ihren Wert verglichen werden. Solche Vergleiche sind wichtig, wenn man z. B. formal zeigen will, dass eine Funktion die ganze Zeit steigt, oder die Bedingungen formulieren will, die für die Seiten in einem Dreieck gelten müssen (die Dreiecksungleichung $a + b > c$ gilt für eine geeignet gewählte Seite c eines Dreiecks).

In Ungleichungen kann man auf beiden Seiten dasselbe addieren, subtrahieren bzw. beide Seiten mit derselben positiven Zahl multiplizieren oder durch dieselbe positive Zahl dividieren.

▶ **Beispiel**

$$4x - 5 < 2x + 5 \Leftrightarrow 2x - 5 < 5 \Leftrightarrow 2x < 10 \Leftrightarrow x < 5$$

Durch Einsetzen von Zahlen in die Ungleichungen kann man die Gültigkeit dieser Umformungen nachvollziehen. Die Lösungsmenge einer solchen Gleichung ist ein Bereich der reellen Zahlen, hier aller Zahlen, die kleiner sind als 5, also $\mathbb{L} = \{x \in \mathbb{R} : x < 5\}$.

Aufmerksamer muss man sein, wenn mit negativen Zahlen (Termen) multipliziert oder durch diese dividiert wird, was zunächst an konkreten Zahlen plausibilisiert werden soll: $3 < 4$, aber $-1 \cdot 3 > -1 \cdot 4$. Wenn man das Vorzeichen ändert, ändert sich die Ordnungsrelation, denn die Änderung des Vorzeichens ist eine Spiegelung einer Zahl auf dem Zahlenstrahl an der 0, sodass die Zahl, die vorher im Verhältnis zur anderen weiter in Richtung der positiven Zahlen lag, nun mit der anderen Zahl die Reihenfolge tauscht (vgl. Abb. 1.9).

Das Drehen des Vergleichszeichens lässt sich auch nachvollziehen, indem man beide Seiten je einmal subtrahiert: $3 < 4 \Leftrightarrow 3 - 3 - 4 < 4 - 3 - 4 \Leftrightarrow -4 \langle -3 \Leftrightarrow -3 \rangle - 4$.

▶ **Beispiele**

So löst man also eine lineare Ungleichung:
$-4x < x + 5 \Leftrightarrow -5x < 5 \Leftrightarrow -x < 1 \Leftrightarrow x > -1$.
So löst man eine quadratische Ungleichung: $-x^2 < -4 \Leftrightarrow x^2 > 4 \Leftrightarrow x < -2$ oder $x > 2$.

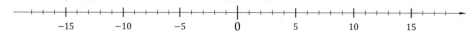

Abb. 1.9 Zahlenstrahl

Hier entstehen verschiedene Lösungsbereiche, da die analoge Gleichung mehrere Lösungen hat. Analog gibt es Ungleichungen mit keiner Lösung in $\mathbb{R}$ (z. B. $x^2 < 0$) oder genau einer Lösung (z. B. $(x - 3)^2 \leq 0$, hier Lösung $x = 3$).

Auch wenn Ungleichungen im Unterricht der Sekundarstufe I keine große Rolle spielen, so sind sie notwendig, um z. B. Funktionen mit Mitteln der Elementarmathematik auf Monotonie zu untersuchen (vgl. Kap. 2).

1.4.5   Ziele und Probleme beim Lösen von Gleichungen

Wie beim Umgang mit Termen besteht auch beim Umgang mit Gleichungen die größte Herausforderung darin, die Struktur der Gleichungen und der darin enthaltenen Termstrukturen richtig zu analysieren und passende Umformungen auszuwählen (vgl. Tietze 1988; Malle 1993; Barzel und Holzäpfel 2011).

An konkreten typischen Fehlern wird dies deutlich (vgl. Tietze 1988, S. 172):

- Das nicht notierte Multiplikationszeichen wird als additive Verknüpfung gedeutet: Die Lösung zu $ax = b$ wird mit $x = b - a$ angegeben.
- Das Distributivgesetz wird nicht beachtet: Die Lösung zu $ax + b = c$ wird als $x = \frac{c}{a} - b$ angegeben, da die Division durch a nicht auf die ganze Gleichung bezogen wird.
- Richtig wäre: $ax + b = c | - b \Rightarrow ax = c - b : a \Rightarrow x = \frac{c-b}{a}$ (für $a \neq 0$)
- Bei Bruch-, Exponential- oder Logarithmusgleichungen entstehen weitere Probleme mit der Struktur der vorhandenen Terme und Gleichungen sowie mit den entsprechenden Regeln.

Auch wenn Sie z. B. lineare Gleichungen sicher lösen können, kann Ihnen derselbe Fehler bei komplexeren Termstrukturen doch schnell unterlaufen, da es mit zunehmender Komplexität schwieriger wird, die Strukturen zu identifizieren und zu nutzen.

Unterrichtskonzepte zum ersten Umgang mit Gleichungen
Auch für das Lernen von Verfahren zum Lösen von Gleichungen gilt, dass zunächst tragfähige Vorstellungen aufgebaut werden sollten, damit die Verfahren nicht bloß rezeptartig und damit häufig nur kurzfristig und nicht nachhaltig gelernt werden.

Dabei kann man einen sinnhaften Lernweg in drei Stufen beschreiben:

- Anregung von informellen Wegen, also z. B. durch probierendes und argumentierendes Bestimmen von unbekannten Größen in Sachsituationen oder Ablesen von Eingabewerten von Graphen
- Anbieten von Modellen mit Handlungen, die eine Entwicklung der Äquivalenzumformungen ermöglichen (z. B. Waagemodell, Rückwärtsrechnen)
- Abstraktion und Ausweitung des modellhaften Lösens auf allgemeine, zum Teil im Modell nicht mehr durchführbare Äquivalenzumformungen

In diesem Stufenmodell erlaubt das modellgestützte Lösen mit der Waage, dass eine Vorstellung entwickelt wird, auf die sich die Regeln für die Äquivalenzumformungen stützen können.

Das Waagemodell

Das Konzept der Äquivalenzumformung wird als eine Veränderung der Dinge auf der Waage interpretiert, bei der die Waage im Gleichgewicht bleibt.

Das Waagemodell ist dabei ein tragfähiges Modell, um das äquivalente Umformen von Gleichungen zu verstehen. Zentrale Idee ist dabei, dass das Umformen mit dem Verändern von zwei Seiten einer Waage interpretiert wird, ohne dass die Waage dabei aus dem Gleichgewicht gerät (siehe Abb. 1.10).

Lösen mit Äquivalenzumformungen

$$4x + 2 = 2x + 8 \quad |-2$$
$$4x \quad = 2x + 6 \quad |-2x$$
$$2x \quad = \quad 6 \quad |:2$$
$$x \quad = \quad 3$$

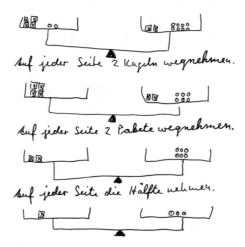

Gestufte Darstellung der Wege zum Lösen linearer Gleichungen

Situativ-verbal	Tabellarisch								Graphisch
Grundgebühr 1 €, Stückkosten 2 €. Wie viele bekomme ich für 11 €?	Wann ist der Wert von 2x + 1 11?								
	x	**−1**	**0**	**1**	**2**	**3**	**4**	**5**	**6**
Wenn ich die Grundgebühr abziehe bleiben 10 €, also kann ich 5 Stück bekommen.	**2x + 1**	−1	1	3	5	7	9	11	13

Lösen in einem Modell

Abb. 1.10 Wege zum Lösen linearer Gleichungen

Es gelten dabei die folgenden Waageregeln:
Eine Waage bleibt im Gleichgewicht,

- wenn man auf beiden Seiten gleich viel dazutut oder wegnimmt.
- wenn man beide Seiten mit der gleichen Zahl vervielfacht oder durch die gleiche Zahl dividiert (halbiert, drittelt … alles, was auf den beiden Seiten der Waage liegt).

Formal lassen sie sich so notieren:

$$A = B \Leftrightarrow A + C = B + C$$

$$A = B \Leftrightarrow A - C = B - C$$

$A = B \Leftrightarrow A \cdot C = B \cdot C$ für $C \neq 0$.
$A = B \Leftrightarrow A : C = B : C$ für $C \neq 0$.

Die Regeln für Äquivalenzumformungen sind dabei nicht beliebig, insofern sie auf die Modellvorstellung gestützt und mit dieser begründet werden können.

Dieses Modell hat wie jedes andere auch Grenzen, z. B. für negative Parameter. Man weiß jedoch aus Studien (Vlassis 2002), dass dieses Modell für den Vorstellungsaufbau gut geeignet ist und man – sobald die Idee vermittelt wurde – dann rein algebraisch auf Parameter aus weiteren Zahlbereichen erweitern kann. An dem Beispiel kann man mit den Lernenden reflektierend die Begrenzung von Modellen und damit den Charakter der Mathematik als die Anschauung und Modelle übersteigende Wissenschaft erleben (vgl. Abb. 1.11).

8 Gleichungen, die nicht mit der Waage dargestellt werden können

Das hier geht ja gar nicht!

Das geht wohl! Setze einfach für x die Zahl – 1 ein.

a) Erkläre, wieso Ole und Pia beide recht haben.
   Wann hilft die Vorstellung mit der Waage nicht mehr weiter?

b) Löse die folgenden Gleichungen.
   Nutze das Verfahren aus Aufgabe 7 auf Seite 208, jedoch ohne die Bilder.
   Überlege bei jedem Schritt, was du rechnen musst und warum kein Waagebild passt.
   (1) $2x + 3 = 1$ (2) $-2x + 5 = -3x - 7$ (3) $-5{,}5x - 4{,}2 = -3{,}5x - 7{,}2$

c) Erkläre an einem Beispiel, warum das schrittweise Vereinfachen einer Gleichung auch dann funktioniert, wenn es kein Bild mit der Waage gibt. Das ist z. B. der Fall, wenn Dezimalzahlen oder negative Zahlen in der Gleichung vorkommen.

Abb. 1.11 Den Modellcharakter der Waage reflektieren (Hußmann et al. 2015, S. 209, Mathewerkstatt © Cornelsen Verlag)

Zweites Modell: Elementaroperationen

Ein weiteres Modell ist das Nutzen der Elementaroperationen. Dieses steht bereits als direktes Rückwärtsrechnen für das Lösen einfacher „Umkehraufgaben" bei einfachen Gleichungen der Form $A + B = C$ zur Verfügung.

Regel 1: $A + B = C \Leftrightarrow A = C - B$.

Regel 2: $A \cdot B = C \Leftrightarrow A = C : B$ (für $B \neq 0$).

Der Zusammenhang zwischen Aufgabe und Umkehraufgabe ist in der Mathematik der Grundschule zentral, sodass gut auf ihn zurückgegriffen werden kann (vgl. Malle 1993, S. 237 ff.).

Vergleicht man diese Regeln mit den Waageregeln, so wird klar, dass die Elementaroperationen deutlich machen, warum man eine bestimmte Umformung zur Lösung nutzt, während die Waageregeln nur erklären, warum die Gleichungen äquivalent sind.

Die Waageregeln erlauben $A + B = C | - B \Leftrightarrow A + B - B = C - B$. Sie erklären aber nicht, warum man B subtrahiert – das ergibt sich aus den Elementaroperationen (man macht die Addition von B rückgängig). Umgekehrt lassen sich Gleichungen der Form $ax + bx = cx + d$ nicht mehr durch die Brille der Elementaroperationen betrachten. Hier helfen eher die Waageregeln oder ein Strukturblick.

Stützen kann man das Arbeiten mit Elementaroperationen oder mit den Waageregeln mit der Metapher des Verpackens von Gleichungen (siehe Abb. 1.12). Die Zahl 4 wird zunächst verpackt und dann wieder ausgepackt.

Wichtig ist, dass Modelle und informelle Lösungswege nicht nur beim Einstieg verwendet bzw. sinnhaft genutzt werden, sondern während des ganzen Lernprozesses, also auch in Übungsaufgaben und in der Klassenarbeit vorkommen, um die Vorstellungen immer wieder zu aktivieren und die Relevanz der Kenntnis informeller und modellhafter Lösungswege auch im Sinne einer Flexibilisierung zu unterstreichen. Gleichzeitig ist

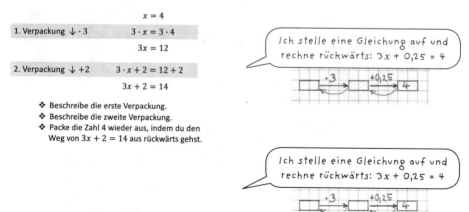

Abb. 1.12 Zahlen verpacken und Pfeilbild (Affolter et al. 2014, S. 27 und Hußmann et al. 2015, S. 207, Mathewerkstatt © Cornelsen Verlag)

es wichtig, dass die Lernenden das tragfähige systematische Verfahren gut verstanden haben und nicht nur informell bei günstigen Zahlenbeispielen lösen können.

▶ **Beispiele**

Löse $6x + 5 + 9x = 6x + 6 + 8x$ (als Beispiel, bei dem man die Lösung auf einen Blick sieht).

Löse $\frac{3}{4}x + 7 = x - 3$ (wofür man die Idee der Umkehroperation grundsätzlicher – hier in der Anwendung auf Brüche – verstanden haben muss).

Ein anschauungsbezogener Zugang zu Gleichungen ist auch für quadratische Gleichungen möglich (vgl. Abschn. 4.4).

Da die Komplexität der Gleichungen und die Vielzahl der Lösungsverfahren für Gleichungen im Laufe der Schulzeit wachsen, ist es also wichtig, einen Strukturblick für die formal-symbolische Darstellungsform von Anfang an auf- und in der Folge auszubauen, sodass mit den verschiedenen Strukturen, die zum Lösen von Gleichungen hergestellt werden müssen, erfolgreich umgegangen werden kann. Daneben bleibt es fundamental, Wege und Ergebnisse zu reflektieren. Welche Rechnungen oder Verfahren habe ich durchgeführt? Macht das Ergebnis Sinn? Kann ich es durch Einsetzen bestätigen? Habe ich alle Lösungen und keine zu viel?

1.4.6 Gesamtreflexion zur elementaren Algebra

In der Auseinandersetzung mit den Objekten Variable, Term und Gleichung sowie mit den verschiedenen beschriebenen kognitiven Aktivitäten sollte deutlich geworden sein, dass algebraisches Denken viele Facetten hat.

Abhängig davon, welche Facetten, Objekte oder Tätigkeiten man akzentuiert, lassen sich verschiedene Auffassungen von elementarer Algebra unterscheiden, die jedoch nicht trennscharf sind (vgl. Siebel 2005, S. 41). Drei sollen hier – die Ausführungen dieses Kapitels aufarbeitend – dargestellt werden:

- **Algebra als verallgemeinerte Arithmetik**
  Die Idee ist, dass in der Algebra die gleichen Rechengesetze gelten wie in der Arithmetik, die Rechnungen werden nur mithilfe von Variablen allgemein ausgeführt. Es gilt also nicht nur $4 + 5 = 5 + 4$, sondern allgemein $a + b = b + a$ für natürliche Zahlen a und b. Verstehensgrundlage ist die Arithmetik, in der der Blick auf Strukturen von Situationen und formal-symbolischen Darstellungen im Fokus stehen sollte. Ein wichtiger Aspekt ist dabei auch, immer wieder Verallgemeinerungen von Situationen anzuregen, z. B. in Zahlenfolgen nicht nur die 1., 2., 3., …, sondern auch die 100. und jede beliebige Stelle beschreiben zu lassen.

- **Theorie der Gleichungen**

  Ziel der elementaren Algebra ist es dieser Auffassung zufolge, Lösungsverfahren für verschiedenartige Gleichungen zu entwickeln. In der historischen Genese der Algebra war die Suche nach Lösungsalgorithmen für Gleichungen eine wichtige Quelle für die Entwicklung der klassischen Algebra.

- **Symbolsprache zur Beschreibung von Situationen**

  Mit den algebraischen Symbolen kann man Situationen mit quantifizierbaren Zusammenhängen allgemein fassen. So kann man nicht nur den konkreten Flächeninhalt einer Figur ausrechnen, sondern allgemeine Formeln z. B. für Flächeninhalte in der Geometrie oder Veränderungen in der Umwelt entwickeln.

Eine Leitvorstellung für die elementare Algebra

Lässt sich aus den verschiedenen Auffassungen von Algebra etwas herauskristallisieren, was sich als „Leitvorstellung" dafür eignet, was elementare Algebra in der Schule sein soll?

Siebel zieht das folgende Fazit:

> „Elementare Algebra ist die Lehre vom Rechnen mit allgemeinen Zahlen, die zu ‚guten' Beschreibungen quantifizierbarer Zusammenhänge befähigt. Dafür haben sich Mathematisierungsmuster herausgebildet, die durch eine geeignete Fachsprache explizit gemacht werden können:
> - Mit Variablen werden allgemeine, unbekannte und veränderliche Zahlen dargestellt und handhabbar gemacht.
> - Zahlen und Variable werden durch Operationen zu Termen und Gleichungen als Denkeinheiten verbunden und durch verschiedene Begriffe von Gleichheit in Zusammenhang gebracht.
> - Durch die symbolische Darstellung von Zahlen, Variablen und Zusammenhängen wird ein kontextunabhängiger und regelgeleiteter Zeichengebrauch ermöglicht." (Siebel 2005, S. 19).

Viele zentrale Ideen des Kapitels laufen in dieser Leitvorstellung zusammen: Es geht um das Beschreiben von Zusammenhängen mit allgemeinen Zahlen. Die formal-symbolischen Darstellungen dieser allgemeinen Zahlen sind Zeichen, die mit anderen Zeichen zu komplexeren Termen und Gleichungen verbunden werden, mit denen kalkülmäßig verfahren werden kann. Diese Lesart akzentuiert vor allem den fachlichen Zusammenhang der Tätigkeiten und Objekte. Im Folgenden soll die Perspektive auf das Lernen von Algebra nochmal unter einem zusammenfassenden Blickwinkel konkretisiert werden.

Elementare Algebra lernen: die Algebra-Reise durch die Jahrgänge

Vor Einführung des x: Unter der Perspektive des Lernens ist es entscheidend, bereits in der Grundschule und der Unterstufe propädeutisch strukturorientierte Arithmetik zu

betreiben und immer wieder typische algebraische Denkhandlungen wie das beziehungs-
reiche Strukturieren von Situationen und graphischen Darstellungen (z. B. Plättchen-
mustern), Zahlentermen und Gleichungen $(4 + \_ = 5 + \_)$ und das Verallgemeinern
zu vollziehen, sodass ein Bedürfnis nach der Variablen als kurzes Zeichen für längere
Beschreibungen entsteht und die Variablen somit eine Bedeutung bekommen, bevor mit
ihnen gerechnet wird.

Ebenso kann frühzeitig bei Zahlenrätseln das Rückwärtsrechnen und das Finden
unbekannter Werte vollzogen werden. Die Lösung kann man überprüfen, indem man
für die gesuchte Zahl die vermutete Lösung einsetzt (vgl. Wieland 2002). So kann das
Konzept der Variablen in verschiedenen Situationen immer wieder erfunden werden und
erst dann beginnt ein rechnerischer, kalkülmäßiger Umgang mit Variablen.

Im Lauf der Jahre gewinnt der Kalkülaspekt dann insofern zunehmend an Bedeutung,
als für immer neue Typen von Termen und Gleichungen Umformungs- und Lösungswege gesucht werden. Zentral bleibt dabei die Forderung, nicht nur mit inhaltlichem
Denken zu starten, bevor die Entwicklung von Kalkülregeln angeregt wird, sondern
auch immer wieder eine reichhaltige inhaltliche Auseinandersetzung in der elementaren
Algebra anzuregen (Stacey 2011). Wie oben beschrieben gehört dazu auch die Entwicklung eines algebraischen Struktursinns, der fortgeschrittene Lernende beim Umgang
mit komplexeren algebraischen Objekten unterstützt.

1.5 Check-out

Die folgende Mindmap lokalisiert die wichtigsten Aspekte des Kapitels. Ergänzen Sie
diese mit weiteren Beispielen oder Ihren persönlichen Einsichten.

Formales Operieren

Rechengesetze:
- $a + b = b + a$
- $a \cdot b = b \cdot a$
- $(a + b) + c = a + (b + c)$
- $(a \cdot b) \cdot c = a \cdot (b \cdot c)$
- $a \cdot (b + c) = a \cdot b + a \cdot c$
- Klammern zuerst
- Potenz vor Punkt vor Strich.

Häufige Fehler:
- Unzulässiges Strukturieren,
- Übergeneralisieren
  $(x - 1)^2 = x^2 - 1^2$
  $3^4 + 3^2 = 3^6$
- Keine Ergebnisreflexion (z.B. durch Einsetzen, Visualisieren)

Arten von Gleichungen:
- Bestimmungsgleichungen
- Allgemeine Gleichungen
- ...

Inhaltliches Denken

Doppelnatur algebraischer Objekte:
$3x + 1$ ist zu berechnender Term und Ergebnis zugleich.

Zum Bild passt auch
$3(x - 1) + 4$

Die *Kraft der der Algebra* liegt im Verallgemeinern, also Terme aufstellen und deuten.
Variablen beschreiben allgemeine Zahlen, Veränderliche oder Unbekannte.
Gleichheit von Termen sieht man nicht nur durch Rechnen, sondern durch Einsetzen einzelner Werte oder Beschreiben von Situationen oder Bildern.

Terme

Algebra

Gleichungen

Eine Gleichung n-ten Grades hat höchstens n Lösungen.

Gleichungen lösen:

- Äquivalenzumformungen
  $A = B \Leftrightarrow A + C = B + C$
  $A = B \Leftrightarrow A \cdot C = B \cdot C \quad (C \neq 0)$
- Faktorisieren
- p-q-Formel
- ...

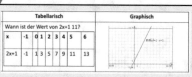

- Waageregeln

Auf jeder Seite 2 Kugeln wegnehmen.

Wenn Sie nach der Arbeit mit diesem Kapitel die folgenden Übungsaufgaben bearbeiten, sollten Sie die folgenden Kompetenzen erworben bzw. aus der Schulzeit aufgefrischt haben.

Kompetenzen
Sie können …

- souverän mit Variablen, Termen und Gleichungen auf einem basalen Niveau umgehen,
- zwischen den verschiedenen Darstellungsformen wechseln (z. B. Terme zu Folgen figurierter Zahlen aufstellen, Terme interpretieren und Rechenregeln auf verschiedene Weisen begründen),
- verschiedene Typen von Gleichungen unterscheiden und einfache Gleichungen auf günstigem Weg, aber auch mit verschiedenen Darstellungen lösen,
- einfache Ungleichungen lösen,
- auf verschiedene Arten begründen, dass zwei Terme gleichwertig sind (durch Beschreiben eines Bildes/einer Situation, Einsetzen hinreichend vieler Werte und Angabe von Umformungsregeln),
- Rollen von Variablen, Handlungen zur Prüfung der Gleichwertigkeit von Termen und Interpretationen des Gleichheitszeichens angeben, erläutern und zur Analyse von Aufgaben und Schülerlösungen nutzen,
- informelle und modellhafte Lösungswege zum Lösen von Gleichungen kennen und wissen um ihre Bedeutung zur Begründung von Rechenwegen,
- typische Schülerfehler beim Strukturieren von Termen und Lösen von Gleichungen (er)kennen,
- Wertetabellen erstellen mit einer Tabellenkalkulation durch Eingabe einzelner Werte, durch Kopieren oder Formeln erstellen,
- Gleichungen und Gleichungssysteme lösen, auch mithilfe digitaler Medien, und die Ergebnisse im inner- oder außermathematischen Kontext interpretieren.

1.6 Übungsaufgaben

Im Folgenden können Sie die in diesem Kapitel vermittelten Inhalte in Übungen vertiefen und Ihren aktuellen Wissensstand zum Thema testen. Hierzu finden Sie typische Aufgaben.

Versuchen Sie bei der Bearbeitung immer bewusst …

- Termstrukturen wahrzunehmen und zu nutzen sowie die verwendeten Regeln zu benennen.

- Ergebnisse durch Einsetzen zu prüfen, sodass Sie Ihre Bewusstheit und Ihre Sicherheit (im Sinne von „ich weiß, wie ich meine Schritte immer kontrollieren kann") steigern.

1. Terme und Gleichungen aufstellen
   a) Suchen Sie möglichst mehrere Terme zu den folgenden Streichholz- und Punktmustern, die die Anzahl der Streichhölzer bzw. Punkte in Abhängigkeit von der Nummer des Bildes beschreiben.

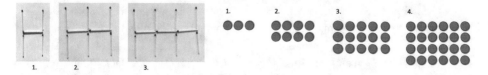

   b) Überprüfen Sie Ihre Terme durch Einsetzen.
   c) Überprüfen Sie die Gleichwertigkeit zweier Terme, indem Sie einen Term zum anderen umformen und die Rechengesetze explizit angeben.
   d) Peter hat zur Bildfolge links den Term $5 + 3x$ geschrieben. Begründen Sie, warum der Term falsch ist. Verbessern Sie den Term. Verbessern Sie ihn einmal, indem Sie die Struktur $5 + 3 \cdot (\blacksquare)$ beibehalten.
   e) Reflektieren Sie Ihr Tun, indem Sie die im Kapitel thematisierten Konzepte von Gleichwertigkeit bezogen auf Ihr Tun an einem der Beispiele erklären.
2. Folgen mit Würfeln bauen
   Mit Würfeln kann man Formen bauen und sich schöne Folgen ausdenken, die man durch einen Term bestimmen kann (siehe folgende Abbildung). Zum Beispiel kann man die Anzahl der sichtbaren Flächen in Abhängigkeit von der Nummer des Bildes bestimmen, wenn …
   a) man die Würfel zu einem Turm aufeinander stellt,
   b) man die Würfel in einer Reihe dicht nebeneinanderlegt,
   c) man aus den Würfeln immer Quadrate legt, also 1 Würfel, 4 Würfel, 9 Würfel, …
   d) man aus den Würfeln die Ränder der Quadrate legt,
   e) man aus den Würfeln größere Würfel baut, also 1 Würfel, 8 Würfel, 27 Würfel, …
   f) Falls die Würfel beschriftete Spielwürfel sind, kann man noch die Anzahl der Augen (wieder in Abhängigkeit von der Bildnummer) bestimmen, wenn man annimmt, dass die 1 immer nach vorn, die 2 immer nach rechts und die 3 immer nach oben zeigt.
   g) Denken Sie sich eigene Würfel-, Streichholz- oder Punktfolgen aus und stellen Sie Terme auf.

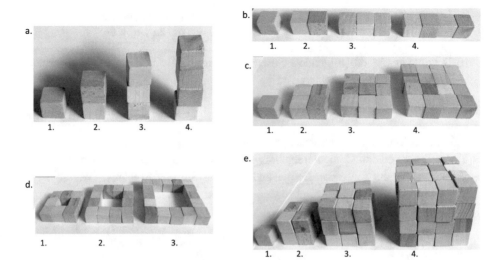

3. Terme strukturieren und umformen

a) Setzen Sie so viele Klammern wie möglich, ohne dass sich der Wert ändert.

(1) $a \cdot b + c - b + c : t$ (2) $a \cdot b \cdot c \cdot (b + c) + c \cdot b \cdot d$ (3) $ac + c \cdot ac^3 - c : 4 \cdot t$

b) Lassen Sie so viele Klammern wie möglich weg, ohne dass sich der Wert ändert.

(1) $(a + b) \cdot c$ (2) $\big((a + b) \cdot (a \cdot b) \cdot c\big) - c : (a - b)$
(3) $\big((a + b)^3\big) + \big(a + \big(b + \big(c + (d + e)\big)\big)\big)$

c) Vereinfachen Sie die folgenden Terme, z. B. indem Sie diese in eine Produktform bringen.

(1) $a \cdot b + b \cdot a + 3ac$ (2) $(b + c) \cdot a + (b + c) \cdot d + (b + c) \cdot e$
(3) $a \cdot b \cdot c + (b + c) \cdot a + c \cdot b \cdot a$

d) Verlängern Sie die folgenden Terme (führen Sie also die Gegenrichtung von Aufgabe c) aus).

(1) $3ab$ (2) $2(b + c) \cdot a$ (3) $(b + c) \cdot a$

4. Terme inhaltlich strukturieren – mit Bildern und Situationen

a) Erklären Sie jeweils den Unterschied zwischen den beiden Termen, indem Sie eine Situation zu jedem Term angeben oder ein Bild zeichnen und die Terme mit Worten beschreiben. Bei welchen Termen handelt es sich um Summen, bei welchen um Produkte?

(1) $a + b$; $a \cdot b$ (2) $(a + b)^2$; $a^2 + b^2$
(3) $(a + b) \cdot (c + d)$; $ab + cd$ (4) $a^2 \cdot 2a$; $a^2 + 6a$

b) Begründen Sie die folgenden Gesetze an einem Bild und mittels der verbalen Beschreibung einer Situation.

(1) $a \cdot b = b \cdot a$ (2) $a \cdot (b + c) = a \cdot b + a \cdot c$ (3) $(a \cdot b) \cdot c = a \cdot (b \cdot c)$

5. Terme umformen und Umformungen überprüfen
   a) Auch mit einem Computeralgebrasystem kann man Terme umformen. Vereinfachen Sie die folgenden Terme und erklären Sie das Ergebnis. (Warum ist es gleich/verschieden? Mit welchen Gesetzen lässt sich dies begründen?)

   (1) -2^6 (2) $(-2)^6$ (3) -4^3 (4) $-2^3 \cdot (-2)^4$
   (5) $-2^3 + (-2)^4$ (6) $a^3 \cdot a^4$ (7) $a^3 + a^4$ (8) $a^{3 \cdot 4}$
   (9) $(a^3)^4$ (10) $(a^4)^3$ (11) $a^{(4^3)}$ (12) $(a)^{4^3}$

   b) Prüfen Sie die Umformungen. Begründen Sie, warum diese richtig bzw. falsch sind.

   (1) $(a + b)^2 = a^2 + b^2$ (2) $\frac{a+1}{a} = \frac{1+1}{1}$ (3) $\sqrt{5} + \sqrt{5} = \sqrt{10}$

   c) Welche weiteren Umformungen bereiten Ihnen Schwierigkeiten? Denken Sie sich dazu falsche Umformungen aus und begründen Sie, warum diese nicht stimmen können.

6. Terme und Gleichungen aufstellen
   a) Taschengeld: Peter bekommt doppelt so viel Taschengeld wie Anna und 3€ Taschengeld mehr als Leo.
      • Stellen Sie Gleichungen zu den Beziehungen im Text auf.
      • Wie viel bekommen alle zusammen? Beschreiben Sie das gesamte Taschengeld in Abhängigkeit vom Taschengeld von Leo.
      • Beantworten Sie die Frage „Wie viel bekommen alle zusammen?" auch in Abhängigkeit vom Taschengeld von Anna und dann von Peter.
      • Wo sehen Sie die Herausforderungen dieser Aufgabe?
      • Wie viel bekommen die Einzelnen, wenn sie zusammen 57€ bekommen?
   b) Ein Kino verkauft Eintrittskarten für 12€ und es kommen im Durchschnitt 140 Besucher pro Tag. Der Besitzer überlegt, ob er mit günstigeren Preisen mehr Kinogänger anlocken und so mehr einnehmen kann.
      • Wie viele Besucher müssten kommen, wenn die Karte 1€ (2€) günstiger wäre, damit dieselben Einnahmen erzielt werden?
      • Wie viele müssten kommen, wenn die Karten 1€ teurer wären, damit die Einnahmen gleich bleiben?

7. Gleichungen lösen

   a) Lösen Sie die folgenden Gleichungen. Nutzen Sie dazu die Leitfragen:

- Welche Typen von Gleichungen liegen vor?
- Bei welchen sehen Sie die Lösung (oder dass es keine gibt) auf einen Blick?
- Welche können Sie mit einem algebraischen Lösungsverfahren lösen?
- Welche müssen Sie graphisch oder tabellarisch lösen?

(1) $2x + 4 = 2x + 3$ (2) $2(x - 4) = 8x + 3$ (3) $2(x + 2) = 2x + 4$ (4) $2x(x - 1) = 0$
(5) $(x - 1)^4 = 0$ (6) $(x - 2)^2 = -3$ (7) $x^3 - 4x = 0$ (8) $x^3 - x^2 - 4 = 0$
(9) $(x - 1) \cdot x^2 = 1$ (10) $2x^2 - 4x - 6 = 0$ (11) $2^x = 8$ (12) $2^x = -3$

   b) Geben Sie drei möglichst verschiedene Gleichungen mit den folgenden Lösungen an:

     (1) $x = 3$ (2) $x_1 = -3; x_2 = 1$ (3) $L = \emptyset$ (4) $L = D$

   c) Kontrollieren Sie – wo hilfreich – mit einem CAS.
     Tipp: Zum Lösen von Gleichungen brauchen Sie bei vielen Programmen den Solve-Befehl: solve(Gleichung,Variable), also z. B. solve $(3x + 5 = 9, x)$.

8. Gleichungen auf verschiedenen Wegen lösen

   a) Lösen Sie die folgenden Gleichungen tabellarisch-numerisch, grafisch, am Waagemodell und durch kalkülmäßiges Operieren.

     (1) $2x + 8 = 5x + 2$ (2) $2x + 4 = 2x + 2$ (3) $8 + 4x = 4x + 8$

   b) Wo sieht man die Lösung oder die Anzahl der Lösungen in der Tabelle, am Graphen, an der Waage bzw. an der Rechnung?

9. Ungleichungen lösen und verstehen

   a) Lösen Sie die folgenden Ungleichungen.

     (1) $4x - 3 < 3x + 4$ (2) $-4x > 8$ (3) $x^2 - 5 > 4$ (4) $-3x^2 - 3 < -12$

   b) Überprüfen Sie die Lösungen und die Umformungsschritte durch Einsetzen und mit einem Funktionenplotter.

   c) Denken Sie sich eigene Ungleichungen aus und lösen Sie diese.

   d) Geben Sie möglichst verschiedene Ungleichungen mit den folgenden Lösungsmengen an.

     (1) $x < 3$ (2) $x < -3$ oder $x > 1$ (3) $L = \emptyset$ (4) $L = D$

10. Reflektieren über Variable und ihre Rollen

   a) Warum kann eine Variable in einem Term nie eine Unbekannte sein?

   b) Nennen Sie ein Beispiel für eine Gleichung, in der die Variable als Unbekannte verwendet wird, und eine, in der die Variable als allgemeine Zahl gedacht wird.

c) Erläutern Sie den Unterschied zwischen der Variablen als allgemeiner Zahl und als Veränderlicher an zwei kontrastierenden Beispielen.

d) Warum ist die Unterscheidung zwischen den verschiedenen Rollen und Tätigkeiten mit Variablen wichtig?

11. Fehler finden und einordnen

a) Suchen Sie die Fehler und beschreiben Sie diese kurz. Was steckt hinter dem einzelnen Fehler?

$(1) \quad (2x+1)^2 = 2x^2 + 4x + 1$

$(2) \quad 2(x+12) = x - 1 \quad | x + 12$

$\quad\quad 2 \cdot 12x = x - 1 \quad | 2 \cdot 12x$

$\quad\quad 24x = x - 1 \quad | -1$

$\quad\quad 24x - 1 = x \quad | - x$

$\quad\quad 23x - 1 = 0 \quad | + 1$

$\quad\quad 23x = 1 \quad | : 23$

$\quad\quad x = \frac{1}{23}$

$(3) \quad (4x+5)^2 = 8x + 10$

(4) Stelle Term zu

x	1	2	3
y	4	6,5	9

auf.

A: $x + 2,5$

B: $2,5x + 4$

b) Was müssten diejenigen, die den Fehler gemacht haben, besser verstehen? Geben Sie Tipps.

c) Wie könnten diese einsehen, dass das, was sie gedacht haben, falsch ist?

d) Was tut man in diesen Aufgaben mit der Variablen? Welche Rollen übernehmen die Variablen in den Aufgaben?

Funktionen

2

2.1 Check-in

- Ein Fallschirmspringer springt verschiedene Male aus einem Flugzeug (vgl. Abb. 2.1). Beim ersten Sprung hat das Flugzeug eine Höhe von 2000 m, beim zweiten Mal von 4000 m und beim dritten Mal vorn 6000 m. Für jede Absprunghöhe ergibt sich eine andere Zeit der Dauer des freien Falls. Beide Größen stehen also zueinander in Zusammenhang. Über diesen Zusammenhang kann man bereits Aussagen treffen: So ist klar, dass eine größere Absprunghöhe einen längeren freien Fall garantiert. Aber was passiert, wenn der Springer aus 1000 m oder 8000 m abspringt? Und warum verdoppelt sich nicht die Dauer des Freifalls, wenn die Absprunghöhe verdoppelt wird? Diese und andere Eigenschaften lassen sich erklären, wenn man den Zusammenhang als funktionalen Zusammenhang auffasst und ihn mithilfe des Funktionsbegriffs beschreibt.

> **Auf einen Blick**
>
> Funktionen machen Zusammenhänge unterschiedlicher Größen mathematisch beschreib- und greifbar. Sie spielen eine zentrale Rolle im Mathematikunterricht der Sekundarstufe, begonnen bei der ersten Erforschung von Zusammenhängen bis zur Analysis der Oberstufe. Ziel des Unterrichts ist es, Schülerinnen und Schüler zu befähigen, in funktionalen Zusammenhängen zu denken. Mit anderen Worten: Es geht um die Förderung funktionalen Denkens.
>
> Entsprechend macht dieses Kapitel vertraut mit dem mathematischen Begriff der Funktion und all seinen Aspekten, ohne dass hierbei eine Einschränkung auf einen konkreten Funktionstyp vorgenommen wird, und dient als Grundlage

© Springer-Verlag GmbH Deutschland, ein Teil von Springer Nature 2021
B. Barzel et al., *Algebra und Funktionen,* Mathematik Primarstufe und Sekundarstufe I + II, https://doi.org/10.1007/978-3-662-61393-1_2

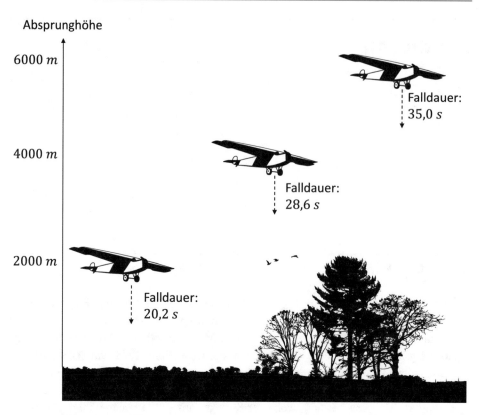

Abb. 2.1 Absprunghöhen eines Fallschirmspringers

für die nachfolgenden Kapitel. Zudem werden die zum Verständnis relevanten didaktischen Kategorien „Darstellungsformen" und ihr Wechsel sowie ihre Funktionsaspekte erläutert, sodass Sie diese zur besseren Einordnung nutzen können.

Aufgaben zum Check-in

1. Ist der folgende Satz korrekt? „Die Flughöhe des Flugzeugs ist abhängig von der Falldauer des Springers."
2. Ist der folgende Satz korrekt? „Die Fläche eines Kreises ist abhängig von seinem Radius."
3. Bildet die Zuordnung Mensch → Sehstärke eine Funktion?
4. Bildet die Zuordnung Mensch → Körpergröße eine Funktion?
5. Entscheiden Sie jeweils, ob die folgenden Pfeildiagramme eine Funktion darstellen.

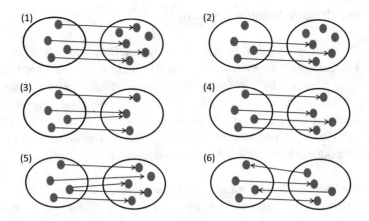

6. Skizzieren Sie den Graphen der Funktion $f(x) = 3x + 2$ in einem Koordinatensystem.

7. Liegt der Punkt $P(3|10)$ auf dem Graphen der Funktion $f(x) = 2x^2 + 1$?

8. Nehmen Sie begründet zur folgenden Aussage Stellung: „Wenn der Radius eines Kreises verdoppelt wird, dann verdoppelt sich auch sein Flächeninhalt."

9. Nehmen Sie begründet zur folgenden Aussage Stellung: „Wenn der Radius eines Kreises verdoppelt wird, dann verdoppelt sich auch sein Umfang."

10. Zeichnen Sie einen Funktionsgraphen, der zur folgenden Geschichte passt. Überlegen Sie sich auch, wie Sie die Achsen beschriften. „Max macht sich auf den Weg zur Schule. Von zu Hause aus läuft er mit gleich bleibender Geschwindigkeit. Auf etwa halber Strecke stellt er fest, dass er seine Hausaufgaben vergessen hat, und läuft mit höherem Tempo zurück, um diese zu holen. Kurz bevor er schließlich an der Schule ankommt, muss er noch an einer Ampel warten."

11. Erfinden Sie eine passende Geschichte zum unten dargestellten Graphen.

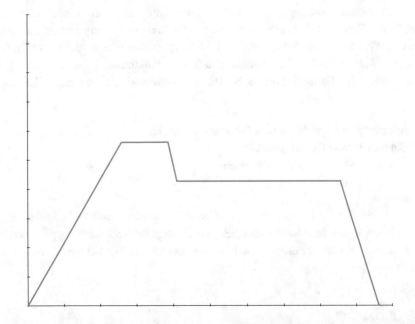

2.2   Funktionale Zusammenhänge

Ein funktionaler Zusammenhang ist eine *eindeutige Zuordnung zwischen Größen*. Hierbei hängt eine Größe von der anderen ab. Diese Abhängigkeit ist dabei vorwiegend auch inhaltlicher Natur, sodass beispielsweise der Stromverbrauch eines Haushalts und entsprechende Stromkosten oder, wie oben, die Absprunghöhe eines Fallschirmspringers und die zugehörige Zeit im freien Fall einander zugeordnet werden. Andererseits lässt sich aber auch die Zuordnung Mensch → Körpergröße als funktionaler Zusammenhang auffassen, wenn also keine inhaltlich-kausale Beziehung erkennbar ist.

Richtung der Abhängigkeit: abhängige und unabhängige Größen
Meist gibt es hierbei eine klare Richtung der Abhängigkeit, sodass z. B. die Stromkosten vom Stromverbrauch abhängig sind, nicht aber umgekehrt: Verbraucht man mehr, muss man in der Regel mehr bezahlen, aber wenn sich der Preis erhöht, verbrauchen allein dadurch die Geräte in einem Haushalt nicht plötzlich mehr Strom. Der Verbrauch ist also nicht von den Kosten abhängig. Ähnlich ist es beim Fallschirmsprung: Fliegt ein Flugzeug, aus dem der Springer aussteigt, höher, wird sich dies auf die Falldauer auswirken. Umgekehrt kann ein Springer nicht die Höhe seines Absprungs rückwirkend verändern, indem er z. B. einen steileren Flugwinkel einnimmt und somit seine Fallgeschwindigkeit erhöht.

In solchen Situationen spricht man daher von einer abhängigen und einer unabhängigen Größe. In den obigen Beispielen bilden Stromverbrauch bzw. Absprunghöhe die jeweils unabhängige Größe. Stromkosten und Dauer des freien Falls bilden abhängige Größen, da sie durch die beiden zuvor genannten inhaltlich beeinflussbar sind.

Die Erfahrung zeigt, dass Schülerinnen und Schüler häufig Probleme haben, funktionale Zusammenhänge in Sachkontexten zu erkennen und vor allem die entsprechende Richtung dieser Abhängigkeit zu identifizieren, also auszumachen, welche Größe von welcher abhängig und welche unabhängig ist (vgl. Zindel et al. 2018; Zindel 2019). Zindel et al. (2018) heben in diesem Zusammenhang hervor, dass es von besonderer Wichtigkeit ist, Schülerinnen und Schüler immer wieder gezielt zur Reflexion anzuregen, welche Größen bei einem betrachteten funktionalen Zusammenhang voneinander in welcher Form abhängig sind. Hierzu schlagen sie die folgenden Fokusfragen vor:

▶   **Fokusfragen zu funktionalen Zusammenhängen**
     Um welche zwei Größen geht es?
     Welche Größe ist abhängig von welcher?

▶   **Auftrag**
     Versuchen Sie doch einmal für sich selbst zu beantworten, welche funktionalen Abhängigkeiten den Beschreibungen und Bildern in Abb. 2.2 zu entnehmen sind, und behalten Sie dabei obige Fokusfragen im Blick. Hierbei handelt es sich

61 Funktionale Zusammenhänge in der Realität

In welchen der folgenden Situationen kannst du funktionale Zusammenhänge erkennen? Sortiere die Karten nach den dir bekannten Funktionstypen. Manchmal kann es auch mehrere verschiedene Typen geben.
Welche ist jeweils die erste und welche die davon abhängige Größe?

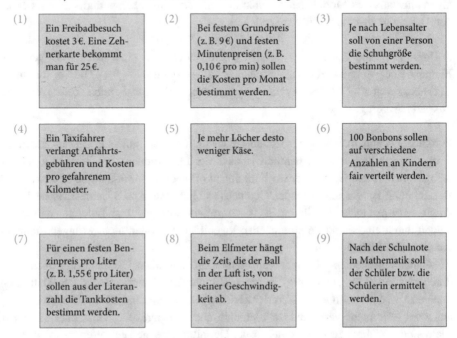

(1) Ein Freibadbesuch kostet 3 €. Eine Zehnerkarte bekommt man für 25 €.

(2) Bei festem Grundpreis (z. B. 9 €) und festen Minutenpreisen (z. B. 0,10 € pro min) sollen die Kosten pro Monat bestimmt werden.

(3) Je nach Lebensalter soll von einer Person die Schuhgröße bestimmt werden.

(4) Ein Taxifahrer verlangt Anfahrtsgebühren und Kosten pro gefahrenem Kilometer.

(5) Je mehr Löcher desto weniger Käse.

(6) 100 Bonbons sollen auf verschiedene Anzahlen an Kindern fair verteilt werden.

(7) Für einen festen Benzinpreis pro Liter (z. B. 1,55 € pro Liter) sollen aus der Literanzahl die Tankkosten bestimmt werden.

(8) Beim Elfmeter hängt die Zeit, die der Ball in der Luft ist, von seiner Geschwindigkeit ab.

(9) Nach der Schulnote in Mathematik soll der Schüler bzw. die Schülerin ermittelt werden.

Abb. 2.2 Schulbuchbeispiel (entnommen aus Barzel et al. 2015, S. 45, Mathewerkstatt © Cornelsen Verlag)

um eine Schulbuchaufgabe, bei der es nicht immer eine eindeutige Lösung gibt.
Stattdessen werden vor allem auch Diskussionsanlässe geschaffen.
Vielleicht haben Sie bei dieser Übung an der einen oder anderen Stelle – insbesondere bei den Bildern – etwas überlegen müssen. In jedem Fall ist es sinnvoll, sich genau klarzumachen, um welche Größen es geht und in welcher Form diese voneinander abhängig sind. Diese Erfahrung haben Sie vielleicht ja gerade auch gemacht.
Zindel et al. (2018) empfehlen daher auch, während des Unterrichts im Bereich der Funktionenlehre regelmäßig Rückbezüge zu den Fokusfragen herzustellen und diese z. B. dauerhaft auf einem Poster zu visualisieren.

2.3   Funktionsbegriff

Nun wollen wir uns dem Funktionsbegriff aus mathematischer Perspektive nähern. Die folgende Definition des Funktionsbegriffs stellt dabei eine Möglichkeit dar, funktionale Zusammenhänge mathematisch greifbar zu machen. Man kann eine Funktion daher auch als mathematisches Modell eines (funktionalen) Zusammenhangs und somit als Modell der Abhängigkeit zweier Größen verstehen.

▶ **Definition** Eine *Funktion* f ordnet jedem Element x einer Menge D genau ein Element einer Menge Z zu. Wir schreiben $f : D \to Z$ mit $x \mapsto f(x)$. Hierbei spricht man $f(x)$ als „f von x". D heißt *Definitionsmenge* oder *Definitionsbereich*, Z *Zielmenge* oder *Zielbereich* von f.

Funktionen kann man sich also auch so vorstellen, dass gewisse Größen auf andere Größen abgebildet werden, nämlich jedes x der Definitionsmenge auf ein y der Zielmenge. Aus diesem Grund werden Funktionen oft auch als *Abbildungen* bezeichnet. Die Bezeichnung ist vor allem in der Geometrie üblich, wenn z. B. geometrische Figuren durch entsprechende Abbildungen transformiert werden. Insbesondere müssen die beiden durch eine Funktion aufeinander abgebildeten Größen nicht zwingend inhaltlich voneinander abhängig sein.

„Genau ein Element" bezieht sich hierbei auf denselben Umstand, der oben bereits durch das Adjektiv „eindeutig" verdeutlicht wurde: Einem Wert x der Definitionsmenge D wird immer nur ein Wert der Zielmenge Z zugeordnet. Niemals zeigt ein $x \in D$ auf zwei oder mehr verschiedene Elemente aus Z. Umgekehrt muss aber nicht jedes Element der Zielmenge Z von einem x der Definitionsmenge „getroffen" werden. Solche Elemente y der Zielmenge Z, die tatsächlich „getroffen" werden, für die es also ein x gibt, sodass $f(x) = y$ gilt, nennt man *Funktionswerte* oder auch *Bilder*. Konkret sagt man auch: „y ist das Bild von x." Man fasst alle Bilder in der sog. *Bild-* oder *Wertemenge* W zusammen. Auch hier sind die entsprechenden Bezeichnungen mit der Endung -bereich ebenfalls geläufig. Die Wertemenge W ist also Teilmenge der Zielmenge Z und wir können $W \subset Z$ schreiben.

Das oben stehende Begriffsgefüge kann man sich gut veranschaulichen, indem man sehr einfach strukturierte Fälle betrachtet. Dies umfasst insbesondere Zuordnungen zwischen einzelnen Punktmengen.

▶   **Auftrag**

In Abb. 2.3 sind Zuordnungen zwischen einzelnen Punktmengen aufgeführt. Die linke Blase bildet jeweils den Definitionsbereich, die rechte den Zielbereich der etwaigen Funktion. Die kleinen Ellipsen innerhalb stellen die jeweiligen Elemente der beiden Bereiche dar. Bei welchem Beispiel handelt es sich um eine Funktion? Bei welchem nicht? Begründen Sie.

Oben haben wir festgehalten, dass jedem Element des Definitionsbereichs auch ein Element des Zielbereichs zugeordnet werden muss. Dies ist in Beispiel 1) der Fall. Zwar gibt es ein einzelnes Element des Zielbereichs, das nicht durch ein Element des Definitionsbereichs getroffen wird, dies stellt jedoch kein Problem dar. Entsprechend handelt es sich um eine – zugegeben sehr einfach strukturierte – Funktion. Der Wertebereich dieser Funktion umfasst alle Ellipsen des Zielbereichs außer derjenigen, die nicht getroffen wird.

In Beispiel 2) gibt es drei solche Elemente des Zielbereichs, die nicht getroffen werden. Der potenzielle Wertebereich wird somit von genau den übrigen Ellipsen gebildet, auf die ein entsprechender Pfeil zeigt. Nichtsdestotrotz gibt es in diesem Fall ein Element innerhalb des Definitionsbereichs, für das gar kein Element im Zielbereich definiert wurde. In der obigen Definition wird jedoch gefordert, dass jedem Element x einer Definitionsmenge D genau ein Element einer Zielmenge Z zugeordnet wird. Diese Bedingung ist somit verletzt, sodass es sich nicht um eine Funktion handelt.

Beispiel 3) hält hingegen wieder für jedes Element des Definitionsbereichs ein Element des Zielbereichs parat. Hierbei wird zwar ein Element des Zielbereichs von zwei Elementen des Definitionsbereichs getroffen, dies stellt aber kein Problem dar. Die Bedingung innerhalb obiger Definition legt lediglich Wert darauf, dass jedem Element des Definitionsbereichs genau ein Element des Zielbereichs zugeordnet wird, nicht jedoch anders herum. Da jedes Element des Zielbereichs getroffen wird, ist der Zielbereich auch gleichzeitig der Wertebereich. Ganz ähnlich verhält es sich in Beispiel 4).

In Beispiel 5) wird hingegen zwar jedem Element des Definitionsbereichs mindestens ein Element des Zielbereichs zugeordnet, jedoch gibt es ein Element, das auf zwei unter-

Abb. 2.3 Zuordnungen von Punktmengen

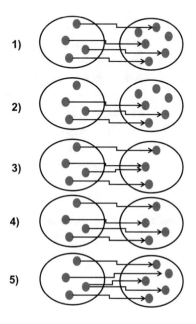

schiedliche Elemente des Zielbereichs zeigt. In obiger Definition wird jedoch „genau ein Element" gefordert, und zwei sind eben nicht „genau eins". Entsprechend ist die Definition verletzt und es handelt sich daher nicht um eine Funktion.

Abb. 2.4 fasst die wichtigsten Fälle noch einmal anhand minimalistischster Beispiele zusammen. Während links eine Funktion zu sehen ist, wird in den beiden rechten Fällen die Definition ähnlich wie oben verletzt. Im ersten Fall wird für ein Element des Definitionsbereichs kein Zielelement definiert, im zweiten Fall sind es zwei.

▶ **Beispiel**

An dieser Stelle wollen wir das Beispiel des Fallschirmspringers vom Anfang des Kapitels noch einmal heranziehen. Hier lässt sich für jede Absprunghöhe genau eine Falldauer des Springers finden. Dazu nehmen wir an, dass der Springer jedes Mal auf die gleiche Art und Weise springt, also z. B. nicht unterschiedlich steile Körperhaltungen einnimmt oder der Reibungswiderstand durch Änderung der Wetterbedingungen variiert.

Also ist die Zeit im freien Fall nur abhängig von der gewählten Absprunghöhe. Sie nimmt offensichtlich zu, wenn der Absprungpunkt höher gewählt wird. Der beschriebene funktionale Zusammenhang hat damit also das Potenzial, als Funktion im Sinne obiger Definition modelliert zu werden.

Vergleicht man das Beispiel der Flughöhe mit der Definition und den Punktbildern, so kann man Folgendes erkennen: Die inhaltliche Abhängigkeit einer Größe von einer anderen, die wir zu Beginn akzentuiert hatten, ist in der abstrakten mathematischen Definition überhaupt nicht mehr gefordert. Für den mathematischen Begriff reicht die eindeutige Zuordenbarkeit.

Beim Beschreiben des Zusammenhangs durch eine Funktion kann als Definitionsmenge die Menge aller möglichen Absprunghöhen gewählt werden, z. B. das Intervall $D = [0,15000]$, da die Absprunghöhe nach unten durch 0 begrenzt ist (auch wenn niemand einen Sprung von der Teppichkante als freien Fall bezeichnen würde). Als Begrenzung nach oben nehmen wir die übliche Flughöhe gewöhnlicher Verkehrsmaschinen. Als Zielmenge können wir zunächst die Menge der reellen Zahlen $Z = \mathbb{R}$ verwenden.

Durch Verwendung der sog. Freier-Fall-Formel aus der Physik (die allerdings den Luftwiderstand vernachlässigt) kann unsere Funktion f nun wie folgt definiert werden:

Abb. 2.4 Funktion oder keine Funktion? Einfachste Beispiele

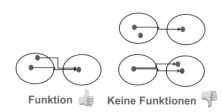

Funktion 👍 Keine Funktionen 👎

$$f : D \to Z \text{ mit } x \mapsto f(x) \text{ und } f(x) = \sqrt{\frac{2x}{9{,}81}}$$

Um unsere Funktion genau zu charakterisieren, war es notwendig, genau zu beschreiben, welche Größe von welcher abhängt, also über welchen Definitions- und Wertebereich die Funktion verfügt.

Der genaue Zusammenhang in Form einer Berechnungsanleitung, mit der man zu einem gegebenen x das entsprechende y findet, wird dann aber erst durch die verwendete Freier-Fall-Formel bestimmt. Diese bildet in vorliegendem Zusammenhang die sog. Funktionsgleichung. Der Teil rechts des Gleichheitszeichens, in den man einsetzen muss, um konkrete Funktionswerte zu bestimmen, wird als Funktionsterm bezeichnet.

Der letzte Teil des Beispiels soll in einer weiteren Definition festgehalten werden.

▶ **Definition** Die *Funktionsgleichung* ist eine Möglichkeit, eine Funktion darzustellen. Hierzu wird eine konkrete Rechenvorschrift in Form eines Terms, dem sog. *Funktionsterm,* angegeben.

Ein Funktionsterm muss dabei natürlich nicht immer $f(x)$ heißen. Häufig hantiert man mit unterschiedlichen Funktionen gleichzeitig, sodass z. B. auch $g(x)$, $h(x)$, usw. zu finden sind. Hinzu kommt, dass die unabhängige Größe ebenfalls nicht notwendigerweise mit x bezeichnet werden muss – auch hier sind unterschiedliche Bezeichner möglich.

Wird die Abhängigkeit der Dauer des Freifalls von der Flughöhe, also durch die Beschreibung durch eine Funktionsgleichung, zur Funktion? So denken Lernende oft und auch in der Geschichte der Mathematik war diese Vorstellung zunächst verbreitet. Aber: Auch durch die Beispielwerte und durch die verbale Beschreibung hat man den funktionalen Zusammenhang bereits (zumindest in Teilen) gefasst.

Exkurs: Historische Entwicklung des Funktionsbegriffs
Mathematische Begriffe werden nicht von heute auf morgen erfunden. Sie sind das Ergebnis eines langfristigen (und manchmal nicht einmal abgeschlossenen) fachlichen Diskurses. Entsprechend unterlag auch der Funktionsbegriff selbst verschiedenen Einflüssen unterschiedlicher Mathematikerinnen und Mathematiker. Im Folgenden soll ein kurzer historischer Abriss skizziert werden:

- 1694: Vermutlich erstmalige Verwendung des Wortes „functio" bei Gottfried Wilhelm Leibniz (1646–1716). Jakob I. Bernoulli (1655–1705) adaptiert den Begriff noch im selben Jahr (Tropfke 1902, S. 142 f.).
- 1718: Johann Bernoulli (1667–1748) gibt eine erste Definition des Funktionsbegriffs an: Er spricht bei einer Funktion von einer „Quantität, die auf irgendeine Weise aus [einer] veränderlichen Größe und aus Konstanten zusammengesetzt ist" (Tropfke 1902, S. 143, zitiert nach Nitsch 2015, S. 80).

- 1748: Leonhard Eulers (1707–1783) einflussreiches Werk „Introductio in analysin infitorum" erscheint. Es enthält ebenfalls eine Definition, die ähnlich zu jener Johann Bernoullis ist. Erstmals gibt Euler aber auch eine geometrische Darstellung einer Funktion an, indem er auch Funktionen in Form freihändig im Koordinatensystem gezeichneter Linien zulässt (vom Hofe et al. 2015, S. 151).
- 1755: In seinem zweiten Hauptwerk, den „Institutiones calculi differentialis" (Euler 1755), weitet Euler den Funktionsbegriff abermals aus. Die bisherige Auffassung einer Funktion als ein geschlossener Ausdruck, der zusammengesetzt aus festen Zahlen und der Funktionsvariable geschrieben werden kann, hatte sich als zu einengend erwiesen, sodass fortan nicht mehr notwendigerweise ein Funktionsterm existieren muss, der den funktionalen Zusammenhang beschreibt.

- 1837: Peter Gustav Lejeune Dirichlet (1805–1859) veröffentlicht die erste Definition, die in wesentlichen Zügen mit der heutigen übereinstimmt: Auch er verlangt nicht, dass beide Größen einem universellen Gesetz unterliegen müssen. Zudem setzt er als Erster die Eindeutigkeit der betrachteten Zuordnung voraus. Andererseits fordert er aber auch, dass eine Funktion sprungfrei sein, d. h. graphisch einer durchgezogenen Linie entsprechen soll (Wußing 2009, S. 239 f.).
- 1870: In einer weiteren Definition gibt Hermann Hankel (1839–1873) obige Einschränkung auf: Aus seiner Sicht dürfen Funktionen auch Sprungstellen aufweisen.

Die historische Rückschau ist für den Funktionsbegriff besonders interessant: Sie zeigt eindrucksvoll, wie der Begriff im Laufe der Geschichte Wandlungen und Weitungen unterworfen war. Einzelne Einschränkungen wurden aufgegeben, andere Aspekte kamen allmählich hinzu. Ähnlich wie Schülerinnen und Schüler nur allmählich einen breiten Blick für das Funktionskonzept entwickeln können, haben auch Mathematikerinnen und Mathematiker einige Jahrhunderte benötigt, um den Begriff bis zu seiner heute geläufigen Verwendung zu präzisieren, der unabhängig von einer Darstellung durch eine Gleichung ist. Denn eine Funktion hat viele Gesichter, wie wir im folgenden Abschnitt zeigen werden.

2.4 Darstellungsformen von Funktionen

2.4.1 Die unterschiedlichen Darstellungsformen

Funktionen lassen sich auf unterschiedliche Weise darstellen. Je nach Kontext und individuellen Voraussetzungen der Lernenden eignen sich die verschiedenen Darstellungsformen (oder auch Repräsentationsformen) einer Funktion unterschiedlich gut. In der Schulbuchreihe „Elemente der Mathematik" wird diesem Zusammenhang z. B. dadurch Rechnung getragen, dass schon zum Einstieg in die Thematik „Funktionen" verschiedene Arten und Weisen aufgegriffen werden, um funktionale Zusammenhänge zu fassen. Im konkreten Fall, Nachbildung dargestellt in Abb. 2.5, ist der Benzinverbrauch in Abhängigkeit von der gefahrenen Geschwindigkeit dreier fiktiver Automodelle miteinander zu vergleichen. Hierbei wird für ein Modell eine Wertetabelle, für ein Modell ein Funktionsgraph und schließlich für ein drittes zur Wahl stehendes Fahrzeug eine prosaisch beschriebene Funktionsgleichung angegeben. Um zu bestimmen, welches Fahrzeug in welcher Situation besser geeignet ist, müssen sich die Schülerinnen und Schüler unweigerlich mit allen drei Darstellungsformen auseinandersetzen und einen „gemeinsamen Nenner" finden, der den Vergleich der drei Modelle ermöglicht.

▶ **Auftrag**
Welche Darstellungsform einer Funktion bevorzugen Sie?
Wo sehen Sie die Vorteile der verschiedenen Darstellungsformen?
Braucht man wirklich alle?

Wertetabelle, Graph, Funktionsgleichung

Frau Siede beabsichtigt, ein neues Auto zu kaufen. Drei Modelle sind in der engeren Wahl. Für die Kaufentscheidung ist ihr der Benzinverbrauch dieser Modelle besonders wichtig.

(1) Für das Modell *Rasanti* gibt eine Automobilzeitschrift folgende Tabelle an:

Geschwindigkeit (in km/h)	50	70	90	100	120	130	150	180
Benzinverbrauch (in l pro 100 km)	6,1	6,4	7,0	7,3	8,0	8,5	10,0	13,8

(2) Für das Modell *Luna* ist im Prospekt ein Diagramm abgebildet.

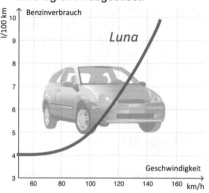

(3) Für das Modell *Cargo* gibt es nur eine Information aus der technischen Anleitung des Autohändlers

CARGO

Die Höchstgeschwindigkeit beträgt 140 km/h.
Für Geschwindigkeiten x (in km/h) zwischen 50 km/h und 140 km/h lässt sich der Benzinverbrauch y (in l pro 100 km) beschreiben durch
$y = 0{,}001x^2 - 0{,}1x + 6{,}3$

Abb. 2.5 Eine Einstiegsaufgabe der Schulbuchreihe „Elemente der Mathematik" (Griesel et al. 2017, S. 73) präsentiert Schülerinnen und Schülern einen funktionalen Zusammenhang in unterschiedlichen Darstellungsweisen (Grafik nachgestellt)

Die besondere Rolle von verschiedenen Darstellungsformen für die Mathematik

Die besondere Relevanz, die unterschiedliche Darstellungsformen (gleichbedeutend auch oft Darstellungsart genannt) für die Mathematik als Schulfach, aber auch als Wissenschaft besitzen, begründet sich allerdings nicht allein in individuellen Vorlieben der Mathematiktreibenden. So gibt jede Darstellungsweise unterschiedliche Aspekte des zugrunde liegenden mathematischen Objekts (in diesem Fall einer Funktion) preis. Den verschiedenen Darstellungen eines solchen Objekts kommt somit eine ähnliche Rolle zu, wie sie in anderen Naturwissenschaften etwa Lupe, Mikroskop oder Teleskop erfüllt. Gewissermaßen dienen Darstellungen mathematischer Inhalte also als Werkzeuge, ohne deren Hilfe – ähnlich wie bei den genannten Beobachtungsinstrumenten in Physik, Biologie & Co. – das mathematische Arbeiten und somit auch das Lehren und Lernen von Mathematik gar nicht möglich wären.

Fundamental gegensätzlich ist hingegen, dass die durch mathematische Darstellungen „beobachteten" Objekte anders als in den anderen naturwissenschaftlichen Fächern nicht physisch existieren. Ein mathematisches Objekt wie eine Funktion ist und bleibt ein reines Gedankenkonstrukt, das wir über unterschiedliche Repräsentationsformen zu greifen versuchen, während es in den übrigen Naturwissenschaften die Untersuchungs- gegenstände selbst sind, die sich durch eines der Beobachtungswerkzeuge, aber oft auch schon durch das bloße Auge beobachten lassen (vgl. Duval 2006).

Eine Funktion ist also verschieden von ihren Darstellungsformen, aber nur über eben diese Darstellungsformen greifbar. Man muss eine Funktion also in verschiedenen Repräsentationsformen greifen können, um sie zu verstehen.

Die verschiedenen Repräsentationen lassen sich unterschiedlich charakterisieren. Man gruppiert sie üblicherweise in eine der vier folgenden Kategorien und spricht auch von den vier „Gesichtern einer Funktion" (vgl. Hußmann und Laakmann 2011; Herget et al. 2000):

- Formal-symbolische Darstellungsform (insbesondere Funktionsterm)
- Graphisch-visuelle Darstellungsform (insbesondere Funktionsgraph)
- Numerisch-tabellarische Darstellungsform (insbesondere Wertetabelle)
- Situativ-sprachliche Darstellungsform

(Vgl. auch Janvier 1978; Swan 1982, 1985; Leuders und Prediger 2005; Büchter 2008).

Diese vier Gesichter lassen sich beispielsweise im Schulbuchausschnitt in Abb. 2.5 wiederfinden. Einerseits ist hier für das Modell „Cargo" eine konkrete Berechnungs- formel für den Benzinverbrauch und somit eine formal-symbolische Darstellung angegeben. Für das Modell „Luna" findet sich hingegen eine graphisch-visuelle Dar- stellung in Form eines Funktionsgraphen. Für den „Rasanti" gibt der Hersteller wiederum eine Wertetabelle und somit eine numerisch-tabellarische Darstellung an. Ein- zig eine situativ-sprachliche Darstellung lässt sich in der Abbildung nicht finden.

Aufgrund dieser essenziellen (aber auch existenziellen) Bedeutung, die diese Gesichter einer Funktion mit all ihren unterschiedlichen Facetten haben, soll im Folgenden auf jede Darstellungsform differenziert eingegangen werden.

2.4.1.1 Formal-symbolische Darstellungsform

Generell bezeichnet diese Darstellungsform vor allem die Beschreibung mathematischer Objekte über Terme und Gleichungen. Für Funktionen ist daher der Funktionsterm bzw. die Funktionsgleichung von besonderer Bedeutung.

Konkret handelt es sich hierbei um eine Berechnungsvorschrift, mit deren Hilfe sich für jeden beliebigen Wert x des Definitionsbereichs D einer Funktion der zugehörige Funktionswert $f(x)$ berechnen lässt. Hierbei kann der Funktionsterm explizit als Teil einer Funktionsgleichung angegeben werden, wie es etwa im folgenden Beispiel der Fall ist:

$$f(x) = x^2 + \sqrt{x}$$

Die Funktionswerte

$$f(1) = 1^2 + \sqrt{1} = 2,$$
$$f(2) = 4^2 + \sqrt{4} = 18,$$
$$f(0{,}25) = 0{,}25^2 + \sqrt{0{,}25} = 0{,}5625,$$

usw. ergeben sich hierbei unmittelbar durch Einsetzen in den dargestellten Term und entsprechendes Ausrechnen. Möglich ist auch, dass der Funktionsterm je nach betrachtetem Teilintervall des Definitionsbereichs von wechselnder Natur ist, etwa

$$f(x) = \begin{cases} x^2 & : x \leq 0 \\ -x^2 & : x > 0 \end{cases}.$$

In Abhängigkeit des Vorzeichens des eingesetzten Wertes ist nun ein unterschiedlicher Term zur Berechnung des Funktionswertes heranzuziehen. In solchen Fällen spricht man auch von einer *abschnittsweise definierten* Funktion.

Im Gegensatz zu allen anderen Darstellungsformen ist der Funktionsterm mit dem Vorteil ausgestattet, dass das zugrunde liegende mathematische Objekt (also die Funktion selbst) aufgrund der zuvor genannten Charakteristik sich gemeinhin exakt angeben lässt. In den weiteren Abschnitten werden wir noch sehen, dass dies für die anderen Darstellungsformen nicht notwendigerweise gelten muss.

Erste Definitionen des Funktionsbegriffs maßen dieser Darstellungsform daher besondere Bedeutung bei und setzten den Funktionsterm sogar mit der Funktion selbst gleich. So definiert etwa Euler im 18. Jahrhundert:

> „Eine Function einer veränderlichen Zahlgrösse ist ein analytischer Ausdruck, der auf irgend eine Weise aus der veränderlichen Zahlgrösse und aus eigentlichen Zahlen oder aus konstanten Zahlgrössen zusammengesetzt ist." (Euler 1983, S. 4).

Er spricht also nur dann von einer Funktion, wenn eine entsprechende Berechnungsvorschrift in Form eines Funktionsterms existiert. Erst später revidierte er diese Ansicht, da sich ein ausschließlicher Zugang zu funktionalen Zusammenhängen für einige Themenkomplexe als zu einengend erwies (vgl. Klinger 2018, S. 44 f.). Bis heute dominieren entsprechend Definitionen des Funktionsbegriffs, wie wir sie in Abschn. 2.3 dieses Kapitels getroffen haben und welche die Existenz eines geschlossenen Ausdrucks nicht notwendig voraussetzen.

Dennoch erfährt der Funktionsterm unterrichtlich meist besondere Aufmerksamkeit, da sich mit ihm viele Eigenschaften einer Funktion rechnerisch bestimmen oder nachweisen lassen (s. Abschn. 2.8; vgl. Wittmann 2008, S. 16). Einerseits sprechen ihre Exaktheit und die damit verbundenen Berechnungsmöglichkeiten für die Stärke dieser Darstellungsform. Andererseits resultiert dies auch in (Schüler-)Überzeugungen, dass nur Zusammenhänge, die sich in Form geschlossener Terme formulieren lassen, vollwertige Funktionen darstellen (vgl. Sierpinska 1992, S. 42; Klinger 2018, S. 79 f.). Dies unterstreicht somit die Relevanz der weiteren Möglichkeiten, Funktionen darzustellen, um durch ausgewogene Verwendung Schülerinnen und Schülern die Möglichkeit zu geben, ein fundamentales Verständnis dieses Begriffs zu entwickeln.

Im nächsten Abschnitt soll daher der Funktionsgraph als wohl populärste Repräsentationsform graphisch-visueller Natur einer genauen Betrachtung unterzogen werden.

2.4.1.2 Graphisch-visuelle Darstellungsform

Der prominenteste Vertreter dieser Klasse von Darstellungsformen ist, wie bereits oben erwähnt, der Graph einer Funktion. Im weiteren Sinne lassen sich aber alle Visualisierungen funktionaler Zusammenhänge in Säulen-, Balken-, Tortendiagrammen etc. fassen. Hierbei eignen sich Letztere eher weniger zur Darstellung funktionaler Zusammenhänge.

Exemplarisch ist in Abb. 2.6 ein Niederschlagsdiagramm dargestellt, das für die italienische Hauptstadt Rom erstellt wurde. In Abb. 2.7 finden sich zudem verschiedene

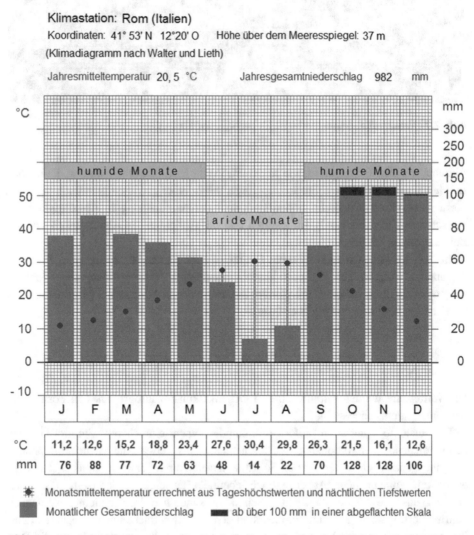

Abb. 2.6 Niederschlagsdiagramm für Rom (Italien) (© Geo-Science-International, Creative Commons CC0 1.0, Wikimedia Commons)

Abb. 2.7　Verschiedene Aktiencharts　(© Csaba Nagy auf Pixabay)

Aktiencharts und Kursverläufe, wie sie häufig in den Medien gezeigt werden. Es handelt sich jeweils um funktionale Zusammenhänge, die in einer gewissen graphisch-visuellen Form aufbereitet wurden. Im ersten Fall wird der Niederschlag in Abhängigkeit des betrachteten Kalendermonats, im zweiten Fall der Aktienwert in Abhängigkeit von der Zeit dargestellt.

In Abb. 2.8 finden wir ein weiteres Diagramm: das Säulendiagramm. Ähnlich wie in den anderen Diagrammen wird auch hier ein funktionaler Zusammenhang abgebildet: So zeigt die Abbildung verschiedene Wertepaare der bereits in Abschn. 2.2 vorgestellten und als Funktion betrachteten Falldauer-Formel:

$$f(x) = \sqrt{\frac{2x}{9{,}81}}$$

Die Wertepaare wurden mithilfe eines Tabellenkalkulationsprogrammes in Form eines Säulendiagramms dargestellt.

Das erstellte Diagramm liefert offenkundig einen einfacheren Einblick in den dahinterliegenden funktionalen Zusammenhang als etwa die danebenstehenden Zuordnungspaare einzelner Werte. So ist einerseits direkt ersichtlich, dass die Falldauer mit zunehmender Absprunghöhe ebenfalls ansteigt. Andererseits lässt sich erahnen, dass diese Zunahme nicht gleichmäßig, sondern in immer kleiner werdenden Schritten erfolgt. Solche Informationen sind den isoliert betrachteten Wertepaaren deutlich schwieriger zu entnehmen. Man kann also festhalten, dass graphisch-visuelle Dar-

Abb. 2.8 Wertepaare aus Fallhöhe und entsprechender Falldauer, dargestellt in einem Diagramm, das mithilfe eines Tabellenkalkulationsprogramms erstellt wurde

stellungen einen schnellen Überblick über die Natur entsprechender funktionaler Zusammenhänge liefern (vgl. Wittmann 2008, S. 16).

Im Folgenden richten wir den Blick näher auf den Funktionsgraphen, wie er aus der Schule bereits bekannt ist. Dieser ergibt sich etwa ausgehend von einem Funktionsterm, indem alle möglichen Wertepaare aus Argument x und Funktionswert $f(x)$ einer Funktion zumindest für einen gewissen Sichtbereich in einem *Koordinatensystem* abgetragen werden. Hierbei nennt man die vertikale Achse üblicherweise *y-Achse* oder *Ordinatenachse* und die horizontale Achse *x-Achse* oder *Abszissenachse*. Hierbei werden die sich durch Kreuzung von y- und x-Achse ergebenden Viertel *Quadranten* genannt und entgegen dem Uhrzeigersinn in oft römischer Zahlschreibweise nummeriert, so wie in Abb. 2.9 dargestellt ist.

Alternativ lässt sich mithilfe sog. Funktionenplotter der Graph auch computerbasiert und somit automatisch erzeugen. Hierbei handelt es sich ebenfalls um Programme oder Geräte (etwa grafikfähige Taschenrechner), die z. B. ausgehend von einem Funktionsterm den Funktionsgraphen erzeugen.

Allerdings ist der Funktionsgraph auch getrennt von Funktionsgleichung bzw. -term zu betrachten. Als eigenständige Darstellungsform handelt es sich nicht allein um eine reine Visualisierung einer formal-symbolischen Darstellung. So kann es häufig sinnvoll sein, einen gegebenen funktionalen Zusammenhang als Erstes in Form eines Funktionsgraphen zu skizzieren, um so einen Überblick über die Natur der Beziehung zu erhalten. In einem weiteren Schritt kann dann ggf. versucht werden, eine passende Beschreibung durch einen Funktionsterm zu finden.

Abb. 2.9 Die vier Quadranten
eines Koordinatensystems

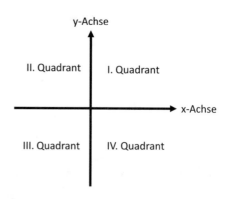

Der Einfachheit halber wollen wir uns im folgenden Beispiel dennoch einem Funktionsgraphen zuwenden, der aus einer gegebenen Termdarstellung konstruiert werden kann: Hierzu nehmen wir erneut die Funktion aus Abschn. 2.3 in den Blick. Durch Eingabe des entsprechenden Funktionsterms in einen Funktionenplotter erhalten wir einen zentralen Ausschnitt des Funktionsgraphen. Exemplarisch ist dies mithilfe der Software GeoGebra in Abb. 2.10 dargestellt. Alternativ lässt sich der Graph natürlich auch zeichnerisch erstellen, indem entsprechende Wertepaare in das Koordinatensystem übertragen und durch eine Kurve verbunden werden. Offensichtlich ist, dass dies wohl eine ungenauere Darstellung erzeugen würde.

An dieser Stelle wird klar, dass ein Funktionsgraph eine Funktion, die etwa die gesamten reellen Zahlen als Definitionsbereich aufweist, nie vollständig abbilden kann, sodass es sich nicht um eine exakte und vollständige Wiedergabe des zugrunde liegenden funktionalen Zusammenhangs handelt. So lassen sich einzelne Punkte ohne weitere Informationen (z. B. dass es sich um einen geradlinigen Funktionsgraphen handeln soll) des funktionalen Zusammenhangs nicht ohne eine gewisse Unsicherheit bestimmen (vgl. Klinger 2018, S. 61 ff.).

Graph einer Funktion als kartesisches Produkt
Innerhalb der Fachmathematik wird der Graph einer Funktion häufig auch als Menge aller Punkte, aus denen er besteht, aufgefasst. Genauer wird er als Menge aller Paare aus durch die Definitionsmenge erlaubten Argumenten und der zugehörigen Funktionswerte beschrieben. Die entsprechenden sog. 2-Tupel liegen dann im kartesischen Produkt $D \times Z$ von Definitions- und Zielmenge:

▶   **Definition**
Für eine Funktion $f : D \to Z$ heißt

$$G_f := \{(x, f(x)) \in D \times Z \mid x \in D\}$$

Funktionsgraph oder kurz *Graph* der Funktion f.

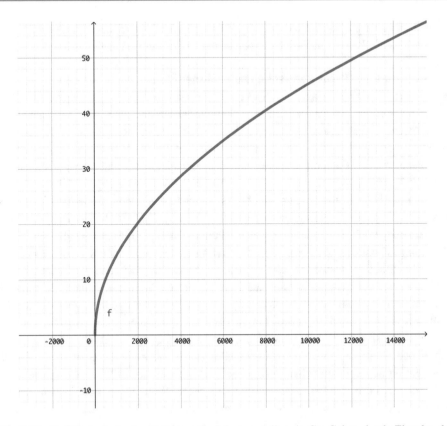

Abb. 2.10 Funktionsgraph der Falldauer-Funktion, erstellt mit GeoGebra durch Eingabe des Funktionsterms

Hintergrundinformation

Stellt man sich die entsprechenden Wertepaare der Menge wieder in einem Koordinatensystem vor, handelt es sich anschaulich um alle Punkte der Linie des gezeichneten bzw. geplotteten Funktionsgraphen. Genauer gesprochen kann ein gezeichneter Funktionsgraph, wie bereits oben erläutert, häufig nur einen Teil der gesamten Menge G_f wiedergeben.

Sie sind sich möglicherweise unsicher, wie die Schreibweise in der vorstehenden Definition gemeint ist. Sie bezieht sich, wie schon im Text angemerkt, auf das sog. kartesische Produkt (oder auch Kreuzprodukt) der beiden Mengen D und Z.

Allgemein ist das kartesische Produkt zweier Mengen A und B definiert als die Menge $\{(x, y) | x \in A \text{ und } y \in B\}$. Man schreibt dafür kurz $A \times B$. Die Elemente des kartesischen Produkts nennt man auch geordnetes Paar oder 2-Tupel. Dabei ist die Reihenfolge von Bedeutung: Das Pärchen beinhaltet erst ein Element aus A und dann eines aus B. Beispielsweise ist $(3, \pi) \in \mathbb{N} \times \mathbb{R}$, aber $(\pi, 3) \notin \mathbb{N} \times \mathbb{R}$ (vgl. Klinger 2015, S. 11 f.).

Abschließend sei bemerkt, dass es sich bei der vorstehenden mengentheoretischen Definition nicht um einen Begriff handelt, wie er im Unterricht der Sekundarstufe ausgelegt wird. Hier werden die gezeichneten oder geplotteten Auffassungen des Funktionsgraphen dominieren, sodass wir auch im Folgenden den Begriff „Funktionsgraph" nicht fachmathematisch exakt im Sinne der genannten Definition verwenden werden.

2.4.1.3 Numerisch-tabellarische Darstellungsform

Als weitere Darstellungsform soll die numerisch-tabellarische Repräsentationsform betrachtet werden. Diese ist dadurch charakterisiert, dass Funktionsargumente und entsprechende -werte punktuell zugeordnet werden. Konkret bedeutet das, dass eine Funktion vor allem durch eine endliche Anzahl einzelner Wertepaare dargestellt ist. Dies kann, wie im Folgenden dargestellt, in unterschiedlicher Notation geschehen. Für den bisher mehrfach betrachteten Zusammenhang zwischen Absprunghöhe und Falldauer eines Fallschirmspringers ergeben sich nach der schon bekannten Fallformel u. a. die folgenden (gerundeten) Punkte: $P_1(0|0), P_2(1000|14,28), P_3(2000|20,19)$ usw. Im Allgemeinen erhält man solche Punkte unter Zuhilfenahme der Funktionsgleichung für einzelne Stellen $x \in D$ des Definitionsbereichs, indem man die Funktion f an der Stelle x auswertet. Die einzelnen Punkte werden also nach dem Muster $P(x|f(x))$ gebildet. Alternativ kann als Darstellung der Wertepaare auch die folgende, nah an der symbolischen Darstellung orientierte Schreibweise genutzt werden: $f(0) = 0, f(1000) = 14,28, f(2000) = 20,19$ usw. Für eine große Anzahl einzelner Zuordnungen sind beide Notationen jedoch aufwendig, unübersichtlich und zudem auch unhandlich. Stattdessen werden meist Tabellen (auch *Wertetabelle*) genutzt. Eine solche ist erneut für den Zusammenhang *Absprunghöhe → Falldauer* in Tab. 2.1 dargestellt.

In dieser Form lassen sich gleichzeitig viele Wertepaare überblicken. Zudem können die einzelnen Funktionswerte bei zunehmender Größe des Arguments (d. h. der Absprunghöhe) relativ einfach miteinander verglichen werden. So sticht auch hier vergleichsweise schnell ins Auge, dass die Werte zwar sukzessive zunehmen, die jeweilige Zunahme aber nach und nach abflaut. Dieser Zusammenhang lässt sich beispielsweise dem Diagramm in Abb. 2.8 entnehmen.

Andererseits können mit einer Wertetabelle nur punktuell Wertepaare exakt angegeben werden. Dazwischenliegende Wertepaare lassen sich der Darstellungsform nicht oder nur grob geschätzt entnehmen, falls keine Kenntnis allgemeiner Eigenschaften der Funktion vorhanden ist.

Tab. 2.1 Wertetabelle für ausgesuchte Wertepaare des funktionalen Zusammenhangs Absprunghöhe → Falldauer

x	0	1000	2000	3000	4000	5000	6000	7000
$f(x)$	0,00	14,28	20,19	24,73	28,56	31,93	34,97	37,78
x	8000	9000	10.000	11.000	12.000	13.000	14.000	15.000
$f(x)$	40,39	42,84	45,15	47,36	49,46	51,48	53,42	55,30

2.4.1.4 Situativ-sprachliche Darstellungsform

Unter dieser Darstellungsform dominieren sprachlich-verbale Beschreibungen eines funktionalen Zusammenhangs. Diese sind oft noch eng der dem Zusammenhang zugrunde liegenden Situation verhaftet. Als Teil solcher Darstellungen treten häufig unterstützende Skizzen und andere Schaubilder auf. Der Übergang zwischen einer weltgebundenen Beschreibung des funktionalen Zusammenhangs selbst und der entsprechenden situativ-sprachlichen Darstellung ist häufig fließend. Er ist unterschiedlich stark von Modellierungsannahmen geprägt, die die vorliegende Realsituation in ihrer mathematischen Komplexität reduzieren.

Wir versuchen dies anhand der bereits mehrfach betrachteten Situation eines Fallschirmspringers zu erläutern: Die eigentliche realweltliche Situation ist jene einer Person, die aus einem Flugzeug springt. Je nach Höhe des Flugzeugs variiert die Dauer, die der gesamte Fallschirmsprung in Anspruch nimmt. Hierbei wirken sich ganz offensichtlich auch Einflussgrößen aus, die in unseren bisherigen Betrachtungen keine Berücksichtigung gefunden haben. So dürfte die Falldauer je nach Wettereigenschaften, die den Luftwiderstand betreffen, und des Zeitpunktes, wann der Fallschirm geöffnet wird, etc. variieren.

Eine derartige Komplexität in der Modellierung mathematischer Probleme kann im alltäglichen Mathematikunterricht in der Regel nicht erreicht werden. Stattdessen bemüht man sich um in ihrer Komplexität reduzierte Situationen. Je nach Stärke der entsprechenden Reduktion wird rein fachmathematisch i. d. R. ein anderer funktionaler Zusammenhang beschrieben. Situativ-verbale Darstellungen funktionaler Zusammenhänge unterscheiden sich jedoch nicht nur hinsichtlich der ihnen inhärenten Modellkomplexität, sondern auch in der Präzision, mit der sie den zugrunde liegenden funktionalen Zusammenhang beschreiben.

Um dies zu verdeutlichen, ziehen wir die beiden folgenden Beschreibungen des funktionalen Zusammenhangs heran:

- „Ein Fallschirmspringer springt aus einem Flugzeug. Je höher die Absprunghöhe, desto länger ist seine Fallzeit."
- „Ein Fallschirmspringer springt aus einem Flugzeug. Je höher die Absprunghöhe, desto länger ist seine Fallzeit. Der Zuwachs der Fallzeit wird bei jedem Zuwachs der Absprunghöhe immer geringer."

Während die erste Beschreibung nur Informationen über die relevanten Größen gibt und eine generelle Richtungsaussage darüber trifft, wie diese miteinander wechselwirken, enthält die zweite Variante zusätzlich die Information, dass der Zuwachs der Falldauer nach und nach abnimmt. Dies konnten wir bereits in der Wertetabelle wie auch dem Funktionsgraphen erkennen. So gesehen stellt die zweite Beschreibung den entsprechenden Zusammenhang etwas genauer dar, wenngleich beide Darstellungen nicht auf die exakte Funktion schließen lassen. Hierzu sind zusätzliche Informationen notwendig, wie sie im Allgemeinen am ehesten der Funktionsterm bereitstellt.

2.4.2   Darstellungswechsel

Wie bereits in Abschn. 2.4.1 deutlich wurde, lassen sich funktionale Zusammenhänge auf ganz unterschiedliche Arten und Weisen darstellen. Hierbei stehen je nach gewählter Darstellungsform unterschiedliche Eigenschaften der Funktion im Vordergrund, während andere im Verborgenen bleiben. Damit Schülerinnen und Schüler ein Verständnis des Funktionsbegriffs erwerben können, ist es nicht nur notwendig, dass all die genannten Darstellungsformen unterrichtliche Berücksichtigung finden. Es ist vor allem sinnvoll, dass Lernende selbstständig zwischen den Darstellungsformen zu wechseln lernen, d. h. eine in einer spezifischen Darstellungsform gegebene Funktion in eine andere Darstellungsform überführen können. Hierdurch üben sie nicht nur den Umgang mit einzelnen Darstellungsformen, sondern gewinnen auch ein Gefühl dafür, in welcher Situation ihnen eine Darstellungsform nützlicher ist. Für einen flexiblen Umgang mit Funktionen ist die Fähigkeit zum Wechseln der Darstellungsform also essenziell (Duval 2006; van Someren et al. 1998).

Konkret lassen sich die möglichen Darstellungswechsel bezogen auf funktionale Zusammenhänge entlang der in Abschn. 2.4.1 vorgestellten Darstellungsformen kategorisieren. So gibt Tab. 2.2 Beispiele von Tätigkeiten an, die mit Funktionen vollzogen werden können und entsprechenden Wechseln entsprechen (vgl. Janvier 1978; Swan 1982; Leuders und Prediger 2005; Hußmann und Laakmann 2011; Laakmann 2013; Klinger 2018).

Die Tabelle soll einen Eindruck geben, wie vielfältig die unterschiedlichen Tätigkeiten sind, die Darstellungswechseln im Mathematikunterricht zugrunde liegen können. Die Tabelle ist dabei auch als Ausblick innerhalb dieses Buchs zu verstehen, da nicht alle genannten Beispiele bereits besprochen wurden.

Vielleicht ist Ihnen aufgefallen, dass die dargestellte Tabelle auch auf der Diagonalen Einträge aufweist. In den konkreten Fällen wird die Darstellungsform also nicht gewechselt, jedoch die konkrete Darstellung der Funktion. Dies ist z. B. der Fall, wenn aus einer Wertetabelle jedes zweite Wertepaar entfernt wird. Beide Darstellungen (also die umfangreiche und weniger umfangreiche Tabelle) repräsentieren dann dieselbe Funktion.

Ein ähnliches Beispiel ist etwa der Wechsel von einer graphischen Repräsentation zu einer anderen graphischen Repräsentation. So erwartet die Aufgabe in Abb. 2.11 von Schülerinnen und Schülern etwa die Funktion $f(x) = 2x$ in einer verhältnismäßig ungewöhnlichen Skalierung der Koordinatenachsen zu skizzieren. Der Wechsel von einer Standardskalierung, bei der beide Achsen 1 : 1 im selben Maßstab abgetragen sind, zu solch einer uneinheitlichen Skalierung kann als ein solcher Darstellungswechsel innerhalb der graphisch-visuellen Darstellungsform interpretiert werden. Die Fähigkeit,

Tab. 2.2 Exemplarische Aktivitäten zum Darstellungswechsel

von (↓); nach (→)	Situativ-sprachlich	Numerisch- tabellarisch	Graphisch- visuell	Formal-symbolisch
Situativ- sprachlich	Umformulieren, Realsituationen ver- einfachen, reduzieren	Beispielwerte bestimmen	Visualisieren einer Situation, Skizzieren	Modellieren (Annähern, Kurven hindurchlegen)
Numerisch- tabellarisch	Interpretieren der Tabelle bzgl. des Kontexts	Verfeinern oder Vergröbern der Tabelle, Sortieren	Werte in Punkte- diagramm dar- stellen	Wachstumsver- halten erkennen
Graphisch- visuell	Interpretieren des Graphen bzgl. eines Kontexts	Werte ablesen	Strecken und Stauchen, Ändern der Achsen- skalierung	Typische Form erkennen, Annähern, Kurven hindurchlegen
Formal- symbolisch	Formeln inter- pretieren (z. B. durch Deuten der Funktionsparameter)	Argumente ein- setzen und Werte bestimmen	Skizzieren, durch Deuten der Funktions- parameter auf typische Form schließen	Algebraisch umformen

Skalierungen und Ausschnitte anzupassen und kritisch zu prüfen, ist ebenfalls zentral für einen erfolgreichen Umgang mit Funktionsgraphen (vgl. Klinger und Thurm 2016; s. auch Henze und Klinger 2020).

Insgesamt lassen sich so nahezu alle mathematischen Tätigkeiten, die im Zusammenhang mit Funktionen stehen, in die oben abgebildete Tabelle einsortieren. Dies geschieht jeweils in Abhängigkeit von jenen Darstellungsformen, die für die jeweiligen Tätigkeiten von besonderer Bedeutung sind. Dabei ist die Tabelle nur als grobe Orientierung zu sehen, da sie einerseits nicht den Anspruch hat, vollständig zu sein. Andererseits ist nicht immer ganz klar, in welche Richtung sich ein konkreter Darstellungswechsel konkret vollzieht, sodass es manchmal schwierig sein kann, konkrete Tätigkeiten in die Tabelle einzuordnen. So lässt sich oftmals an einer Aufgabe ebenso wie an einer vorliegenden Schülerbearbeitung nicht erkennen, ob ein Darstellungswechsel einzig in eine Richtung vorgenommen wurde oder ob vielfache Übersetzungen zwischen den beiden (und möglicherweise sogar weiteren im Sinne eines indirekten Darstellungswechsels) involvierten Darstellungsformen durchgeführt wurden (vgl. Janvier 1978, S. 3.3 f.; Nitsch et al. 2015, S. 661). Ein Beispiel ist im Folgenden gegeben:

Beschrifte die Koordinatenachsen so, dass die Gerade $f(x) = 2x$ dargestellt wird.

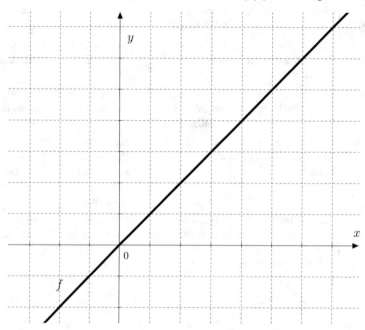

Abb. 2.11 Aufgabe zu uneinheitlich skalierten Koordinatensystemen (entnommen aus Klinger 2018, S. 201)

▶   **Beispiel**

Die Abb. 2.12 dargestellte Aufgabe beschreibt, wie ein Schwimmbecken, das von einer bestimmten Form ist, gleichmäßig mit Wasser gefüllt wird. Schülerinnen und Schüler haben mehrere Graphen zur Auswahl und müssen aus diesen denjenigen ausmachen, der den funktionalen Zusammenhang *Zeit* → *Wasserhöhe* am besten beschreibt. Hierbei ist nicht klar, ob Schülerinnen und Schüler in einem mentalen Prozess die korrekte Form des sog. Füllgraphen ausmachen und die eigene Lösung dann mit den gegebenen abgleichen oder ob sie jede angebotene Lösung auf ihre Plausibilität prüfen und letztlich per Ausschlussverfahren entscheiden. Während Ersteres wohl als Darstellungswechsel von der situativ-sprachlichen zur visuell-graphischen Darstellungsform betrachtet werden kann, lässt sich das letztere Vorgehen als genau entgegengesetzter Wechsel auffassen. Konkret ist die Richtung des zur Lösung der Aufgaben vorgenommenen Darstellungswechsels also von der individuellen Lösungsstrategie der Schülerin bzw. des Schülers abhängig. Somit lässt sich nicht pauschal – wie etwa bei den dargestellten Tätigkeiten in obiger Tabelle – eine Richtung des Darstellungswechsels angeben.

In das rechts abgebildete Schwimmbecken wird gleichmäßig Wasser eingelassen. Welcher der dargestellten Graphen passt dazu? Kreuze an!

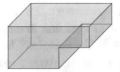

(1) ☐   (2) ☐   (3) ☐

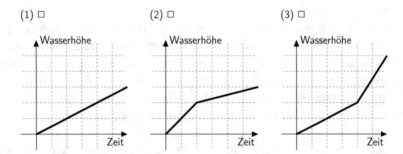

Abb. 2.12 Welcher Graph passt zum Füllvorgang des Schwimmbeckens? (entnommen aus Klinger 2018, S. 243)

2.5   Grundvorstellungen einer Funktion

Für das Verstehen von Funktionen ist neben dem Umgang mit verschiedenen Darstellungsformen wichtig, verschiedene Betrachtungsweisen einer Funktion in einer Darstellung zu unterscheiden. Konkret versucht man dies über die Grundvorstellungstheorie (vgl. Abschn. 1.3.1) zu fassen.

Für den Funktionsbegriff werden üblicherweise drei unterschiedliche Grundvorstellungen unterschieden (vgl. z. B. Malle 2000; vom Hofe 2003; Leuders und Prediger 2005; Büchter 2008; Barzel 2009; vom Hofe et al. 2015; Hußmann und Schwarzkopf 2017; Klinger 2019):

- *die Zuordnungsvorstellung:*
  Bei dieser Grundvorstellung steht der zuordnende Charakter einer Funktion im Vordergrund. Jede Funktion ordnet dabei spezifischen x-Werten entsprechende Werte $f(x)$ eindeutig zu (vgl. die Definition einer Funktion in Abschn. 2.3). Bei dieser Betrachtungsweise findet ein sehr lokaler Blick auf einzelne Wertepaare statt, die durch die Funktion einander zugeordnet werden.
- *die Kovariationsvorstellung:*
  Bei dieser Grundvorstellung wird vor allem der Verlauf einer konkreten Funktion fokussiert. Im Vergleich zur Zuordnungsvorstellung weitet man den Blick und betrachtet nicht nur einzelne Wertepaare, sondern die Beziehung zwischen   ver-

schiedenen Wertepaaren. Im Vordergrund kann zum Beispiel die Frage stehen, wie die Werte einer Funktion in einem konkreten Bereich verlaufen: Werden sie immer kleiner? Steigt die Funktion? Im Mittelpunkt steht also die Frage danach, wie sich die einzelnen Funktionswerte beim Durchlaufen der x-Werte miteinander verändern (kovariieren).

- *die Objektvorstellung:*
  Bei dieser dritten und letzten Grundvorstellung fällt der Blick auf die gesamte Funktion. Im Vergleich zu den vorangegangenen Grundvorstellungen findet also ein vollständig globaler Blick auf die Funktion, z. B. dargestellt durch einen entsprechenden Funktionsgraphen, statt. Auf diese Weise wird die Funktion selbst zu einem eigenständigen Objekt, für das seinerseits neue Operationen (z. B. das Addieren zweier Funktionen zu einer neuen) zur Verfügung stehen.

Je nach betrachteter Quelle wird statt von Vorstellungen häufig auch von Aspekten gesprochen, gemeint ist jedoch jeweils dasselbe: Jede der drei Grundvorstellungen rückt einen Teilaspekt in den Mittelpunkt der Aufmerksamkeit, der charakterisierend für den Funktionsbegriff ist. Ziel der Funktionenlehre sollte es sein, die unterschiedlichen Grundvorstellungen bei Schülerinnen und Schülern möglichst umfänglich auszubilden. Frühestens wenn alle Vorstellungen ausgeprägt sind, kann davon ausgegangen werden, dass der Funktionsbegriff verstanden wurde.

Normative und deskriptive Perspektive

Aus diesem Grund ist es notwendig, bereits bei der Planung einer Unterrichtsreihe zum Thema Funktionen zu prüfen, ob der Unterricht allen Schülerinnen und Schülern die Möglichkeit bietet, den Funktionsbegriff aus den unterschiedlichen Perspektiven zu erleben, die es braucht, um die drei Grundvorstellungen gleichermaßen auszuprägen. In diesem Zusammenhang wird auch von der *normativen Perspektive* auf Grundvorstellungen gesprochen, die den idealen Soll-Zustand hinsichtlich der schülerseitig ausgeprägten Grundvorstellungen beschreibt (vom Hofe 1995).

Andererseits muss auch im Verlauf der Reihe sowie zu deren Abschluss der Blick darauf gerichtet werden, welche Grundvorstellungen die anvertrauten Schülerinnen und Schüler tatsächlich erwerben konnten. In diesem Fall wird also vor allem der tatsächliche Ist-Zustand fokussiert, sodass entsprechend von einer *deskriptiven Perspektive* auf Grundvorstellungen gesprochen wird (vom Hofe 1995, andere Autoren sprechen von *individuellen Vorstellungen,* z. B. Prediger 2009). Dies kann z. B. mit diagnostischen Aufgaben im Sinne eines formativen Assessments (also einer lernbegleitenden Förderung) im Reihenverlauf geschehen. Dies bietet den Vorteil, dass man noch eingreifen und etwaige Missstände gezielt aufarbeiten kann.

Im Folgenden sollen die drei Grundvorstellungen anhand unterschiedlicher Beispiele konkretisiert werden. Hierbei wird exemplarisch gezeigt, wie unterschiedliche Aufgabengestaltungen dazu führen können, dass einzelne Grundvorstellungen besonders im Vordergrund stehen. So lassen sich die einzelnen Vorstellungen in unterschiedlichen Settings jeweils eher betonen oder bleiben im Verborgenen. Vorstellen kann man sich die unterschiedlichen Vorstellungen auch wie drei spezielle Brillen (s. Abb. 2.13): Schaut man durch die eine, sieht man vor allem den Zuordnungscharakter einer Funktion, eine zweite hebt die Kovariation der beteiligten Größen hervor, eine dritte rückt schließlich die Funktion als Objekt in den Mittelpunkt.

2.5.1 Funktion als Zuordnung von Werten

Die Zuordnungsvorstellung nimmt vor allem die einzelnen Wertepaare, die durch eine Funktion gegeben sind, in den Blick.

Dies ist vor allem dann der Fall, wenn etwa einzelne Funktionswerte anhand eines gegebenen x-Werts oder zugehörige x-Werte eines vorausgesetzten Funktionswertes bestimmt werden sollen. Hierbei kann die betrachtete Funktion beispielsweise in Form ihres Funktionsterms oder Funktionsgraphen gegeben sein. Auch eine Wertetabelle wie Tab. 2.1 hebt (vertikal gelesen) somit zunächst einmal den Zuordnungscharakter einer Funktion hervor und hilft Schülerinnen und Schülern daher, zunächst den zugrunde liegenden funktionalen Zusammenhang durch die Zuordnungsbrille zu erkunden.

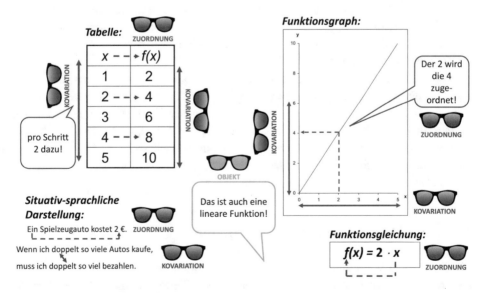

Abb. 2.13 Beim Aufsetzen der drei Grundvorstellungsbrillen treten jeweils unterschiedliche Aspekte einer Funktion in den Vordergrund

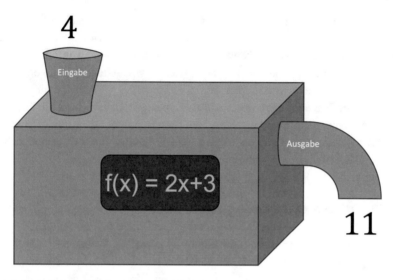

Abb. 2.14 Beispiel für eine Funktionsmaschine

Ein weiteres Beispiel bilden Veranschaulichungen wie jene in Abb. 2.14. Die Darstellung zeigt eine Funktionsmaschine, die eine beliebige Eingabe (hier 4) entsprechend einer Regel (dem Funktionsterm) zu einem Resultat verarbeitet (hier 11). Metaphern wie diese helfen einerseits, den Funktionsbegriff anschaulicher zu gestalten und ihn an konkrete Alltagserfahrungen zu binden. Andererseits erfolgt auch hier eine besondere Fokussierung auf den Zuordnungscharakter der entsprechenden Funktion. So lassen sich keine Werteverläufe oder globale Eigenschaften der Funktion erkennen. Schülerinnen und Schüler werden somit – zumindest im Rahmen dieser Veranschaulichung – verleitet, die Zuordnungsbrille zu verwenden.

Insgesamt steht im Rahmen der Zuordnungsvorstellung vor allem eine eher isolierte Betrachtung einzelner Wertepaare im Vordergrund. Naturgemäß steht in üblichen Definitionen wie unserer, die den Funktionsbegriff als eindeutige Zuordnung in den Blick nehmen, vor allem diese Vorstellung im Mittelpunkt. Gerade daher ist es von besonderer Wichtigkeit, auch die weiteren Vorstellungen zu fokussieren und Schülerinnen und Schüler bewusst dazu zu befähigen, diese auszubilden. Wir richten den Blick daher nun auf die Kovariationsvorstellung.

2.5.2 Funktion als Kovariation von Größen

Die Kovariationsvorstellung nimmt den Werteverlauf in den Blick. Im Gegensatz zur Zuordnungsvorstellung stehen also nicht nur isolierte Wertepaare im Fokus, sondern die

Charakteristik des Werteverlaufs solcher Paare. Es ist also vor allem danach gefragt, wie sich $f(x)$ verändert, wenn x verändert wird, bzw. wie sich die abhängige Größe verhält, wenn die unabhängige beeinflusst wird.

Hierbei sind verschiedene Zusammenhänge denkbar: Beispielsweise kann mit zunehmendem x auch $f(x)$ steigen oder aber fallen. Für jede Verdopplung von x kann sich auch die abhängige Größe verdoppeln oder aber vervierfachen. Natürlich kann auch ein ganz anderer Zusammenhang vorliegen. Wird ein funktionaler Zusammenhang jedoch in einer derartigen Weise betrachtet, steht die Kovariationsvorstellung im Mittelpunkt der Aufmerksamkeit.

Hierbei kann man einer Funktion besonders einfach entnehmen, wie die jeweiligen Größen zueinander im Wechselspiel stehen, wenn man sie in Form ihres Funktionsgraphen betrachtet. Beispielsweise stellt Abb. 2.15 den fiktiven Wachstumsverlauf einer Schimmelkultur innerhalb eines geöffneten Joghurtbechers im Kühlschrank dar. Hierbei nimmt die Zeit die Rolle der unabhängigen, die Größe der vorhandenen Schimmelkultur die Rolle der davon abhängigen Größe ein.

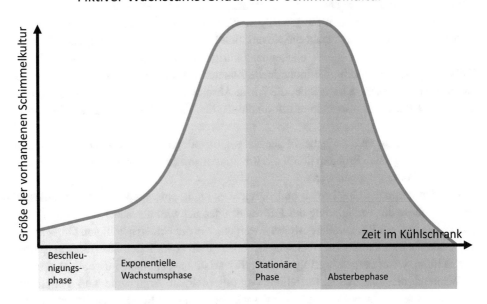

Abb. 2.15 Fiktiver Wachstumsverlauf einer Schimmelkultur

Während der sog. Beschleunigungsphase wächst die Menge an Schimmel kontinuierlich, aber mit konstanter Geschwindigkeit. Innerhalb jedes Zeitabschnitts kommt eine etwa gleich bleibende Menge an Schimmel hinzu. Erst während der exponentiellen Wachstumsphase nimmt der Schimmel mit jedem Zeitabschnitt immer mehr zu, bis die Wachstumsgeschwindigkeit plötzlich absinkt und die stationäre Phase beginnt. In dieser bleibt trotz Voranschreiten der Zeit die Menge vorhandenen Schimmels konstant. Schließlich beginnt ein Absterbeprozess, während dem die Menge des vorhandenen Schimmels rückläufig ist.

Darstellungen wie diese ermöglichen auf schnelle und kompakte Art und Weise eine Einsicht in die unterschiedlichen Abschnitte einer Funktion, in denen die beiden Größen jeweils auf verschiedene Weise kovariieren. Hierbei sorgt auch das Auslassen konkreter Werte an den Koordinatenachsen dafür, dass Schülerinnen und Schüler nicht einzelne Wertepaare in den Blick nehmen, sondern vor allem auf die Qualität des Zusammenhangs achten. Entsprechend wird auch von sog. *qualitativen Funktionen* gesprochen (Krabbendam 1982; Stellmacher 1986; Blum 2000; Hußmann 2010).

Das Wechselspiel beider Größen eines funktionalen Zusammenhangs lässt sich aber nicht nur in der graphisch-visuellen Darstellungsform erleben. Es lässt sich auch in den anderen Darstellungsformen erkennen, etwa in der numerisch-tabellarischen Form. So steht zwar in Tab. 2.1 zunächst die Zuordnung einzelner Wertepaare im Vordergrund. Verfolgt man aber, wie sich die jeweiligen Werte bei sich entwickelndem x-Wert verhalten (horizontale Lesart), steht die Kovariation beider Größen im Mittelpunkt. So lässt sich erkennen, dass bei gleich bleibender Schrittfolge von 1000 m die Zeit im freien Fall zwar jeweils zunimmt, die individuelle Zunahme von Schritt zu Schritt aber jeweils abnimmt. Die gleiche Wertetabelle, die wir in Abschn. 2.5.1 durch die Zuordnungsbrille betrachtet haben, gibt also weitere Informationen bei Verwendung der Kovariationsbrille preis.

Als Beispiel für eine Aufgabe, in der es etwa unabdingbar ist, dass Schülerinnen und Schüler das gegebene Problem durch die Kovariationsbrille betrachten, kann wieder jene in Abb. 2.12 herangezogen werden.

Um den korrekten Graphen zu finden, reicht es nicht, einzelne Wertepaare abzulesen. Vielmehr muss die Veränderung des Füllstandes des Schwimmbeckens auf den Graphen übertragen und ein Blick dafür gewonnen werden, wie die beiden beteiligten Größen Zeit und Füllhöhe miteinander im Wechselspiel stehen, d. h. kovariieren. Die Aufgabe ist also nur zu lösen, wenn Lernende erfolgreich die Kovariationsvorstellung ausgebildet haben.

Während die Zuordnungsvorstellung vor allem lokal Argumente und Funktionswerte miteinander in Verbindung bringt, fokussiert man im Rahmen der Kovariationsvorstellung die Beziehung zwischen Wertepaaren und damit das Wechselspiel von unabhängiger und abhängiger Größe über einen gewissen Bereich.

Als dritte und letzte Vorstellung soll im nächsten Abschnitt die Objektvorstellung eingehendere Betrachtung finden.

2.5.3 Funktion als eigenständiges Objekt

Die Objektvorstellung (manchmal auch Ganzheitsvorstellung oder -aspekt) rückt die Funktion als eigenständiges Objekt in den Mittelpunkt. Dies ist beispielsweise der Fall, wenn Funktionsgraphen weniger dafür genutzt werden, den zugrunde liegenden Zusammenhang schnell und einfach greifbar zu machen, sondern um konkrete Objekte zu beschreiben.

Ein Beispiel bildet etwa die Aufgabe in Abb. 2.16. Lernende müssen hier eine Funktion so bestimmen, dass ihr Graph den Brückenbogen der Müngstener Brücke beschreibt. Die Funktion wird somit unmittelbar objektifiziert, sodass es naheliegend

Die Müngstener Brücke in Solingen ist die höchste Eisenbahnbrücke in Deutschland. Ihr unterer Stützbogen kann durch eine nach unten geöffnete Parabel beschrieben werden. Wie lautet die Funktionsgleichung dieser Parabel in der Form $f(x) = ax^2 + bx + c$? Notwendige Längen kannst du der Skizze entnehmen. Deine Rechnung kannst du unten ausführen.

Antwort:

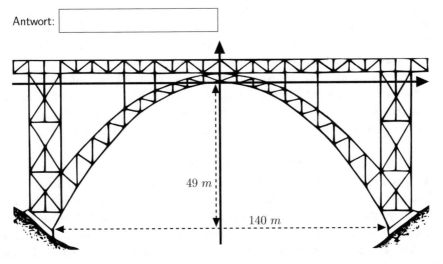

Abb. 2.16 Die Müngstener Brücke in Solingen soll durch eine Funktion modelliert werden. (entnommen aus Klinger 2018, S. 272)

ist, sie als eigenständiges Objekt zu betrachten – auch wenn die vorliegende Aufgabe im Grunde auch allein über die Zuordnungsvorstellung gelöst werden kann.

Die Objektvorstellung wird aber nicht nur dann aktiv, wenn Funktionen ähnlich geformten realen Pendants gegenübergestellt werden. Beispielsweise kann der Graph als eigenständiges Objekt auch besonders im Vordergrund stehen, wenn es um geometrische Zusammenhänge geht, etwa bei der Bestimmung von Schnittpunkten mehrerer als Funktion beschriebener Geraden, Parabeln etc.

Schülerinnen und Schüler müssen eine Funktion als eigenständiges Objekt wahrnehmen können, um Rückschlüsse auf die allgemeine Form ihres Graphen zu ziehen, also etwa dass eine Funktion der Form $f(x) = ax + b$ eine Gerade, eine Funktion der Form $f(x) = ax^2$ eine gestreckte oder gestauchte, aber nicht verschobene Parabel bildet.

Die Objektvorstellung ermöglicht somit den globalsten Blick auf den funktionalen Zusammenhang und steht meist in Verbindung zu Darstellungsformen, die viele Eigenschaften der Funktion gleichzeitig sichtbar machen, wie etwa der Funktionsgraph.

2.5.4 Didaktische Reflexion

Der Aufbau von Grundvorstellungen zu Funktionen ist ein wesentliches Ziel beim Lernen. Viele Fehler oder Probleme lassen sich darauf zurückführen, dass Grundvorstellungen (noch) nicht im erforderlichen Umfang aufgebaut wurden oder bei der Aufgabenbearbeitung nicht aktiviert werden. Die prominentesten Fehler und Probleme werden im Folgenden eingeordnet.

Verwechslung von y-Wert und Steigung (beim Deuten von Graphen)
Der Name des Fehlers erklärt denselben schon gut: Statt der Steigung wird meist einfach ein Funktionswert gewählt (vgl. Nitsch 2014). Im Kontext des Schwimmbeckens aus Abb. 2.12 könnte z. B. irrtümlich angenommen werden, dass sich das Becken zuletzt am schnellsten füllt, da dann am meisten Wasser im Becken enthalten ist.

Der Fehler kann auf einer beliebigen Auswahl der Größen ohne gründliches Nachdenken – und das heißt ohne gezielte Aktivierung der Grundvorstellungen – beruhen. Er kann aber auch darauf zurückzuführen sein, dass das Füllen im Graphen gar nicht erkannt werden kann (also keine Kovariationsvorstellung ausgeprägt worden ist).

Graph-als-Bild-Fehler (beim Deuten von Graphen)
Der Graph-als-Bild-Fehler besteht darin, „dass [Funktionsgraphen] als fotografische Abbilder von Realsituationen angesehen werden" (Schlöglhofer 2000, S. 16). Man kann den Graph-als-Bild-Fehler hierbei auch als Überbetonung der Objektvorstellung deuten.

Verdeutlichen lässt sich der Graph-als-Bild-Fehler gut anhand einer von Janvier (1981) entwickelten Aufgabe, die bereits als Item in die PISA-Erhebung im Jahr 2000 einging (vgl. OECD 2002, S. 108 ff.). Schülerinnen und Schüler mussten im Rahmen der Aufgabe den in Abb. 2.17 dargestellten Graph deuten. Das abgebildete

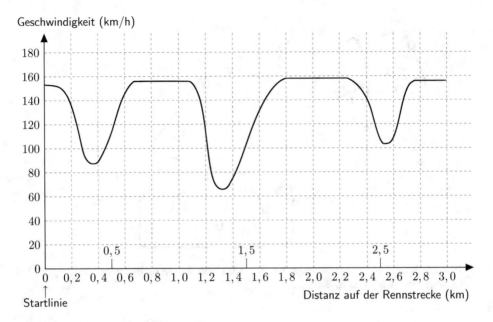

Abb. 2.17 Geschwindigkeit-Zeit-Diagramm zur Fahrt eines Rennwagens (entnommen aus Klinger 2018, S. 257, abgewandelt aus OECD 2002, S. 108)

Geschwindigkeit-Zeit-Diagramm beschreibt die Fahrt eines Rennwagens über eine geschlossene Rennstrecke. Probieren Sie dies zunächst einmal selbst.

Anhand des Diagramms sollten 20 Schülerinnen und Schüler der Sekundarstufe I auf die Form der zugrunde liegenden Rennstrecke schließen (vgl. Klinger 2018, S. 82 f.). Die vorgegebenen Antworten sind in Abb. 2.18 dargestellt. Eine sehr häufige Falschantwort war Antwort „E". Hierbei schlossen die Lernenden offenbar von der Form des Geschwindigkeit-Zeit-Diagramms direkt auf die Gestalt der entsprechenden Rennstrecke und betrachteten das Diagramm somit als „fotografisches Abbild" einer Realsituation (vgl. ebd.).

Dem Graph-als-Bild-Fehler kann durch eine bewusst inhaltliche Deutung des Graphen im Zuordnungs- und Kovariationsaspekt vorgebeugt werden: Wann fährt das Auto langsamer? Wie viele Kurven gibt es also?

Vernachlässigter Darstellungswechsel: formal-symbolisch zu situativ-sprachlich
Dieser Darstellungswechsel (Beispiel: „Schreibe zu $f(x) = 0{,}2x + 5$ eine passende Textaufgabe.") stellt Lernende oft vor Probleme – allein schon, weil er wohl zu selten eingefordert wird.

Eine (falsche) Schülerbearbeitung zu dieser Aufgabe könnte etwa lauten: „Du gehst in einen Supermarkt und kaufst eine gewisse Anzahl von Gläsern mit einem Inhalt von 0,2 l. Du kaufst noch 5 Gläser dazu. Wie viele hast du dann?"

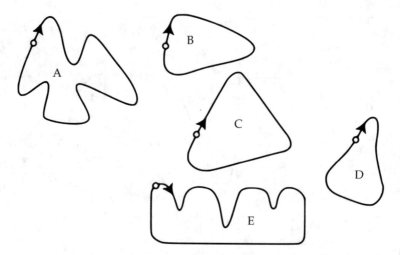

Abb. 2.18 Mögliche Formen der zugrunde liegenden Rennstrecke (entnommen aus Klinger 2018, S. 82, abgewandelt aus OECD 2002, S. 110)

Wie man an dem Beispiel erkennen kann, stellt die vermeintlich einfache Aufgabe Herausforderungen bereit, da die Situation passend zur mathematischen Struktur aus-gestaltet werden muss und man z. B. sorgfältig auf die beteiligten Größen achten sollte.

Beschränkter Funktionsbegriff
Wenn Lernende entscheiden sollen, ob in einer vorgegebenen Situation eine Funktion vorliegt, zeigt sich oft, dass nur bestimmte Prototypen als Funktionen angesehen werden, während andere nicht als solche betrachtet werden. Lernende denken fälschlicherweise, dass Funktionen …

- durch einen Funktionsterm beschreibbar sein müssen (sich aus einer Tabelle oder einem „krummen" Graphen also keine Funktion ableiten ließe),
- nicht in verschiedene Abschnitte unterteilt sein dürfen,
- verschiedene Funktionswerte besitzen müssen ($f(x) = 1$ ist aber z. B. ebenfalls eine Funktion),
- keine Sprünge oder Kanten haben dürfen,
- bestimmten bekannten Prototypen zu entsprechen haben (Jede Parabel wird als Normalparabel gedacht.) (vgl. Nitsch 2015).

An diesen Beispielen sieht man gut, wie wichtig es ist, eine Beschränkung auf proto-typische Beispiele zu vermeiden, möglichst verschiedenartige Beispiele und Gegenbei-spiele für einen Begriff zu bearbeiten sowie die charakteristischen Eigenschaften des Begriffs dabei wiederholend zu diskutieren.

2.6   Der Begriff „funktionales Denken"

Das Verständnis von Funktionen, also wie Größen voneinander abhängen oder sich miteinander ändern, benötigt man nicht nur in der Funktionenlehre, sondern in großen Teilen der Mathematik:

- Wie verändert sich der Flächeninhalt eines Trapezes, wenn es schert?
- Wie verändert er sich, wenn man die Höhe und die Mittellinie verdoppelt?
- Wie verändert sich der Anteil, den ein Kind von der Pizza bekommt, wenn sich die Anzahl der Kinder verdoppelt, die sich die Pizza teilen?"

„Funktionales Denken" besitzt also eine viel größere Relevanz, als man auf den ersten Blick denken mag. Der Begriff stammt aus der Zeit, als im Rahmen der Meraner Reform 1905 die Bedeutung des Funktionsbegriffs, die dieser nicht nur für die Mathematik an sich, sondern auch speziell für den Mathematikunterricht hatte, erkannt wurde. Damals forderte eine große Gruppe führender Wissenschaftler, insbesondere aber der Mathematiker Felix Klein (1849–1925), die großflächige Einbindung des Funktionsbegriffs der damaligen Zeit. So sollte das Curriculum insgesamt von dieser Idee durchzogen und Schülerinnen und Schüler so zum funktionalen Denken befähigt werden (Gutzmer 1905; Krüger 2000a, b, 2002).

Hierzu gehört insbesondere, dass Lernende alltägliche wie innermathematische funktionale Zusammenhänge erkennen und mithilfe des Funktionsbegriffs mathematisch greifbar machen können und in der Lage sind, flexibel mit diesen zu operieren. Hierzu steht außer Frage, dass Lernende mit den unterschiedlichen Darstellungsformen funktionaler Zusammenhänge vertraut sein müssen und einen in einer spezifischen Darstellungsform gegebenen Zusammenhang in eine andere überführen können. Sie dürfen Funktionen nicht nur eindimensional durch eine der beschriebenen Grundvorstellungsbrillen auffassen, sondern müssen alle drei Grundvorstellungen gleichermaßen ausgebildet haben und die jeweiligen Vorzüge der einzelnen Brillen intuitiv anzuwenden wissen.

Entsprechend definiert Oehl den Begriff wie folgt:

> „Wird diese durch eine Funktion bestimmte und darstellbare Abhängigkeit (funktionale Abhängigkeit) bewußt erfaßt und bei der Lösung von Aufgaben nutzbar gemacht, so spricht man von funktionalem Denken." (Oehl 1970, S. 244)

Funktionales Denken lässt sich nach Vollrath auch als eigenständige Denkweise betrachten – eine „Denkweise, die typisch für den Umgang mit Funktionen ist" (Vollrath 1989, S. 6). Schülerinnen und Schülern diese Denkweise nahezubringen und damit zu befähigen, ist nicht nur die zentrale Aufgabe der Funktionenlehre, sondern auch eine der wichtigsten Aufgaben des Mathematikunterrichts überhaupt.

2.7   Bedeutung digitaler Werkzeuge für die Vermittlung des Funktionsbegriffs

Digitale Werkzeuge haben in den letzten Jahrzehnten immer mehr Bedeutung für den Unterricht und auch im Speziellen für den Mathematikunterricht gewonnen, sodass deren Nutzung in den meisten Lehrplänen verbindlich vorgegeben ist. Der Begriff *digitales Werkzeug* umfasst dabei eine breite Palette unterschiedlicher Software und Geräte, die sich prinzipiell im Mathematikunterricht einsetzen lassen. Zu diesen gehören u. a. dynamische Geometriesoftware (DGS), Tabellenkalkulationsprogramme, Computeralgebrasysteme (CAS) sowie Funktionenplotter (Heintz et al. 2014). Sind mehrere oder alle dieser Teilfunktionalitäten in einer Software oder einem Gerät vereint, spricht man auch von einem Multirepräsentationswerkzeug (Heintz et al. 2014, S. 301; Heintz et al. 2016, S. 14).

Gerade für das Lehren und Lernen des Funktionsbegriffs und die damit verbundene Befähigung zum funktionalen Denken haben solche Werkzeuge besondere Bedeutung. So wurde bereits in Abschn. 2.4 erörtert, dass Lernende Funktionen durch alle zur Verfügung stehenden Darstellungsformen betrachten müssen, um ein Verständnis des Begriffs erwerben zu können.

Im Besonderen können mit Multirepräsentationswerkzeugen Darstellungen funktionaler Zusammenhänge derart vernetzt werden, dass sich Änderungen innerhalb der einen Darstellung unmittelbar auf die weiteren Darstellungen auswirken.

▶   **Beispiel**
Die Freier-Fall-Formel $f(x) = \sqrt{\frac{2x}{g}}$ mit $g = 9{,}81$ gilt für die Erde. Auf dem Mond ist die Fallbeschleunigung g geringer, d. h. nur ca. $\frac{1}{6}$ des Maßes, das auf der Erde gilt. Für größere Planeten ist g größer.

Den Einfluss der Fallbeschleunigung g auf die Fallzeit kann man systematisch untersuchen, indem man g variiert und den Einfluss auf den Verlauf des Graphen und die Tabelle (vgl. Abb. 2.19) mit einem Multirepräsentationswerkzeug untersucht. Dazu erstellt man einen Schieberegler, mit dem sich der Wert für g in einstellbaren Schritten und Bereichen ($g>0$) variieren lässt (vgl. auch Applet „Fallzeit auf verschiedenen Planeten").

Auch wenn die Fallzeit immer in Abhängigkeit von der Fallhöhe abnimmt, gilt: Je größer die Fallbeschleunigung g ist, desto geringer ist die Fallzeit.

Schülerinnen und Schüler können so experimentell erforschen, wie die jeweiligen Darstellungsformen zusammenhängen und welche Auswirkungen etwa auch das Verändern einzelner Werte innerhalb des Funktionsterms auf den Funktionsgraphen hat. Setzt man Multirepräsentationswerkzeuge unterrichtlich gezielt in dieser Art ein, wird auch vom

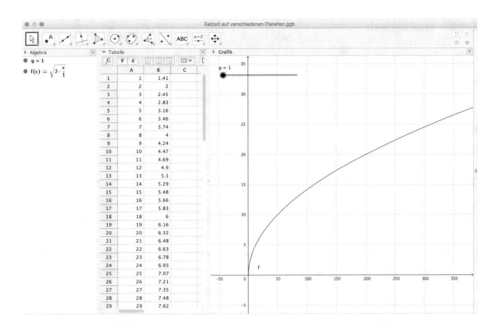

Abb. 2.19 Berechnung des freien Falls mit GeoGebra

Window-Shuttle-Prinzip gesprochen (Heugl et al. 1996, S. 196 ff.; Laakmann 2013, S. 52 f.). Digitale Werkzeuge bieten hier speziell gegenüber herkömmlichen Methoden, wie etwa dem händischen Skizzieren entsprechender Funktionsgraphen, den Vorteil, dass aufgrund der mit ihnen verbundenen Zeitersparnis der Einsatz entsprechender Darstellungswechsel deutlich intensiviert werden kann. Am Beispiel wird zudem klar, dass die Vernetzung der Darstellungen mithilfe der Window-Shuttle-Technik deutlich dynamischer erlebt werden kann (Barzel und Greefrath 2015, S. 148 ff.).

2.8   Einige Eigenschaften von Funktionen

Vielleicht sind Ihnen am Beispiel schon einige Eigenschaften der Funktion aufgefallen: Sie steigt die ganze Zeit, hat nur den Achsenschnittpunkt (0|0). Welche Aspekte sind dabei allgemein relevant? Was sind wesentliche Eigenschaften?

Im Folgenden werden wir uns einigen allgemeinen Eigenschaften und Begriffen zur Beschreibung von Funktionen widmen. Diese sind in vielfältigen Kontexten von Bedeutung und werden im weiteren Verlauf des Buches immer wieder aufgegriffen. Wir wollen die Eigenschaften jeweils nur kurz skizzieren und in den weiteren Kapiteln für die einzelnen Funktionstypen konkretisieren.

2.8.1 Nullstellen

Nullstellen sind jene Argumente einer Funktion, für die die Funktionswerte den Wert null ergeben. Anschaulich handelt es sich um eine Stelle, an der der Graph der Funktion die x-Achse schneidet. Konkret kann man sie also wie folgt definieren:

▶ **Definition** Eine Stelle $x \in D$ einer Funktion $f : D \to Z$ wird als *Nullstelle* bezeichnet, falls $f(x) = 0$ gilt.

Generell kann eine Funktion mehrere Nullstellen besitzen, aber auch keine einzige. Beispielsweise besitzt die Funktion f in Abb. 2.20 gar keine Nullstelle, da sich ihr Graph vollständig oberhalb der x-Achse befindet. Die Funktion h hingegen besitzt genau drei Nullstellen: Ihr Graph schneidet die x-Achse etwa bei $-0,75$, bei 1 sowie bei ungefähr 2,75. Die Funktion g stimmt innerhalb des dargestellten Bereichs offenbar vollständig mit der x-Achse überein. Entsprechend besitzt sie sogar unendlich viele Nullstellen.

Nullstellen lassen sich rechnerisch bestimmen, indem der entsprechende Funktionsterm gleich 0 gesetzt wird (zumindest falls dieser bekannt ist) und entsprechend zur unabhängigen Größe (das ist meistens x) umgestellt wird. Es wird also die algebraische

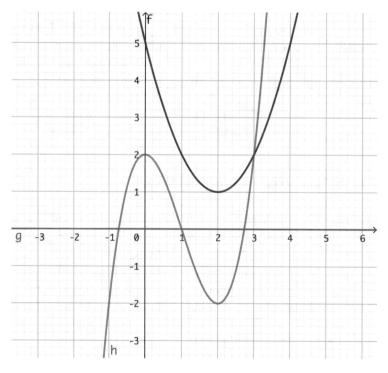

Abb. 2.20 Drei Funktionen f, g und h mit einer jeweils unterschiedlichen Anzahl an Nullstellen

Frage beantwortet, für welche x sich ein Funktionswert von 0 ergibt. Auf diese Weise lässt sich auch jede Gleichung, wie wir sie in Abschn. 1.4 kennengelernt haben, als Nullstellenproblem einer Funktion begreifen. Hierzu muss die Gleichung zunächst so umgeformt werden, dass lediglich eine 0 auf einer der beiden Seiten steht. Die quadratische Gleichung $x^2 + 2x + 2 = x + 3$ lässt sich z. B. zu $x^2 + x - 1 = 0$ umformen. Entsprechend ist die Lösungsmenge der Gleichung auch die Nullstellenmenge der Funktion $f(x) = x^2 + x - 1$, da $f(x) = 0$ nun gleichbedeutend zur vorherigen Gleichung ist. Dies stellt eine wichtige Schnittstelle zwischen der Thematik „Gleichungen" und „Funktionen" dar. Hierdurch werden wichtige Synergieeffekte zwischen beiden Themenbereichen eröffnet. Schülerinnen und Schülern bereitet es jedoch häufig Schwierigkeiten, diese zu erkennen bzw. auszunutzen.

2.8.2   Symmetrie

In der Regel wird bei der Symmetrie von Funktionsgraphen zwischen zwei Arten unterschieden: der sog. *Achsensymmetrie y-Achse* sowie der sog. *Punktsymmetrie zum Ursprung*. Während sich bei Ersterer die Funktionswerte rechts und links der y-Achse gleichen, kann man bei Letzterer den Graphen der Funktion um 180 Grad um den Ursprung $(0|0)$ drehen, ohne dass sich die Gestalt des Funktionsgraphen verändert. Entsprechende Beispiele sind in Abb. 2.21 dargestellt. Hierbei ist die linke Funktion f achsensymmetrisch zur y-Achse, die rechte Funktion g punktsymmetrisch zum Ursprung.

Algebraisch ausgedrückt lässt sich die folgende Definition formulieren:

▶ **Definition** Eine Funktion $f : D \to Z$ heißt achsensymmetrisch zur y-Achse, falls $f(x) = f(-x)$ für alle $x \in D$ gilt.

Eine Funktion $g : D \to Z$ heißt punktsymmetrisch zum Ursprung, falls $g(x) = -g(-x)$ für alle $x \in D$ gilt.

Die obigen Bedingungen lassen sich dabei wie folgt erklären: Betrachtet man statt $f(x)$ die variierte Funktion $f(-x)$, gleicht sie der ersten, ist aber an der y-Achse gespiegelt. Gilt also $f(x) = f(-x)$, beeinflusst eine Spiegelung an der y-Achse das Aussehen der Funktion nicht. Anders ausgedrückt: Stellen, die gleich weit von der y-Achse entfernt sind und von denen entsprechend eine im positiven und eine im negativen Bereich der x-Achse liegen muss, besitzen denselben Funktionswert.

Ähnlich ist es mit der zweiten Bedingung: Die Funktion $-g(-x)$ ist im Vergleich zu $g(x)$ sowohl an der y-Achse als auch an der x-Achse gespiegelt. Gilt also $g(x) = -g(-x)$, ist die Funktion resistent gegen Spiegelung an der y-Achse bei gleichzeitiger Spiegelung an der x-Achse. Eine solche Doppelspiegelung kommt aber einer Drehung um 180° gleich. Wieder anders ausgedrückt: Stellen, die gleich weit von der y-

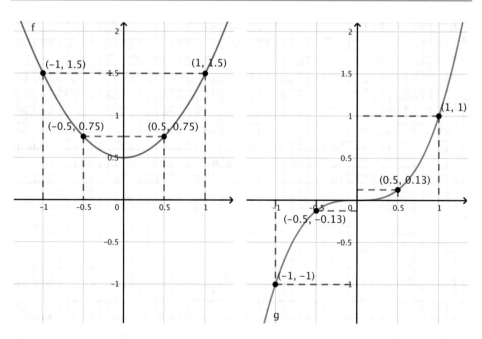

Abb. 2.21 Beispiel für eine achsensymmetrische Funktion f (links) und eine punktsymmetrische Funktion g (rechts)

Achse entfernt sind und von denen entsprechend eine im positiven und eine im negativen Bereich der x-Achse liegen muss, besitzen denselben Funktionswert bis auf das Vorzeichen.

Mithilfe dieser algebraischen Bedingungen lässt sich eine vermutete Symmetrieeigenschaft einer Funktion nun auch rechnerisch prüfen.

▶ **Auftrag**

f aus Abb. 2.21 hat den Funktionsterm $f(x) = x^2 + 0{,}5$ und g den Term $g(x) = x^3$. Zeigen Sie die Symmetrieeigenschaften rechnerisch.

Durch Betrachtung und Umformung der jeweils rechten Seite der Bedingungen ergibt sich:

$$f(-x) = (-x)^2 + 0{,}5 = x^2 + 0{,}5 = f(x) \text{ bzw.}$$
$$-g(-x) = -(-x)^3 = -\left(-x^3\right) = x^3 = g(x).$$

Insgesamt ist damit jeweils die geforderte Bedingung rechnerisch gezeigt und die jeweilige Symmetrieeigenschaft nachgewiesen.

Dass die im Beispiel dargestellte punktsymmetrische Funktion durch den Ursprung verläuft, ist im Übrigen kein Zufall, sondern lässt sich unmittelbar aus den obigen algebraischen Bedingungen herleiten. Gilt für eine Funktion g die Bedingung $g(x) = -g(-x)$, folgt sofort $g(0) = -g(-0) = -g(0)$. Da Null die einzige Zahl ist, die sich selbst mit negativem Vorzeichen gleicht, folgt nun $g(0) = 0$.

Ganz allgemein lassen sich auch die Punktsymmetrie zu einem beliebigen Punkt (statt nur zum Ursprung) sowie die Achsensymmetrie zu einer beliebigen vertikalen Geraden definieren. Wir gehen darauf exemplarisch im Kontext der quadratischen Funktionen ein (Abschn. 4.2.3).

2.8.3 Stetigkeit

Wenn eine Funktion stetig ist, bedeutet das grob gesprochen, dass ihr Graph keine Lücken besitzt. Stattdessen wird er durch eine durchgehende und ununterbrochene Linie dargestellt. Wir definieren daher:

▶ **Definition** Eine Funktion $f : D \to Z$ heißt *stetig,* wenn ihr Graph keine Sprungstellen aufweist.

Wie bereits in Abschn. 2.3 im Rahmen der historischen Entwicklung des Funktionsbegriffs erläutert, galten unstetige Funktionen, also solche mit Sprungstellen, nicht immer als Funktionen. Erst im Sinne modernerer Funktionskonzepte umfasst der entsprechende Begriff auch solche Zusammenhänge. Die Erfahrung zeigt aber auch, dass vor allem Lernende in der Anfangsphase dazu neigen, die Stetigkeitseigenschaft unzulässig zu generalisieren, d. h. nur solche Funktionen als Funktionen anzuerkennen, deren Graph einen durchgängigen Verlauf aufweist.

Abb. 2.22 zeigt exemplarisch drei Funktionsgraphen. Während Funktion f keine Sprungstellen aufweist, springt g bei $x = 2$ von etwa 2,75 auf 2,25 und ist daher nicht stetig. Man spricht auch von einer Unstetigkeitsstelle. Der Funktionsgraph zu h knickt an der Stelle $x = 2$ zwar plötzlich ein, weist aber keinen Sprung auf. Entsprechend ist die Funktion stetig. Der Begriff der Stetigkeit ist wichtig für die Frage, ob bestimmte Funktionswerte angenommen werden. Zum Beispiel besitzt eine stetige Funktion, die negative und positive Funktionswerte annimmt, mindestens eine Nullstelle. Setzt man die Stetigkeit nicht voraus, kann man dies nicht allgemein herleiten, da die potenzielle Nullstelle gerade übersprungen werden könnte.

2.8.4 Monotonie

Fällt oder steigt der Graph einer Funktion in einem bestimmten Bereich, spricht man von Monotonie – genauer von fallender oder steigender Monotonie, je nachdem, welcher der beiden Fälle vorliegt. Die Funktion selbst nennt man monoton fallend bzw.

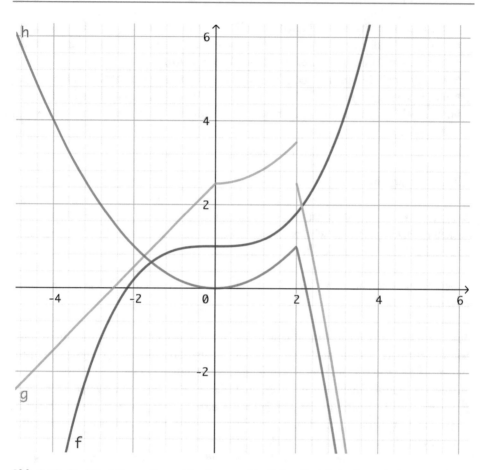

Abb. 2.22 Drei Funktionen f, g und h mit unterschiedlichen Stetigkeitseigenschaften

monoton steigend, wenn ihre Werte mit zunehmendem Funktionsargument entlang des gesamten Definitionsbereichs fallen oder steigen. Hierbei sind Plateaus erlaubt, d. h., die Funktionswerte dürfen in einem gewissen Teilbereich auch stagnieren. Möchte man dies ausschließen, spricht man von strenger Monotonie bzw. von „streng monoton fallend" bzw. „streng monoton steigend".

Entsprechende Beispiele sind in Abb. 2.23 zusammengefasst: Während die Funktion g streng monoton fallend ist, ist die Funktion f im gesamten sichtbaren Bereich streng monoton steigend. Die Funktion h hingegen ist nicht streng monoton steigend, wohl aber monoton steigend, da sie im Intervall von etwa $x = -1$ bis $x = 1$ ein Plateau besitzt, auf dem sie weder steigt noch fällt. Die Funktion i ist weder monoton fallend noch steigend, da sie zwar Bereiche besitzt, in denen sie fällt und steigt, diese Bereiche aber nicht den gesamten Definitionsbereich umfassen.

Die unterschiedlichen Monotoniebegriffe lassen sich auch innerhalb der formal-symbolischen Darstellungsweise und somit auch mathematisch-fachsprachlich definieren:

▶ **Definition**

Eine Funktion $f : D \to Z$ heißt ...

- *monoton fallend,* falls für alle $a < b$ gilt, dass $f(a) \geq f(b)$ ist.
- *monoton steigend,* falls für alle $a < b$ gilt, dass $f(a) \leq f(b)$ ist.
- *streng monoton fallend,* falls für alle $a < b$ gilt, dass $f(a) > f(b)$ ist.
- *streng monoton steigend,* falls für alle $a < b$ gilt, dass $f(a) < f(b)$ ist.

Hierbei kann man sich a und b als zwei unterschiedliche Stellen auf der x-Achse vorstellen, wobei a kleiner ist als b und somit a links von b liegt. Der zugehörige Funktionswert von a muss nun also größer oder gleich jenem von b sein, damit die Funktion fällt. Es muss also $f(a) \geq f(b)$ gelten usw.

2.8.5   Injektiv, surjektiv und bijektiv

Die drei Begriffe injektiv, surjektiv und bijektiv beschreiben verschiedene „Weisen", wie die Elemente des Definitionsbereichs Elementen des Zielbereichs einer Funktion zugeordnet werden.

▶ **Definition**

Eine Funktion $f : D \to Z$ heißt ...

- *injektiv,* falls jedes Element des Zielbereichs Z **höchstens** einmal von einem Element des Definitionsbereichs angenommen wird, d. h., für jedes $y \in Z$ existiert **höchstens** ein $x \in D$, sodass $f(x) = y$ gilt.
- *surjektiv,* falls jedes Element des Zielbereichs Z **mindestens** einmal von einem Element des Definitionsbereichs angenommen wird, d. h., für jedes $y \in Z$ existiert **mindestens** ein $x \in D$, sodass $f(x) = y$ gilt.
- *bijektiv,* falls jedes Element des Zielbereichs Z **genau** einmal von einem Element des Definitionsbereichs angenommen wird, d. h., für jedes $y \in Z$ existiert **genau** ein $x \in D$, sodass $f(x) = y$ gilt.

Funktionen, die injektiv, surjektiv oder bijektiv sind, nennt man auch *Injektion, Surjektion* bzw. *Bijektion.*

Man kann unmittelbar folgenden Satz festhalten:

▶ **Satz** Eine Funktion $f : D \to Z$ ist genau dann bijektiv, wenn sie injektiv und surjektiv ist.

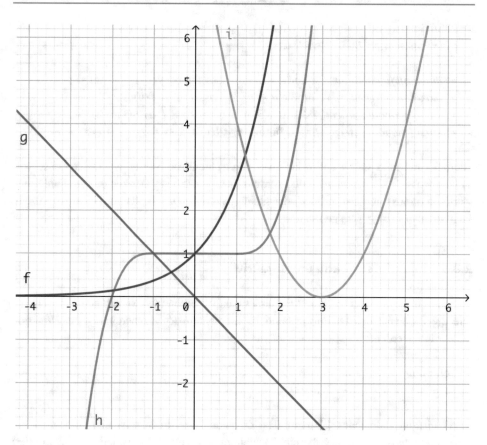

Abb. 2.23 Vier Funktionen f, g, h und i mit unterschiedlichem Monotonieverhalten

Dies lässt sich folgendermaßen rechtfertigen: Wird jedes Element des Zielbereichs höchstens einmal und zugleich mindestens einmal getroffen, wird es auch genau einmal getroffen. Wird es umgekehrt genau einmal getroffen, erfüllt dies auch die Bedingungen mit „höchstens" und „mindestens". Beide Aussagen sind also äquivalent.

Auch bei den obigen Begriffen ist es sinnvoll, diese zunächst an stark vereinfachten Funktionen zu deuten. Hierzu ziehen wir wieder Funktionen zwischen Punktmengen heran.

▶ **Auftrag**

Welche der Funktionen in Abb. 2.24 sind injektiv, surjektiv oder bijektiv?

Die erste Funktion ist injektiv, da jedes Element des Zielbereichs höchstens von einem Element des Definitionsbereichs getroffen wird. „Höchstens von einem" bedeutet hierbei konkret von einem oder keinem. Entsprechend bereitet es keine Probleme, dass eine Ellipse im Zielbereich gar nicht getroffen wird. Da für eine Surjektion gefordert wird,

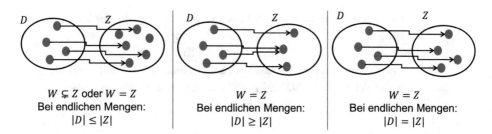

Abb. 2.24 Beispiel für eine injektive, surjektive und bijektive Funktion anhand von Punktmengen

dass jedes Element des Zielbereichs mindestens einmal erreicht wird, kann die Funktion nicht surjektiv sein (und folglich auch nicht bijektiv).

Die zweite Funktion ist hingegen surjektiv. Jedes Element aus Z wird ganz offensichtlich mindestens einmal erreicht. Da ein Element von zwei Pfeilen getroffen wird, ist die „höchstens"-Bedingung verletzt. Somit kann hier nicht gleichzeitig auch noch Injektivität oder Bijektivität vorliegen.

Die dritte Funktion ist schließlich bijektiv. Jedes Element des Zielbereichs bekommt genau ein Element des Definitionsbereichs zugeordnet. Aufgrund des obigen Satzes ist die Funktion daher auch injektiv und surjektiv.

Ob eine Funktion injektiv, surjektiv oder sogar bijektiv ist, lässt außerdem unmittelbar Schlüsse auf den Zusammenhang von Werte- und Zielbereich zu. Ist eine Funktion wie im ersten Beispiel injektiv und nicht bijektiv, wird mindestens ein Element des Zielbereichs nicht von einem Element des Definitionsbereichs getroffen. Die Menge aller Werte im Zielbereich, die getroffen werden, d. h. der sog. Wertebereich W, ist somit eine Teilmenge des Zielbereichs Z, aber nicht gleich dem Zielbereich. Nur falls die Funktion gleichzeitig auch surjektiv (und somit auch bijektiv) ist, gilt auch $W = Z$. Sind der Definitionsbereich D und der Zielbereich Z endliche Mengen, haben die Begriffe injektiv, surjektiv und bijektiv unmittelbar Auswirkungen auf die Mächtigkeiten (also die Anzahl der Elemente) dieser Mengen: Ist die Funktion injektiv, gilt $|D| \leq |Z|$. Ist sie hingegen surjektiv, gilt $|D| \geq |Z|$. Nur für den Fall, dass die betrachtete Funktion auch bijektiv ist, folgt $|D| = |Z|$.

Wichtig ist hier festzuhalten, dass die Begriffe injektiv, surjektiv und bijektiv im Wesentlichen von der Beschaffenheit des Definitions- und Zielbereichs einer Funktion abhängen. Das soll im folgenden Beispiel noch einmal verdeutlicht werden.

▶   **Beispiel**
Wir betrachten die Funktion $f : D \to Z$ mit $f(x) = x^2$. Der Funktionsgraph bildet bekanntlich die sog. Normalparabel (vgl. Abb. 2.25; genauer setzen wir uns mit quadratischen Funktionen noch in Kap. 4 auseinander).

Bisher haben wir nur anhand von Punktmengen die Begriffe injektiv, surjektiv und bijektiv illustriert. Hier stellt sich die Frage erstmals anhand einer „normalen" Funktion: Welche der Eigenschaften trifft auf f zu?

Die Antwort hängt tatsächlich stark vom betrachteten Bereich und somit insbesondere von der Wahl von D und Z ab. Tatsächlich kann man diese hier so wählen, dass jeder der Begriffe einmal zutrifft:

- Die Funktion f ist z. B. injektiv, falls $D = \mathbb{R}^+$ und $Z = \mathbb{R}$ gesetzt wird: Erlaubt man nur positive Werte und betrachtet somit nur den positiven Teil der x-Achse, steht der rechte Arm der Parabel im Fokus. Hier wird jeder y-Wert nur einmal angenommen. Da $Z = \mathbb{R}$ gesetzt wurde und der Zielbereich somit auch negative Werte umfasst, ist die Funktion nicht bijektiv, sondern nur injektiv. Die negativen Werte werden schließlich von keinem Wert des Definitionsbereichs erreicht.
- Die Funktion f ist z. B. surjektiv, falls $D = \mathbb{R}$ und $Z = \mathbb{R}_0^+$ gesetzt wird: Erlaubt man beliebige reelle Zahlen im Definitionsbereich und beschränkt den Zielbereich auf positive reelle Zahlen sowie die 0, wird jedes Element

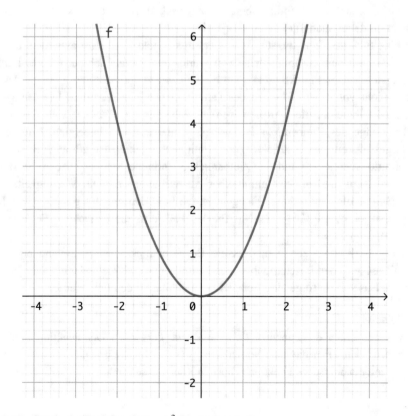

Abb. 2.25 Graph, der Funktion $f(x) = x^2$ (Normalparabel)

im Zielbereich mindestens einmal getroffen, die meisten sogar zweimal aufgrund der beiden Äste der Parabel. Die Funktion ist so auch nur surjektiv und nicht bijektiv.

- Die Funktion f ist z. B. bijektiv, falls $D = \mathbb{R}^+$ und $Z = \mathbb{R}^+$ gesetzt wird: Für jede positive Zahl auf der y-Achse gibt es in diesem Fall genau eine positive Zahl der x-Achse, sodass $f(x) = y$ gilt. Genauer erhält man für eine positive Zahl der y-Achse die zugehörige Zahl der x-Achse jeweils durch das Ziehen der Wurzel.
- Die Funktion f ist weder injektiv noch surjektiv noch bijektiv, falls $D = \mathbb{R}$ und $Z = \mathbb{R}$ gesetzt wird. In diesem Fall gibt es mit allen negativen Elementen in Z Werte, die überhaupt nicht getroffen werden. Außerdem gibt es mit allen positiven Elementen in Z Werte, die jeweils zweimal getroffen werden. Es gilt also für einen Teil der Elemente in Z die „höchstens"- für einen anderen Teil die „mindestens"-Beziehung. Gleichzeitig gibt es nur für die 0 genau einen Wert des Definitionsbereichs (nämlich ebenfalls 0), der auf sie zeigt. Dies zusammengenommen widerspricht allen drei Begriffen.

Für die drei Begriffe injektiv, surjektiv und bijektiv ist also Folgendes wichtig zu berücksichtigen:

- Alle drei Begriffe hängen maßgeblich von der Wahl des Definitions- und Zielbereichs ab. Man sollte also nie danach fragen, ob eine Funktion allein die entsprechenden Bedingungen erfüllt. Stattdessen ist es notwendig die Funktion sowie den konkret gewählten Definitions- und Zielbereich konkret zu benennen und zu berücksichtigen.
- Die drei Begriffe schließen einander nicht aus. Im Besonderen ergeben Injektivität und Surjektivität zusammengenommen Bijektivität. Außerdem lassen sich Fälle konstruieren, auf die keiner der drei Begriffe zutrifft.

2.8.6 Umkehrfunktion

Doch wofür genau sind die Begriffe aus Abschn. 2.8.5 überhaupt zu gebrauchen? Eine zentrale Bedeutung haben sie für den Begriff der *Umkehrfunktion*. Hierbei handelt es sich um jene Funktion, die alle durch eine erste Funktion f vorgenommenen Zuordnungen rückgängig macht. Dies kann nur dann funktionieren, wenn f bijektiv ist.

Dies kann man sich anhand von Abb. 2.24 verdeutlichen. Bei der allein injektiven Funktion ist nicht klar, wohin bei der Konstruktion einer solchen Umkehrfunktion das Element des vorherigen Wertebereichs abgebildet werden soll, das überhaupt nicht getroffen wurde. Bei der allein surjektiven Funktion ist wiederum nicht klar, auf welches Element jenes Element des Wertebereichs zeigen soll, das zuvor von zwei Elementen des Definitionsbereichs getroffen wurde. Lediglich wenn die Funktion bijektiv ist und somit jedes Element des Wertebereichs von genau einem Element des Definitionsbereichs getroffen wird, ergeben sich keine derartigen Probleme. Allgemein bezeichnet man die Umkehrfunktion einer Funktion f als f^{-1}. Exemplarisch ist die zur bijektiven Funktion in Abb. 2.24 gehörende Umkehrfunktion in Abb. 2.26 dargestellt. Es lässt sich auch erkennen, dass durch Bilden einer Umkehrfunktion der vorherige Definitions- und Wertebereich getauscht werden. Gilt zuvor $f : D \to W$, so gilt für die Umkehrfunktion $f^{-1} : W \to D$.

Allgemein lässt sich die Umkehrfunktion einer Funktion wie folgt definieren:

▶ **Definition** Eine Funktion $f^{-1} : Z \to D$ heißt Umkehrfunktion zu $f : D \to Z$, falls $f^{-1}(f(x)) = x$ oder $f\left(f^{-1}(x)\right) = x$ gilt.

Diese Definition greift direkt auf die ursprüngliche Idee zurück: Eine Umkehrfunktion soll eine Funktion sein, die alle durch die Ausgangsfunktion vorgenommenen Zuordnungen rückgängig und somit ungeschehen macht. Führt man also zuerst die Funktion f und direkt im Anschluss die Funktion f^{-1} aus (oder umgekehrt), bleiben alle eingesetzten Werte unverändert. Dies drücken die Bedingungen $f^{-1}(f(x)) = x$ bzw. $f\left(f^{-1}(x)\right) = x$ gerade aus.

Abb. 2.26 Beispiel einer Funktion f und zugehöriger Umkehrfunktion f^{-1} anhand von Punktmengen

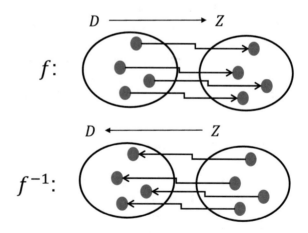

2.9   Check-out

Darstellungsformen:

- formal-symbolisch
- nummerisch-tabellarisch

$$f(x) = \begin{cases} 5x^{1/3}, & \text{wenn } x \leqslant 8 \\ 10, & \text{wenn } x > 8 \end{cases}$$

x	0	1	2	3	4	5
y	0,0	5,0	6,3	7,2	7,9	8,5
x	6	7	8	9	10	11
y	9,1	9,6	10,0	10,0	10,0	10,0

Darstellungs-wechsel

- graphisch-visuell
- situativ-sprachlich

Ein kegelförmiges, zehn Zentimeter hohes Behältnis wird über einen gleichmäßigen Zufluss mit Wasser befüllt. Nach acht Sekunden ist der Kegel gefüllt.

Fokusfragen:

1. Um welche zwei Größen geht es?
2. Welche Größe ist abhängig von welcher?

Können auch als Denkart aufgefasst werden – *Funktionales Denken*

Funktionen

Definition:

Eine *Funktion* ordnet jedem Element x einer Definitionsmenge D genau ein Element einer Zielmenge Z zu.

Grundvorstellungen:

ZUORDNUNG

- Welches $f(x)$ zu einem x?
- Welches x zu einem $f(x)$?

KOVARIATION

- Wie ändert sich $f(x)$, wenn sich x ändert?
- Wie muss sich x ändern, damit $f(x)$ fällt?

OBJEKT

- Was ist die typische Form des Graphen?
- Was sind typische Charakteristika des Zusammenhangs?

Eigenschaften:

- Nullstellen
- Symmetrie
- Stetigkeit
- Monotonie
- injektiv, surjektiv, bijektiv
- Umkehrfunktion f^{-1}

Kompetenzen

Sie können …

- Funktionen als solche erkennen und diese als eindeutige Zuordnung von anderen Zuordnungen abgrenzen,
- die beteiligten Größen eines funktionalen Zusammenhangs benennen und zwischen abhängiger und unabhängiger Größe unterscheiden,
- die für eine Funktion relevanten Begriffen wie Definitionsbereich, Zielbereich und Wertebereich nutzen, erklären, voneinander abgrenzen und an Beispielen (z. B. Zuordnungen zwischen einfachen Punktmengen) konkretisieren,
- die unterschiedlichen Darstellungsformen einer Funktion und ihre jeweiligen Eigenschaften benennen und auch mithilfe digitaler Medien erzeugen (z. B. Graphen plotten und geeignet zoomen, Wertetabelle erstellen),
- exemplarisch Tätigkeiten für den Wechsel zwischen spezifischen Darstellungsformen einer Funktion benennen,
- die drei Grundvorstellungen einer Funktion benennen und einfache Aufgaben damit analysieren,
- die Lernendenperspektive einnehmen und mögliche Fehler benennen und erkennen,
- „funktionales Denken" als eigenständige mathematische Denkweise erläutern,
- die Bedeutung digitaler Werkzeuge für die Vermittlung des Funktionsbegriffs erläutern,
- wichtige Begriffe (z. B. Nullstelle oder Monotonie) und spezifische Eigenschaften einer Funktion (z. B. Symmetrie) beschreiben, nennen und mathematisch fassen und
- die Begriffe injektiv, surjektiv und bijektiv sowie Umkehrfunktion anhand einfacher Funktionen zwischen Punktmengen erläutern und dieses Wissen auf reelle Funktionen übertragen.

2.10   Übungsaufgaben

1. Entscheiden Sie, ob die folgenden Zuordnungen die Definition einer Funktion erfüllen. Welche Einschränkungen bzw. Nebenbedingungen müssen ggf. gesetzt oder geklärt werden?

   a) Bei einem Konzert wird die Schuhgröße jeder Besucherin und jedes Besuchers der entsprechenden Körpergröße zugeordnet.

   b) In einer Schulklasse wird jeder Schülerin und jedem Schüler die Note der letzten Mathematikarbeit zugeordnet.

   c) Die Position eines Zugs wird in Abhängigkeit von der Fahrtzeit dargestellt.

   d) Jedem Kfz-Kennzeichen wird die Höhe der entsprechenden Kfz-Steuer des Fahr-
      zeugs zugeordnet.

   e) Jedem Girokonto einer Bank wird die Höhe des vorhandenen Betrags zugeordnet.

   f) Jedes Kfz wird seinem Besitzer zugeordnet.

2. Bilden Sie jeweils drei eigene Beispiele …

   a) für Zuordnungen, die keine Funktion sind, sowie

   b) für Zuordnungen, die Funktionen sind.

3. Opa Erwin nimmt ein Bad. Zunächst lässt er warmes Wasser in die Badewanne laufen
   (1), bis er den Zufluss zunächst stoppt, um die Temperatur des Wassers zu fühlen (2).
   Da es noch etwas heiß ist, lässt er zusätzlich kaltes Wasser hinzulaufen (3). Er steigt
   in die Wanne, wodurch sich der Wasserspiegel abrupt anhebt (4). Nach einer Zeit (5)
   entsteigt er der Wanne (6) und lässt das Wasser schließlich ablaufen (7).
   Zeichnen Sie ein Diagramm des Füllstandes in Abhängigkeit von der Zeit.
   Beschriften Sie die Achsen und markieren Sie die einzelnen Abschnitte Ihres Dia-
   gramms mit den innerhalb der Geschichte gegebenen Zahlen, damit der Bezug Ihrer
   Geschichte zum Graphen nachvollzogen werden kann.

4. Ein Flummi fällt aus einer Höhe von 32 m. Man kann für die ersten Boden-
   berührungen davon ausgehen, dass der Ball nach jeder Bodenberührung noch bis zur
   Hälfte seiner vorherigen Fallhöhe springt. Stellen Sie eine Funktionsgleichung auf,
   die die maximale Höhe des Flummis in Abhängigkeit von der Anzahl der Boden-
   berührungen angibt.

5. Betrachten Sie die folgenden Abbildungen.

   a) Welche Sportart könnte hier abgebildet sein?

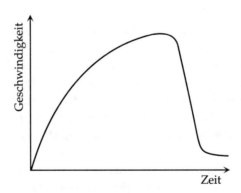

   b) Viele Lernende haben bei einer Umfrage „Angeln" angegeben. Ist das korrekt oder
      haben die Schülerinnen und Schüler einen Fehler begangen?

   c) Ein Radfahrer fährt über den dargestellten Hügel. Zeichnen Sie ein passendes
      Weg-Zeit- sowie ein Geschwindigkeit-Zeit-Diagramm.

d) Wie würde wohl ein Schüler die Aufgabe bearbeiten, der bei a. mit „Angeln"
geantwortet hat?

6. Bei welchem der folgenden Pfeildiagramme handelt es sich um eine Funktion? Geben
Sie für den Fall, dass es sich um eine Funktion handelt, jeweils an, ob diese injektiv,
surjektiv oder bijektiv ist. Geben Sie für den Fall, dass es sich nicht um eine Funktion
handelt, jeweils eine Begründung an.

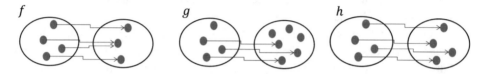

7. Geben Sie jeweils ein inner- und ein außermathematisches Beispiel an für
   a) eine Funktion, die surjektiv, aber nicht injektiv ist;
   b) eine Funktion, die injektiv, aber nicht surjektiv ist;
   c) eine Funktion, die bijektiv ist.
   Begründen Sie jeweils, wieso Ihr Beispiel die geforderten Kriterien erfüllt.

8. Im Folgenden finden Sie drei unterschiedliche Aufgaben zu quadratischen Funktionen
   (Kap. 4). Diskutieren Sie, welche Grundvorstellungen zu Funktionen für die erfolg-
   reiche Bearbeitung durch Schülerinnen und Schüler jeweils besonders hilfreich sind.
   Sie müssen die jeweiligen Aufgaben dazu nicht notwendigerweise lösen.
   a) Zu Beginn eines Experiments ist eine Bakterienkultur $10cm^2$ groß. Die Kultur
      wächst mit der Zeit. Bei jeder Verdopplung der Zeit vervierfacht sich die
      Anzahl der Bakterien. Bestimmen Sie eine Funktionsvorschrift, die den Vorgang
      beschreibt.
   b) Die Flugbahn eines Basketballs hat die dargestellte Form (vgl. Abb. 2.27).
      Bestimmen Sie den Scheitelpunkt der Flugbahn, wenn die Werferin den Ball aus
      einer Höhe von etwa 1,3m abwirft und der Korb 3m (Bodenlinie) von ihr entfernt
      sowie in einer Höhe von 3 m angebracht ist. Ist Ihre Lösung eindeutig?
   c) Eine quadratische Funktion verläuft durch die Punkte $P_1(0|5)$, $P_2(2|1)$ und
      $P_3(5|10)$. Wie lautet eine Funktionsvorschrift? Bestimmen Sie einen weiteren
      Punkt P_4.

9. Entwickeln Sie jeweils eine eigene Aufgabe zu einer beliebigen Funktion, bei der
   jeweils die Zuordnungsvorstellung, die Kovariationsvorstellung sowie die Objektvorstellung besonders im Fokus steht.

Abb. 2.27 Ein Basketball-Wurf (geworfen von Elena Jedtke)

Lineare Funktionen und Gleichungen

3.1 Check-in

Lineare Funktionen und Gleichungen sind nützlich:

- Mit linearen Funktionen lassen sich Zusammenhänge zwischen zwei Größen mit konstantem Wachstum (z. B. Preis für eine Taxi-Fahrt in Abhängigkeit der gefahrenen Kilometer) durch einen Term, eine Tabelle, einen Graphen oder mit Worten beschreiben. Dabei können – wie beim Preis für eine Taxi-Fahrt – Grundgebühren anfallen oder auch nicht. Es genügen bei linearen Funktionen zwei Wertepaare, um alle weiteren bestimmen zu können (z. B. Berechnung von Zwischenwerten).
- Mit linearen Gleichungen kann man unbekannte Werte in linearen Zusammenhängen bestimmen.

Viele Kosten, die im Alltag entstehen, sind durch lineares Wachsen geprägt. Dazu gehören Taxi-Kosten ebenso wie Stromkosten oder, wie im Beispiel von Abb. 3.1, Kosten für verschiedene Streaming-Dienste. Oft ist es dabei wichtig zu erfassen, welches genau das günstigste Angebot ist.

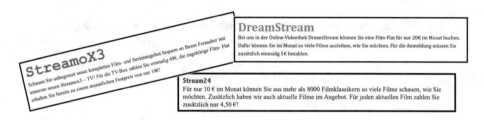

Abb. 3.1 Streaming-Angebote (nach Zindel 2019)

© Springer-Verlag GmbH Deutschland, ein Teil von Springer Nature 2021

B. Barzel et al., *Algebra und Funktionen*, Mathematik Primarstufe und Sekundarstufe I + II, https://doi.org/10.1007/978-3-662-61393-1_3

Auf einen Blick

In diesem Kapitel wollen wir Ihnen einen Überblick über die wesentlichen Aspekte von linearen Funktionen und Gleichungen geben. Dazu gehören …

- die Kernideen, die mit dieser Thematik verbunden sind (wie Linearisierung, konstantes Wachsen), wodurch das Potenzial für Modellierungen beschrieben wird,
- die verschiedenen Darstellungen, um lineare Funktionen zu beschreiben (Term, Tabelle, Graph),
- die zentralen Tätigkeiten, die im Umgang mit linearen Funktionen und Gleichungen relevant sind, und deren Bedeutungen sowie
- die verschiedenen Wege, eine lineare Gleichung oder ein lineares Gleichungssystem aufzustellen und zu lösen.

Alle diese Aspekte werden fachlich und fachdidaktisch erörtert, um eine weitere Reflexionsebene für die zu lernende Mathematik zu eröffnen und Bewusstsein für Ihre eigenen Lernprozesse und die von anderen zu schaffen. Es beginnt zunächst mit dem Spezialfall der proportionalen Funktionen, bei dem Situationen beschrieben werden, die von dem Startwert 0 ausgehen.

▶   **Auftrag**

Bevor Sie Ihr jetziges Können an Aufgaben überprüfen, bitten wir Sie, sich an Ihre bisherigen Begegnungen mit der Thematik „lineare Funktionen" zu erinnern:

- Welche Erfahrungen verbinden Sie mit linearen Funktionen?
- Wozu sind lineare Funktionen gut?
- Welche Begriffe, Konzepte, Kernideen verbinden Sie mit linearen Funktionen?
- Was hat Ihr Verständnis beim Erlernen dieser Begriffe unterstützt?

Überlegen Sie nach der Bearbeitung der folgenden Aufgaben, welche Tätigkeiten Sie jeweils ausgeführt und welche Strategien Sie genutzt haben.

Aufgaben zum Check-in

1. Welche der folgenden Zusammenhänge sind linear? Geben Sie jeweils einen möglichen Term an.
   a) Strompreis in Abhängigkeit vom Verbrauch
   b) Höhe eines Rechtecks in Abhängigkeit von der Breite, wenn der Flächeninhalt gegeben ist
   c) Höhe eines Rechtecks in Abhängigkeit von der Breite, wenn der Umfang gegeben ist
   d) Benzinablauf aus einem Tank, der ein Leck hat
   e) Preis von Speiseeis abhängig von der Anzahl der Kugeln
   f) Wachsen des Flächeninhalts einer Figur, wenn die Höhe der Figur wächst (mit Faktor $2, 3, \ldots n$)

2. Ergänzen Sie die fehlenden Werte in der Tabelle, sodass der Zusammenhang linear ist.

x		-12	-5	$-\frac{1}{2}$			3		10	75		y
$f(x)$	-64		-19		-4	-1		11		221	296	

3. Erfinden Sie eine Situation zu $f(x) = -10x + 300$.
4. Geben Sie drei verschiedene Gleichungen linearer Funktionen an, deren Graph durch $(-1|3)$ verläuft.
5. Geben Sie die Gleichung der Geraden an, die durch die Punkte A $(1|3)$ und B $(-2|5)$ verlaufen.
6. Lösen Sie die Gleichung $4x + 25 = 9 \cdot x - 5$ auf verschiedene Weisen.
7. Die Tabelle unten zeigt die Preise von zwei Stromtarifen (Verbrauch an elektrischer Energie in Kilowattstunden (kWh)). Lesen Sie die Antworten auf die Fragen in der Tabelle ab und stellen Sie jeweils auch die Gleichung dazu auf.

x in kWh	0	50	150	250	350	450	550	1000	2000
$f_1(x)$ in €	6	18,5	43,5	68,5	93,5	118,5	143,5	256	506
$f_2(x)$ in €	10	22	46	70	94	118	142	250	490

   a) Was zahlt man für 550 kWh in beiden Tarifen?
   b) Wie viel kWh erhält man ungefähr für 250 €?
   c) Für wie viele kWh zahlt man bei beiden Tarifen gleich viel? Beschreiben Sie Ihr Vorgehen.
   d) Verfassen Sie eine Empfehlung für eine Verbraucherzentrale, welcher Tarif günstig ist.

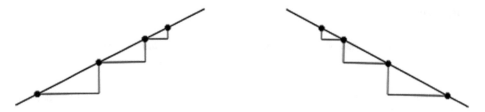

Abb. 3.2 Konstantes Wachstum: Das Verhältnis der Längen von roter zu blauer Strecke ist immer gleich

3.2   Zugänge zu proportionalen Funktionen

Lineare Funktionen zeichnen sich durch ein konstantes Änderungsverhalten aus, weshalb die graphische Darstellung einer solchen Funktion im Koordinatensystem als Gerade erscheint – deshalb „linear".

Im Detail heißt dies, dass die eine Größe in Abhängigkeit von der anderen Größe pro Schritt immer um den gleichen Wert steigt oder fällt. Sind die Schritte (z. B. die blauen in der Grafik) nicht gleich lang, so bedeutet „konstantes Änderungsverhalten" (Wachsen oder Fallen), dass das Verhältnis zwischen rot und blau markierter Länge (Abb. 3.2) immer gleich bleibt.

Auch proportionale Funktionen als spezielle lineare Funktionen haben die Eigenschaft des konstanten Änderungsverhaltens.

3.2.1   Proportion: das konstante Verhältnis

Der Begriff der „Proportion" wird im deutschen Sprachgebrauch seit dem frühen Mittelalter zur Beschreibung von Verhältnissen verwendet. So schreibt bereits Euklid in seinen „Elementen" (Euklid 1975, S. 91 f.) im Buch V:

> Def. 5: „Man sagt, dass Größen in demselben Verhältnis stehen, die erste zur zweiten wie die dritte zur vierten, wenn bei beliebiger Vervielfachung die Gleichvielfachen der ersten und dritten den Gleichvielfachen der zweiten und vierten gegenüber, paarweise entsprechend genommen, entweder zugleich größer oder zugleich gleich oder zugleich kleiner sind."

> Def. 6: „Und die dieses Verhältnis habenden Größen sollen in Proportion stehend heißen."

Wir erleben Größen, die in der so beschriebenen Proportion zueinander stehen, in vielfältigen Alltagskontexten. Ist beim Einkauf von Äpfeln ein Kilogrammpreis ohne jeglichen Mengenrabatt angegeben, so steht das Gewicht der Äpfel zum bezahlten Preis immer im gleichen Verhältnis. Der Kilogrammpreis gibt den Faktor an, mit dem das Gewicht multipliziert werden muss, um den zu zahlenden Preis zu erhalten. Ähnliches gilt beim Tanken oder beim Umrechnen von Währungen. In diesen und vielen anderen Situationen wird die Proportionalität durch das Verhältnis von Zahlen rein numerisch beschrieben, da es um Maßangaben und Preise geht.

Es gibt Alltagskontexte, bei denen neben der numerischen Beschreibung der Verhältnisgleichheit auch deren geometrische Beschreibungen bedeutsam ist. Hier zwei Beispiele:

▶ **Beispiel 1: Maßstab**
Der Maßstab beschreibt das Verhältnis der Länge, die auf einer Landkarte angegeben ist, zur realen Länge. Liegt z. B. eine Landkarte im Maßstab 1 : 20000 vor, steht der Abstand von einem Ort A zu einem anderen Ort B auf der Landkarte und in der Realität im Verhältnis 1 : 20000, oder anders ausgedrückt: Der Abstand in der Realität ist 20000-mal so groß ist wie der Abstand zwischen A und B auf der Landkarte. 1cm auf der Landkarte bedeuten dann in der Realität 200m.

▶ **Beispiel 2: Papierformat nach DIN-Norm**
Papierblätter in DIN-Norm sind ebenfalls ein gutes Beispiel für Proportionalität im Alltag, bei dem sowohl die numerische als auch die geometrische Darstellung relevant ist. Der Kern der DIN-Norm beruht auf den folgenden Bedingungen:

1. Alle Blätter in DIN-Norm sind verhältnisgleich, es sind alles ähnliche Rechtecke. Sie weisen unabhängig von der absoluten Größe immer die gleichen Proportionen auf. Länge l und Breite b stehen immer im gleichen Verhältnis, egal ob wir ein DIN-A0-, DIN-A1- oder ein DIN-A4-Blatt betrachten (Abb. 3.3). Damit geht einher, dass beim Verdoppeln, Verdreifachen oder bei anderem Vervielfachen (mit n) der Breite sich auch die Länge verdoppelt, verdreifacht bzw. ver-n-facht.
2. Ein Blatt in DIN-Norm entsteht aus dem nächstgrößeren durch Halbieren der Längsseite.
3. Die Größe von DIN A0 wurde mit $1 \, \text{m}^2$ festgesetzt.

Die ersten beiden Bedingungen lauten mathematisch ausgedrückt $l : b = b : \frac{l}{2}$.

Daraus kann man berechnen, dass $l = \sqrt{2} \cdot b$, oder anders gesagt: Die Länge l steht im Verhältnis zur Breite b wie $\sqrt{2} : 1$ $\left(l : b = \sqrt{2} : 1 \right)$. Zusammen mit der dritten Bedingung lassen sich dann die jeweiligen Seitenlängen der Blätter in DIN-Norm konkret berechnen.

Für DIN A 0: $l \cdot b = 1 \left(\text{m}^2 \right)$, also $\sqrt{2} \cdot b^2 = 1 \left(\text{m}^2 \right)$ bzw. $b \approx 48{,}1 \, (\text{cm})$ (vgl. Tabelle in Abb. 3.3).

Daraus und aus der zweiten Bedingung lassen sich sukzessive die Werte der weiteren Größen berechnen: Die Breite wird zur neuen Länge in der nächstkleineren DIN-Größe und die neue Breite ist die Hälfte der vorherigen Länge.

Das Verhältnis lässt sich durch einen Faktor ausdrücken, den sogenannten Proportionalitätsfaktor. Er entsteht als Quotient der im Verhältnis stehenden Größen, in unserem Beispiel also $\sqrt{2}$. Dieser Faktor gibt an, womit die eine Größe (z. B. die Breite b) multipliziert werden muss, um die andere (hier die Länge b) und so die gewünschte Proportion zu erhalten.

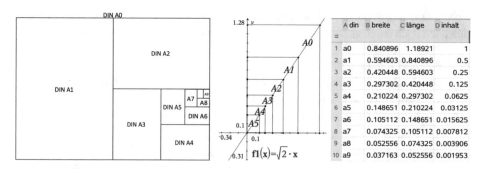

Abb. 3.3 DIN-Norm als Beispiel für Proportionalität

Damit sind zentrale Vorstellungen für Proportionalität benannt:

- Wenn sich eine Größe verdoppelt, verdoppelt sich auch die andere. Wenn sich eine Größe verdreifacht, verdreifacht sich auch die andere, und wenn sich eine Größe ver-n-facht, ver-n-facht sich auch die andere Größe.
- Liegt Proportionalität zwischen zwei Größen vor, erhält man die eine Größe, indem man in der Tabelle „von links nach rechts" immer mit demselben Faktor multipliziert. Wenn es jedoch eine einzige Stelle gibt, an der das nicht vorliegt, ist der Zusammenhang nicht proportional.

Proportionales Rechnen auf verschiedenen Wegen

Aus den genannten Eigenschaften leiten sich verschiedene prinzipielle Wege zur Berechnung von Werten in proportionalen Zusammenhängen ab. Folgende Wege für ein flexibles Hoch- und Runterrechnen sollten Schülerinnen und Schüler im Rahmen des proportionalen Denkens kennenlernen, hier am Beispiel von Lösungen zur Aufgabe: „Sechs Donuts kosten 9,60 €. Was kosten zehn Donuts?"

Hochrechnen mit Zwischenschritt (Dreisatz)

Dabei geht man auf eine Grundeinheit zurück, was bei allen Situationen proportionaler Zusammenhänge möglich ist. Diese Grundeinheit kann man flexibel wählen, sodass sich eine leichte Rechnung ergibt (vgl. Tab. 3.1 oben). Diese Rechnung ist auch als Algorithmus denkbar, d. h. mit festgelegten Rechenschritten, meist wird als Grundeinheit dann „1" gewählt.

Idee: „Erst muss ich eine geeignete kleinere Zahl finden. Damit kann ich weiterrechnen."

Ableiten aus verwandten Werten

Dies bietet sich als effizienter schneller Weg an, wenn bereits passende Werte vorliegen, die durch Multiplikation oder Addition verrechnet werden können (vgl. Tab. 3.1 Mitte: Verdoppeln, wenn der Wert für 3 vorliegt und der für 6 gesucht ist).

Idee: „Wenn ich geeignete Zwischenzahlen habe, kann ich vielleicht addieren."

Faktor bestimmen

Hier denkt man funktional. Man sucht quasi den Steigungsfaktor der zugehörigen „proportionalen Funktion" (vgl. Tab. 3.1 unten).

Tab. 3.1 Rechenwege bei proportionalen Zusammenhängen

Hochrechnen mit Zwischenschritt (Dreisatz)

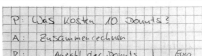

Ableiten aus verwandten Werten

Faktor bestimmen

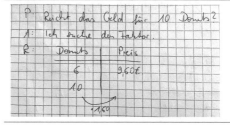

Auch dies ist natürlich als generelles Verfahren möglich und auch als Algorithmus beschreibbar.

Idee: „Ich muss zuerst den Faktor finden. Den kann ich dann weiterverwenden."

3.2.2 Definition einer proportionalen Funktion

Die betrachteten Zusammenhänge „Preis in Abhängigkeit von der gekauften Menge", „Maßstab" oder „Länge eines Blattes in DIN-Norm in Abhängigkeit von der Breite" sind nicht nur Beispiele für proportionale, sondern auch Beispiele für funktionale Zusammenhänge. Es wird jeweils eine Größe in Abhängigkeit von einer anderen beschrieben und die Zuordnung ist eindeutig, da es zu jedem Wert der unabhängigen Größe genau einen Wert der abhängigen Größe gibt. Diese funktionalen Zusammenhänge haben eine besondere Eigenschaft: Es stehen alle Wertepaare im gleichen Verhältnis, oder – anders ausgedrückt – in der gleichen Proportion zueinander. Solche besonderen funktionalen Zusammenhänge, bei denen alle Wertepaare $(x|f(x))$ in der gleichen Proportion zueinander stehen, also die Bruchzahl $\frac{f(x)}{x}$ für alle x-Werte gleich ist, nennt man proportionale Funktionen.

▶ **Definition** Eine Funktion $\mathbb{R} \rightarrow \mathbb{R}$ heißt *proportional*, wenn sie sich durch die Gleichung $f(x) = a \cdot x$ mit $a \in \mathbb{R}$ beschreiben lässt.

a beschreibt die *Änderungsrate,* die hier eine Konstante ist, und heißt auch *Proportionalitätsfaktor* oder *Steigungsfaktor* (geometrisch: Steigung).

Es gilt $a = \frac{f(x_2)-f(x_1)}{x_2-x_1} = \tan \varphi$.

In dieser Definition werden auch negative x-Werte mit einbezogen. Auch wenn in den oben genannten Anwendungskontexten negative x-Werte keinen Sinn ergeben, gilt für negative x-Werte das Merkmal der Proportionalität in gleicher Weise.

Eine Besonderheit proportionaler Funktionen ist, dass sich für den Wert $x = 0$ immer als Funktionswert 0 ergibt. Der Graph geht damit durch (0|0), also durch den Ursprung des Koordinatensystems – man nennt den Graphen deshalb auch *Ursprungsgerade.*

Die geometrische Deutung der konstanten Steigung bei proportionalen Funktionen drückt sich im Steigungsdreieck als Verhältnis der Differenzen der Funktionswerte (in Abb. 3.4 rot markierte Streckenlänge) und der x-Werte (in Abb. 3.4 blau markierte

Abb. 3.4 Steigungsdreieck
bei konstantem Wachstum

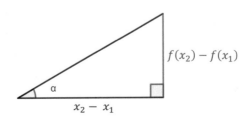

Abb. 3.5 Straßensteigungen werden in Prozent angegeben, rechts die steilste Straße der Welt. Bild links: © alinamd / stock.adobe.com, Bild rechts: © Oyvind1979, public domain, Wikimedia Commons

Streckenlänge) aus. Dieses Verhältnis kann auch gedeutet werden als das Verhältnis von Gegenkathete zu Ankathete im rechtwinkligen Dreieck, sodass a dem Tangens des Steigungswinkels φ entspricht ($a = \tan \varphi$).

Der Steigungsfaktor a wird in manchen Kontexten auch als Prozentzahl angegeben, z. B. bei Straßensteigungen (vgl. Abb. 3.5 links). So bedeutet eine Steigung bzw. Gefälle von 10 %, dass auf 100 m horizontale Entfernung die Höhe um 10 m steigt bzw. fällt. Zur Steigung im linken Bild von Abb. 3.5 passt dann die Rechnung:

$$a = 10\,\% = \frac{10}{100} = 0{,}1 = \tan \varphi$$

Im rechten Bild von Abb. 3.5 ist die Baldwin Street in Dunedin, Neuseeland zu sehen. Sie ist laut „Guinness-Buch der Rekorde" die steilste Straße der Welt mit 35,7 % Steigung, was man beispielsweise an den Maßen des blauen Dreiecks ermitteln kann.

Im Zusammenhang mit proportionalen Funktionen und proportionalem Rechnen werden häufig auch Situationen betrachtet, bei denen die Zuordnungen nicht einem „Je mehr, desto mehr", sondern dem genauen Gegenteil „Je mehr, desto weniger" folgen.

3.3 Zugänge zu linearen Funktionen

3.3.1 Linearität als Kerngedanke

Es gibt Preisbeispiele im Alltag, die ebenfalls ein konstantes Änderungsverhalten aufweisen, aber dennoch strukturell anders sind als die bisherigen Beispiele wie der Apfelkauf, wo man nur für die tatsächlich gekaufte Menge zahlt. Bei Preisen für Strom, Taxi oder Streaming-Dienste zahlt man oft zusätzlich noch eine Grundgebühr, die zum Preis für die erworbene Menge additiv dazukommt. Zum Beispiel:

- Stromanbieter „E-green": Man zahlt einmalig einen Grundpreis von 15 € und pro Kilowattstunde 0,27 €.
- Streaming-Dienst „StreamoX3": Man zahlt einmalig 49 € und 10 € pro Monat.
- Taxi Düsseldorf: Man zahlt einen Grundpreis von 4,50 € und pro km 2,20 €.

Die einmalig zu zahlende Grundgebühr oder der Grundpreis (hier 15 € bzw. 49 € bzw. 4,50 €) ist quasi ein absoluter Wert, der als fester Betrag dazu addiert wird und von Beginn an zu zahlen ist – also auch schon bevor man Strom erhalten hat, den Streaming-Dienst genutzt hat oder einen Kilometer mit dem Taxi gefahren ist. Das ist vergleichbar damit, als würde man beim Apfelkauf zunächst eine feste Gebühr für die Verpackung zahlen müssen. Mathematisch bedeutet das, dass der Funktionswert für $x = 0$ dabei nicht wie bei proportionalen Funktionen 0 ist, sondern in unseren drei Beispielen 15, 49 oder 4,5. Das erkennt man

- in der Funktionsgleichung, wenn man $x = 0$ setzt: $f(0) = 49 + 10 \cdot 0 = 49$;
- in der passenden Tabelle an der Stelle 0 (blau umrahmt in Abb. 3.6 – Beispiel einer linearen Funktion, mit der "Streamo X3" modelliert werden kann) und
- im Graphen daran, dass die Gerade nicht durch den Ursprung geht, sondern durch (0|49) (vgl. Abb. 3.6).

Mit dieser festen Grundgebühr geht die Eigenschaft der Proportionalität zwischen x-Werten und y-Werten verloren. Das erkennt man gut an Tab. 3.2, in der die Funktionswerte zu den beiden Funktionen $f(x) = 10x$ und $g(x) = 10x + 49$ verglichen werden und jeweils das Verhältnis vom Funktionswert zum x-Wert zusätzlich erfasst wird:

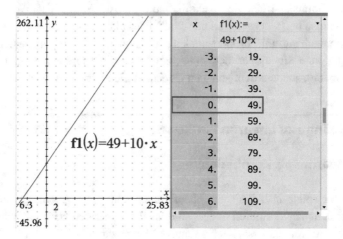

Abb. 3.6 Beispiel einer linearen Funktion

Tab. 3.2 Wertetabelle zum Vergleich zweier linearer Funktionen, von denen die eine proportional ist

x	$f(x) = 10x$	$\frac{f(x)}{x}$	$g(x) = 10x + 49$	$\frac{g(x)}{x}$
0	0		49	
1	10	10	59	59
2	20	10	69	34,5
3	30	10	79	26,33333333
4	40	10	89	22,25
5	50	10	99	19,8
6	60	10	109	18,16666667
7	70	10	119	17
8	80	10	129	16,125
9	90	10	139	15,44444444
10	100	10	149	14,9
11	110	10	159	14,45454545
12	120	10	169	14,08333333

Bei der proportionalen Funktion f mit $f(x) = 10x$ liegt Proportionalität vor, das Verhältnis von $f(x)$ zu x ist immer gleich dem Steigungsfaktor. Bei der linearen Funktion g mit $g(x) = 10x + 49$ verändert sich dies mit jedem neuen x-Wert, also von Zeile zu Zeile (siehe rechte Spalte in Tab. 3.2).

Dennoch sind beide Funktionen f und g durch Linearität als Kerngedanke geprägt, denn es liegt bei beiden ein konstantes Änderungsverhalten vor, die Graphen sind Geraden. Das bedeutet, dass die Steigung mit einem einzigen Wert, dem Steigungsfaktor, beschrieben werden kann. Im Beispiel (Tab. 3.2 und Abb. 3.7) ist für beide Funktionen der Steigungsfaktor 10. Da die Steigungen gleich sind, liegen die beiden Geraden parallel zueinander und die Funktionswerte unterscheiden sich an jeder Stelle x genau um 49.

Eine konstante Steigung bedeutet, dass in jeglichen Steigungsdreiecken zwischen zwei Punkten das Verhältnis der Längen von rot und blau markierter Strecke (in Abb. 3.7) immer gleich ist. Allgemein gesprochen heißt das: Wenn x um einen bestimmten Summanden c wächst, wächst der Funktionswert um einen festen Summanden d (vgl. Abb. 3.8 oder die Tabelle in Abb. 3.7).

Betrachtet man das Steigungsdreieck von einem bestimmten Punkt $P(x_1|f(x_1))$ aus, so gelangt man mit einem Schritt c zum Punkt $Q(x_2|f(x_2))$. Die Steigung lässt sich dabei einerseits bestimmen als Verhältnis von d und c, also $\frac{d}{c} = \frac{f(x_2)-f(x_1)}{x_2-x_1}$, und andererseits durch den Winkel φ. Damit erhält man allgemein für die Steigung a einer linearen Funktion $a = \frac{f(x_2)-f(x_1)}{x_2-x_1} = \tan \varphi$ (vgl. Abb. 3.4 und auch Abschn. 7.2).

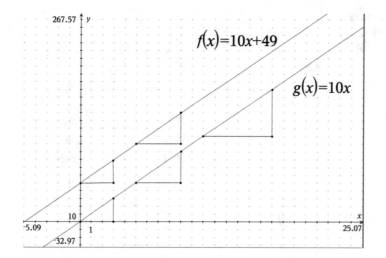

x	f(x)	g(x)
-3	19	-30
-2	29	-20
-1	39	-10
0	49	0
1	59	10
2	69	20
3	79	30
4	89	40
5	99	50
6	109	60
7	119	70
8	129	80

Abb. 3.7 Vergleich zweier linearer Funktionen, von denen die eine proportional ist

3.3.2   Definition einer linearen Funktion

▶ **Definition** Eine Funktion heißt *linear*, wenn sie sich durch die Gleichung $f(x) = a \cdot x + b$ mit $a, b, x \in \mathbb{R}$ beschreiben lässt.

a beschreibt die Änderungsrate, die hier eine Konstante ist. Sie heißt auch *Proportionalitätsfaktor* oder *Steigungsfaktor* (geometrisch: Steigung).

b beschreibt den Startwert zum Zeitpunkt $x = 0$ (geometrisch y-*Achsenabschnitt*).

Es gilt $a = \frac{f(x_2) - f(x_1)}{x_2 - x_1} = \tan \varphi$.

Ihr Verständnis in Bezug auf den Einfluss der Parameter a und b in dieser Definition können Sie mit dem Applet „Lineare Funktionen erkunden" vertiefen, das Sie auf der Homepage zum Buch (https://www.algebra-und-funktionen.de/) finden.

Lineare Funktionen sind in der graphischen Darstellung immer Geraden. Doch nicht jede Gerade lässt sich durch eine lineare Funktion beschreiben: Senkrechte Geraden (parallel zur y-Achse) stellen keinen funktionalen Zusammenhang dar und sind somit keine Graphen linearer Funktionen.

Setzt man in der Definition einer linearen Funktion $b = 0$, sind damit alle proportionalen Funktionen mit erfasst. Proportionale Funktionen sind eine besondere Form linearer Funktionen, jede proportionale Funktion ist eine lineare Funktion.

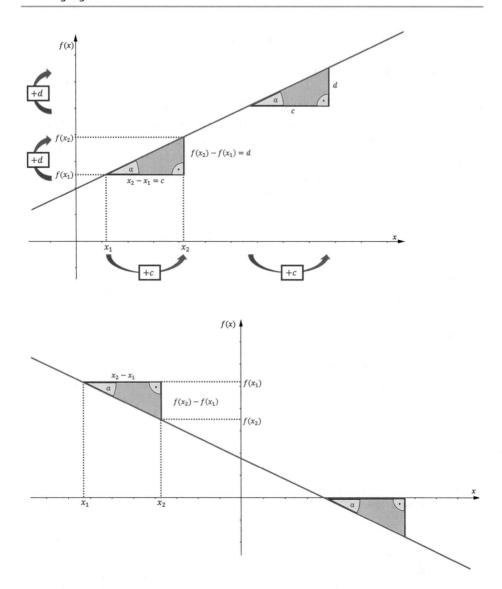

Abb. 3.8 Konstantes Wachstum bedeutet: „Pro Schritt c in x-Richtung wächst oder fällt $f(x)$ um d."

3.4   Eigenschaften und Anwendungen

3.4.1   Eigenschaften linearer Funktionen

Lineare Funktionen zeichnen sich im Kern durch konstantes Wachstum aus, was sich im Parameter a, dem Steigungsfaktor, ausdrückt. Dieser Steigungsfaktor a lässt sich entweder mithilfe der Längenverhältnisse im Steigungsdreieck oder über den festen Steigungswinkel beschreiben: $a = \frac{f(x_2) - f(x_1)}{x_2 - x_1} = \tan \varphi$.

Der zweite Parameter b, der y-Achsenabschnitt, ist ein absoluter Wert, der addiert wird. In vielen Realkontexten (z. B. den oben beschriebenen preislichen Kontexten wie Strom, Streaming-Dienst oder Taxi) ist dies der Anfangswert oder eine feste Grundgebühr.

Mit dieser Grundstruktur linearer Funktionen sind wichtige mathematische Eigenschaften festgelegt:

▶ **Satz** Jede lineare Funktion $f : \mathbb{R} \to \mathbb{R}, f(x) = a \cdot x + b$ mit $a, b \in \mathbb{R}$ ist monoton wachsend oder monoton fallend.

Es gilt:
Für $a > 0$ ist die lineare Funktion streng monoton steigend,
für $a < 0$ ist die lineare Funktion streng monoton fallend,
für $a = 0$ ist die lineare Funktion konstant und deshalb monoton steigend oder fallend.

Beweis
Sei $a > 0$ und $x < y \Rightarrow x \cdot a < y \cdot a \Rightarrow x \cdot a + b < y \cdot a + b$, also streng monoton steigend,

sei $a < 0$ und $x < y \Rightarrow x \cdot a > y \cdot a \Rightarrow x \cdot a + b > y \cdot a + b$, also streng monoton fallend,

sei $a = 0$ und $x < y \Rightarrow x \cdot a + b = y \cdot a + b = b$, also lediglich monoton steigend oder fallend (vgl. Abschn. 2.8.4).

Lineare Funktionen sind in der Regel nicht beschränkt, d. h., es gibt keinen kleinsten oder größten Wert (Schranke). Eine Ausnahme liegt nur in dem Fall vor, dass der jeweilige Definitionsbereich bewusst eingeschränkt wird, oder für den besonderen Fall, dass $a = 0$ und die Funktionswerte für alle x-Werte gleich sind.

3.4.2 Besondere lineare Funktionen

Neben dem Fall $b = 0$, der zum Spezialfall der proportionalen Funktionen führt, liegt auch für den Fall $a = 0$ eine besondere lineare Funktion vor. Es ist die *konstante Funktion* $f(x) = b$ (vgl. Abb. 3.9), bei der für alle Elemente des Definitionsbereichs der Funktionswert konstant ist, hier gleich b.

Die Beschreibungssprache, die uns mit linearen Funktionen zur Verfügung steht, lässt sich enorm erweitern, wenn man verschiedene Bereiche einer Funktion mit unterschiedlichen linearen Funktionen beschreibt, sie also abschnittsweise definiert (vgl. Abb. 3.10). Dies ist auch für inner- und außermathematische Anwendungskontexte relevant.

Wichtige innermathematische Beispiele abschnittsweise definierter Funktionen, die lineare Funktionen nutzen, sind die Betragsfunktion und die Signumfunktion.

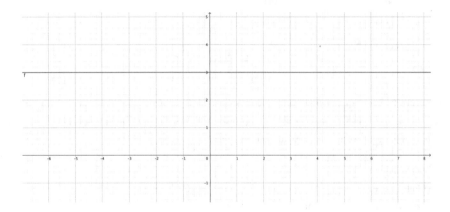

Abb. 3.9 Graph der konstanten Funktion f(x)=3

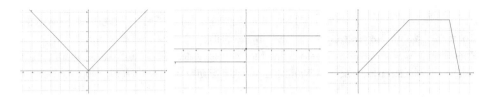

Abb. 3.10 Graphen zu abschnittsweise definierten Funktionen

▶ **Beispiel: Betragsfunktion**

Die Betragsfunktion (Abb. 3.10 links), die jeder Zahl ihren Betrag zuordnet, lässt sich abschnittsweise mit linearen Funktionen definieren:

$$f : \mathbb{R} \to \mathbb{R}^+, x \to |x|,$$

$$|x| = \begin{cases} -x, |x < 0 \\ x, |x \geq 0 \end{cases}$$

▶ **Beispiel: Signumfunktion**

Die Signumfunktion oder auch Vorzeichenfunktion (Abb. 3.10 Mitte), die jeder Zahl ihr Vorzeichen zuordnet, lässt sich mithilfe linearer Funktionen definieren:

$$f : \mathbb{R} \to \{-1, 0, 1\}, x \to \text{sgn}(x),$$

$$sgn(x) = \begin{cases} -1, |x < 0 \\ 0, |x = 0 \\ +1, |x > 0 \end{cases}$$

Dieses abschnittsweise (oder auch stückweise) Definieren bietet eine gute Möglichkeit, reale Situationen wie Zeitverläufe zu modellieren, bei denen Zusammenhänge in unterschiedlichen Zeitabschnitten betrachtet werden (z. B. Abb. 3.10 rechts).

▶ **Auftrag**

Deuten Sie den Graphen aus Abb. 3.10 (rechts) als Weg-Zeit-Graph, der also den Weg in Abhängigkeit von der Zeit beschreibt.

3.4.3   Typische Aufgabenformate

Beim Arbeiten mit linearen Funktion im Rahmen inner- oder außermathematischer Kontexte spielen die drei Grundvorstellungen von Funktionen eine wichtige Rolle: die Zuordnung, wenn einzelne Werte betrachtet werden, der Blick auf das Änderungsverhalten (Kovariation) sowie das Wahrnehmen der Funktion als Objekt, hier als Gerade.

Tab. 3.3 Steigungsfaktor und Punkt sind gegeben

Beispiel: Gegeben: $a = 3$; $P(1|-2)$ Gesucht: Funktionsterm	Allgemein: Gegeben: a; $P(x_1|y_1)$ Gesucht: Funktionsgleichung
$f(x) = 3x + b$ $f(1) = 3 \cdot 1 + b$ $-2 = 3 + b$ $b = -5$ $f(x) = 3x - 5$	$f(x) = ax + b$ $f(x_1) = a \cdot x_1 + b$ $y_1 = a \cdot x_1 + b$ $b = y_1 - a \cdot x_1$ $f(x) = a \cdot x + y_1 - a \cdot x_1 = a \cdot (x - x_1) + y_1$

Diese verschiedenen Perspektiven sollten bewusst in Aufgabenformaten zu linearen Funktionen enthalten sein, um das Thema umfassend verstehen zu können. Lineare Funktionen können in allen vier Darstellungsformen gegeben sein und es können Wechsel in alle Darstellungsformen durch Aufgaben angeregt werden. Dadurch eröffnen sich variantenreiche, vielfältige Aufgabenformate, die ebenfalls wesentlich zum Verstehen des abstrakten Objekts lineare Funktion beitragen können (vgl. Abb. 3.7 und Abschn. 2.4.2). An dieser Stelle soll nur auf die nicht elementaren Wechsel eingegangen werden.

Bestimmen der Funktionsgleichung

Das Bild einer linearen Funktion ist eine Gerade. Geometrisch ist eine Gerade eindeutig bestimmt, wenn zwei Punkte gegeben oder wenn ein Punkt und die Steigung der Geraden bekannt sind. Für die Bestimmung ist also sowohl die Idee der Zuordnung mit Blick auf einzelne Werte als auch die Vorstellung der Kovariation mit Blick auf die Steigung relevant.

Zwei basale Aufgabenformate zur Bestimmung von Gleichungen linearer Funktionen sollen dargestellt werden.

▶ **Auftrag**

Von einer Funktion ist die Steigung 3 und der Punkt $(1| -2)$ des Funktionsgraphen gegeben (vgl. Tab. 3.3). Wie lautet die Funktionsgleichung?

Entsprechend nennt man diese Form der Gleichung einer linearen Funktion *Punkt-Steigungs-Form*.

▶ **Auftrag**

Von einer Funktion sind zwei Punkte $P(1| -2)$ und $Q(-3|5)$ des Funktionsgraphen gegeben (vgl. Tab. 3.4). Wie lautet die Funktionsgleichung?

Diese Form der Gleichung einer linearen Funktion nennt man *Zwei-Punkte-Form*.

Tab. 3.4 Zwei Punkte sind gegeben

Beispiel: Gegeben: $P(1| -2)$; $Q(-3|5)$ Gesucht: Funktionsterm	Allgemein: Gegeben: $P(x_1|y_1)$; $Q(x_2|y_2)$ Gesucht: Funktionsgleichung
$f(x) = a \cdot x + b$ Steigung a bestimmen: $a = \frac{-2-5}{1-(-3)} = \frac{-7}{4}$ Mit dem vorherigen Verfahren (Tab. 3.3) lässt sich b bestimmen: $f(1) = \frac{-7}{4} \cdot 1 + b = -2$ $\Rightarrow b = \frac{-1}{4}$ Man erhält $f(x) = -\frac{7}{4} \cdot x - \frac{1}{4}$	$f(x) = a \cdot x + b$ Steigung a bestimmen: $a = \frac{y_2-y_1}{x_2-x_1}$ Mit dem vorherigen Verfahren (Tab. 3.3) lässt sich b bestimmen Insgesamt erhält man die Funktionsgleichung $f(x) = \frac{y_2-y_1}{x_2-x_1} \cdot (x - x_1) + y_1$

Funktionsgleichungen stellt man z. B. auf, um Prognosen zu entwickeln. Wenn man weiß, dass ein linearer Zusammenhang vorliegt, braucht man nicht viele Informationen – nur zwei Punkte oder einen Punkt und die Steigung, und man kann Aussagen über alle weiteren Werte machen.

3.4.4   Typische Fehlvorstellungen zu linearen Funktionen

Neben den typischen Fehlvorstellungen, die allgemein beim funktionalen Denken auftreten (vgl. Abschn. 2.5.4), lassen sich beim Umgang mit linearen Funktionen noch folgende spezifische Fehler ausmachen:

Verwechseln von *y*-Achsenabschnitt und Steigung
Lernende können dazu neigen, die Bedeutung der beiden Parameter a und b in der Funktionsgleichung einer linearen Funktion zu verwechseln. Nitsch (2015) konnte im Gespräch mit Schülerinnen und Schülern erkennen, dass die Ursache für dieses Fehlermuster darin liegt, dass die Schnittpunkte mit beiden Achsen zusammen wahrgenommen werden. Man schlussfolgert aus der Tatsache, dass der eine Schnittpunkt (mit der *y*-Achse) direkt an der Gleichung abzulesen ist, dass dies auch für den Schnittpunkt mit der *x*-Achse der Fall sein müsse. Diesen Fehler kann man durch den Aufbau tragfähiger Vorstellungen zur Bedeutung der Parameter beheben und vermeiden – dies sowohl mit Blick auf die Kovariation (Bedeutung von a als Steigungsfaktor) als auch mit Blick auf die Zuordnung einzelner Werte (konkret das Wahrnehmen der Schnittstelle des Graphen mit der *x*-Achse als Nullstelle, also als die Stelle für *x*, bei der $f(x) = 0$ ist).

Verwechseln von Steigung und Höhe
Gerade beim Vergleichen verschiedener linearer Funktionen in Anwendungskontexten kann der Fehler auftreten, dass Steigung und Höhe (Änderungsrate und Bestand)

a.) At the instant t = 2 s, is the speed of object A greater than, less than, or equal to the speed of object B? Explain your reasoning.
b.) Do objects A and B have the same speed? If so, at what times? Explain your reasoning.

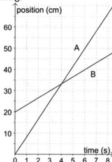

Abb. 3.11 Diagnoseaufgabe zur Bedeutung von Steigung und Höhe (entnommen aus McDermott et al. 1987)

verwechselt werden. McDermott et al. (1987, S. 504) haben dies anhand der Diagnoseaufgabe in Abb. 3.11 konkretisiert. Schülerinnen und Schüler sollen die Geschwindigkeiten auf einem Zeit-Positions-Diagramm vergleichen. Entsprechend muss das jeweilige Änderungsverhalten der Gerade betrachtet werden. Eine häufige Fehlerquelle ist, dass mit einer größeren Geschwindigkeit hier weniger das Änderungsverhalten (also die Geradensteigung) als vielmehr die größere Höhe des Graphen assoziiert wird.

Auch hier ist es also wichtig, die einzelnen Parameter der linearen Funktion sowohl in der graphischen Darstellung als auch in der Funktionsgleichung mit entsprechenden Vorstellungen aus Anwendungskontexten zu verbinden.

3.4.5 Beziehung zwischen verschiedenen linearen Funktionen

Die Beziehung zwischen verschiedenen linearen Funktionen lässt sich graphisch gut erfassen durch die Frage: „Wie können zwei oder mehrere Geraden zueinander liegen?" Wir beschränken uns hier auf die Betrachtung zweier Geraden. Drei Fälle sind dabei zu unterscheiden:

- Zwei Geraden und damit auch zwei Graphen linearer Funktionen können **parallel** zueinander liegen. In dem Fall haben die beiden Graphen die gleiche Steigung, also den gleichen Steigungsfaktor a (vgl. Abb. 3.12 links).
- Zwei Geraden und damit auch zwei Graphen linearer Funktionen können aufeinander liegen. Dann liegen zwei identische Funktionen vor (vgl. Abb. 3.12 Mitte).
- Zwei Geraden und damit auch zwei Graphen linearer Funktionen haben genau einen Schnittpunkt (vgl. Abb. 3.12 rechts).

Ein besonderer Fall für zwei sich schneidende Geraden ist der Fall, dass die Geraden senkrecht zueinander liegen. Liegt dies vor, weisen die Steigungsfaktoren der linearen Funktionen einen interessanten Zusammenhang auf. Betrachten wir dazu ein Beispiel:

▶ **Beispiel**
Im Bild sind die Graphen zu den beiden Funktionen $f(x) = -2x + 7$ und $f_s(x) = \frac{1}{2}x + 2$ dargestellt.

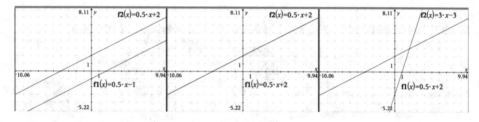

Abb. 3.12 Lage zweier Geraden zueinander

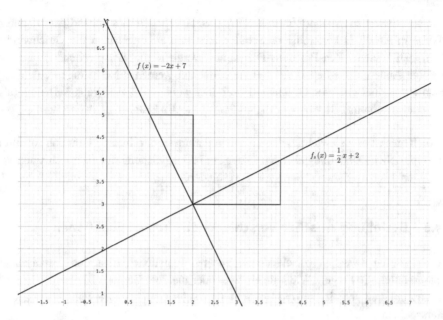

Abb. 3.13 Senkrecht stehende Geraden

Betrachtet man die beiden Steigungsdreiecke zur Geraden zu f und zu f_s, so erkennt man Zusammenhänge. Das Steigungsdreieck zu f_s geht durch eine 90°-Drehung (in mathematisch positiver Richtung) aus dem anderen Steigungsdreieck hervor, die Längen der roten und blauen Strecke sind dabei jeweils gleich lang.

Was das für den Zusammenhang zwischen den beiden Steigungsfaktoren bedeutet, wird am Beispiel (aus Abb. 3.13) und allgemein in Tab. 3.5 konkretisiert:

Damit gilt folgender Zusammenhang:

▶ **Satz** Zwei Graphen linearer Funktionen $f(x) = a \cdot x + b$ und $g(x) = c \cdot x + d$ mit $a, b, c, d, x \in \mathbb{R}$ liegen genau dann senkrecht zueinander, wenn gilt: $a \cdot c = -1$.

Für den Spezialfall der konstanten Funktionen mit Steigung 0, deren Graphen Parallelen zur x-Achse sind, gibt es keine linearen Funktionen, deren Graphen senkrecht dazu liegen. Die Senkrechten dazu wären Parallelen zur y-Achse, die aber nicht als Funktionsgraph gedeutet werden können.

Tab. 3.5 Zusammenhang der Steigungsfaktoren zweier senkrecht stehender Geraden

	Am Beispiel (Abb. 3.13)	Allgemein
Steigung a der Geraden zu f	$a = \frac{5-3}{1-2} = -2$	$a = \frac{f(x_2)-f(x_1)}{x_2-x_1}$
Steigung a_s der Geraden zu f_s	$a = \frac{4-3}{4-2} = \frac{1}{2}$	$a_s = \frac{f_s(x_2)-f_s(x_1)}{x_2-x_1} = \frac{x_2-x_1}{f(x_1)-f(x_2)} = -\frac{1}{a}$
Zusammenhang zwischen a und a_s	$-2 \cdot \left(\frac{1}{2}\right) = -1$	$a \cdot a_s = a \cdot \left(-\frac{1}{a}\right) = -1$

3.5 Gleichungen

3.5.1 Lineare Gleichungen

Der Blick auf die Zuordnung einzelner Werte ist eine der zentralen Grundvorstellungen beim Arbeiten mit Funktionen. Damit verbunden ist das Bestimmen einzelner Werte – eine Aufgabe, die sowohl innermathematisch als auch im Zusammenhang mit außermathematischen Fragestellungen häufig bei Funktionen auftritt. Dabei entstehen im Kontext linearer Funktionen lineare Gleichungen.

▶ **Definition** Eine *Gleichung* heißt *linear*, wenn sie (durch Äquivalenzumformungen) die Form

$$a \cdot x + b = w$$

besitzt. Dabei sind $a, b, x, w \in \mathbb{R}$. Die Variablen a, b, w stehen für die in der Gleichung vorgegebenen Werte, sind also als allgemeine Zahlen zu sehen. Die Variable x steht für die gesuchte Unbekannte. Die *Lösungsmenge* $\mathbb{L}$ ist dann die Menge aller Werte für x, die die Gleichung erfüllen, also zu einer wahren Aussage machen.

An der Gleichung ist erkennbar, dass ein bestimmter Wert w mit dem Funktionsterm einer linearen Funktion $a \cdot x + b$ gleichgesetzt wird.

Lineare Gleichungen können natürlich auch ohne einen expliziten Zusammenhang zu linearen Funktionen entstehen, wie das folgende Beispiel illustriert.

▶ **Beispiel**
Anna und Lotta haben zusammen 30 € und Lotta hat 5 € weniger als Anna. Wir wählen für den Geldbetrag von Anna die Variable x und für den Geldbetrag von Lotta w.

Damit lassen sich die beiden folgenden linearen Gleichungen aufstellen:

- $x + w = 30$ Die Summe beträgt 30 €.
- $x - 5 = w$ Lotta hat 5 € weniger als Anna.

Grundsätzlich ist es für den Lernprozess sinnvoll, das Lösen linearer Gleichungen in Verbindung mit linearen Funktionen zu betrachten, um damit weitere Zugänge, Vorstellungen und Wege zum Lösen von Gleichungen zu eröffnen. So hat die Frage nach bestimmten Werten häufig eine hohe Relevanz in Anwendungskontexten (z. B.: Wann beträgt der Gewinn 1000 €? Wann ist die vorgeschriebene Temperatur erreicht?). Betrachtet man das Lösen von Gleichungen im Zusammenhang mit linearen Funktionen, wird die Gleichung so notiert, dass die eine Seite der Gleichung in der Form $a \cdot x + b$

dem Funktionsterm einer linearen Funktion entspricht. Der Wert w entspricht dann einem bestimmten Funktionswert $f(x)$ (vgl. Abschn. 2.3), häufig auch mit y bezeichnet.

Im Beispiel des Vermögens von Lotta und Anna bedeutet dies, dass wir entweder den Geldbetrag von Lotta oder Anna in Abhängigkeit des Geldbetrags von Anna oder Lotta betrachten. So kann man die Suche nach Lösungen einer linearen Gleichung als Suche nach einzelnen Wertepaaren $(x|y)$ bzw. $(x|w)$ auffassen. Mit dieser Umdeutung lassen sich Lösungen auch graphisch oder tabellarisch erfassen.

Im Beispiel des Vermögens von Lotta und Anna hat man zwei Gleichungen. Prinzipiell sind dann zwei Wege der Interpretation möglich:

1. Man setzt die eine Gleichung in die andere ein, um das Problem auf *eine* Gleichung mit einer Unbekannten bzw. eine Funktion zu reduzieren:

$$x + (x - 5) = 30 \text{ oder } x - 5 = 30 - x$$

2. Man belässt es bei zwei Gleichungen und zwei linearen Funktionen und sucht die gemeinsamen Funktionswerte der beiden Funktionen:

$$f(x) = x - 5 \text{ und } g(x) = -x + 30$$

Damit erhält man ein lineares Gleichungssystem mit zwei Gleichungen und zwei Unbekannten und sucht die Werte x und y, die beide Bedingungen bzw. beide Gleichungen erfüllen (vgl. Abschn. 3.5.2).

Auch wenn das Ablesen im Graphen oder der Tabelle nur bei besonderen Werten leicht und exakt möglich ist (vgl. Abschn. 1.4.3), so liefern diese Wege doch einen guten Überblick und können helfen, die Bedeutung des Lösens von Gleichungen umfassender wahrzunehmen und zu verstehen. Der rechnerische Weg führt in allen Fällen immer zu einer eindeutigen Antwort, wie die Lösungsmenge konkret aussieht.

Bei der Interpretation einer linearen Gleichung im Rahmen einer linearen Funktion muss deutlich sein, dass es eine unabhängige Größe x und eine davon abhängige Größe $f(x)$, auch y genannt, gibt (Abschn. 2.2). Deshalb wählt man dann als Variablenbezeichnung auch häufig x und y anstatt x und w.

Neben diesem informellen Weg, Gleichungen über Tabellen oder Graphen zu lösen, sind als Vorstellungsgrundlage für das Lösen von Gleichungen noch das Waagemodell oder die Elementaroperationen wichtig, da sie die Kalkülregeln stützen, die sich aus den informellen Wegen selbst nicht ergeben (vgl. Abschn. 1.4.3).

Im Rahmen von linearen Funktionen tritt das Lösen linearer Gleichungen im Zusammenhang zweier Fragen auf: beim Bestimmen der x-Koordinate zu gegebener y-Koordinate und beim Bestimmen von gemeinsamen Funktionswerten (Schnittstellen).

Bestimmen der x-Koordinate zu gegebener y-Koordinate bei linearen Funktionen
Man erhält eine Gleichung der Form $ax + b = y$, die durch Rückwärtsrechnen nach x aufgelöst werden kann (siehe Tab. 3.6).

Ein Spezialfall für das Bestimmen eines x-Wertes zu einem gegebenen Funktionswert ist der Fall $f(x) = 0$, also die Suche nach den *Nullstellen* (Abschn. 2.8.1). Hierbei lassen sich, wie in Tab. 3.7 dargestellt, drei Fälle unterscheiden.

Tab. 3.6 Die y-Koordinate ist gegeben

Beispiele	Allgemeine Lösung
Taxi: Wie viele Kilometer kann ich für 30 € fahren? $2{,}2x + 4{,}5 = 30$ Strom: Wie viele Kilowattstunden erhalte ich für 100 €? $0{,}27x + 15 = 100$ Streaming-Dienst: Wie viele Monate habe ich freies Streaming für 120 €? $10x + 49 = 120$	$y = ax + b$ Lösung: Nach x auflösen (nur möglich für $a \neq 0$): $x = \frac{y-b}{a}$ $\mathbb{L} = \left\{ x \mid x = \frac{y-b}{a} \right\}$

Tab. 3.7 Bestimmen von Nullstellen von Funktionen

$a = 0 \wedge b = 0$	$f(x) = 0x + 0 = 0$	Unendlich viele Null-stellen: Jedes $x \in \mathbb{R}$ ist Null-stelle von f	
$a = 0 \wedge b \neq 0$	$f(x) = 0x + b = 0$	Keine Nullstelle: Für jedes $x \in \mathbb{R}$ erhält man: $f(x) = b$	
$a \neq 0 \wedge b \neq 0$	$f(x) = ax + b = 0$	Genau eine Nullstelle: Der Ansatz $f(x) = 0$ führt zur Gleichung $ax + b = 0$, die durch Äquivalenz-umformungen gelöst werden kann: $x = -\frac{b}{a}$ Folglich besitzt f genau eine Null-stelle, die direkt aus den Koeffizienten des Funktionsterms abgelesen werden kann: $\left(-\frac{b}{a} \mid 0 \right)$	

Lineare Gleichungen ohne Bezug zu linearen Funktionen

Lineare Gleichungen im Zusammenhang mit linearen Funktionen zu denken bedeutet immer, dass man die eine Variable in Abhängigkeit von der anderen interpretiert (Abschn. 2.2). Im Beispiel des Vermögens von Lotta und Anna ist dies eine willkürliche Festlegung, denn zunächst sind beide Variablen unabhängig voneinander. Lottas Vermögen hängt nicht vom Vermögen von Anna ab und auch nicht umgekehrt. In solchen Situationen bietet es sich deshalb auch an, lineare Gleichungen allgemein zu denken. Man betrachtet nicht nur die Bestimmungsgleichung (vgl. Abschn. 1.4.1) für *einen* unbekannten Wert (x), sondern für *zwei* Unbekannte gleichzeitig. Diese allgemein gedachten linearen Gleichungen, in denen zwei Variablen vorkommen, wollen wir definieren.

▶ **Definition** Eine *lineare Gleichung mit zwei Unbekannten x* und *y* besitzt die Form
$a \cdot x + b \cdot y = w$.
Dabei sind $a, b, w, x, y \in \mathbb{R}$.

Die Verwendung der Variablen ist dabei beliebig; wir hätten statt $a \cdot x + b \cdot y = w$ auch $a \cdot u + b \cdot v = w$ schreiben und u und v als Variablen betrachten können. Wichtig sind dabei die verschiedenen Rollen, die die Variablen hier spielen (vgl. Abschn. 1.2.2): Die Variablen x und y sind Unbekannte, die es zu bestimmen gilt. Die Variablen a, b, w stehen für die in der Gleichung vorgegebenen Werte, sind also als allgemeine Zahlen zu sehen. Unabhängig von den Bezeichnungen der Variablen gibt die Lösungsmenge die Menge der Wertepaare $(x|y)$ an, die die Gleichung erfüllen, also zu einer wahren Aussage machen.

Wie bei der Bestimmung der Nullstellen (vgl. Tab. 3.7) lassen sich je nachdem ob a oder b den Wert 0 annehmen, auch hier drei Fälle für die Lösungsmenge linearer Gleichungen der Form $a \cdot x + b \cdot y = w$ mit $a, b, w, x, y \in \mathbb{R}$ unterscheiden:

- **1. Fall:** Für $a \neq 0$ und $b \neq 0$:
  Die Koordinaten aller Punkte des Graphen der linearen Funktion zu $y = \frac{w-ax}{b}$ erfüllen die Gleichung. Die Lösungsmenge lautet deshalb: $\mathbb{L} = \left\{ (x|y) \,|\, x = \frac{w-by}{a} \land y \in \mathbb{R} \right\}$
- **2. Fall:** Für $a = 0$ und $b \neq 0$:
  Die Koordinaten aller Punkte des Graphen zur konstanten Funktion $f(x) = \frac{w}{b}$: erfüllen die Gleichung. Die Lösungsmenge lautet deshalb: $\mathbb{L} = \left\{ (x|y) \,|\, x \in \mathbb{R} \land y = \frac{w}{b} \right\}$
- **3. Fall:** Für $a \neq 0$ und $b = 0$:
  Die Koordinaten aller Punkte, die diese Gleichung erfüllen, liegen auf einer Parallelen zur y-Achse mit $x = \frac{w}{a}$. Dies ist kein Graph einer Funktion! Die Lösungsmenge lautet: $\mathbb{L} = \left\{ (x|y) \,|\, x = \frac{w}{a} \land y \in \mathbb{R} \right\}$.

Diese drei Fälle sind in Abb. 3.14 anhand konkreter Beispiele visualisiert.

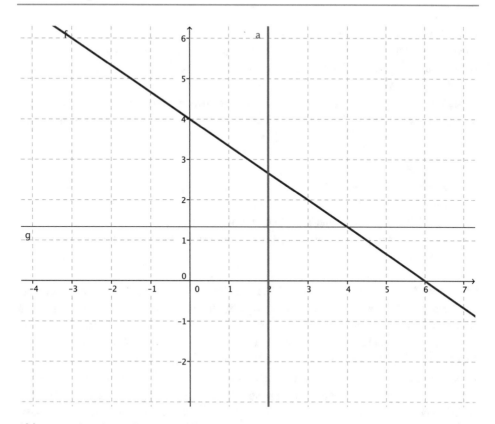

Abb. 3.14 Geraden zu linearen Gleichungen $2x+3y=4$; $3y=4$; $2x=4$ (Letztere ist kein Graph einer Funktion.)

3.5.2 Lineare Gleichungssysteme

Lineare Gleichungssysteme beschreiben Systeme aus mehreren linearen Gleichungen, die gleichzeitig gelten sollen. Im Folgenden beschränken wir uns auf die exemplarische Betrachtung von linearen Gleichungssystemen mit zwei Gleichungen und zwei Unbekannten.

▶ **Definition** Sollen zwei lineare Zusammenhänge gleichzeitig erfüllt sein, spricht man von einem *linearen Gleichungssystem* (2. Ordnung), z. B. mit $a_1, b_1, w_1, a_2, b_2, w_2, x, y \in \mathbb{R}$:

$$a_1 x + b_1 y = w_1$$

$$a_2 x + b_2 y = w_2$$

Aufstellen eines linearen Gleichungssystems

Anwendungsaufgaben zu Gleichungssystemen sind dadurch charakterisiert, dass Unbekannte (x und y) gesucht sind, von denen nur bestimmte Zusammenhänge (die Gleichungen) bekannt sind.

Häufig sind es sog. „Mischungsprobleme", bei denen Zielvorgaben erreicht werden sollen und zu ermitteln ist, welche Mengen an Einzelteilen oder Zutaten man dazu braucht. Hierzu ein Beispiel (vgl. Barzel et al. 2016, S. 268):

▶   **Beispiel**

Eine spezielle Teigmischung soll 60 g Eiweiß und 15 g Fett enthalten. Sie wird aus Weizenmehl (1 g enthält 0,136 g Eiweiß und 0,025 g Fett), Vollmilch (100 g enthalten 3,4 g Eiweiß und 3,7 g Fett) und Wasser hergestellt.

Welche Mengen an Weizenmehl und Vollmilch werden für die Teigmischung benötigt?

Die erste Herausforderung besteht bei solchen Anwendungsaufgaben darin, die Gleichungen und damit das Gleichungssystem aufzustellen. Es gilt, die gesuchten Größen zu erkennen und mit Variablen zu belegen – hier sind es die Mengen an Milch und Mehl, die gesucht sind und hier mit x und y belegt werden. Als Strategie, um die Gleichungen zu finden, empfiehlt sich eine Art Rückwärtsdenken. Man geht von konkreten Zahlbeispielen für x und y aus und prüft, ob die Zielvorgaben damit erreicht sind oder nicht. Dies kann helfen, die Zielstruktur der Gleichungen leichter zu erkennen. Im Beispiel (vgl. Abb. 3.15) betrachtet man also zunächst einzelne Werte für die Mengen an Milch und Mehl und ermittelt jeweils, wie viel Eiweiß und Fett die Mischung erhält.

Dies führt zu den folgenden beiden Bedingungen für die Mengen an Eiweiß und an Fett. Diese Bedingungen müssen beide erfüllt sein, sie bilden damit das Gleichungssystem, das zu lösen ist:

- Für die Eiweißmenge: $0,136\,x + 0,034\,y = 60$
- Für die Fettmenge: $0,025\,x + 0,037\,y = 15$

	Weizenmehl Menge in g	Vollmilch Menge in g	
Eiweißmenge	100	100	$0{,}136 \cdot 100 + 0{,}034 \cdot 100 = 16{,}94$
Fettmenge			$0{,}025 \cdot 100 + 0{,}037 \cdot 100 = 6{,}2$

	Weizenmehl Menge in g	Vollmilch Menge in g	
Eiweißmenge	400	100	$0{,}136 \cdot 400 + 0{,}034 \cdot 100 = 57{,}74$
Fettmenge			$0{,}025 \cdot 400 + 0{,}037 \cdot 100 = 13{,}7$

	Weizenmehl Menge in g	Vollmilch Menge in g	
Eiweißmenge	x	y	$0{,}136 \cdot x + 0{,}034 \cdot y = 60$
Fettmenge			$0{,}025 \cdot x + 0{,}037 \cdot y = 15$

Abb. 3.15   Berechnen konkreter Werte als Hinführung zum Aufstellen der Gleichungen

Lösen eines linearen Gleichungssystems

Das Lösen des Gleichungssystems bedeutet, die unbekannten Werte x und y so zu bestimmen, dass alle Bedingungen, die durch die Gleichungen gegeben sind, erfüllt werden. Ziel ist es also, die Lösungsmenge für die Variablen x und y so zu bestimmen, dass beide Gleichungen gelten. Man hat dann das „System geknackt", das durch die Gleichungen beschrieben wird.

Dieses Lösen eines Gleichungssystems kann auf verschiedenen Wegen geschehen.

Dabei ist es – wie bei linearen Gleichungen – möglich, das Lösen mit oder ohne Bezug zu linearen Funktionen zu vollziehen. Entscheidend ist dabei, ob man die gesuchten Variablen x und y als „gleichrangig" ansieht oder ob man die eine Variable (meist y) bewusst als abhängig von der anderen (meist x) deutet. Bei Gleichungssystemen ist es häufig so, dass die Variablen vom Kontext her „gleichrangig" sind und es deshalb gerade nicht naheliegt, die eine Variable als unabhängig und die andere als davon abhängige Variable zu interpretieren. Dies ist auch im obigen Beispiel der Teigmischung der Fall. Die beiden gesuchten Variablen (Milchmenge und Mehlmenge) sind vom Kontext her „gleichrangig". Sie hängen zwar voneinander ab, aber es ist egal, ob ich die Milchmenge als die unabhängige Variable setze und die Mehlmenge als die davon abhängige oder umgekehrt die Mehlmenge als die unabhängige und die Milchmenge als die davon abhängige Variable festlege. Beide Festlegungen führen zum Ergebnis.

Bei vielen Gleichungssystemen ergibt sich vom Kontext her die Festlegung einer unabhängigen und einer davon abhängigen Variablen nicht unmittelbar. Deshalb liegen Rechenverfahren zum Lösen von Gleichungssystemen ohne Bezug zu Funktionen durchaus nahe, denn hier werden die Variablen gleichrangig behandelt. Dennoch ist es – insbesondere im Lernprozess – sinnvoll, das Lösen eines linearen Gleichungssystems aus zwei Gleichungen mit zwei Unbekannten mit Bezug zu linearen Funktionen zu vollziehen, um den Sachverhalt visualisieren zu können. Man wählt dann einfach eine der beiden Festlegungen, setzt also eine der beiden gesuchten Variablen als unabhängige Variable und die andere als davon abhängige Variable fest. Durch diese Interpretation der Gleichungen eines Gleichungssystems als Funktionsgleichungen ergeben sich hilfreiche Darstellungswechsel (z. B. Graphen und Tabellen) und das Lösen des Gleichungssystems ist dann unmittelbar mit der Frage verbunden, wie die Graphen der beiden linearen Funktionen zueinander liegen (vgl. Abschn. 3.4.5).

Insgesamt ergeben sich damit die folgenden verschiedenen Wege, ein lineares Gleichungssystem mit zwei Gleichungen und zwei Unbekannten zu lösen (vgl. auch Tab. 3.8):

Tab. 3.8 Wege zum Lösen linearer Gleichungssysteme mit zwei Unbekannten

Additionsverfahren	Gleichsetzungsverfahren
$I.5x + 3y = 6\| \cdot 2$	$I.5x + 3y = 6\| : 3$
$II.4x + 2y = 12\| \cdot 3$	$II.4x + 2y = 12\| : 2$
$I.'10x + 6y = 12$	$I.'\frac{5}{3}x + y = 2\| - \frac{5}{3}x$
$II.'12x + 6y = 36$	$II.'2x + y = 6\| - 2x$
$II'. - I'. : 2x = 24 \Rightarrow x = 12$	$I'.\frac{5}{3}x + y = 2\| - \frac{5}{3}x$
Einsetzen in $II : 4 \cdot 12 + 2 \cdot y = 12$	$II'. 2x + y = 6\| - 2x$
$\Rightarrow 48 + 2y = 12 \Rightarrow 2y = -36 \Rightarrow y = -18$	Die rechten Seiten der Gleichung können
$\mathbb{L} = \{(12\| - 18)\}$	gleichgesetzt werden, weil links dieselbe
	Variable und damit immer derselbe Wert steht.
	$2 - \frac{5}{3}x = 6 - 2x\|+2x\| - 2$
	$\frac{1}{3}x = 4\| \cdot 3 \Rightarrow x = 12$
	Einsetzen in II'' : $y = 6 - 2 \cdot 12 = -18$
	$\mathbb{L} = \{(12\| - 18)\}$
Einsetzungsverfahren	
$I.5x + 3y = 6$	
$II.4x + 2y = 12\| : 2$	
$I.5x + 3y = 6$	
$II'.2x + y = 6\| - 2x$	
$I.5x + 3y = 6$	
$II'.y = 6 - 2x$	
Einsetzen in $I.5x + 3(6 - 2x) = 6$	
$5x + 18 - 6x) = 6$	
$-x + 18 = 6 \Rightarrow x = 12$	
Einsetzen in $II'.y = 6 - 2 \cdot 12 = -18$	
$\mathbb{L} = \{(12\| - 18)\}$	
Graphisch	Probierend / tabellarisch
(Zunächst müssen die Gleichungen als Funktionsgleichungen erfasst werden.) Wir übernehmen die Gleichungen vom Gleichsetzungsverfahren:	(siehe Tabelle unten)

x	0	−3	3	6	...
y	2	7	−3	−8	
II.	$4 = 12$	$2 = 12$	$10 = 12$	$8 = 12$	

- Wege ohne Bezug zu Funktionen: Man unterscheidet als mögliche Rechenverfahren Additionsverfahren, Gleichsetzungsverfahren und Einsetzungsverfahren. Die Wahl des Rechenverfahrens dient nur dazu, den Rechenaufwand zu minimieren, und hängt allein von den gegebenen Termstrukturen der Gleichungen ab. Gibt es beispielsweise (wie in Abb. 3.16) einen gleichen Teilterm in beiden Gleichungen, bietet sich das Einsetzungsverfahren oder auch das Gleichsetzungsverfahren an.
- Wege mit Bezug zu Funktionen: Man deutet die Gleichungen als Funktionsgleichungen und betrachtet am Graphen die Lage der Geraden zueinander. So lässt sich z. B. ein Schnittpunkt ablesen (sofern es einen gibt). Das Ablesen sollte jedoch rechnerisch bestätigt werden, um abzusichern, dass der abgelesene Punkt wirklich auf beiden Graphen liegt. Häufig lassen sich auch nur Näherungswerte als Lösung ablesen. Braucht man einen exakten Wert, gelingt dies nur über den Weg eines Rechenverfahrens.
- Didaktische Modelle: Im Lernprozess ist es wichtig, tragfähige Vorstellungen zu den Rechenverfahren aufzubauen, um die Struktur der Äquivalenzumformungen beim Lösen von Gleichungssystemen und z. B. das Einsetzungsverfahren leichter zu verstehen. Didaktische Modelle zum Lösen von Gleichungen und Gleichungssystemen basieren meist auf einem Waagemodell zur Visualisierung der Äquivalenz von einem Schritt zum nächsten. Diese sind nur für einfache Rechenbeispiele sinnvoll (vgl. Abb. 3.16, vgl. Barzel et al. 2016, S. 266).

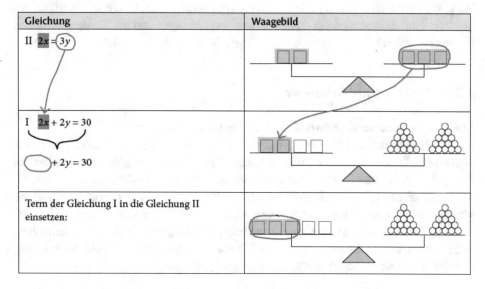

Abb. 3.16 Schulbuchbeispiel. (entnommen Barzel et al. 2016, S. 266, Mathewerkstatt © Cornelsen Verlag)

Die verschiedenen Wege werden an dem Beispiel

$$\text{I. } 5x + 3y = 6$$
$$\text{II. } 4x + 2y = 12$$

konkretisiert und dabei die Teilterme farbig hervorgehoben, die fokussiert werden und zum nächsten Lösungsschritt geführt haben. Lösen Sie das Gleichungssystem zunächst einmal selbst.

Keiner der Wege ist generell der günstigste, aber fast immer ist es so, dass nicht alle Wege gleich günstig sind und man den Aufwand durch die Wahl des Weges minimieren kann.

Die Auswahl des Weges hängt wesentlich von der Struktur des Gleichungssystems ab. Wenn die Werte sehr einfach sind, kann das Probieren der schnellste Weg sein. Das Gleichsetzungsverfahren bietet sich zum Beispiel an, wenn Terme auf einer Seite des Gleichheitszeichens in beiden Gleichungen auftreten. Dies ist u. a. beim Bestimmen von Schnittpunkten der Fall, da die beiden Funktionsterme bereits vorliegen, die gleichzusetzen sind. Wenn es aber zunächst Aufwand erfordert, erst in diese passende Struktur umzuformen – wie im Beispiel (Tab. 3.8) –, sollte man einen anderen Weg wählen, etwa das Einsetzungs- oder das Additionsverfahren.

Liegen Funktionsterme vor, können Lösungen eventuell leicht im Graphen oder der Wertetabelle abgelesen werden, z. B. wenn ganzzahlige Lösungen vorliegen. Dabei sollte man aber stets die abgelesene Lösung durch Einsetzen überprüfen und so absichern.

Beim Auswählen und Durchführen von Rechenwegen zum Lösen von Gleichungssystemen wird an das Lösen von Gleichungen angeknüpft; insbesondere ist der Strukturblick auf Terme eine wichtige Anforderung (vgl. Abschn. 1.3.3), die hier vertieft und geschult wird. Zentral ist dabei das Validieren von Lösungen und die Einsicht, dass eine Lösung bei jedem Lösungsschritt das jeweilige Gleichungssystem erfüllt.

3.5.3   Lineare Ungleichungen

Lineares Optimieren als Anwendung linearer Gleichungssysteme

Beim Lösen von linearen Gleichungssystemen geht es im Kern um die Frage, unbekannte Werte so zu bestimmen, dass mehrere lineare Zusammenhänge gleichzeitig gelten. In Anwendungskontexten ist nicht nur dies interessant, sondern häufig auch die Frage, für welche Bereiche von Variablen der eine oder andere lineare Zusammenhang optimal ist. Man spricht dann vom linearen Optimieren und vergleicht lineare Zusammenhänge.

Dabei bietet es sich an, die einzelnen Zusammenhänge als Funktion zu betrachten und sich mittels der Graphen einen Überblick über relevante Wertebereiche für x zu verschaffen. Dies soll an folgendem Beispiel veranschaulicht werden:

▶   **Beispiel**

Für eine auszurichtende Feier liegen verschiedene Angebote vor (Tab. 3.9), bei denen sowohl absolute Werte (Miete, Musikanlage und Deko) als auch variable Werte in Abhängigkeit von der Personenzahl x (Essen) auftreten:

Tab. 3.9 Partyangebote

Angebot	Yuki (€)	Partymad (€)	Flash (€)
Essen pro Person	24	15	20
Raummiete	400	2100	800
Musikanlage	200	650	250
Dekoration	150	150	150

▶   **Auftrag**

Wann ist welches Angebot am günstigsten?

Die Angebote lassen sich durch folgende lineare Funktionen beschreiben, wobei x für die Anzahl der Personen steht:

Yuki: $f(x) = 24x + 750$.

Partymad: $g(x) = 15x + 2900$.

Flash: $h(x) = 20x + 1200$.

An den Graphen in Abb. 3.17 erkennt man, in welchem Bereich welches Angebot am günstigsten ist (vgl. farbige Markierung).

Um die genauen Grenzen der Bereiche zu bestimmen, müssen jeweils die Schnittpunkte berechnet, also die beiden folgenden Gleichungen gelöst werden:

- $20x + 1200 = 24x + 750$ (Lösung : $x = 112{,}5$)
- $20x + 1200 = 15x + 2900$ (Lösung : $x = 340$)

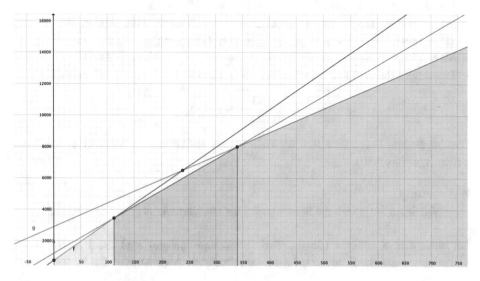

Abb. 3.17 Angebote im Vergleich

Man erhält damit das Ergebnis, dass bei bis zu 112 Personen der Anbieter „Yuki" am günstigsten ist, zwischen 113 und 340 Personen „Flash" und ab 340 Personen „Partymad".

3.6   Umkehrfunktionen zu linearen Funktionen

Die Angabe von Funktionen ermöglicht immer eine Antwort auf die Frage nach einer Größe in Abhängigkeit von einer anderen Größe. So fragt man beispielsweise bei Strompreisen häufig nach dem Preis in Abhängigkeit von der verbrauchten Menge an Strom (gemessen in Kilowattstunden (kWh)). Nimmt man etwa die Preise des in Abschn. 3.2.2 erwähnten Stromanbieters „E-green" mit 0,27 € pro kWh und 15 € Grundgebühr, so lässt sich dieser Tarif durch die Funktion f_{Strom} beschreiben:

$$f_{Strom} : \mathbb{Q}^+ \rightarrow \mathbb{Q}^+ ; f(x) = 0{,}27x + 15$$

Mit diesem Term kann die Frage, wie viel man bei einem bestimmten Stromverbrauch (x) zahlt, beantwortet werden, da man verschiedene Werte für x, gemessen in kWh, im Funktionsterm einsetzen kann und so die zugehörigen Preise erhält.

Oft ist aber auch die Umkehrung der Frage von Interesse, dann geht es beispielsweise darum, wie viel Strom man für einen bestimmten Geldbetrag erhält. Man fragt also nach dem Stromverbrauch in Abhängigkeit des Preises. Bezieht sich diese Gegenfrage nur auf einen einzelnen Wert, z. B. wie viel Strom man bei „E-green" für 150 € erhält, dann reicht das Lösen einer linearen Gleichung.

Man bestimmt dann zu einem gegebenen y-Wert (150) den x-Wert, löst also die Gleichung. $0{,}27x + 15 = 150$ und erhält als Lösung $x = \frac{150-15}{0{,}27} = 500$.

Für 150 € erhält man bei „E-green" folglich 500 kWh Strom.

Will man diese umgekehrte Frage aber nicht nur für einen Wert, sondern für beliebige Werte beantworten, muss man dieses Lösen der Gleichung allgemein durchführen und erhält eine neue Funktion, die Umkehrfunktion zu f^{-1} (vgl. Abschn. 2.8.6).

In unserem Beispiel löst man die Gleichung $0{,}27x + 15 = y$ nach x auf und erhält.

$$x = \frac{y - 15}{0{,}27} \approx 3{,}7y - 55{,}5.$$

Die umgekehrte Frage lässt sich für viele lineare Funktionen in Anwendungskontexten stellen (vgl. Tab. 3.10).

▶   **Auftrag**
Vollziehen Sie jeweils die Berechnungen der Umkehrfunktionen in Tab. 3.10 nach.

Bei allen drei Kontexten (Strom, Taxi, Streaming-Dienste) sind die Funktionen zur Modellierung des Sachkontextes injektiv und surjektiv (vgl. Abschn. 2.8.5). Zu jedem x

aus der Wertemenge – also zu jedem Preis – gibt es genau ein x (injektiv) und es werden theoretisch alle Elemente der Zielmenge getroffen.

$$f_{Strom}\colon\ \mathbb{Q}^+ \to \mathbb{Q}^+; f(x) = 0{,}27x + 15$$
$$f_{Taxi}\colon\ \mathbb{Q}^+ \to \mathbb{Q}^+; f(x) = 2{,}2x + 4{,}5$$
$$f_{Stream}\colon \mathbb{Q}^+ \to \mathbb{Q}^+; f(x) = 10x + 49$$

Weil die Funktionen injektiv und surjektiv sind, sind diese auch bijektiv und somit umkehrbar. Wären sie nicht injektiv, so wäre bei der Umkehrung die Eindeutigkeit nicht gegeben und es läge deshalb keine Funktion vor. Wäre die Surjektivität nicht gegeben, so kämen Elemente im neuen Definitionsbereich vor, für die es keinen Funktionswert gäbe. Auch dann läge keine Funktion vor.

Tab. 3.10 Frage und Gegenfrage – der inhaltliche Zusammenhang zwischen Funktion und Umkehrfunktion

	Frage zur Funktion f Unabhängige und abhängige Größe **Funktionsgleichung** f	*Umkehrung der Frage zu f bzw* *Frage zur Funktion* f^{-1} Unabhängige und abhängige Größe **Funktionsgleichung** f^{-1}
Strom	*Was kostet Strom in Abhängigkeit von der verbrauchten Menge?* „Preis (Verbrauch)" – Preis in Abhängigkeit vom Verbrauch Unabhängige Größe x: Verbrauch (kWh) Abhängige Größe y: Preis (€) $f(x) = 0{,}27x + 15$	*Wie viel Strom erhalte ich in Abhängigkeit vom Preis?* „Verbrauch (Preis)" – Verbrauch in Abhängigkeit vom Preis Unabhängige Größe x: Preis (€) Abhängige Größe y: Verbrauch (kWh) $f^{-1}(x) = \frac{100}{27}x - \frac{500}{9} \approx 3{,}7x - 55{,}5$
Taxi	*Was zahle ich für die Taxi-Fahrt in Abhängigkeit von der gefahrenen Strecke?* „Preis (Strecke)" – Preis in Abhängigkeit von der gefahrenen Strecke Unabhängige Größe x: Strecke (km) Abhängige Größe y: Preis (€) $f(x) = 2{,}2x + 4{,}5$	*Wie weit kann ich mit dem Taxi fahren in Abhängigkeit vom Preis?* „Strecke (Preis)" – Strecke in Abhängigkeit vom Preis Unabhängige Größe x: Preis (€) Abhängige Größe y: Strecke (km) $f^{-1}(x) = \frac{5}{11}x - \frac{45}{22}$
Streaming-Dienst	*Was zahle ich für den Streaming-Dienst in Abhängigkeit von der Zeit?* „Preis (Zeit)" – Preis in Abhängigkeit von der Zeit Unabhängige Größe x: Zeit (Monate) Abhängige Größe y: Preis (€) $f(x) = 10x + 49$	*Wie lange kann ich den Streaming-Dienst nutzen in Abhängigkeit vom Preis?* „Zeit (Preis)" – Zeit in Abhängigkeit vom Preis Unabhängige Größe x: Preis (€) Abhängige Größe y: Zeit (Monate) $f^{-1}(x) = \frac{1}{10}x - 4{,}9$
Allgemein	*Was ist $f(x)$ in Abhängigkeit von x?* $f(x) = a \cdot x + b$	*Was ist $f^{-1}(x)$ in Abhängigkeit von x?* $f^{-1}(x) = \frac{1}{a}x - \frac{b}{a}$

Für lineare Funktionen gilt allgemein:

▶ **Satz**

Jede lineare Funktion mit

$$f : \mathbb{R} \to \mathbb{R}, f(x) = a \cdot x + b \text{ mit } a \in \mathbb{R}\backslash\{0\} \text{ und } b \in \mathbb{R} \text{ ist bijektiv und}$$

daher umkehrbar.

Ihre Umkehrfunktion lautet $f^{-1} : \mathbb{R} \to \mathbb{R}, f^{-1}(x) = \frac{1}{a}x - \frac{b}{a}$ mit $a \in \mathbb{R}\backslash\{0\}$
und $b \in \mathbb{R}$.

Anschaulich bedeutet die Bijektivität, dass alle Funktionswerte genau einmal angenommen werden. Das heißt bei linearen Funktionen, dass die Funktion entweder streng monoton steigt oder fällt.

Dies gilt für alle linearen Funktionen bis auf die Ausnahme von konstanten Funktionen. Diese sind nicht streng monoton fallend oder steigend und damit nicht bijektiv. Die Zielmenge besteht dann nur aus einem einzigen Wert und bei der Umkehrung läge keine Funktion vor, da die Eindeutigkeit der Zuordnung nicht gegeben wäre.

Das Charakteristische einer Umkehrfunktion ist, dass sie die ursprüngliche Funktion rückgängig macht und umgekehrt (vgl. Abschn. 2.8.6):

$$f^{-1}(f(x)) = x \text{ bzw. } f\left(f^{-1}(x)\right) = x, \text{ hier am Beispiel „Streaming-Dienst“:}$$

$$f^{-1}(f(x)) = \frac{1}{10}(10x + 49) - 4{,}9 = x \text{ und } f\left(f^{-1}(x)\right) = 10\left(\frac{1}{10}x - 4{,}9\right) + 49 = x$$

Bei der Bezeichnung der Umkehrfunktion folgt man der Konvention, x für die unabhängige Größe zu wählen und die Werte im Koordinatensystem auf der horizontalen x-Achse anzutragen. Darin liegt begründet, dass man von $f^{-1}(x)$ spricht und nicht von $f^{-1}(y)$. Man vertauscht quasi die x- und die y-Koordinate. Dies erlaubt das Darstellen einer Funktion und ihrer Umkehrfunktion zusammen in einem einzigen Koordinatensystem, in dem auf der x-Achse jeweils die unabhängige Variable abgetragen wird. Das Vertauschen von x - und y-Koordinaten entspricht im Koordinatensystem einem Spiegeln an der ersten Winkelhalbierenden (das ist der Graph zu $f(x) = x$, in Abb. 3.18 die blaue Gerade). Deshalb sind die beiden Graphen zur Funktion und zur Umkehrfunktion symmetrisch zu dieser Winkelhalbierenden, in Abb. 3.18 am Beispiel der Funktionen zu Streaming-Diensten.

Wie Sie an diesen konkretisierenden Beispielen sehen konnten, sind zwei wichtige Vorstellungen mit der Umkehrfunktion verbunden:

- Die Umkehrfunktion f^{-1} dient dazu, die „Umkehrfrage" allgemein zu beantworten, d. h., es werden die unabhängige Größe und die abhängige Größe vertauscht. Dies ist vor allem in Anwendungskontexten relevant.
- Die Umkehrfunktion f^{-1} „hebt" die Funktion f auf, die Umkehrfunktion macht die Ausgangsfunktion rückgängig oder ungeschehen.

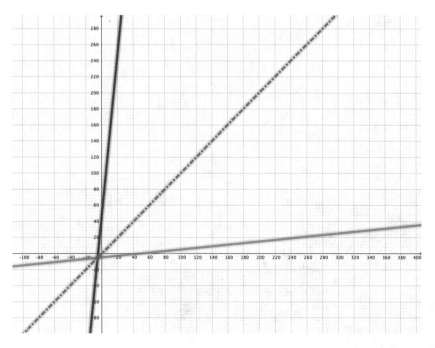

Abb. 3.18 Spiegelung an der Winkelhalbierenden

3.7   Check-out

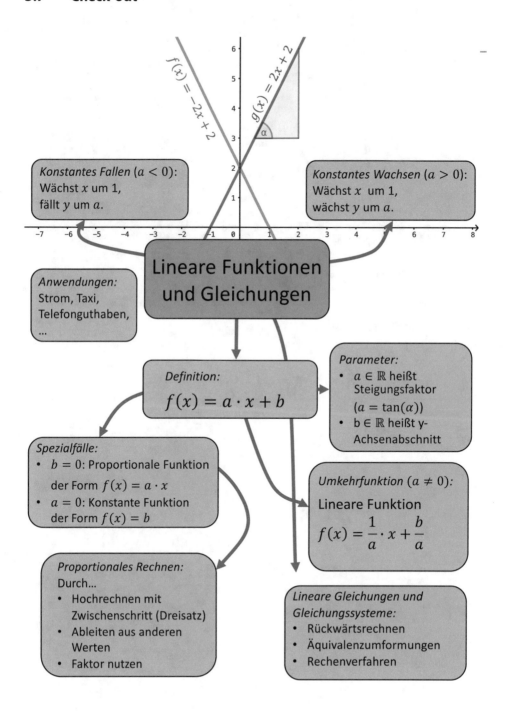

Konstantes Fallen ($a < 0$):
Wächst x um 1,
fällt y um a.

Konstantes Wachsen ($a > 0$):
Wächst x um 1,
wächst y um a.

Lineare Funktionen und Gleichungen

Anwendungen:
Strom, Taxi,
Telefonguthaben,
...

Definition:
$$f(x) = a \cdot x + b$$

Parameter:
• $a \in \mathbb{R}$ heißt
  Steigungsfaktor
  ($a = \tan(\alpha)$)
• $b \in \mathbb{R}$ heißt y-
  Achsenabschnitt

Spezialfälle:
• $b = 0$: Proportionale Funktion
  der Form $f(x) = a \cdot x$
• $a = 0$: Konstante Funktion
  der Form $f(x) = b$

Umkehrfunktion ($a \neq 0$):
Lineare Funktion
$$f(x) = \frac{1}{a} \cdot x + \frac{b}{a}$$

Proportionales Rechnen:
Durch...
• Hochrechnen mit
  Zwischenschritt (Dreisatz)
• Ableiten aus anderen
  Werten
• Faktor nutzen

Lineare Gleichungen und
Gleichungssysteme:
• Rückwärtsrechnen
• Äquivalenzumformungen
• Rechenverfahren

Kompetenzen

Sie können …

- die Kernidee linearer Funktionen (konstantes Wachstum, Linearität) benennen und an Beispielen erläutern,
- verschiedene Wege des proportionalen Rechnens vollziehen und erläutern,
- bei gegebenen proportionalen/linearen Funktionen zwischen den vier Darstellungsformen mit und ohne digitalen Medien wechseln und auch Anwendungsbeispiele zu linearen Funktionen angeben,
- die Steigung einer Gerade auf verschiedene Weisen beschreiben (z. B. Steigungsdreieck, -winkel),
- die Eigenschaften einer linearen Funktion (z. B. Achsenschnittpunkte, Nullstelle und Monotonie) beschreiben, benennen und mathematisch erfassen,
- besondere lineare Funktionen benennen und erläutern (z. B. konstante Funktion), aber auch Gegenbeispiele nennen,
- Gleichungen von linearen Funktionen bestimmen (z. B. aus zwei Punkten, Punkt und Steigung)
- die Lernendenperspektive einnehmen und mögliche Fehler benennen und erkennen,
- markante Merkmale der Lage zweier Geraden an den Funktionsgleichungen erkennen (z. B. Parallelität, Orthogonalität, …),
- lineare Gleichungen graphisch, tabellarisch und algebraisch lösen,
- ein lineares Gleichungssystem lösen (graphisch, durch Ausprobieren, anhand eines Rechenverfahrens) und dabei einen passenden effizienten Weg auswählen,
- bedeutsame Anwendungen zu linearen Funktionen angeben und erläutern,
- die Umkehrfunktion zu einer linearen Funktion bestimmen,
- Graphen zu abschnittsweise definierten Funktionen zeichnen (auch von konstanten Funktionen),
- Gleichungen und Gleichungssysteme mit digitalen Medien lösen und die Ergebnisse im inner- oder außermathematischen Kontext interpretieren.

3.8 Übungsaufgaben

1. Verschiedene Darstellungen linearer Funktionen
   Stellen Sie die folgenden Funktionen jeweils in allen vier Darstellungsformen dar (situativ-sprachlich, numerisch-tabellarisch, graphisch-visuell, formal-symbolisch). Achten Sie darauf, dass Sie geeignete Situationen, Koordinatensysteme, Tabellenausschnitte nutzen.

(i)$f(x) = 0{,}02x + 300$; (ii)$f(x) = -1{,}5x + 30$
(iii) Es ist $-20\,°C$, aber die Temperatur soll ab jetzt täglich um $3\,°C$ steigen.
(iv)

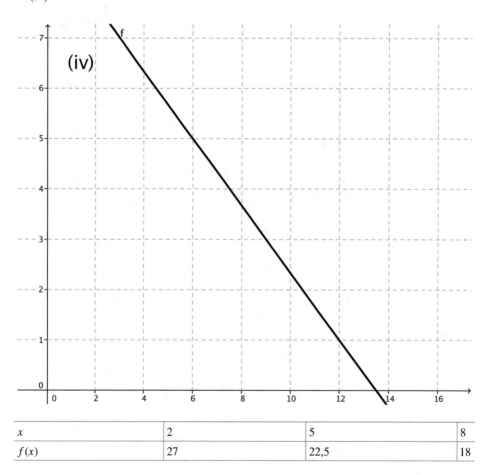

x	2	5	8
$f(x)$	27	22,5	18

2. Lineare Funktionen?
   a) Begründen Sie jeweils, warum die Graphen zu linearen Funktionen gehören oder nicht.

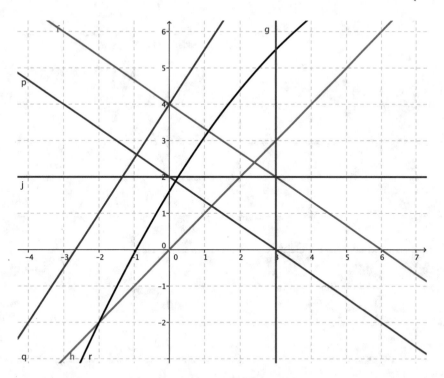

b) Welches sind besondere Geraden? Welche Geraden haben eine besondere Lage-beziehung?

3. Stellen Sie – soweit möglich – jeweils eine Funktionsgleichung auf.
   a) Die Gerade hat die Steigung -3 und verläuft durch den Punkt $\left(\frac{1}{3}\,|\,1\right)$.
   b) Die Gerade verläuft durch die Punkte (i) A $\left(\frac{1}{3}\,|\,\frac{2}{5}\right)$ und B $\left(-\frac{1}{5}\,|\,1\right)$; (ii) C $\left(\frac{1}{3}\,|\,\frac{2}{5}\right)$ und D $\left(\frac{1}{3}\,|\,1\right)$.
   c) Die Gerade hat
      (i) die Achsenschnittpunkte A $\left(\frac{1}{3}\,|\,0\right)$ und B $\left(0\,|\,\frac{2}{3}\right)$;
      (ii) unendlich viele Schnittpunkte mit einer Achse.
   d) Wo haben Sie bei Ihrer Lösung zu c) (i) welche Grundvorstellungen zu Funktionen aktiviert?
4. Anwendung
   Das ist ein Weg-Zeit-Diagramm des Schulwegs von Anton.

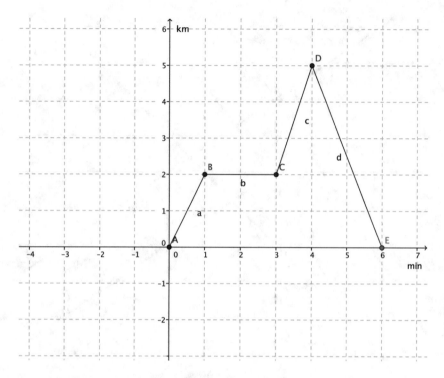

a) Beschreiben Sie Antons Weg in Worten.

b) Beschreiben Sie Antons Weg mit einer bzw. mehreren Funktionen und plotten Sie den Graphen.

c) Denken Sie sich eigene Graphen aus, deuten Sie diese und beschreiben Sie sie durch Funktionen.

5. Achsenschnittpunkte

Berechnen Sie die Schnittpunkte der Graphen der folgenden Funktionen mit den Achsen.

   (i) $f(x) = \frac{4}{3}x + \frac{1}{7}$; (ii) Gerade durch A $(\frac{2}{3}|\frac{2}{5})$ und B $(\frac{1}{5}|1)$

   (iii) allgemein für die Zwei-Punkte-Form $f(x) = \frac{y_2 - y_1}{x_2 - x_1} \cdot (x - x_1) + y_1$

Überprüfen Sie mit einem Funktionenplotter bzw. CAS.

6. Wahr oder falsch? Geben Sie bei falschen Aussagen ein Gegenbeispiel an.

Begründen Sie wahre Aussagen.

a) Es gibt lineare Funktionen, die proportional sind.

b) Der Graph jeder linearen Funktion ist eine Gerade.

c) Jede Gerade ist der Graph einer linearen Funktion.

d) Jede lineare Funktion ist bijektiv.

e) Jede lineare Funktion besitzt eine Umkehrfunktion.

f) Jede lineare Funktion ist monoton steigend oder fallend.

g) Jede lineare Funktion ist streng monoton steigend oder fallend.

h) Es gibt lineare Funktionen, die sowohl monoton fallend als auch monoton steigend sind.

7. Argumentieren Sie mit linearen Funktionen.

   a) Begründen Sie an jeder Darstellung der Funktion $f(x) = 3x - 4$, dass pro Schritt (also +1) immer der gleiche Betrag dazukommt.

   b) Zeigen Sie, dass für proportionale Funktionen gilt:

   (i) $f(x_1) + f(x_2) = f(x_1 + x_2)$ (ii) $f(x) \cdot a = f(x \cdot a)$

   c) Welche Aussagen gelten auch für lineare Funktionen? Welche nicht?
   Zeigen bzw. widerlegen Sie.

8. Lagebeziehungen

   a) Zeichnen Sie die Graphen der Funktionen zu den Gleichungen $f(x) = \frac{2}{3}x$ und $g(x) = -\frac{3}{2}x + 1$.

   b) Die Geraden sind orthogonal zueinander. Zeichnen Sie weitere Geraden, die paarweise orthogonal zueinander sind. Stellen Sie die zugehörigen Funktionsgleichungen auf.

   c) Untersuchen Sie die aufgestellten Gleichungen nach einem Muster.
   Woran erkennt man, dass die zugehörigen Geraden orthogonal sind?
   Begründen Sie Ihre Entdeckung.

   d) Welche gegenseitige Lage haben die Geraden zu den folgenden Gleichungen? Kontrollieren Sie mit einem Funktionenplotter.
   $f(x) = 2x$ und $g(x) = 2x - 1$; $h(x) = \frac{2}{3}x$ und $i(x) = -\frac{3}{2}x + 1$;
   $j(x) = 2(x + 1) - 3$ und $i(x) = 2x - 1$.

   e) Geben Sie die Gleichung einer Geraden an, die senkrecht zu $j(x)$ aus d) ist.

9. Umkehrfunktion

   a) Beschreiben Sie die Situation mit einer Funktionsgleichung: Eine Taxi-Fahrt kostet 5,40 € Grundgebühr und 2,10 €/km.
   Welche ist die abhängige, welche die unabhängige Variable?

   b) Stellen Sie die Umkehrfunktion zur Funktion aus a. auf und deuten Sie diese im Sachkontext.

   c) Begründen Sie, dass die Umkehrfunktion zur Funktion aus a. existiert, $f^{-1}(x) : \mathbb{Q}^+ \to \mathbb{Q}^+$.

10. Gleichungen zu Situationen aufstellen

    a) Ein Kinobesitzer will mehr Leute anlocken, um die Einnahmen zu steigern. Bislang kommen 40 Besucher und zahlen 14 € pro Karte.
    Wie viele Besucher müssten mehr kommen, damit bei einer Preissenkung von 2 € die Einnahmen steigen?

    b) Die meisten Familien in Deutschland haben zwei Autos.
    Stellen Sie eine Gleichung dazu auf.

    Überprüfen Sie Ihre Gleichung aus b) indem Sie Werte einsetzen.

c) Anna und Lotta haben zusammen 1,10 €. Anna hat 1 € mehr als Lotta. Wie viel haben die beiden einzeln? Überprüfen Sie Ihre Lösung durch Einsetzen.

11. Lineare Gleichungen lösen

   a) Welche der folgenden Objekte sind lineare Gleichungen?

   (i) $2a + 6b = 8$ (ii) $4x - 6 = 8$ (iii) $8x - 4$

   (iv) $4x - (x - 2) + (3 - x) = 9(x + 1)$ (v) $(x - 3) - x(x + 1) = 9$

   Lösen Sie die linearen Gleichungen aus a.

   b) Geben Sie zwei verschiedene lineare Gleichungen mit folgenden Lösungsmengen an:

   (i) $\mathbb{L} = \left\{\frac{2}{3}\right\}$, (ii) $\mathbb{L} = \{\}$, (iii) $\mathbb{L} = \mathbb{R}$

   c) In b. haben Sie lineare Gleichungen notiert. Zeichnen Sie im Kopf zu den linearen Gleichungen Graphen von Funktionen. Woran erkennt man an den Graphen die Beschaffenheit der Lösungsmenge?

12. Gleichungssysteme

   Lösen Sie die folgenden linearen Gleichungssysteme auf dem günstigsten Weg und auf einem anderen.

(i)	(ii)	(iii)
$2k + 3l = 9$	$3m = 12 + 6n$	$2d + 3e = 9 - d + 12$
$k - 4l = 2$	$m = 6 - n$	$7d - 6e = 4 + 2e$

Überprüfen Sie durch Einsetzen.

13. Gleichungssysteme aufstellen und lösen

   a) Wenn man beim Basketball mit 7 Würfen 16 Punkte holt, wie viele Würfe mit zwei Punkten und wie viele mit drei Punkten hat man getroffen?
   Lösen Sie auf zwei verschiedene Arten.

   b) Wie viel Zitronensprudel muss zu 0,5 l Bier mit 5 % Alkohol dazugemischt werden, um ein Alsterwasser mit einem Alkoholgehalt von 3 % zu erhalten?

   c) Mit dem Fahrrad unterwegs. Mark fährt um 9:00 Uhr in A-Dorf Richtung B-Dorf los und fährt mit 20 km/h. Barbara fährt im 30 km entfernten B-Dorf um 9:20 Uhr in Richtung A-Dorf los und fährt 25 km/h. Wo treffen sie sich?

Quadratische Funktionen und Gleichungen

4

4.1 Check-in

Größen hängen voneinander ab!

In einer Ortschaft darf man mit einer Geschwindigkeit von 50 km/h fahren. Wenn man 60 km/h, also 20 % schneller fährt, dann kann das doch nicht viel ausmachen. Was denken Sie, wie verlängert sich der Bremsweg, wenn man 20 % schneller oder sogar doppelt so schnell fährt?

Das Bild des Autos soll auf dem Kopierer vergrößert werden, sodass es doppelt so hoch ist. Wie verändert sich der Flächeninhalt beim Vergrößern?

Welch krumme Formen!

In der Geometrie, der Natur und der Technik taucht diese Form wie in der obigen Abbildung rechts immer wieder auf, z. B. bei einer Wasserfontäne, als Wurfbahn eines Balls, beim Brückenbau. Wie kann man diese Formen funktional beschreiben?

© Springer-Verlag GmbH Deutschland, ein Teil von Springer Nature 2021
B. Barzel et al., *Algebra und Funktionen,* Mathematik Primarstufe und Sekundarstufe I +
II, https://doi.org/10.1007/978-3-662-61393-1_4

Auf einen Blick

Quadratische Funktionen sind nicht mehr linear, sondern wachsen „quadratisch". Verdoppelt sich z. B. die Geschwindigkeit (die Seitenlänge im Quadrat), vervierfacht sich der Bremsweg (der Flächeninhalt). Quadratische Funktionen besitzen besondere geometrische Eigenschaften (sind krumm, symmetrisch und haben einen Brennpunkt) und eröffnen damit neue Anwendungssituationen in der Welt und der Geometrie. Diese neuen Charakteristika von quadratischen Funktionen machen sowohl die Mathematisierung von Sachsituationen als auch den Wechsel zwischen den Darstellungsarten komplexer als bei linearen Funktionen.

Bei quadratischen Gleichungen kommt man nicht mehr nur mit den von linearen Gleichungen bekannten Äquivalenzumformungen aus, da sich das x in $x^2 - 4x + 4 = 0$. nicht einfach auf eine Seite bringen lässt, sondern benötigt komplexere Lösungswege. Zudem entstehen neue Anzahlen an Lösungen. Die Komplexität der symbolischen Darstellungen und die Vielzahl an möglichen Lösungswegen verlangen eine Progression und Flexibilisierung der Strukturierungskompetenzen.

▶ **Auftrag**

Bevor Sie Ihr jetziges Können an Aufgaben überprüfen, bitten wir Sie, sich an Ihre bisherigen Begegnungen mit der Thematik „quadratische Funktionen" zu erinnern:

- Welche Erfahrungen verbinden Sie mit quadratischen Funktionen?
- Wozu sind quadratische Funktionen gut?
- Welche Begriffe, Konzepte, Kernideen verbinden Sie mit quadratischen Funktionen?
- Was hat Ihr Verständnis beim Erlernen dieser Begriffe unterstützt?

Aufgaben zum Check-in

1. Was sind quadratische Funktionen? Wie würden Sie das erklären?
2. Warum ist eine Parabel krumm?
3. Geben Sie zu den folgenden Funktionen den Scheitelpunkt des Graphen an und begründen Sie, warum man ihn so ablesen kann.

$$(1)\, f(x) = 2(x + 3)^2 - 4 \quad (2)\, g(x) = 2x^2 - 8x + 4$$

4. Welche quadratische Funktion hat die folgenden Eigenschaften? Die Parabel verläuft durch $A(2|5)$ und hat den Scheitelpunkt $S(1|2)$.
5. Könnte die Wertetabelle unten zu einer quadratischen Funktion gehören?

x	-4	-3	-2	-1	0	1	2
$f(x)$	$10,46$	$6,54$	$3,42$	$1,1$	$-0,42$	$-1,14$	$-1,06$

6. Eine Parabel schneidet die x-Achse für $x = 1$ und $x = 7$. Wo liegt der Scheitelpunkt?

7. Lösen Sie die Gleichungen jeweils auf möglichst verschiedenen Wegen.

$$(1)\ (x-2)^2 = 4 \quad (2)\ (x-2) \cdot x = 0 \quad (3)\ 2x^2 - 8x + 4 = 0$$

8. Welche Arten von Wegen gibt es eigentlich? Kann man eine solche Gleichung noch ganz anders lösen?

4.2   Zugänge zu quadratischen Funktionen

4.2.1   Nicht alles ist linear – quadratisches Wachstum

Es gibt Phänomene, bei denen wir mit unseren „üblichen Denkmustern" an Grenzen stoßen. Ein typisches Denkmuster ist das der Proportionalität: Wenn ich 10 % mehr kaufe, bezahle ich 10 % mehr. Gilt das im Folgenden auch? Wenn ich 10 % schneller fahre, ist der Bremsweg 10 % länger? Wenn ich am Kopierer den Vergrößerungsfaktor 2 einstelle, habe ich dann die doppelte Fläche?

Prüfen wir die Beispiele einmal genauer.

▶   **Beispiel 1: Flächenwachstum**

An einem Rechteck oder Quadrat ist ganz einfach abzulesen, welchen Effekt eine Verdoppelung der Seitenlängen (Vergrößerungsfaktor 200 %) hat; der Flächeninhalt vervierfacht sich. Das liegt daran, dass die Verdoppelung nicht nur in einer Richtung, sondern in beide Richtungen der beiden nicht parallelen Seiten geschieht und somit in den Flächeninhalt doppelt einfließt (siehe Abb. unten).

In einer Rechnung kann man es auch sehen. Die Seitenlänge eines Quadrats mit der Seitenlänge a wird verdoppelt: $(2a) \cdot (2a) = 2 \cdot 2 \cdot a \cdot a = 2^2 \cdot a^2$. Der Flächeninhalt wird ver-2^2-facht. Dies gilt ebenso für krummlinig begrenzte Flächen, auch wenn man es dort nicht so schnell sieht. Sie können es sich aber einfach klarmachen, wenn Sie das Auto aus dem Bild ausschneiden und sich das Produkt in einem schlechten, pixeligen Ausdruck vorstellen. Wenn jedes der kleinen Pixelquadrate auf die doppelte Seitenlänge vergrößert wird, ist jedes Quadrat und damit die gesamte Fläche der Figur viermal so groß.

Die Annahme, dass alles linear ist, beruht auf einer Übergeneralisierung, d. h., wir übertragen ein bewährtes und in der Schule zunächst breit geübtes Denkmuster, das Muster der Linearität, zu Unrecht auf weitere Fälle (vgl. de Bock et al. 2002; Klinger und Barzel 2019). Man kann verhindern, dass man in diese Falle der „Illusion der Linearität" in geometrischen Kontexten tappt, indem man die bereits bekannte Strategie der Überprüfung an konkreten Beispielen nutzt und sieht, dass das kleine Bild mehr als nur zweimal in das große Bild mit doppelter Seitenlänge passt.

▶ **Beispiel 2: Bremsweg**

Wertepaare zur Untersuchung des funktionalen Zusammenhangs lassen sich für das Beispiel des Bremsweges nur mit viel Aufwand generieren, indem wiederholt Bremsungen durchgeführt werden. Führt man einen solchen Versuch wiederholt durch, so kann man erkennen, dass eine Steigerung der Geschwindigkeit um eine Konstante nicht zu einer konstanten Vermehrung des Bremsweges führt. Die Berechnungsformel $b(x) = \frac{x^2}{100}$ lässt sich nicht so einfach finden, da die Struktur des Zusammenhangs sich nicht so klar greifen lässt wie im geometrischen Kontext des Quadrats, aber bei den günstigen Wertepaaren in der folgenden Tabelle sind die Quadratzahlen gut erkennbar.

Geschwindigkeit (km/h)	0	10	20	30	40	50	60	70
Bremsweg (m)	0	1	4	9	16	25	36	49

Beim systematischen Betrachten der Daten in der Tabelle wird klar, dass sich derselbe Typ Muster zeigt: eine Verdoppelung, Verdreifachung, Ver-n-fachung der Geschwindigkeit führt zum vierfachen, neunfachen, n^2-fachen Bremsweg.

▶ **Definition** Man spricht von *quadratischem Wachstum*, wenn eine Vervielfachung des Eingabewertes mit dem Faktor n eine Vervielfachung des Funktionswertes mit dem Faktor n^2 bewirkt.

▶ **Satz** Eine Funktion $f : \mathbb{R}_0^+ \to \mathbb{R}_0^+$ mit der Funktionsgleichung $f(x) = a \cdot x^2$ mit $a \in \mathbb{R}_0^+, x \in \mathbb{R}_0^+$ beschreibt quadratisches Wachstum.

Beweis: Wir vervielfachen den Eingabewert mit dem Faktor n.
$f(n \cdot x) = a \cdot (n \cdot x)^2 = a \cdot n^2 \cdot x^2 = n^2 \cdot a \cdot x^2$. Fertig.

Funktionsgraphen zu quadratischem Wachstum verlaufen durch den Ursprung und besitzen die typische „krumme" Form eines Parabelastes, aber eben nur des einen rechten Astes.

4.2.2 Nicht alles ist linear – krumme Bahnen und Formen

Es gibt nicht nur gerade Formen in der Welt. Will man auch „krumme" Formen wie Wurfbahnen oder Brückenbögen beschreiben, kommt man nicht mit Geraden als Graphen linearer Funktionen aus. Dabei kennzeichnet die Parabel ein typischer Verlauf, den man geometrisch gut fassen kann und der sich in geometrischen Eigenschaften widerspiegelt (vgl. Abb. 4.1).

- Parabeln sind symmetrisch zu einer Geraden $x = x_s$ (Vorsicht, die genannten Eigenschaften haben z. T. auch andere Funktionsarten, z. B. verschiedene trigonometrische Funktionen).
- Je weiter man sich von der Symmetrieachse entfernt, desto größer ist die betragsmäßige Steigung. Die größere Steigung ergibt sich aus der größeren Differenz der Funktionswerte und lässt sich als Ursache der krummen Form der Parabel begreifen ($(x + 1)^2 = x^2 + 2x + 1$, es kommt immer mehr dazu (weg), je betragsmäßig größer x ist).
- Parabeln haben einen Brennpunkt, das bedeutet, dass parallel einfallende (Licht-) Strahlen sich nach der Reflexion an der Parabel in einem Punkt F treffen (in Abbildung Abb. 4.1 gestrichelt).
- Parabeln haben eine Leitlinie l. Das bedeutet: die Menge aller Punkte, deren Abstand zu einer Geraden genauso groß ist wie der Abstand zu einem nicht auf der Geraden liegenden Punkt F, bildet die Form einer Parabel. Der Punkt ist der Brennpunkt der Parabel und die Gerade nennt man Leitlinie der Parabel (vgl. Abschn. 4.3.4.2).

▶   **Auftrag**
Machen Sie sich die genannten Eigenschaften mithilfe von Abb. 4.1 und eines selbst gewählten Beispiels klar.

4.2.3 Definition

Bei den Versuchen, das Charakteristische von quadratischen Funktionen zu fassen, kann man die vier bekannten Darstellungsformen nutzen, in denen sich das Quadratische jeweils auf andere Weise – mehr oder weniger explizit – fassen lässt (vgl. Tab. 4.1). In der Charakterisierung in Abschn. 4.2.2 ging es vor allem um geometrische Eigenschaften, die sich am besten an der grafisch-visuellen Darstellung erkennen lassen.

Auch wenn die charakteristischen Eigenschaften von quadratischen Funktionen in allen vier Darstellungsformen fassbar sind, so lässt sich aufgrund der Unvollständigkeit von Tabellen und der Unschärfe von Situationen und Graphen in diesen Darstellungsformen nicht immer eine klare, trennscharfe Abgrenzung zu anderen Funktionstypen herstellen. Ein Graph kann mit einem anderen Zoom oder in einem anderen Koordinatensystem betrachtet ganz anders aussehen. Situationen können vielleicht auch durch andere Funktionstypen beschrieben werden.

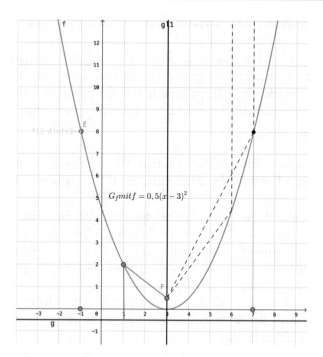

Abb. 4.1 Eigenschaften von Parabeln

In der formal-symbolischen Darstellungsform gelingt es hingegen ganz einfach, Objekte klar zu umgrenzen und abzugrenzen, wie Sie an der folgenden Definition sehen können.

▶ **Definition** Eine   Funktion $f : \mathbb{R} \to \mathbb{R}$ mit   der   Funktionsgleichung $f(x) = a \cdot x^2 + b \cdot x + c$ mit $a, b, c \in \mathbb{R}, a \neq 0$ heißt *quadratische Funktion*.

Die Funktionsgleichung kann in der obigen *Normalform,* in der *Scheitelpunktsform* oder in einer *faktorisierten* Form geschrieben werden.

- Scheitelpunktsform: $f(x) = a \cdot (x + d)^2 + e$ mit $a, d, e \in \mathbb{R}, a \neq 0$. Der Scheitelpunkt ist $S(-d|e)$.
- Faktorisierte Form: $f(x) = a \cdot (x - m) \cdot (x - n)$ mit $a, m, n \in \mathbb{R}, a \neq 0$. $(m|0)$ und $(n|0)$ sind die Schnittpunkte mit der x-Achse. Diese faktorisierte Form lässt sich nur bilden, wenn die Parabel Nullstellen hat.
- Die Parabel $f(x) = x^2$ bezeichnet man als Normalparabel.

Tab. 4.1 Darstellungen von quadratischen Funktionen

Numerisch-tabellarisch	Graphisch-visuell
In den Tabellen (mit „lückenlosen" ganzzahligen Werten für die Eingabewerte) sind die Unterschiede zwischen den Funktionswerten benachbarter Wertepaare nicht mehr gleich – wie bei linearen Funktionen –, sondern ändern sich. Die Symmetrie ist nur erkennbar, wenn ein passender Bereich und geeignete Werte abgebildet sind.	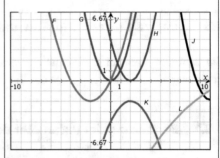

x	-4	-3	-2	-1	0	1
$f(x)$	4	1	0	1	4	9
$g(x)$	4	2,5	2	2,5	4	6,5
$h(x)$	0	$-1,5$	-2	$-1,5$	0	2,5
$j(x)$	72	50	32	18	8	2
$k(x)$	4,91	4,43	4,55	5,27	6,59	8,51

Die Graphen heißen Parabeln, sind krumm/gebogen und nicht mehr gerade wie die Graphen linearer Funktionen. Die Graphen sind symmetrisch und die Symmetrieachse verläuft vertikal durch den auffälligsten Punkt des Graphen, den Scheitelpunkt. Immer eine „Hälfte" des Graphen steigt und die andere fällt. Die Wertemenge ist beschränkt durch den extremen Wert am Scheitelpunkt.

Formal-symbolisch	Sprachlich-situativ
$$f(x) = x^2$$ $$g(x) = -\frac{1}{2}(x-2)^2 - 2$$ $$h(x) = \frac{1}{2}x(x+4)$$ $$i(x) = x^2 - 4x + 4$$ Die Gleichung einer „quadratischen" Funktion besitzt als höchste vorkommende Potenz von x eine 2, auch wenn diese in $h(x)$ nicht unmittelbar erkennbar ist.	Eine Fläche wird vergrößert ... Ein Auto fährt mit 50 km/h. Wie lang ist der Bremsweg? Ein Ball wird 25 m weit geworfen. Am höchsten Punkt befindet er sich 8 m hoch. Die durch quadratische Funktionen beschreibbaren Situationen zeichnen sich nicht mehr durch konstantes Wachstum aus (z. B. Wachstum Quadratfläche). Es gibt einen besonderen – entweder größten oder kleinsten – Wert, der zu Beginn oder im Verlauf angenommen wird.

Für ein Verständnis von quadratischen Funktionen gilt es, die charakteristischen Eigenschaften in den einzelnen Darstellungsformen und in deren Vernetzung zu identifizieren, um so ein Verständnis für das Objekt „quadratische Funktion" zu gewinnen.

4.3   Eigenschaften und Anwendungen

Ein zentrales Element des Verstehens eines Funktionstyps ist die Frage, wie sich die Parameter auf die Form und Lage des Funktionstyps auswirken.

4.3.1   Bedeutung der Parameter der Scheitelpunktsform

Was bedeuten die Parameter a, d, e in der Scheitelpunktsform und a, b, c in der Normalform einer quadratischen Funktion?

Diese Frage soll zunächst im Zusammenspiel Funktionsgleichung – Graph – Tabelle am Beispiel der Scheitelpunktsform betrachtet werden. Hilfreich ist der bewusste Vergleich mit der Normalparabel, also dem Graphen zu $f(x) = x^2$, um die Wirkung der Veränderung eines Parameters zu untersuchen.

▶ **Auftrag**
- Erkunden Sie mit dem Applet „Quadratische Funktionen erkunden 1" auf der Homepage zum Buch den Einfluss, den die einzelnen Parameter in der Scheitelpunktsform $k(x) = a \cdot (x + d)^2 + e$ auf die Werte in der Tabelle und auf den Graphen haben, indem Sie den Graphen von $k(x)$ mit der Normalparabel, also dem Graphen zu $f(x) = x^2$, vergleichen. Untersuchen Sie jeden Parameter zunächst getrennt und halten Sie zu jedem Parameter Einsichten fest.
- Begründen Sie Ihre Einsichten möglichst genau, indem Sie die Veränderungen nicht nur beschreiben, sondern z. B. mit Rekurs zu den anderen Darstellungen der Funktion genauer begründen.
- Vergleichen Sie Ihre beim Erkunden des Applets gewonnenen Einsichten und Ihre Begründungen mit den im Folgenden abgedruckten Einsichten und Begründungen, um die Tragfähigkeit Ihrer Begründung sicherzustellen. Teilweise gibt es verschiedene Begründungen zur Auswahl.

Zentral für die Bedeutung der Parameter ist die Einsicht, dass für $k(x) = a \cdot (x + d)^2 + e$ die Parameter a und e auf die *Funktionswerte* wirken, insofern mit ihnen multipliziert bzw. addiert wird, *nachdem* das Quadrat gebildet wurde. Demgegenüber wirkt d auf die *Eingabewerte*, da d addiert wird, bevor das Quadrat gebildet wird, wie Sie sich an der folgenden Darstellung klarmachen können. Hier werden die einzelnen Operationen schrittweise dargestellt, die auf den Eingabewert x wirken:

$$x \to^{-d} x + d \to^{+^2} (x+d)^2 \to^{\cdot a} a \cdot (x+d)^2 \to^{+e} a \cdot (x+d)^2 + e$$

Die Einwirkung auf die Eingabewerte ist schwieriger zu interpretieren, wie Sie in Ihrer Erkundung vielleicht bemerkt haben und wie wir im Folgenden sehen werden.

▶ **Satz** *Bedeutung des Parameters e:* In der Funktionsgleichung $g(x) = x^2 + e$ beschreibt e die Verschiebung der Normalparabel um e Einheiten in Richtung der y-Achse nach oben bzw. für negative e nach unten.

Begründung: Für $g(x) = x^2 + e$ werden die Funktionswerte von $f(x) = x^2$ jeweils um e vermehrt. Jedes Wertepaar in der Tabelle hat also einen um e größeren (oder bei negativem e kleineren) y-Wert, sodass der Punkt in der graphischen Darstellung um e Einheiten höher (bzw. bei negativem e tiefer) liegt. Wenn man sich alle Punkte so um e nach oben verschoben vorstellt, ergibt sich eine Verschiebung des ganzen Graphen um e Einheiten nach oben in Richtung der y-Achse (bzw. nach unten für negative e).

▶ **Satz** *Bedeutung des Parameters a*: In der Funktionsgleichung $h(x) = a \cdot x^2$ hat der Parameter a folgende Auswirkungen:

a. Für $a < 0$ ist der Graph von $g(x)$ nach unten geöffnet. Die Werte in der Tabelle wechseln für $a = -1$ das Vorzeichen (vgl. Abb. 4.2).
b. Der Parameter a beschreibt die Streckung der Normalparabel für $|a| > 1$. und deren Stauchung für $|a| < 1$.

Begründung zu a.: In $h(x) = (-1) \cdot x^2$ werden die Funktionswerte der Normalparabel $f(x) = x^2$ mit -1. multipliziert, also durch den betragsgleichen negativen Wert ersetzt. Für den Graphen beutet das: Die Punkte, die vorher oberhalb der x. -Achse lagen, liegen nun mit gleichem Abstand zur x-Achse unterhalb derselben. Jeder Pkt wurde an der x -Achse gespiegelt. Dies gilt für alle negativen a. Wenn $a < 0$ und ungleich $|a| \neq 1$ ist, findet zudem eine Streckung oder Stauchung statt (siehe b.).

Begründung zu b.: In $h(x) = a \cdot x^2$ werden die Funktionswerte der Normalparabel $f(x) = x^2$ mit a multipliziert. Eine Multiplikation mit $a > 1$ bewirktdass die Funktionswerte in der Tabelle multiplikativ vergrößert werden, sodass sich der Abstand des Punktes von der x-Achse vergrößert. Da die Funktionswerte senkrecht von der x-Achse „weggezogen" werden, spricht man von einer Streckung des Graphen. Anschaulich gesprochen wird der Graph enger. Dies gilt analog für negative $a < -1$, sodass allgemein für $|a| > 1$ eine Streckung der Normalparabel vorliegt.

Eine Multiplikation mit $a(0 < a < 1)$ bewirkt, dass die Funktionswerte multiplikativ verkleinert werden, sodass sich der Abstand der Punkte der Parabel zur x-Achse verkleinert. Zum Beispiel werden für $a = \frac{1}{2}$ die Funktionswerte halbiert, d. h., der Abstand der Punkte von der x-Achse halbiert sich; der Graph wird von oben senkrecht zur x

Veränderung der Eingabewerte

$$x \xrightarrow{-d} x - d$$

$$x - d \xrightarrow{(\ )^2} (x - d)^2$$

x^2	9	4	1	0	1	4	9
x	-3	-2	-1	0	1	2	3
$x-2$	-5	-4	-3	-2	-1	0	1
$(x-2)^2$	25	16	9	4	1	0	1

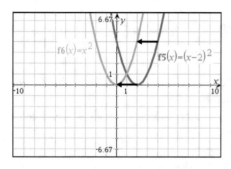

$f(x) = (x - d)^2$

Wenn man vom Eingabewert x
den Wert d subtrahiert, ist man an der Stelle der
Normalparabel, die denselben Funktionswert hat.
Der Graph wird um d Einheiten in Richtung
der positiven x-Achse verschoben.

Veränderung der Ausgabewerte

$$x^2 \xrightarrow{+e} x^2 + e$$

x	-3	-2	-1	0	1	2	3
x^2	9	4	1	0	1	4	9
x^2+3	12	7	4	3	4	7	12
x^2-4	5	0	-3	-4	-3	0	5

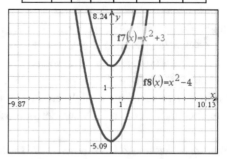

Die Vermehrung der Funktionswerte um e führt zu
einer Verschiebung in Richtung der positiven y-
Achse.

$$x^2 \xrightarrow{\cdot a} a \cdot x^2$$

x	-3	-2	-1	0	1	2	3
x^2	9	4	1	0	1	4	9
$2x^2$	18	8	2	0	2	8	18
$\frac{1}{2}x^2$	4,5	2	0,5	0	0,5	2	4,5
$-2x^2$	-18	-8	-2	0	-2	-8	-18

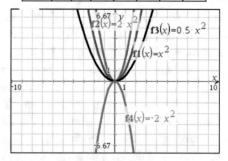

Die Vervielfachung der Funktionswerte
führt für $|a| > 1$ zu einer Streckung (für $|a| < 1$
zu kleineren Funktionswerten, also zu einer Stauchung).
Für $a < 0$ wird zudem an der x-Achse gespiegelt.

Abb. 4.2 Übersicht über die Bedeutung der Parameter

-Achse „platt gedrückt", also zusammengestaucht. Dies gilt analog für negative a mit $0 > a > -1$, sodass allgemein für $|a| < 1$ eine Stauchung der Normalparabel vorliegt.

▶ **Satz** Bedeutung des Parameters d: In der Funktionsgleichung $j(x) = (x + d)^2$ beschreibt d die Verschiebung der Normalparabel um d Einheiten nach links bzw. für negatives d nach rechts in Richtung der x-Achse.

Begründungen (Suchen Sie sich zwei heraus, die Sie gut verstehen!)

1. $(x + d)^2$ ist ein Quadrat. Dieses nimmt den kleinsten Wert genau dann an, wenn die Klammer null ist, also wenn $x + d = 0$. Das gilt genau dann, wenn $x = -d$. Der neue Scheitelpunkt liegt also bei $x = -d$.
2. In den Tabellen in Abb. 4.2 links sieht man, dass an der Stelle $-d$ immer ein extremer Wert angenommen wird. Das liegt daran, dass $(x + d)^2$ für $x = -d$ extrem, nämlich am kleinsten ist. Denn $(d + (-d))^2 = 0^2 = 0$. Der Scheitelpunkt, in dem der extreme Wert angenommen wird, liegt also bei $x = -d$.
3. $x + d$ beschreibt die Veränderung des x-Wertes, bevor quadriert wird. In der Funktionsgleichung $j(x) = (x + d)^2$ werden die Eingabewerte um d vermehrt. $j(x)$ besitzt an der Stelle $-d$ dieselben Funktionswerte wie $f(x) = x^2$ an der Stelle 0. Allgemein besitzt $j(x)$ an der Stelle x dieselben Funktionswerte wie $f(x) = x^2$ an der Stelle $x + d$. Graphisch formuliert: Wenn man vom x-Wert um d Einheiten nach rechts wandert, erhält man dieselben Werte wie bei der Normalparabel (vgl. Abb. 4.2 links). Das heißt: Wenn man die Parabel zu $j(x)$ um d Einheiten nach rechts verschiebt, dann erhält man die Normalparabel. Die Parabel zu $j(x)$ ist also um d Einheiten nach links verschoben.

▶ **Auftrag**

Die Begründungen oben sind allgemein formuliert. Führen Sie zwei der Begründungen für $d = -2$ durch.

Damit haben wir alle elementaren Verschiebungen und Streckungen der Normalparabel untersucht, also alle ihre Transformationen und wie sie an der Parameterform der Funktionsgleichung ablesbar sind, dargestellt und begründet. Da alle Abbildungen auch nacheinander angewendet werden können, ergibt sich der folgende Satz.

▶ **Satz** Bedeutung der Parameter a, d, e: Die Parabel zu $k(x) = a \cdot (x + d)^2 + e$ ist gegenüber der Normalparabel um d Einheiten nach links und um e Einheiten nach oben verschoben. Der Scheitelpunkt des Graphen der Funktion ist $S(-d|e)$. Die Parabel ist für $|a| \neq 1$ zudem um den Faktor a gestreckt/gestaucht bzw. bei negativem Vorzeichen von a nach unten geöffnet.

Der Satz ergibt sich, wenn man alle einzelnen zuvor thematisierten Abbildungen hintereinander durchführt. Den Einfluss der Parameter d und e auf den Scheitelpunkt kann man auch unmittelbar in der Scheitelpunktsform $k(x) = a \cdot (x + d)^2 + e$ deutlich machen, indem man sie als $k(x) = a \cdot (x + (-x_s))^2 + y_s$ notiert.

4.3.2 Einfluss der Parameter in der Normalform

▶ **Auftrag**

Überlegen Sie zunächst selbst, welchen Einfluss a, b, c in der Normalform $f(x) = a \cdot x^2 + b \cdot x + c$ mit $a \in \mathbb{R}/\{0\}$ haben.

Untersuchen Sie dann die Frage mithilfe des Applets „Quadratische Funktionen erkunden 2".

Im Rahmen dieser Erkundung haben Sie sicher festgestellt, dass sich der Einfluss der Parameter auf den Graphen zum Teil schwer fassen lässt. Während c offensichtlich der y-Achsenabschnitt ist, schiebt b den Graphen auf einer parabelförming anmutenden Bahn durch das Koordinatensystem, während a sowohl Einfluss auf die Form (Streckfaktor a und Öffnung nach oben bzw. unten) als auch auf die Lage des Scheitelpunktes zu haben scheint.

An der Sperrigkeit der Deutung der Parameter in der Normalform sieht man gut den Nutzen der Scheitelpunktform mit den recht klaren Deutungen. Die beiden unklaren Aussagen zu den Parametern a und b lassen sich konkretisieren, wenn man die Normalform in die Scheitelpunktsform überführt.

Wechsel zwischen den beiden formal-symbolischen Darstellungen einer quadratischen Funktion

Um zwischen den beiden allgemeinen formal-symbolischen Darstellungen einer quadratischen Funktion wechseln zu können, benötigt man die erste und zweite binomische Formel. Alle drei binomischen Formeln lauten:

$$(a + b)^2 = a^2 + 2ab + b^2$$
$$(a - b)^2 = a^2 - 2ab + b^2$$
$$(a + b)(a - b) = a^2 - b^2$$

▶ **Auftrag**

Formen Sie $f(x) = ax^2 + bx + c$ in eine Scheitelpunktsform um und die Scheitelpunktsform in die Normalform um.

Etwas mehr Aufmerksamkeit braucht die Umformung von der rechten zur linken Seite, die im Folgenden an einem Beispiel erläutert wird.

$$f(x) = ax^2 + bx + c = a \cdot \left(x^2 + \frac{b}{a} x + \frac{c}{a} \right) = a \cdot \left(x + \frac{b}{2a} \right)^2 + \frac{c}{a} - \frac{b^2}{4a^2}$$

Die Deutung der Parameter a und b der Normalform, die oben noch sperrig war, wird mit dieser Umformung fassbarer: a, b wirken sich auf folgende Weise auf beide Koordinaten des Scheitelpunktes aus: $S \left(-\frac{b}{2a} \mid \frac{c}{a} - \frac{b^2}{4a^2} \right)$.

4.3.3 Weitere Eigenschaften quadratischer Funktionen

Die Eigenschaften von quadratischen Funktionen haben wir oben schon grob in den verschiedenen Darstellungsformen thematisiert. Im Folgenden soll vor allem der formale Nachweis dieser Eigenschaften noch einmal genauer betrachtet werden. Aber auch die anderen Darstellungsformen sollen bewusst zur Stützung genutzt werden.

Symmetrieeigenschaften

▶ **Auftrag**

Begründen Sie für die Beispiele $f(x) = x^2$ und $g(x) = -2(x-3)^2 + 4$ am Graphen, an der Tabelle und an der Funktionsgleichung, dass der Graph der Funktion achsensymmetrisch ist.

Der Graph einer quadratischen Funktion ist symmetrisch zur Vertikalen durch den Scheitelpunkt, was man anschaulich daran sieht, dass die Parabel auf sich selbst gefaltet wird, wenn man die y-Achse bzw. die vertikale Gerade $x = x_s$ (für $g(x)$ ist $x_s = 3$), die durch den Scheitelpunkt verläuft, als Faltkante nutzt. Auch in der Tabelle „faltet" man so identische Funktionswerte aufeinander: Haben die Eingabewerte denselben Abstand zu x_s, so sind die Funktionswerte gleich. Das lässt sich umgekehrt nutzen, um die Stelle des Scheitelpunkts zu finden, falls Punkte mit gleichen Funktionswerten bekannt sind: Der Scheitelpunkt liegt immer in der Mitte zwischen Punkten mit gleichen Funktionswerten (vgl. Abb. 4.3).

Wie zeigt man Achsensymmetrie formal? Für die Normalparabel unterscheiden sich die Eingabewerte von Punkten mit gleichen Funktionswerten gerade im Vorzeichen. Formal lässt sich die Symmetrie zur y-Achse also untersuchen, indem man prüft, ob $f(x) = f(-x)$ erfüllt ist. Das ist bei der Normalparabel offensichtlich der Fall:

$$f(x) = x^2 = (-x)^2 = f(-x)$$

Ist die Parabel um x_s in Richtung der x-Achse nach links oder rechts verschoben, so liegen Punkte mit gleichem Funktionswert weiter im gleichen Abstand zum Scheitel-

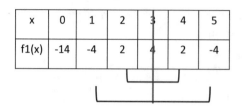

x	0	1	2	3	4	5
f1(x)	-14	-4	2	4	2	-4

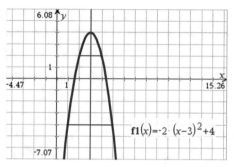

$f1(x)=-2 \cdot (x-3)^2+4$

Abb. 4.3 Symmetrie in Tabelle und Graph

punkt. Also gilt $f(x_s - x) = f(x_s + x)$ (Funktionswerte sind gleich, wenn die x-Werte gleich weit von x_s entfernt sind). Diese Gleichung passt auch zum Beispiel von oben:

Für $f(x) = x^2$ gilt $f(0 - x) = f(0 + x)$.

Für $g(x) = -2(x - 3)^2 + 4$ gilt $g(3 - x) = g(3 + x)$.

Denn

$$g(3 - x) = -2((3 - x) - 3)^2 + 4 = -2(-x)^2 + 4 = -2x^2 + 4 = -2(x)^2 + 4 = -2((3 + x) - 3)^2 + 4 =$$
$g(3 + x)$

Das funktioniert für jedes x_s, sodass die Symmetrieeigenschaft der Parabel allgemein mithilfe des Kriteriums $f(x_s - x) = f(x_s + x)$ gezeigt werden kann.

▶ **Auftrag**

Zeigen Sie, dass das Kriterium $f(x_s - x) = f(x_s + x)$ für alle $h(x) = d(x - x_s)^2 + y_s$ gilt.

Monotonieeigenschaften

▶ **Auftrag**

Untersuchen Sie für die Beispiele $f(x) = x^2$ und $g(x) = -2(x - 3)^2 + 4$ am Graphen, an der Tabelle und an der Funktionsgleichung, welches Monotonieverhalten die Funktion aufweist, d. h. in welchen Bereichen der Graph steigt bzw. fällt.

Am Graphen und an der Tabelle lässt sich an den Beispielen in 4.3 erkennen, dass der Eingabewert des Scheitelpunktes (also die Stelle) den Definitionsbereich quadratischer Funktionen in zwei Teile teilt; in einem steigt der Graph streng monoton, im anderen fällt der Graph streng monoton. Es gilt:

Wenn $a < 0$, dann ist die Funktion im Bereich $(-\infty; x_s)$ streng monoton steigend und im Bereich $(x_s; \infty)$ streng monoton fallend.

Wenn $a > 0$, dann ist die Funktion im Bereich $(-\infty; x_s)$ streng monoton fallend und im Bereich $(x_s; \infty)$ streng monoton steigend.

Um die strenge Monotonie formal zu zeigen, versucht man aus der Voraussetzung $x < y$ abzuleiten, dass $f(x) < f(y)$ bzw. $f(x) > f(y)$.

Für $x < y$ und $x, y < 0$ gilt $x < y | \cdot x \Rightarrow x \cdot x > y \cdot x$ und $x < y | \cdot y \Rightarrow x \cdot y > y \cdot y$. Da mit einer negativen Zahl multipliziert wird, dreht sich das Relationszeichen um.

Somit gilt $x \cdot x > y \cdot x > y \cdot y$, also $x^2 > y^2$.

▶ **Auftrag**

Zeigen Sie die Monotonie von $f(x) = x^2$ entsprechend für den Fall $x < y$ und $x, y > 0$ und für den Fall, dass einer der beiden Werte x und y den Wert 0 annimmt.

Beschränktheit

▶ **Auftrag**

Untersuchen Sie für die Beispiele $f(x) = x^2$ und $g(x) = -2(x-3)^2 + 4$ am Graphen, an der Tabelle und an der Funktionsgleichung, inwiefern die Funktion beschränkt ist, also inwiefern ein Wert existiert, der kleiner oder größer ist als alle Funktionswerte der Funktion.

Quadratische Funktionen sind *beschränkt*, da am Scheitelpunkt ein kleinster oder größter Wert (Schranke) vorliegt. Dies ist im Graphen und in der Tabelle unmittelbar zu erkennen, falls ein geeigneter Ausschnitt vorliegt, der den Scheitelpunkt enthält. Für $a < 0$ ist y_s der größte Funktionswert, für $a > 0$ ist y_s der kleinste Funktionswert, denn $(x - x_s)^2 \geq 0$ für alle x.

Daraus folgt $a \cdot (x - x_s)^2 \geq 0$ für $a > 0$ und $a \cdot (x - x_s)^2 \leq 0$ für $a < 0$.

und $a \cdot (x - x_s)^2 + y_s \geq y_s$ für $a > 0$ und $a \cdot (x - x_s)^2 + y_s \leq y_s$ für $a < 0$.

Das bedeutet für den Wertebereich von quadratischen Funktionen $f(x) = a \cdot x^2 + b \cdot x + c$ mit $a, b, c \in \mathbb{R}$ und $a \neq 0$: Wenn $a < 0$, dann ist der Wertebereich $(-\infty; y_s]$. Wenn $a > 0$, dann ist der Wertebereich $[y_s; \infty)$.

4.3.4 Anwendungen von quadratischen Funktionen

Der erste Nutzen von Funktionen ist die Beschreibung von Zusammenhängen in der Welt, um unbekannte Werte zu bestimmen, etwa mit dem Ziel, Voraussagen zu machen. Typische Fragen sind: Wie lang ist der Bremsweg, wenn ich mit 250 km/h fahre? Wo landet der Ball (die Kanonenkugel)?

Dabei sind sowohl die Anwendungssituationen quadratischer Funktionen als auch die Art der zur Verfügung stehenden Informationen sehr unterschiedlich.

Tab. 4.2 Anwendungssituationen

Anwendungs-situationen	Eigenschaften quadratischer Funktionen	Was ist typischerweise gegeben?	Beispiel
Abhängigkeit von Größen	Quadratisches Wachstum Extremwertprobleme	Sachzusammenhang, konkrete Daten (also Wertepaare), konkrete Parameter	Bremsweg, Flächen beschreiben / optimieren
Form/Bahn/ Ort	Eigenschaften des Graphen: Scheitelpunkt als höchster/ niedrigster Punkt, Symmetrie, Graph als Ort, der vorgegebene Eigenschaften erfüllt (z. B. Leitlinieneigenschaft)	Graph, Bedingungen, die einzelne Punkte erfüllen	Flugbahnen als Kurven, Bögen, Orts-linien

Im Folgenden sollen grob folgende Anwendungssituationen unterschieden werden, um jeweils ausgewählte Beispiele aus jedem Bereich zu diskutieren:

- Funktionale Beschreibung der Abhängigkeit von Größen
- Parabel als Form von Objekten oder Bahnen oder Orten mit bestimmten Eigenschaften

Dabei sind die verschiedenen Anwendungssituationen nicht trennscharf. Es zeigen sich aber durchaus verschiedene charakteristische Eigenschaften der quadratischen Funktionen (vgl. Tab. 4.2).

Zudem können die Darstellungen von Situationen verschiedene weitere Darstellungsformen und ganz unterschiedliche Informationen enthalten, die dann verschiedene Tätigkeiten verlangen, um neue Informationen oder eine „mathematischere" Darstellung zu erhalten. Diese Informationen können sein:

- allgemeine Aussagen über die Situation, aus denen sich ergibt, dass sich der Zusammenhang sinnvoll durch eine quadratische Funktion beschreiben lässt,
- konkrete Informationen, die sich als Parameter der Funktionsgleichung fassen lassen,
- konkrete zugeordnete Werte (Daten), die sich als Wertepaare der Funktion (also als Tabelle) auffassen lassen,
- graphische Abbildungen, die potenziell alle vorangegangenen Informationsarten enthalten können,
- weitere Bedingungen, die sich durch Gleichungen mathematisieren lassen, aus denen dann eine Funktionsgleichung aufgestellt werden kann (Ortskurven).

Dabei ist das Überführen in die algebraisch-symbolische Darstellung der einzige Darstellungswechsel, bei dem nichttriviale Konzepte und Verfahren genutzt werden, die über das Ablesen und Einzeichnen von Wertepaaren wesentlich hinausgehen.

4.3.4.1 Funktionale Beschreibung der Abhängigkeit von Größen

Um mit einer Funktionsgleichung zu beschreiben, wie eine Größe von einer anderen abhängt, muss man zunächst prüfen, ob die gegebenen Wertepaare zu einer quadratischen Funktion gehören können.

Sind Funktionen in der Form von konkreten Daten z. B. in Tabellenform wie in Abb. 4.4 gegeben, besteht die Herausforderung zunächst darin, den Charakter des vorliegenden Zusammenhangs zu identifizieren. Folgende Eigenschaften lassen sich als erste Hinweise zur Identifikation einer quadratischen Funktion nutzen:

- Symmetrische Funktionswerte (siehe $f(x), g(x), h(x)$). Eine Achsensymmetrie gibt es aber auch bei anderen Funktionsarten.
- Funktionswerte sind Quadratzahlen, verdoppelte Quadratzahlen oder um einen festen Wert vermehrte oder verminderte Quadratzahlen ($h(x)$).
- Lineare Veränderung der Differenz zwischen zwei benachbarten Funktionswerten.
- Im umrandeten Beispiel $j(x)$ sieht man, dass die Differenz zwischen den benachbarten Funktionswerten immer um 2 sinkt. Die Differenz zwischen den Differenzen ist also konstant -2.

Funktionsgleichungen zu Daten/Tabellen aufstellen

Wenn die Daten zu einer quadratischen Funktion passen, gibt es verschiedene Wege zur Bestimmung von Gleichungen. Die Wahl des Weges hängt von den konkreten gegebenen Informationen ab. Allen Wegen gemeinsam ist, dass Informationen in Gleichungen übersetzt werden, sodass die Parameter der Funktion bestimmt werden können:

- Nehmen wir beliebige Wertepaare als gegeben an, z. B. die aus Abb. 4.4 für $f(x)$. Es wird durch Einsetzen der Wertepaare in die allgemeine Normalform der Funktionsgleichung ein lineares Gleichungssystem aufgestellt und gelöst. Aufgrund der drei Parameter besitzt das LGS drei Unbekannte und man benötigt drei Gleichungen, um diese zu bestimmen. Man nutzt z. B. die Wertepaare $(-3|13)$, $(-2|6)$ und $(-1|1)$.

  I. $a \cdot (-3)^2 + b \cdot (-3) + c = 13$

  II. $a \cdot (-2)^2 + b \cdot (-2) + c = 6$

  III. $a \cdot (-1)^2 + b \cdot (-1) + c = 1$

Abb. 4.4 Tabelle mit Wertepaaren

x	-4	-3	-2	-1	0	1	2	3	4
$f(x)$	22	13	6	1	-2	-3	-2	1	6
$g(x)$	2	4	4	2	-2	-8	-16	-26	-38
$h(x)$	15	8	3	0	-1	0	3	8	15
$j(x)$	-77	-60	-45	-32	-21	-12	-5	0	3

$$\underset{-2}{\overset{+17}{\rightarrow}} \underset{-2}{\overset{+15}{\rightarrow}} \underset{-2}{\overset{+13}{\rightarrow}} \underset{-2}{\overset{+11}{\rightarrow}} \underset{-2}{\overset{+9}{\rightarrow}} \overset{+7}{\rightarrow} \cdots$$

- I. $9a - 3b + c = 13$

  II. $4a - 2b + c = 6$

  III. $a - b + c = 1$

  II. $-$ III.: $3a - b = 5$

  I. $-$ II.: $5a - b = 7$

  (I. $-$ II.) $-$ (II. $-$ III.): $2a = 2 \Rightarrow a = 1$, mit (I. $-$ II.) gilt: $5 - b = 7 \Rightarrow b = -2$ und

           mit III. gilt: $1 - (-2) + c = 1 \Rightarrow c = -2$

- Es seien Achsenschnittpunkte gegeben: Man löst wie oben ein lineares Gleichungssystem, eventuell lässt sich die Nullstellenform $f(x) = a \cdot (x - x_1) \cdot (x - x_2)$ nutzen.

- Der Scheitelpunkt ist im Graphen oder durch sprachliche Informationen (z. B. höchster Punkt) gegeben: $SP(2|3), P(4|5)$. Man nutzt die Scheitelpunktform $f(x) = a(x - 2)^2 + 3$. Einsetzen ergibt $f(4) = a(4 - 2)^2 + 3 = 5 \Leftrightarrow 4a + 3 = 5 \Leftrightarrow a = \frac{1}{2}$.

- Einordnung: Das Aufstellen und Lösen eines LGS ist der einzige systematische Weg, der „allgemein" funktioniert, da keine charakteristischen Eigenschaften der Funktion genutzt werden. Entsprechend ist dieses Verfahren auch für lineare Funktionen und die weiteren Funktionenklassen in diesem Buch nutzbar. Im Unterschied dazu erfordert die Nutzung charakteristischer Punkte oder das Ablesen von Parametern aus Informationen mehr spezifisches Wissen über den jeweiligen Funktionstyp, ist aber weniger aufwendig.

Extremwertprobleme

Spezielle Situationen, in denen Gleichungen von quadratischen Funktionen aufgestellt werden können, sind solche, in denen ein größter oder kleinster Wert gesucht wird. Man nennt diese Situationen Extremwertprobleme.

▶   **Auftrag**

     Lösen Sie das folgende Problem in einer selbst gewählten Darstellungsform:

        Ein Bauer will seine Schafe einzäunen und dazu eine rechteckige Weidefläche abstecken. Er hat 100 m Begrenzungsschnur. Wie muss die rechteckige Weidefläche aussehen, damit die Schafe möglichst viel Platz haben?

Ein solches Extremwertproblem kann man probierend, graphisch oder algebraischsymbolisch lösen. Dabei ist es beim tabellarischen Ansatz (ebenso im Graphen) notwendig, das Ergebnis anzunähern (vgl. Abb. 4.5). In der symbolisch-algebraischen Darstellung nutzt man Gleichungen und algebraische Lösungsverfahren:

$A_{Rechteck} = a \cdot b$. Der Umfang des Rechtecks ist 100. Es gilt $2a + 2b = 100$. Um diese (Neben-)Bedingung zu berücksichtigen, denken wir beide Gleichungen als Gleichungssystem. Dieses können wir lösen, indem wir die zweite Gleichung nach einer Variablen auflösen und in die erste Gleichung einsetzen. Mit $b = 50 - a$ ergibt sich $A_{Rechteck} = a \cdot b = a \cdot (50 - a)$. Damit können wir den Flächeninhalt als Funktion in Abhängigkeit von a darstellen und den maximalen Funktionswert

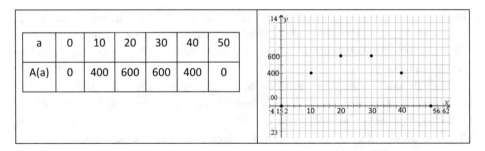

Abb. 4.5 Tabelle und Graph zum Extremwertproblem

suchen. $A_{Rechteck}(a) = a \cdot (50 - a) = -a^2 + 50a = -(a - 25)^2 + 625.$ Für $a = 25$ wird der größte Funktionswert 625 angenommen. Das größtmögliche Rechteck ist also ein Quadrat. Warum ist der Eingabewert des Scheitelpunktes die Lösung? Der größte Funktionswert wird für eine nach unten geöffnete Parabel am Scheitelpunkt angenommen.

4.3.4.2 Funktionale Beschreibung von Formen und Orten (vom Graphen zur Gleichung)

Wenn quadratische Funktionen zur Beschreibung der Form von Objekten oder Bahnen genutzt werden, werden insbesondere die offenkundigen Eigenschaften der Graphen nutzbar. Das sind vor allem die Existenz des Scheitelpunktes als höchstem oder niedrigstem Punkt und die Symmetrie.

Durch quadratische Funktionen bestimmte Formen und Orte beschreiben

Mit quadratischen Funktionen kann man Dinge beschreiben, die die Form einer Parabel haben. Das können starre Objekte (wie z. B. ein Brückenbogen) oder sukzessiv durchlaufene Bahnen oder Kurven (wie z. B. beim Wurf oder Springbrunnen) sein (vgl. Abb. 4.6).

Im Unterschied zur Abhängigkeit zwischen Größen geht es hier weniger darum, den Zusammenhang z. B. zwischen der Zeit und der Höhe der Flugbahn oder der horizontalen und der vertikalen Abweichung zu fassen, sondern eher darum, die Form als Flugbahn zu beschreiben. Diese Form wird durch eine Koordinatisierung funktional beschreibbar; das bedeutet, dass ein Koordinatensystem in die Ebene gelegt wird. Die Punkte der Flugbahn erhalten in dem Koordinatensystem Koordinaten und sind somit durch die damit generierten Wertepaare funktional beschreibbar.

▶ **Auftrag**

Wie würden Sie das Koordinatensystem in das Bild vom Springbrunnen aus Abb. 4.6 legen, um die vorderen drei Wasserfontänen je mit einer Funktion zu beschreiben?

Oft ist es nützlich, gegebene charakteristische Punkte oder Orientierungslinien auf die Achsen zu legen, um gegebenenfalls möglichst einfach eine Gleichung aufstellen zu können, da man dann eventuell nicht alle Parameter der Gleichung $f(x) = a(x + d)^2 + e$ bestimmen muss.

Zum Beispiel kann der Erdboden/die Wasseroberfläche durch die x-Achse beschrieben werden, insbesondere wenn darauf bezogene Daten (Entfernungen auf dem Erdboden) vorliegen. Die einfachste Funktionsgleichung erhält man aber, wenn der Ursprung des Koordinatensystems auf den Scheitelpunkt gelegt wird, da so nur ein Parameter a für die Öffnung bestimmt werden muss. Liegt der Scheitelpunkt „nur" auf der y-Achse, so muss zudem die Verschiebung in Richtung der y-Achse durch den Parameter e beschrieben werden. Liegt der Scheitelpunkt nicht auf den Achsen, müssen alle drei Parameter bestimmt werden.

Welches Koordinatensystem man wählt, hängt aber nicht nur von der Einfachheit des mathematischen Modells (hier ausgedrückt durch die Anzahl der zu bestimmenden Parameter) ab, sondern auch von den Fragen und gegebenen Daten. So ermöglicht ein Koordinatensystem mit einer das Erdniveau beschreibenden x-Achse die einfache Interpretation der y-Werte als Höhe über dem Erdboden, während die Wahl des Ursprungs im Scheitelpunkt erst weitere Interpretationen erfordert: Die Höhe über dem Erdboden

Abb. 4.6 Parabelformen funktional beschreiben. Golden gate: © Free-photos auf Pixabay, Wasserfontänen: © K.Riemer auf Pixabay; Parabolspiegel: ©stux auf Pixabay; Basketball: ©HeungSoon auf Pixabay

ist die Summe aus dem y-Wert des Punktes und dem Abstand, den die x-Achse des Koordinatensystems vom Erdboden hat.

Durch quadratische Funktionen bestimmte „Orte" beschreiben

In der Geometrie sucht man oft Orte, die eine bestimmte Bedingung erfüllen, z. B. ist die Mittelsenkrechte die Menge aller Punkte, die von zwei gegebenen Punkten in der Ebene den gleichen Abstand haben. Andere Beschreibungen von Bedingungen führen zu quadratischen Funktionen. Wenn bei derartigen Beschreibungen (auch krumme) Linien und nicht nur einzelne Punkte entstehen, bezeichnet man sie als *Ortslinien*. So kann man die Parabel als Ort der Menge von Punkten erfahren, die von einem Punkt und einer Geraden die gleiche Entfernung haben.

▶   **Auftrag**
  - Welche Punkte liegen von einem Punkt F und einer Geraden l gleich weit entfernt?
  - Erforschen Sie mithilfe des Applets „Parabel als Ortslinie" oder mit Papier und Bleistift, wie die Menge aller Punkte aussieht, die die beschriebene Eigenschaft besitzen.
  - Beweisen Sie Ihre Entdeckung, indem Sie eine Funktionsgleichung aus den geometrischen Bedingungen ableiten. Sie wählen dazu zunächst ein geeignetes Koordinatensystem und übersetzen die Bedingungen in Gleichungen, um am Ende eine geeignete Funktionsgleichung zu erhalten.

Legen wir die Linie l und den Punkt F wie in Abb. 4.7 so in ein Koordinatensystem, dass der Ursprung die Orthogonale von F auf l halbiert. Sei f der Abstand des Ursprungs von der Leitlinie und vom Punkt F. Ein beliebiger Punkt P soll gleich weit von F und von der Leitlinie l entfernt liegen. Der Abstand von P zu l ist $y_P + f$. Der Abstand von P zu F ist nach dem Satz des Pythagoras $\sqrt{x_P^2 + (y_P - f)^2}$. Also gilt:

$$\sqrt{x_P^2 + (y_P - f)^2} = y_P + f \Rightarrow x_P^2 + (y_P - f)^2 = (y_P + f)^2 \Rightarrow x_P^2 + y_P^2 - 2fy_P + f^2 = y_P^2 + 2fy_P + f^2 \Rightarrow x_P^2 = 4fy_P \Rightarrow y_P = \frac{x_P^2}{4f}$$

Die Punkte, die diese Eigenschaft besitzen, liegen auf der Parabel zu $y_P = \frac{x_P^2}{4f}$.

4.3.5   Didaktische Aspekte zu quadratischen Funktionen

Mit dem Übergang von den linearen zu den quadratischen Funktionen gehen einige Probleme einher, die sich nachvollziehen lassen, wenn man sich fragt, inwiefern sich die Vorstellungen beim Übergang von den linearen Funktionen zu den quadratischen Funktionen ändern müssen.

Wie sich Abb. 4.8 zusammenfassend entnehmen lässt, werden bei quadratischen Funktionen ganz neue geometrische Betrachtungen angestellt und so der Graph stärker

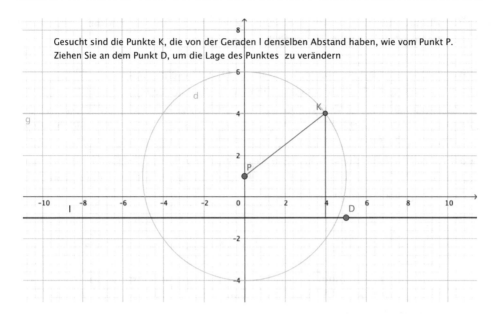

Gesucht sind die Punkte K, die von der Geraden l denselben Abstand haben, wie vom Punkt P. Ziehen Sie an dem Punkt D, um die Lage des Punktes zu verändern

Abb. 4.7 Parabel als Ortslinie

als Ganzes und mit seiner Symmetrie und seinen Transformationen thematisiert. Damit stehen oft ganz andere Fragen als zuvor im Fokus.

Der Kovariationsaspekt lässt sich zwar bei quadratischem Wachstum noch konkret denken (Verdoppelt man den Eingabewert, vervierfacht sich der Ausgabewert.), aber dies verlangt die Vorstellung der Linearität (Verdoppelt man den Eingabewert, dann verdoppelt sich der Funktionswert.) zu überwinden, was für viele Lernende ein Problem darstellt (vgl. z. B. de Bock et al. 2012).

Zudem beschreibt nicht jede quadratische Funktion ein quadratisches Wachstum – man denke beispielsweise an eine Wurfparabel. Für eine allgemeine quadratische Funktion kann man das Änderungsverhalten nur eher qualitativ beschreiben (fällt/steigt auf einer Seite vom Scheitelpunkt).

Zudem besteht die Gefahr, die Parameter analog zu den linearen Funktionen zu deuten, sodass der Streckfaktor in Richtung der y-Achse als „Steigung" der Parabel gedeutet (vgl. Ellis und Grinstead 2008, S. 288 ff.) oder einfach nur analog zu linearen Funktionen vorgegangen wird (vgl. Nitsch 2014, S. 230).

Von den Parametern in der Scheitelpunktsform $f(x) = a \cdot (x + d)^2 + e$ fällt die Deutung von d – also die horizontale Verschiebung in Richtung der x-Achse – schwer (vgl. Nitsch 2014, S. 232). Die Sonderstellung dieses Parameters erklärt sich daraus, dass er im Gegensatz zu den beiden anderen direkt auf den Eingabewert wirkt, bevor das Quadrieren angewendet wird. Die naive Annahme, dass die Addition eines positiven Wertes eine Verschiebung nach rechts in Richtung der negativen x-Achse bewirkt,

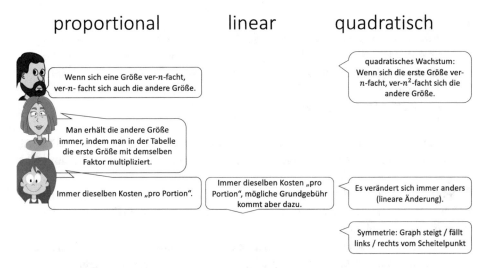

Abb. 4.8 Vorstellungsumbruch von proportionalen zu linearen zu quadratischen Funktionen

lässt sich durch einfaches Einsetzen von Wertepaaren widerlegen. Anregungen zur Unterstützung eines Verständnisses finden sich in den in Abschn. 4.3.1 skizzierten Argumentationen.

Angesichts dieser Herausforderungen ist es wichtig, in Bezug auf das Selberlernen und das Unterrichten auf die bekannten Anregungen im Umgang mit Funktionen zurückzugreifen:

- Vernetzen: Nutzen Sie verschiedene Darstellungen (z. B. auch die Scheitelpunktsform) zum Lösen von Problemen und beziehen Sie bewusst die Wege in den verschiedenen Darstellungsformen aufeinander.
- Überprüfen: Setzen Sie die Koordinaten einzelner Punkte/Wertepaare ein, um die Passung von Funktionsgleichung und/oder Graph zu überprüfen bzw. eine inhaltliche Deutung der Funktionswerte vorzunehmen.
- Begründen: Achten Sie darauf, dass Sie nicht nur wissen, was die Parameter bedeuten, sondern dies auch in den verschiedenen Darstellungsformen begründen können.

4.4 Quadratische Gleichungen und Umkehrfunktion

Bei der Nutzung funktionaler Zusammenhänge ergeben sich auch Fragestellungen, die auf das Lösen von Gleichungen führen, da sie die Bestimmung von Eingabewerten (Argumenten) erfordern.

▶   **Beispiel**

Wenn die Länge einer Bremsspur $35m$ beträgt, wie schnell ist das Auto dann gefahren? Hier ist der Eingabewert gesucht, da die Länge der Bremsspur von der Geschwindigkeit abhängt. Zu lösen wäre die folgende Gleichung für eine „Vollbremsung": $\frac{x^2}{100} = 35 \Rightarrow x^2 = 3500 \Rightarrow x = \pm\sqrt{3500}$ (die negative Lösung wäre im Sachkontext nicht relevant).

Im Beispiel haben wir eine bestimmte Form einer quadratischen Gleichung gelöst. Allgemein sind quadratische Gleichungen analog zu quadratischen Funktionen definiert.

▶ **Definition** Quadratische Gleichungen sind Gleichungen, die in der ausmultiplizierten Normalform in der höchsten Potenz als Exponenten eine 2 enthalten, also die Form $ax^2 + bx + c = 0$ haben.

Dabei muss die höchste Potenz x^2 nicht explizit vorkommen, sie kann auch in einer Produktform wie z. B. $x(x - 2) = 0$ oder $2(x - 2)(x + 3) = 4$ versteckt sein.

Der Umgang mit quadratischen Gleichungen ist aus den folgenden Gründen anspruchsvoller als der Umgang mit linearen Gleichungen:

- Man kommt beim Lösen nicht mit dem bloßen Isolieren von Variablen aus, sondern braucht andere Strukturen, nämlich die quadratische Ergänzung (oder Lösungsformeln).
- Man muss verschiedene Lösungsverfahren beherrschen, um quadratische Gleichungen schnell und sicher zu lösen.
- Es kann maximal zwei Lösungen geben, nicht nur maximal eine wie bei linearen Gleichungen $ax + b = c$ mit $a \neq 0$.

4.4.1   Quadratische Gleichungen lösen

Auch für quadratische Gleichungen sind in den verschiedenen Darstellungsarten unterschiedliche Wege denkbar, von denen Sie sicher viele zur Bearbeitung der Aufgaben im Check-in genutzt haben (vgl. Tab. 4.3).

Einordnung der verschiedenen Wege

Mit Graphen und Tabellen lassen sich Gleichungen probierend und näherungsweise lösen. Es gibt aber auch eine Vielzahl an rechnerischen Wegen:

Das *Rückwärtsrechnen* ist der Umgang mit Gleichungen, den man von den linearen Funktionen her gewohnt ist. Bei einfachen Gleichungen der Form $a \cdot x^2 = b$ ist dies leicht möglich. Für „kompliziertere" Gleichungen $x^2 + 6x + 5 = 0$ stellt man zunächst eine „quadratische" Form her, die das Rückwärtsrechnen erlaubt. Dazu ergänzt man die Summe zur Form $(\square)^2$ (quadratische Ergänzung). Dazu benötigt man die binomischen

Formeln, z. B.$(x + a)^2 = x^2 + 2ax + a^2$. Mit dieser Formel kann man erkennen, dass im Beispiel $(x^2 + 8x + 12 = 0)$ $2ax = 8x$ ist, sodass$a = 4$. Um $(\square)^2$ zu erhalten, muss man $a^2 = 16$ ergänzen. Um die Lösungen der Gleichung dabei nicht zu verändern, subtrahiert man die 16 auch sofort wieder; man arbeitet mit einer „nahrhaften Null", wenn man 16 addiert und gleichzeitig subtrahiert. Der Wert der linken Seite der Gleichung verändert sich nicht, es wird aber eine Form hergestellt, die neue Umformungen ermöglicht.

$$(x^2 + 8x + 16) - 16 + 12 = 0$$
$$\Leftrightarrow (x + 4)^2 - 4 = 0$$
$$\Leftrightarrow (x + 4)^2 = 4$$
$$\Leftrightarrow x + 4 = 2 \text{ oder } x + 4 = -2 \Leftrightarrow x = -2 \text{ oder } x = -6$$

Die *pq-Formel* ermöglicht ein ökonomischeres Lösen. Sie entwickelt man, indem man für die allgemeine Form der Gleichung das beschriebene Verfahren der quadratischen Ergänzung durchführt.

$$x^2 + px + q = 0$$
$$x^2 + px + \left(\tfrac{p}{2}\right)^2 - \left(\tfrac{p}{2}\right)^2 + q = 0$$
$$\Leftrightarrow \left(x + \tfrac{p}{2}\right)^2 - \left(\tfrac{p}{2}\right)^2 + q = 0 | -q| + \left(\tfrac{p}{2}\right)^2$$
$$\Leftrightarrow \left(x + \tfrac{p}{2}\right)^2 = \left(\tfrac{p}{2}\right)^2 - q$$
$$\Leftrightarrow \left(x + \tfrac{p}{2}\right) = -\sqrt{\left(\tfrac{p}{2}\right)^2 - q} \text{ oder } \left(x + \tfrac{p}{2}\right) = \sqrt{\left(\tfrac{p}{2}\right)^2 - q}$$
$$\Leftrightarrow x = \tfrac{-p}{2} - \sqrt{\left(\tfrac{p}{2}\right)^2 - q} \text{ oder } x = \tfrac{-p}{2} + \sqrt{\left(\tfrac{p}{2}\right)^2 - q}$$

Das *Faktorisieren* ist eine insbesondere für Spezialfälle mögliche Strategie, die sich aber auch bei Funktionen höheren Grades nutzen lässt. Der Kern ist der *Satz vom Null-produkt*: Ein Produkt ist genau dann null, wenn (mindestens) einer der Faktoren null ist (vgl. Abschn. 1.4.3).

Manchmal kann man Lösungen von Gleichungen auch in der Form $x^2 + px + q = 0$ sehen. Dabei hilft der folgende Satz.

▶ **Satz**
Der *Satz von Vieta* besagt: a und b sind Lösungen der Gleichung $x^2 + px + q = 0$ genau dann, wenn $-(a + b) = p$ und $ab = q$.

Er ermöglicht es, bei einfachen Gleichungen die Lösungen zu sehen. Den Trick kann man einfach nachvollziehen, indem man den Weg von der Lösung rückwärts geht: Seien die Lösungen a und b.

$$(x - a) \cdot (x - b) = 0$$
$$\Leftrightarrow x^2 - bx - ax + ab = 0$$
$$\Leftrightarrow x^2 - (a + b)x + ab = 0$$

Der Vergleich mit $x^2 + px + q = 0$ ergibt: $-(a + b) = p$ und $ab = q$. Mit diesem Wissen kann man Lösungen wie im Beispiel in Tab. 4.3 sehen.

Anzahl der Lösungen einer quadratischen Gleichung in den verschiedenen Darstellungen

Eine quadratische Gleichung hat in $\mathbb{R}$ keine, eine oder zwei Lösungen, also maximal zwei (vgl. Tab. 4.4 graphisch-visuell). Das bedeutet insbesondere, dass es wichtig ist, bei

Tab. 4.3 Verschiedene Wege zum Lösen quadratischer Gleichungen

Formal-symbolisch	Graphisch-visuell
Vielzahl von Verfahren:	An welchen Stellen ist der y-Wert 0?
Rückwärtsrechnen mit quadratischer Ergänzung: $x^2 + 8x + 12 = 0$ $(x^2 + 8x + 16) - 16 + 12 = 0$ $(x + 4)^2 - 4 = 0$ $(x + 4)^2 = 4$ $x + 4 = 2 \text{ oder } x + 4 = -2$ $x = -2 \text{ oder } x = -6$	Passende Eingabewerte werden im Graphen evtl. in Näherung abgelesen. Vielleicht muss der Graph dazu ergänzt werden. 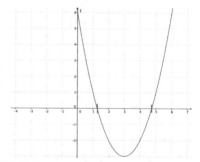
pq-Formel: $x^2 + px + q = 0$ $x_{1,2} = -\dfrac{p}{2} \pm \sqrt{\left(\dfrac{p}{2}\right)^2 - q}$ $x^2 + 8x + 12 = 0$ $x_{1,2} = -\dfrac{8}{2} \pm \sqrt{\left(\dfrac{8}{2}\right)^2 - 12}$ $x_{1,2} = -4 \pm \sqrt{4}$ $x_1 = -4 - 2 = -6; \; x_2 = -4 + 2 = -2$	**Sprachlich-situativ**
	(eignet sich kaum zum Bestimmen unbekannter Eingabewerte, wenn diese nicht im Text ausdrücklich genannt werden)
Nullprodukt nutzen: $x^2 + 5x = 0 \Leftrightarrow x \cdot (x + 5) = 0$ $\Leftrightarrow x = 0 \text{ oder } x = -5$ Satz von Vieta nutzen: $\quad x^2 - 5x + 6 = 0 \Leftrightarrow (x - 3) \cdot (x - 2) = 0$ $\Leftrightarrow x = 3 \text{ oder } x = 2$	**Numerisch-tabellarisch**

Numerisch-tabellarisch

x	-3	-2	-1	0	1	2	3
$f(x)$	5	0	-3	-4	-3	0	5
$g(x)$	7	2	-1	-2	-1	2	7
$h(x)$	21	12	5	0	-3	-4	-3

Lösungen ablesen:

$x^2 = 4 \Leftrightarrow x = -2 \text{ oder } x = 2$

In den Tabellen werden Eingabewerte mit passenden Funktionswerten identifiziert oder durch Verfeinern ($g(x)$) oder Ausweiten (bei $h(x)$ durch die Symmetrie) der Tabelle gefunden oder angenähert.

Tab. 4.4 Anzahl von Lösungen einer quadratischen Gleichung in den verschiedenen Darstellungen

	Numerisch-tabellarisch								Graphisch-visuell

x	−4	−3	−2	−1	0	1	2	3	4
$f(x)$	13	6	1	0	−1	0	1	6	13
$g(x)$	22	13	6	1	−2	−3	−2	1	6
$h(x)$	−77	−60	−45	−32	−21	−12	−5	0	3

Passende Eingabewerte werden abgelesen
($f(x)$), grob angenähert
($g(x)$ hat Nullstellen zwischen −1 und 0) oder
erschlossen ($h(x)$ hat weitere Nullstelle für $x >$
4, wohl $x = 7$ wegen der Differenz der
Funktionswerte).

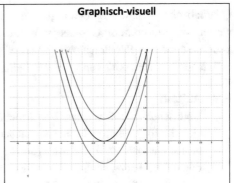

Zwei Lösungen, eine Lösung, keine Lösung für
$f(x) = 0$, denn dies ist die Anzahl der
Schnittpunkte mit der x-Achse.

Formal-symbolisch	Sprachlich-situativ

Quadratisch ergänzen:

$x^2 + 4x + 5 = 0 \Leftrightarrow (x + 2)^2 - 4 + 5 = 0$
$\Leftrightarrow (x + 2)^2 = -1$ (keine Lösung)
$x^2 + 4x + 4 = 0 \Leftrightarrow (x + 2)^2 - 4 + 4 = 0$
$\Leftrightarrow (x + 2)^2 = 0 \Leftrightarrow x + 2 = 0$ (eine Lösung)

$x^2 + 4x + 3 = 0 \Leftrightarrow (x + 2)^2 - 4 + 3 = 0$
$\Leftrightarrow (x + 2)^2 = 1 \Leftrightarrow x + 2 = 1$ oder $x + 2 = -1$
(zwei Lösungen)

pq-Formel nutzen:
$$x^2 \pm px + q = 0$$
$$x_{1;2} = \frac{-p}{2} \pm \sqrt{\left(\frac{p}{2}\right)^2 - q}$$
Die Zahl der Lösungen bestimmt die
Diskriminante (das, was unter der Wurzel steht).
$$x^2 + 4x + 5 = 0$$
$x_{1;2} = \frac{-4}{2} \pm \sqrt{2^2 - 5}$ (keine Lösung)
$$x^2 + 4x + 4 = 0$$
$x_{1;2} = \frac{-4}{2} \pm \sqrt{2^2 - 4}$ (eine Lösung) $x = -2$
$$x^2 + 2x + 3 = 0$$
$x_{1;2} = \frac{-4}{2} \pm \sqrt{2^2 - 3}$ (zwei Lösungen) $x = -3$ oder
$x = -1$

Die Zahl der Lösungen kann aus der
Beschreibung der Situation klarwerden, aber
nicht alle mathematischen Lösungen müssen in
der Situation Sinn machen.
*Ein Steinwurf wird beschrieben durch die
Funktion $f(x) = -0{,}1(x - 8)x^2 + 18$. An der
Stelle $x = 0$ wird abgeworfen. Die x-Achse stellt
den Erdboden dar.*
Wo trifft der Stein auf den Erdboden?
Wenn der Wurf in Richtung der x-Achse
stattfindet, dann macht die negative Lösung
(hinter der Werferin) keinen Sinn.

Vorliegen einer Lösung bewusst nach einer weiteren zu suchen, falls nicht offensichtlich
ist, dass es nur eine Lösung gibt, da die Lösung gerade der Eingabewert des Scheitelpunktes ist.

4.4.2 Schnittpunkte quadratischer Funktionen bestimmen

Quadratische Gleichungen benötigt man, um Eingabewerte zu vorgegebenen Funktionswerten zu bestimmen. Geometrisch interpretiert sucht man Schnittpunkte mit der x-Achse oder mit Parallelen zur x-Achse. Allgemeiner: Man sucht Schnittpunkte mit beliebigen Geraden oder von zwei Parabeln.

▶ **Auftrag**

Unterscheiden Sie verschiedene Möglichkeiten der Lage von a) Parabel und Gerade, b) Parabel und Parabel. Suchen Sie geeignete Graphen, die die Lagebeziehung erfüllen, und bestätigen Sie Ihre Vermutung zur Lage der Kurven durch Berechnung der Schnittpunkte und durch Plotten der Graphen.

Nutzen Sie auch das folgende Beispiel mit $f(x) = x^2 - 4x + 3$ und $g(x) = x^2 - 6x + 8$ und erklären Sie die Anzahl der Schnittpunkte.

Durch Gleichsetzen der Funktionswerte (in einem Schnittpunkt sind die Funktionswerte an einer Stelle gleich) erhält man:

$$x^2 - 4x + 3 = x^2 - 6x + 8$$
$$\Leftrightarrow -4x + 3 = -6x + 8$$
$$\Leftrightarrow 2x + 3 = 8$$
$$\Leftrightarrow 2x = 5 \Leftrightarrow x = 2,5$$

Einordnung: Zwei Parabeln können zwei, einen, keinen Schnittpunkt haben. Im Beispiel entsteht der Fall, an den man intuitiv vielleicht nicht denkt: Es gibt eine Lösung, da beide Parabeln verschobene Normalparabeln sind; die Graphen verlaufen quasi „parallel" und schneiden sich einmal.

4.4.3 Das Lösen quadratischer Gleichungen – didaktische Aspekte

Im Sinne des didaktischen Prinzips „Inhaltliches Denken vor Kalkül" (Prediger 2009, vgl. Abschn. 1.2.1) macht es Sinn, vor der Einführung kalkülmäßiger Wege inhaltliche Lösungswege anzuregen. Die pq-Formel steht dann am Ende eines Prozesses, in dem wiederholt graphisch gelöst und am Ende die pq-Formel als Abkürzung für das Rückwärtsrechnen mit quadratischer Ergänzung entwickelt wurde.

Das informelle Lösen mit Tabellen oder Graphen quadratischer Funktionen ergibt sich unmittelbar aus dem Verständnis von quadratischen Funktionen und ist im Sinne der Vernetzung verschiedener Darstellungen (von Graphen, Tabellen und Gleichungen) und Inhalte (Funktionen und Gleichungen lösen) im Mathematikunterricht wichtig. Informelle Lösungswege helfen beim Validieren, man kann aus ihnen aber keinen Rechenalgorithmus entwickeln.

Daher benötigt man als zweiten Anker das Rückwärtsrechnen, das den Lernenden von linearen Gleichungen bekannt ist. Neu entwickelt werden muss hier die Idee der quadratischen Ergänzung, die über geometrische Interpretationen gestützt werden kann (vgl. Abb. 4.9). Seitenlängen von Quadraten kann man bestimmen, wenn der Flächeninhalt bekannt ist. Aber auch Bilder zu Termen der Form $x^2 + px + q$ kann man in die Form von Quadraten bringen („quadratische Ergänzung"), wenn man sie geeignet umlegt und ergänzt.

Damit das Lösen von quadratischen Gleichungen gelingt, bedarf es aber nicht nur inhaltlicher Vorstellungen und des Wissens um die Möglichkeit des Überprüfens von Lösungen, sondern auch eine Strukturierungsfähigkeit in Bezug auf Gleichungen.

Daher sollten Lernende die verschiedenen Formen quadratischer Gleichungen kennen und den an die jeweilige Form angepassten ökonomischsten Lösungsweg nutzen und ihre Ergebnisse in einfachen Fällen auch an Graphen stützen.

Die Vielfalt der rechnerischen Wege zum Lösen von quadratischen Gleichungen stellt hohe Strukturierungsanforderungen an Lernende, insofern Gleichungen verschiedener Form bewusst unterschieden werden müssen, damit die verschiedenen Rechenstrategien anwendbar werden (vgl. Abb. 4.10, in der deutlich wird, welche Vielzahl an Erscheinungsformen vorhanden ist und welche Umstrukturierungen die Lernenden vornehmen können müssen; oben reicht Rückwärtsrechnen oder Ablesen, unten muss umstrukturiert oder ein Lösungsalgorithmus genutzt werden).

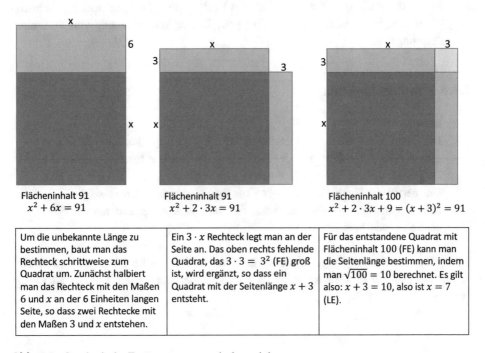

Flächeninhalt 91 $x^2 + 6x = 91$	Flächeninhalt 91 $x^2 + 2 \cdot 3x = 91$	Flächeninhalt 100 $x^2 + 2 \cdot 3x + 9 = (x+3)^2 = 91$
Um die unbekannte Länge zu bestimmen, baut man das Rechteck schrittweise zum Quadrat um. Zunächst halbiert man das Rechteck mit den Maßen 6 und x an der 6 Einheiten langen Seite, so dass zwei Rechtecke mit den Maßen 3 und x entstehen.	Ein $3 \cdot x$ Rechteck legt man an der Seite an. Das oben rechts fehlende Quadrat, das $3 \cdot 3 = 3^2$ (FE) groß ist, wird ergänzt, so dass ein Quadrat mit der Seitenlänge $x + 3$ entsteht.	Für das entstandene Quadrat mit Flächeninhalt 100 (FE) kann man die Seitenlänge bestimmen, indem man $\sqrt{100} = 10$ berechnet. Es gilt also: $x + 3 = 10$, also ist $x = 7$ (LE).

Abb. 4.9 Quadratische Ergänzung geometrisch motiviert

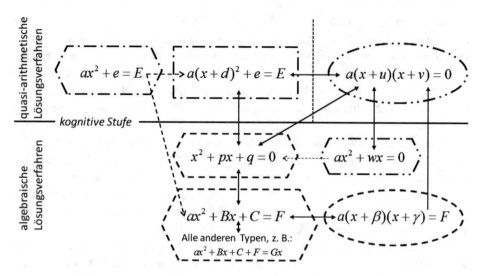

Abb. 4.10 Quadratische Gleichungen und Lösungswege (Block 2014, S. 197)

Die bewusste Wahl des besten Lösungsverfahrens regt an, über Formen und Charakteristika von Gleichungen nachzudenken und zu sprechen. Während für den einen die pq-Formel den als einfach empfundenen und insofern besten Weg zum Lösen von $x^2 - 4x = 0$ darstellt, ist es für die andere das Faktorisieren. Die gemeinsame Reflexion bringt Lernende hier weiter und regt eine gründlichere Wahrnehmung von Strukturen von Gleichungen an.

4.4.4 Umkehrfunktion

▶ **Beispiel**

Die Flugbahn eines Balles wird durch die quadratische Funktion $g(x) = -0{,}05(x - 20)^2 + 21{,}5$ beschrieben. Die x-Achse beschreibt dabei das Erdniveau, die y-Achse wurde durch die Abwurfstelle gelegt. Wo hat der Ball eine bestimmte Flughöhe, z. B. 5m? Kann man *allgemein* angeben, wo die Flughöhe k Meter beträgt? Kann man also die Stelle in Abhängigkeit von der Flughöhe allgemein berechnen?

Beim Beantworten der Frage entsteht ein Problem: Die Stelle kann man offensichtlich nicht eindeutig in Abhängigkeit von der Flughöhe beschreiben. Dies ist also keine Funktion.

▶ **Auftrag**

Woran liegt das? Erklären Sie dies am Graphen, an der Tabelle, an der Funktionsgleichung und an der Situation.

Nicht zu jeder Flughöhe gibt es eine Stelle. Das ist nämlich dann der Fall, wenn die Flughöhe über dem maximalen Funktionswert der nach unten geöffneten Parabel liegt. Diese Flughöhen müssten wir ausschließen. Eine Umkehrfunktion können wir nur bilden, wenn jeder Funktionswert erreicht wird. Wir schränken die Zielmenge von $g(x)$ auf die Wertemenge ein und haben so einen passenden Definitionsbereich für die Umkehrfunktion g^{-1} (*Bild*). Allgemein: Jeder Wert der Wertemenge muss mindestens einmal angenommen werden. Eine solche Funktion nennt man surjektiv.

Damit man die Stelle eindeutig in Abhängigkeit von der Flughöhe berechnen kann, darf es zudem zu der Höhe nur eine Stelle geben, an der diese Höhe erreicht wird. Jedem Element der Zielmenge (Höhe) darf höchstens ein Wert aus der Definitionsmenge (Stelle) zugeordnet werden. Jedes Element der Wertemenge darf höchstens einmal angenommen werden. Das ist bei quadratischen Funktionen und insbesondere bei Wurfparabeln nicht der Fall. Eine solche Funktion nennt man injektiv. Eine Funktion, die surjektiv und injektiv ist, nennt man bijektiv (vgl. Abschn. 3.8.5). Eine solche bijektive Funktion ist umkehrbar, da jeder Wert aus der Wertemenge genau einmal angenommen wird und sich somit eine Umkehrfunktion definieren lässt. Diese Eigenschaft lässt sich herstellen, indem man den Wertebereich der Originalfunktion entsprechend einschränkt.

▶ **Auftrag**

Gegeben sei die quadratische Funktion $g(x) = x^2 + 4x + 3$

Suchen Sie geeignete, möglichst große Bereiche, in denen die Funktion umkehrbar ist.

Als Parabel hat der Graph einen monoton fallenden und einen monoton steigenden Ast. Auf jedem Ast wird jeder Funktionswert genau einmal angenommen. Wir bestimmen den Scheitelpunkt, um die Bereiche zu identifizieren: $g(x) = x^2 + 4x + 3 = (x + 2)^2 - 1$, $S(-2|-1)$. Die Funktion ist jeweils im Intervall $(-\infty; -2]$ und im Intervall $[-2; \infty)$ umkehrbar. Die Umkehrfunktion $g_1^{-1}(x)$ zum linken Parabelast hat den Definitionsbereich $[-1; \infty)$ und den Wertebereich $(-\infty; -2]$.

▶ **Auftrag**

Und der rechte Parabelast? Geben Sie die Bereiche an.

Was an diesem Beispiel wieder deutlich wird: Die Umkehrbarkeit einer Funktion hängt vom Definitionsbereich ab. Dieser kann bei nichtkonstanten Funktionen entsprechend eingeschränkt werden, sodass eine umkehrbare Funktion entsteht.

4.5   Check-out

Funktionsgraph:
- ist eine (Normal-)Parabel

Beispiel:
$$f(x) = 0{,}5(x-1)^2 - 2$$

Verschoben um $d = 1$ in Richtung der x-Achse, um $e = -2$ in Richtung der y-Achse, mit Faktor $a = 0{,}5$ gestaucht (da $|a| < 1$).

Idee:
- Quadratisches Wachstum beschreiben
$$f(n \cdot x) = n^2 \cdot f(x)$$
- „Krumme" Formen (z.B. Flugbahnen, Brückenbögen) beschreiben
- Extremwerte finden

Eigenschaften:
- Graph steigt und fällt je auf einer Seite des Scheitelpunkts streng monoton.
- Achsensymmetrisch zur Achse $x = d$: $f(d - x) = f(d + x)$.
- Beschränkt durch $f(x) = e$.
- Umkehrfunktion existiert für Einschränkung auf Definitionsbereich $[d; \infty)$.

Quadratische Funktionen und Gleichungen

Definition (jeweils $a \neq 0$):
$$f(x) = ax^2 + bx + c$$
(Normalform)
$$f(x) = a(x - d)^2 + e$$
(Scheitelpunktsform)
$$f(x) = a(x - m)(x - n)$$
(Faktorisierte Form)

Gleichungen lösen:
- Z.B. geschickt ergänzen:
$$x^2 + 6x = (x + 3)^2 - 3^2$$
- Z.B. Produkte suchen / Faktorisieren:
$$x^2 + 6x = 0 \Leftrightarrow x(x + 6) = 0$$

0, 1 oder 2 Lösungen

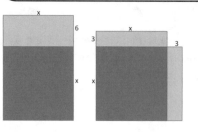

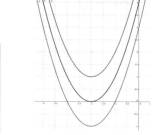

Kompetenzen

Ergänzend zu den oben genannten allgemeinen Kompetenzen zu Funktionen (am Ende von Kap. 2) sind für ein angemessenes Verständnis und die Sicherheit im Umgang mit quadratischen Funktionen folgende Kompetenzen wichtig. Sie können …

- die Kernidee quadratischer Funktionen (quadratisches Wachstum) benennen und an Beispielen erläutern,
- bei gegebenen quadratischen Funktionen zwischen den vier Darstellungsformen mit und ohne digitale Medien wechseln und Anwendungsbeispiele zu quadratischen Funktionen angeben,
- aus drei gegebenen Punkten, Scheitelpunkt und weiterem Punkt oder den Achsenschnittpunkten den Term der zugehörigen quadratischen Funktion ermitteln,
- die Lage einer Parabel am Funktionsterm erkennen und begründen (z. B. Form und Öffnung der Parabel, Nullstelle(n), Scheitelpunkt, abgelesene einzelne Punkte, Unterschiede zur Normalparabel),
- markante Merkmale der Lage zweier Parabeln zueinander bestimmen (z. B. Schnittpunkte),
- die Umkehrfunktion zu quadratischen Funktionen bestimmen und dabei Definitionsbereich und Wertebereich angeben,
- quadratische Gleichungen graphisch, tabellarisch und auf verschiedenen algebraischen Wegen (quadratische Ergänzung, pq-Formel, Faktorisieren, Satz von Vieta) lösen,
- bedeutsame Anwendungen zu quadratischen Funktionen angeben und erläutern,
- quadratische Funktionen zur Beschreibung von Ortskurven oder Lösungen von Extremwertproblemen aufstellen,
- die Lernendenperspektive einnehmen, also z. B. erläutern, inwiefern sich die Vorstellungen bei Lernenden beim Übergang von linearen zu quadratischen Funktionen ändern müssen, sowie
- mögliche Lernwege (z. B. zu quadratischen Gleichungen) beschreiben und zur Analyse von Aufgaben und Schülerlösungen nutzen.

4.6 Übungsaufgaben

Im Folgenden können Sie die in diesem Kapitel vermittelten Inhalte in Übungen vertiefen und Ihren aktuellen Wissensstand zum Thema testen. Hierzu finden Sie typische Aufgaben.

1. Quadratische Funktionen untersuchen

x	-3	-2	-1	0	1
f(x)	-5	-2	-1	-2	-5
g(x)	6	2	0	0	2
h(x)	72	44	20	0	-16
j(x)	6	7	6	3	-3

$$k(x) = -(x-3)^2 + 2$$
$$l(x) = -x^2 + 2x + 4$$
$$m(x) = -(x - 3) \cdot (x + 2)$$

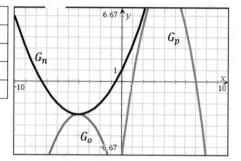

a) Bestimmen Sie zu allen Beispielen die Koordinaten des Scheitelpunkts. Erläutern Sie gründlich, wie man die Stelle in den verschiedenen Darstellungen erkennt bzw. bestimmen kann.

b) Geben Sie für alle Beispiele an, ob die Parabel nach oben oder nach unten geöffnet ist und ob die Parabel gestaucht oder gestreckt ist bzw. die Form der Normalparabel besitzt.

c) Geben Sie die Schnittpunkte mit den Achsen an und bestimmen Sie diese auch rechnerisch.

d) Geben Sie zu den Beispielen eine (andere) Funktionsgleichung an.

e) Geben Sie zu den ersten drei Beispielen eine möglichst gut passende Sachsituation an.

f) Plotten Sie den Graphen von $f(x) = 0{,}01x^2 + 2x$ und $g(x) = (x - 100)^2 + 10$. Erklären Sie das vielleicht unerwartete Bild und suchen Sie gegebenenfalls ein besseres.

2. Transformationen von Parabeln

a) Welche Abbildungen muss man nacheinander auf eine Normalparabel anwenden, um die Parabel zu $f(x) = -3(x - 2)^2 + 4$ zu erhalten? Geben Sie jeweils die Abbildung und den konkreten Graphen an, der entsteht. Wie kommt man von $f(x)$ wieder zur Normalparabel?

b) Untersuchen Sie: Kann man die verschiedenen Transformationen auch in einer anderen Reihenfolge ausführen und dieselbe Parabel erhalten?

c) Die Parabel zu $f(x) = -3(x - 2)^2 + 4$ wird um 3 nach unten verschoben, dann um 5 nach links verschoben, zusätzlich mit dem Faktor 2 gestreckt, dann an der y-Achse und der x-Achse gespiegelt. Welche Parabel erhält man?

d) Denken Sie sich weitere Aufgaben wie c. aus.

e) Welche Abbildung bildet G_n aus Aufgabe 1.a. auf G_p ab?

3. Steckbriefaufgaben: Parabeln gesucht

Geben Sie jeweils die Gleichung einer Parabel an, die die jeweiligen Bedingungen erfüllt. Wenn es keine Lösung gibt, begründen Sie dies. Wenn es mehrere Lösungen gibt, nennen Sie drei Beispiele und beschreiben Sie die Lösungen mit einer Funktionenschar allgemein.

Die Parabel …

a) hat den Scheitelpunkt $(-3|4)$ und geht durch den Ursprung.

b) hat den Scheitelpunkt $(-3|4)$ und geht durch den Punkt $(9|4)$.

c) hat die Nullstellen $x = -2$ und $x = 3$.

d) fällt im Intervall $(-\infty; 6)$ und steigt im Intervall $(6; \infty)$.

e) steigt für $x \leq 9$ und geht durch den Punkt $(2|3)$.

f) ist eine verschobene Normalparabel mit $p = -2$ und der Nullstelle $x = 4$.

g) entsteht aus dem Produkt der linearen Funktionen $f(x) = 2x - 4$ und $g(x) = -x + 3$. Wo steigt/fällt die Parabel?

4. Formale Aspekte und Argumentationen

a) Geben Sie die Definitions- und die Wertemenge an.

   (1) $f(x) = 3 \cdot (x - 4)^2 - 5$ (2) $g(x) = -x^2 + 4x - 3$

b) Geben Sie zwei quadratische Funktionen an, die die Wertemenge $W = \{y \in \mathbb{R} : y \leq -2\}$ besitzen.

c) Bei Wikipedia findet sich die folgende Aussage zur Bedeutung des Parameters b in $f(x) = ax^2 + bx + c$: „Eine Veränderung des Parameters b bewirkt eine Verschiebung sowohl in $-x$ als auch in y-Richtung. Wird b um 1 erhöht, dann wird der Graph um $\frac{1}{2a}$ Einheiten nach links und $\frac{2b+1}{4a}$ nach unten verschoben. Wird b um 1 verringert, wird der Graph dagegen um $\frac{1}{2a}$ Einheiten nach rechts und $\frac{2b-1}{4a}$ nach oben verschoben." (https://de.wikipedia.org/wiki/Quadratische_Funktion#Parameter_a, abgerufen am 10.10.2018)

   Zeigen Sie, dass die Aussage stimmt.

d) Wir definieren in der Scheitelpunktsform einen weiteren Parameter t wie folgt: $f(x) = d \cdot (t \cdot x - e)^2 + f$. Untersuchen Sie die Wirkung des neuen Parameters t und begründen Sie diese Wirkung insbesondere algebraisch.

5. Schnittpunkte von Graphen bestimmen

a) Bestimmen Sie die Schnittpunkte der Graphen zu

   (1) $f(x) = 2x^2$ (2) $g(x) = x^2 + 1$ (3) $h(x) = -x^2 + 4x + 9$

b) Wie viele Schnittpunkte haben die beiden Graphen jeweils? Begründen Sie.

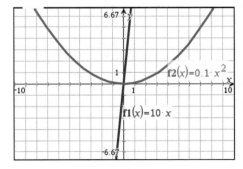

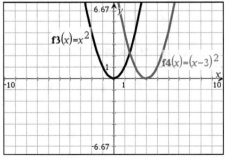

Und rückwärts:

c) Finden Sie möglichst verschiedene Situationen, in denen zwei Parabeln keinen, einen, zwei, drei Schnittpunkte haben. Geben Sie jeweils ein konkretes Beispiel an.

d) Finden Sie möglichst verschiedene Situationen, in denen eine Parabel und eine Gerade keinen, einen, zwei Schnittpunkte haben. Geben Sie jeweils ein konkretes Beispiel an.

e) Gesucht sind zwei Parabeln (Gerade und Parabel) mit dem Schnittpunkt $A(4|3)$ (und dem zweiten Schnittpunkt $B(2|7)$). Finden Sie verschiedene Lösungen?

6. Quadratische Gleichungen

   a) Lösen Sie die folgenden Gleichungen. Lässt sich die Anzahl der Lösungen vorher erkennen?

   (1) $x^2 - 5 = 0$ (2) $x^2 + 5 = 0$ (3) $x^2 - 4x = 0$ (4) $-x^2 - 4x = 0$

   (5) $x^2 + 4x - 5 = 0$ (6) $x^2 - 4x - 5 = 0$ (7) $-x^2 - 4x - 5 = 0$

   b) Lösen Sie die folgenden Gleichungen auf dem günstigsten Weg.

   (1) $(x-3)^2 - 4 = 0$ (2) $(x-3)^2 + 4 = 0$ (3) $3x \cdot (x+4) = 0$ (4) $x^2 + 8x = 0$

   (5) $x^2 - 4x + 3 = 0$ (6) $(x-1) \cdot (x-3) = 0$

   c) Lösen Sie die folgenden beiden Aufgaben durch quadratisches Ergänzen: Notieren Sie dazu links die konkrete und rechts daneben die allgemeine Gleichung und lösen Sie beide gleichzeitig.

   (1) $x^2 + 3x + 1 = 0$ (2) $x^2 + px + q = 0$

   d) Vergleichen Sie Ihr Ergebnis aus c.(2) mit der pq-Formel.

   e) Gegeben ist die Gleichung $x^2 + 4x + q = 0$. Wählen Sie q so,

   I. dass es keine, genau eine, zwei Lösungen gibt. Geben Sie alle Lösungen für die drei Fälle an.

   II. dass es eine Lösung $x = 5$ gibt. Warum gibt es nur eine Lösung?

   III. dass der Scheitelpunkt den Funktionswert -6 hat.

   IV. dass die Lösungen $x = 4$ und $x = 2$ entstehen. Begründen Sie mit dem Aussehen des Graphen (aber ohne zu zeichnen), dass es diese Lösungen nicht geben kann.

   f) Bei Wikipedia findet sich die folgende Aussage:

   „Sind die Nullstellen x_1 und x_2 der quadratischen Funktion bekannt, dann lassen sich die Koordinaten des Scheitelpunktes wie folgt berechnen: $x_s = \frac{x_1 + x_2}{2}$, $y_s = f(x_s) = -\frac{a}{4}(x_2 - x_1)^2$"

   Überprüfen Sie die Aussage an Beispielen und begründen Sie diese allgemein. Warum ist die Höhe des Scheitelpunktes in der Formel von a abhängig?

   (https://de.m.wikipedia.org/wiki/Quadratische_Funktion,   abgerufen   am 10.10.2019).

7. Mit quadratischen Termen umgehen

a) Multiplizieren Sie aus, faktorisieren oder ergänzen Sie.

(1) $(2a + ab)^2 =$ (2) $c^2 - 4cx + 4x^2 =$ (3) $9a^2 - 6ax + \underline{\hspace{1em}} = (3a - \underline{\hspace{0.5em}})^2$

(4) $\left(a + \frac{1}{a}\right)^2 =$ (5) $4c^2 - 25 =$ (6) $16a^2 - 4ab + \underline{\hspace{1.5em}} = (\underline{\hspace{1.5em}} - \underline{\hspace{1.5em}})^2$

b) Überprüfen Sie Ihre Lösungen aus a. mit einem CAS. Denken Sie sich weitere, kompliziertere Beispiele aus und lösen Sie diese von Hand und mit dem CAS. Befehle: Faktorisiere(<Term>), Multipliziere(<Term>).

c) $0{,}7^2 + 0{,}3 = 0{,}7 + 0{,}3^2$. Stimmt das?

Gilt das auch für $0{,}4^2 + 0{,}6 = 0{,}4 + 0{,}6^2$? Begründen Sie allgemein algebraisch die Gleichheit.

d) Mit binomischen Formen kann man das Produkt großer Zahlen berechnen, wenn man sich die Quadratzahlen gut gemerkt hat. Denn aus der ersten und zweiten binomischen Formel ergibt sich: $a \cdot b = \frac{(a+b)^2 - a^2 - b^2}{2} = \frac{b^2 + a^2 - (a-b)^2}{2}$

Zeigen Sie, dass die obige Gleichungskette stimmt, und berechnen Sie so $13 \cdot 12$ (die Babylonier haben so mit ihren Zahlzeichen gerechnet).

8. Ortslinien funktional beschreiben

a) Zeigen Sie: Wenn in einem Dreieck die Grundseite und die Höhe gleich bleiben und der Punkt C „geschert" wird (sich also auf der Parallelen zu AB bewegt), so liegen die Höhenschnittpunkte der entstehenden Dreiecke auf einer Parabel. Nutzen Sie eine dynamische Geometriesoftware, um die Situation umzusetzen, oder das Applet „Dreiecksscherung" auf der Homepage.

b) Wie hängt die Lage des Scheitelpunkts einer Parabel von b in $g(x) = ax^2 + bx + c$ ab?

– Geben Sie allgemein den Scheitelpunkt der Parabel zu $f(x) = -3x^2 + bx + 2$ an.

– Skizzieren Sie den Graphen der „Linie", auf der all diese Scheitelpunkte liegen.

– Geben Sie einen Term für die skizzierte Ortslinie an (Tipp: siehe d.).

– Rechnerisch kann man die Ortslinie kontrolliert so bestimmen. Beispiel: $g(x) = x^2 + bx$ hat den Scheitelpunkt $S\left(-\frac{b}{2} / 2 - \frac{b^2}{4}\right)$. Diese Koordinaten interpretieren wir als Gleichungssystem, aus dem wir den Parameter b isolieren: $x = -\frac{b}{2}, y = 2 - \frac{b^2}{4}$. Wir lösen die erste Gleichung nach b auf und setzen in die zweite Gleichung ein: $b = -2x$; $y = 2 - \frac{(-2x)^2}{4} = 2 - \frac{4x^2}{4} = 2 - x^2$. Bestimmen Sie für die Parabel zu $f(x) = -3x^2 + bx + 2$ den Term für die Ortslinie des Scheitelpunkts noch einmal auf diesem Weg.

c) Auf welcher Ortslinie liegen die Scheitelpunkte von $f(x) = -3x^2 + 9x + 12t$?

d) Auch Tangenten sind besondere Linien, insofern sie immer genau einen Schnittpunkt mit einer Parabel haben. Bestimmen Sie – jeweils ohne die Ableitung zu benutzen, da diese im Buch nicht eingeführt wurde – die Gleichung der Tangente, die den Graphen von

(1) $f(x) = x^2$ (2) $g(x) = (x - 3)^2 + 3$

I. an der Stelle $x = 4$ berührt.

II. berührt und durch den Punkt $(1|0)$ verläuft.

III.   berührt und die Steigung 2 hat.

IV. an einer beliebigen Stelle x_0 berührt.

Tipp: Bestimmen Sie Schnittpunkte zwischen der Parabel und einer allgemeinen bzw. einer nur teilweise konkretisierten Gerade.

9. Extreme Werte gesucht

a) Ein Bauer will seine Schafe einzäunen und wählt dazu eine rechteckige Weidefläche. Da die Weide direkt an die Mauer des Nachbarhofs anschließt, spart er für eine Seite die Begrenzungsschnur, von der er 100m hat. Wie sollten die Maße der rechteckigen Weidefläche gewählt werden, damit die Schafe möglichst viel Platz haben?

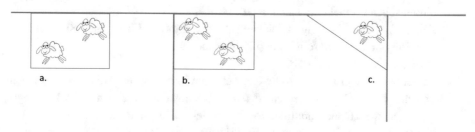

a.   b.   c.

b) Der Bauer aus a. hat zwei orthogonale Wände, die er nutzen kann, und immer noch 100m Begrenzungsschnur. Wie sollten die Maße für die rechteckige Weidefläche dann gewählt werden?

c) Der Bauer aus a. hat zwei orthogonale Wände und trennt einfach nur eine Ecke ab, sodass ein Dreieck entsteht. Wie sollten die Maße der dreieckigen Weidefläche gewählt werden, damit die Schafe möglichst viel Platz haben?

d) Der Graph zu $f(x) = -2x + 4$ bildet im ersten Quadranten mit den Achsen ein Dreieck. In dieses Dreieck soll ein möglichst großes Rechteck einbeschrieben werden. Zwei Seiten des Rechtecks liegen also auf den Achsen und der nicht zu diesen Seiten gehörende Eckpunkt liegt auf dem Graphen zu $f(x)$. Welche Maße hat das möglichst große Rechteck?

Potenzfunktionen, Polynomfunktionen und ihre Gleichungen

5.1 Check-in

Potenzfunktionen, Polynomfunktionen und ihre Gleichungen sind nützlich, da es viele Zusammenhänge gibt, die nicht nur mit linearen oder quadratischen Funktionen beschrieben werden können. Dazu gehören zum Beispiel Kontexte, bei denen Volumina von Körpern eine Rolle spielen, wenn durch die dritte Dimension eine quadratische Beschreibung nicht mehr ausreicht.

1. Quadratisches und kubisches Wachstum im Zusammenhang
   a) Wie viel kann ein Mensch tragen, der so stark wie eine Ameise ist?
   Um diese Frage redlich zu beantworten, braucht man Informationen über Größen zu den biologischen Zusammenhängen und über verschiedene Arten von Wachstum. Die relevanten Größen und Fakten:
   - Eine Ameise ist ca. 1 cm groß, 10 mg schwer und kann 1 g tragen.
   - Die Tragkraft ist proportional zur Querschnittsfläche der Knochen und Muskeln.
   - Der Querschnitt eines Ameisenbeines ist $0,25$ mm^2 groß.

© Springer-Verlag GmbH Deutschland, ein Teil von Springer Nature 2021
B. Barzel et al., *Algebra und Funktionen*, Mathematik Primarstufe und Sekundarstufe I + II, https://doi.org/10.1007/978-3-662-61393-1_5

b) Warum dürfen besonders Kinder nicht zu lange in einem heißen Auto sitzen? Dies lässt sich beantworten, wenn man betrachtet, wie sich die Oberfläche und das Volumen eines Körpers beim Wachsen verändern und wie sich das auf das Verhältnis von Oberflächeninhalt zu Volumen auswirkt.

2. Optimierungsfragen

Möglichst wenig Verpackung ist nicht nur für die Industrie finanziell interessant, sondern die Optimierung des Ressourcenverbrauchs ist auch gesamtgesellschaftlich wichtig. Auch hier geht es um Oberflächeninhalt und Volumen und wie sich das Verhältnis optimieren lässt. So kann man fragen, wie sich aus einer DIN-A4-großen Pappe eine maximal große, oben offene Kiste mit Höhe x falten lässt.

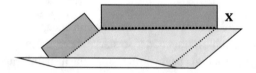

Auf einen Blick

In diesem Kapitel wollen wir Ihnen einen Überblick über die wesentlichen Aspekte von Potenzfunktionen und Polynomfunktionen und ihren Gleichungen geben. Dazu gehören …

- die Kernideen wie Potenzieren und potenzielles Wachsen, mit denen die Möglichkeiten für Modellierungen beschrieben werden können,
- die verschiedenen Darstellungen (Term, Tabelle, Graph), mit denen Potenzfunktionen und Polynomfunktionen beschrieben werden können,
- die zentralen Tätigkeiten, die im Umgang mit Potenzfunktionen und Polynomfunktionen und ihren Gleichungen relevant sind, und welche Bedeutung diese Tätigkeiten haben sowie
- das Rechnen mit Potenzen und die verschiedenen Wege, einfache Gleichungen höheren Grades zu lösen, um z. B. einfache Optimierungsaufgaben lösen zu können. Alle diese Aspekte werden fachlich und fachdidaktisch erörtert, um eine weitere Reflexionsebene für die zu lernende Mathematik zu eröffnen sowie Bewusstsein zu schaffen für Ihre eigenen Lernprozesse und die von anderen.

▶ **Auftrag**

Bevor Sie Ihr jetziges Können an Aufgaben überprüfen, bitten wir Sie, sich an Ihre bisherigen Begegnungen mit der Thematik „Potenz- und Polynomfunktionen" zu erinnern:

- Welche Erfahrungen verbinden Sie mit Potenzfunktionen?
- Welche Erfahrungen verbinden Sie mit Polynomfunktionen (auch ganzrationale Funktionen genannt)?
- Welche Begriffe, Konzepte, Kernideen verbinden Sie mit Potenz- und Polynomfunktionen?
- Was hat Ihr Verständnis beim Erlernen dieser Begriffe unterstützt?

Aufgaben zum Check-in

Überlegen Sie nach der Bearbeitung der folgenden Aufgaben, welche Tätigkeiten Sie jeweils ausgeführt und welche Strategien Sie genutzt haben.

1. Welche der folgenden Zusammenhänge lassen sich mit einer Potenzfunktion beschreiben?
   Geben Sie jeweils einen möglichen Term an.
   a) Umfang eines Kreises in Abhängigkeit vom Radius
   b) Volumen eines Würfels in Abhängigkeit von der Kantenlänge
   c) Flächeninhalt eines Quadrats in Abhängigkeit von der Seitenlänge
   d) Volumen eines zentrisch gestreckten Körpers in Abhängigkeit vom Streckfaktor (zugehörige Frage: Wie verändert sich das Volumen eines beliebigen Körpers, wenn sich die Längen in jeder Dimension verdoppeln, verdreifachen, um einen gleichen Faktor n vervielfachen?)
   e) Flächeninhalt einer zentrisch gestreckten Fläche in Abhängigkeit vom Streckfaktor (zugehörige Frage: Wie verändert sich die Fläche, wenn sich die Längen in jeder Dimension verdoppeln, verdreifachen, um einen gleichen Faktor n vervielfachen?)
   f) Oberflächeninhalt einer Halbkugel in Abhängigkeit vom Radius
   g) Oberflächeninhalt einer Kugel in Abhängigkeit vom Radius
2. Ergänzen Sie die fehlenden Werte in der folgenden Tabelle zur kubischen Funktion $f(x) = ax^3$.

x		-8	-5	$-1/2$			3		10	100
$f(x)$	-2000		-250		-2	$-0,25$		250		2000000

3. Geben Sie drei verschiedene Potenzfunktionen an, deren Graph durch $(-1|2)$ verläuft.

4. Welche Potenzen sind gleichwertig? $\left(a^3\right)^2, a^{3-2}, a^5, a^6, a^3 \cdot a^2, \left(a^2\right)^3, a^3 \cdot a^3$

5. Lösen Sie die Gleichung $x^3 + x^2 = x + 1$ auf verschiedene Weisen.

1 $f(x) = -x^{0,5}$	2 $f(x) = -\frac{1}{3}x^7 - 3$	3 $f(x) = 0.5\,x^4 - 3\,x^2$	4 $f(x) = x^3$
A	B	C	D

6. Welcher Funktionsterm passt zu welcher Funktion?

7. Welche Eigenschaften hat die Funktion $f(x) = x^4 - x^2$?

   Nennen Sie so viele wie möglich.

8. Wie viele Nullstellen hat eine Polynomfunktion 6. Grades mindestens und höchstens?

5.2   Zugänge zu Potenzen, Potenz- und Polynomfunktionen

5.2.1   Wenn das Quadrat nicht mehr reicht

Wenn man bei einem Quadrat die Seitenlänge a verdoppelt, verdreifacht oder a um einen beliebigen Faktor n vervielfacht, dann verändert sich der Flächeninhalt des Quadrates quadratisch (siehe Tab. 5.1). Es liegt ein quadratisches Wachstum um n^2 vor, da in beiden Dimensionen – Länge wie Höhe – ein Faktor n hinzukommt.

Betrachtet man analog das Volumen eines Würfels und verdoppelt, verdreifacht oder vervielfacht die Seitenlänge a um einen beliebigen Faktor n, dann reicht quadratisches Wachstum nicht mehr aus, da nun in drei Dimensionen – Länge, Höhe und Tiefe – ein Faktor n hinzukommt. Das Volumen des Würfels verändert sich dann um die dritte Potenz, um den Faktor n^3. Man spricht von kubischem Wachstum um n^3, wobei die Bezeichnung „kubisch" auf das lateinische Wort *cubus* zurückgeht, was übersetzt „Würfel" oder auch „dritte Potenz einer Zahl" bedeutet. In Tab. 5.2 wird dies ersichtlich.

Tab. 5.1   Quadratisches Wachstum

$A_1 = 1$	$A_2 = 4$	$A_3 = 9$	$A_4 = 16$
$A_n = n \cdot a \cdot n \cdot a = n^2 \cdot a^2$ (im Bild für $n \in \{1,2,3,4\}$ und $a = 1$)			

Tab. 5.2   Kubisches Wachstum

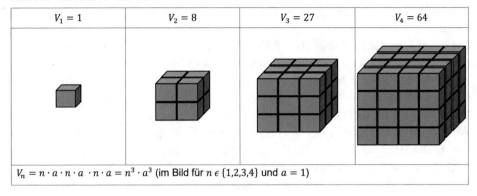

$V_1 = 1$	$V_2 = 8$	$V_3 = 27$	$V_4 = 64$
$V_n = n \cdot a \cdot n \cdot a \cdot n \cdot a = n^3 \cdot a^3$ (im Bild für $n \in \{1,2,3,4\}$ und $a = 1$)			

Abb. 5.1 Darstellung zweier Weihnachtsmänner (entnommen aus De Bock et al. 2007, S. 92)

Bei Quadraten und Würfeln ist der Faktor n^2 oder n^3 gut nachvollziehbar, man kann es sich wie in den Abbildungen mit Plättchen und Würfeln leicht vorstellen. Es hat sich in vielen Untersuchungen gezeigt, dass dies bei anders geformten Flächen und Körpern weitaus schwieriger ist und viele Menschen intuitiv eher ein lineares Wachstum fälschlich zugrunde legen (vgl. Abschn. 4.2.1. Man spricht dann von „illusion of linearity" (De Bock et al. 2007). Dieses Phänomen sei an der folgenden Aufgabe verdeutlicht (vgl. Abb. 5.1):

> „Max ist Maler. In letzter Zeit sollte er oft weihnachtliche Bilder an Schaufenster malen. Erst gestern malte er einen 56 cm großen Weihnachtsmann an das Fenster einer Bäckerei. Dafür benötigte er 6 ml Farbe. Nun soll er eine vergrößerte Version desselben Bildes an eine Supermarktscheibe malen. Diese Kopie soll 168 cm hoch werden. Wie viel Farbe benötigt Max vermutlich?" (De Bock et al. 2007, S. 92, Übersetzung nach Klinger 2018, S. 252).

Die meisten Kinder einer kleinen Gruppe von Schülerinnen und Schülern, die die belgischen Forscher um De Bock et al. (2007) befragten und ihnen dabei zusätzlich die in der Abbildung dargestellte Grafik vorlegten, antworteten „18 ml". Diese Lösung erhält man, wenn man davon ausgeht, dass sich die Menge der benötigten Farbe linear zur Höhe des gewünschten Weihnachtsmannbildes verhält. In diesem Fall unterliegt man einer Illusion von Linearität. Auf die richtige Antwort kam hingegen kaum ein Lernender: Findet die Vergrößerung der Grafik wie dargestellt in nicht verzerrender Weise statt, wird das Bild des Weihnachtsmannes also zentrisch gestreckt, muss hier sowohl die Höhe als auch die Breite des Bildes mit Faktor 3 multipliziert werden, also liegt ein quadratisches Wachstum vor mit dem Faktor 3^2. Es liegt also insgesamt eine Verneunfachung vor – für den Flächeninhalt und damit auch für den Farbverbrauch.

Korrekt wäre also die Antwort „54 ml". Ähnliche Probleme mit dieser Aufgabe hatten auch über 3000 Schülerinnen und Schüler in der Einführungsphase der Oberstufe (vgl. Klinger 2018, S. 255) und sie treten auch bei allen Altersstufen und Erwachsenen auf (De Bock et al. 2007, S. 2).

Diese intuitiv falsche Einschätzung von Größen nach einer zentrischen Streckung gilt nicht nur für Flächeninhalte, sondern auch für Volumina. Dies sei an der folgenden Aufgabe verdeutlicht, die bereits bei den belgischen Forschern (De Bock et al. 2007, S. 19 f.) zu finden ist und regelmäßig auch bei Erstsemesterstudierenden an der Universität Duisburg-Essen immer wieder zu einer hohen Prozentzahl (im Schnitt 70 % über vier Jahre hinweg) an Fehleinschätzungen führte.

▶ **Beispiel**

„Mit einer Sektflasche können Sie in der Regel sieben Sektgläser füllen. Wenn Sie jedes kegelförmige Glas nur bis zur halben Glashöhe füllen, wie viele Gläser ergeben sich dann?"

Auch wenn das linke Bild in Abb. 5.2 nur den Querschnitt veranschaulicht, so verdeutlicht es gut die zentrische Streckung, wenn man von der Füllung bis zur halben Glashöhe ausgeht (im Bild dargestellt durch das dunkelgelbe Dreieck). Nicht nur die Höhe, sondern auch der Radius verdoppelt sich und damit das Volumen in Höhe, Breite und Tiefe, also insgesamt liegt dann ein 8-mal so großes Volumen im voll gefüllten Glas vor. Die Antwort auf die Frage ist also, dass man 8-mal so viele Gläser mit einer Sektflasche füllen kann, wenn man nur bis zur halben Glashöhe eingießt, man erhält also 56 Gläser.

Eine typische Fehleinschätzung ist die Reduktion auf ein Flächenproblem, dass also die Querschnittsfläche (wie im linken Bild in Abb. 5.2) wahrgenommen wird und man deshalb zur Antwort kommt, dass vier Gläser auf diese Weise gefüllt werden können.

Natürlich ist die Querschnittsfläche bei üblichen Sektgläsern meist kein wirkliches Dreieck, sondern die Form ist eher unten abgeflacht und man kommt man nicht auf die 8-fache Menge. Im dargestellten realen Sektglas (rechtes Bild in Abb. 5.2) ist es immerhin die sechsfache Menge.

Ähnliche Modellierungsaspekte liegen auch beim Eingangsbeispiel mit der Ameise zugrunde. Geht man – sehr grob angenähert – von ähnlichen Proportionen bei Ameise und Mensch aus und bestimmt nun die relevanten Größen für einen $1,70\,\text{m}$ großen Menschen ausgehend von den angegebenen Ameisengrößen, so würde man als Gewicht (proportional zum Volumen) $170^3 \cdot 10\,\text{mg} = 49,13\,\text{kg}$ und für die Tragkraft (proportional zur Querschnittsfläche der Knochen und Muskeln) $170^2 \cdot 1\,\text{g} = 28,9\,\text{kg}$ bzw. die Querschnittsfläche $170^2 \cdot 0,25\,\text{mm}^2 = 72,25\,\text{cm}^2$ erhalten.

Damit gibt es zwei sehr unterschiedliche Antworten auf die Eingangsfrage, wie viel ein Mensch tragen können muss, um so stark zu sein wie eine Ameise. Überträgt man einfach, dass die Tragkraft das 100-Fache des Gewichts beträgt, so erhält man völlig

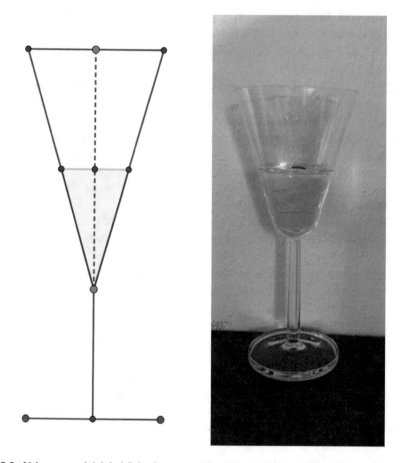

Abb. 5.2 Volumenvergleich bei Sektgläsern – voll gefüllt und bis zur halben Höhe gefüllt

unrealistische Werte. Dabei lässt man auch die entscheidende Querschnittsfläche und die Tragkraft außer Acht. Bezieht man diese Werte mit ein, erhält man das korrekte Ergebnis von $28,9\,kg$.

Auch beim Beispiel der maximal großen, oben offenen Kiste (vgl. Abb. 5.3), die man aus einem DIN-A4-Bogen faltet, reicht quadratisches Wachstum nicht aus. Das Volumen als Produkt aus Länge, Breite und Höhe der Kiste stellt die Zielgröße dar, die es zu optimieren gilt. Bezieht man die Maße des DIN-A4-Bogens mit 21 cm und 29,7 cm ein, ergibt sich folgende Zielfunktion in Abhängigkeit von der Höhe x:

$$V(x) = (21 - 2x) \cdot (29,7 - 2x) \cdot x = 4x^3 - 101,4x^2 + 623,7x$$

Betrachtet man den zugehörigen Funktionsgraphen (Abb. 5.3), kann man den ungefähren Wert für x ablesen, bei dem das Volumen maximal wird. Es ist $x \approx 4$ cm und man erhält als Volumen ungefähr 1128 cm^3.

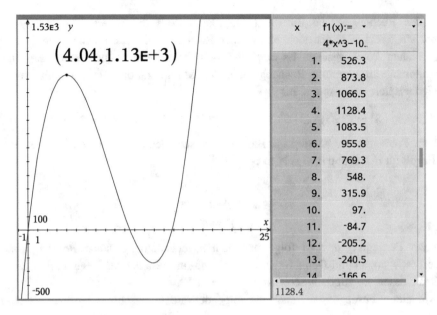

Abb. 5.3 Graph und Tabelle zur Frage der maximal großen Kiste

5.2.2 Potenzen und Potenzgesetze

Die Zahl der Sandkörner auf der Erde oder die Sterne am Himmel sind Fragen nach nicht wirklich zu erfassenden, großen Anzahlen. Solche Fragen faszinieren Menschen von jeher (vgl. Itsios und Barzel 2018). Für die Sandkörner ging man vor ungefähr 2300 Jahren noch davon aus, dass es dafür gar keine Zahl gibt. Auf Archimedes geht die Idee zurück, dass man auf der Basis von Myriaden (altgriech. myrias = zehntausend) große Zahlen mithilfe von 10er-Potenzen beschreiben kann, womit bereits die Darstellung der wiederholten Multiplikation gleicher Faktoren verkürzt wurde. Euler (1770, zit. nach Itsios und Barzel 2018) formulierte es noch kompakter, indem er die heute noch gültige Potenzschreibweise vorschlug, d. h. die Anzahl an Faktoren verkleinert oben und rechts von der Basiszahl zu erfassen, also a^n.

▶ **Definition** Eine *Potenz* (lat. potentia = Vermögen, Macht) stellt das Ergebnis des Potenzierens dar und wird verkürzt dargestellt als a^n mit $a \in \mathbb{R}$, $n \in \mathbb{N}$,

wobei $a^n := a \cdot a \cdot a \cdots a$ mit n Faktoren a.
a wird *Basis* und n*Exponent* (lat. exponere = herausstellen) genannt.
Diese Definition gilt so nur für $n \in \{1, 2, 3, \cdots\}$.
Für $n = 0$ wird festgelegt: $a^0 := 1$.

Aus den Rechengesetzen für die Multiplikation – insbesondere Kommutativ- und Assoziativgesetz – lassen sich unmittelbar Rechengesetze für Potenzen ableiten, die sogenannten Potenzgesetze. Es empfiehlt sich, beim Lernen und Lehren stets diese Anknüpfung an vertraute Rechengesetze der Multiplikation und auch an konkrete Zahlenbeispiele zu nutzen, z. B.:

$$3^2 \cdot 3^4 = (3 \cdot 3) \cdot (3 \cdot 3 \cdot 3 \cdot 3) = 3 \cdot 3 \cdot 3 \cdot 3 \cdot 3 \cdot 3 = 3^{2+4} = 3^6 = 243$$

▶ **Satz** Potenzgesetze bei gleicher Basis und verschiedenen natürlichen Exponenten.

Es gilt für $a \in \mathbb{R}$ und $n, m \in \mathbb{N}, m > n$:

$$a^m \cdot a^n = a^{m+n}$$
$$a^m : a^n = a^{m-n}$$
$$(a^m)^n = a^{m \cdot n}$$

Mit der Festlegung $a^0 := 1$ folgt man dem sogenannten *Permanenzprinzip*, wonach neue Festlegungen und Definitionen im Einklang mit bestehenden Regeln und Gesetzen stehen müssen. So gilt dann schlüssig:$a^n \cdot a^0 = a^{n+0} = a^n$.

Mit dieser Festlegung ist auch die folgende verbale Beschreibung einer Potenz a^n sinnvoll:

„*Die Zahl* 1 *so oft mit der Basis a zu multiplizieren, wie der Exponent n es angibt.*"
Diese Sprechweise ist auch für $n = 0$ stimmig, die Zahl 1 wird eben dann keinmal mit a multipliziert.

▶ **Satz** Potenzgesetze bei verschiedener Basis und gleichen natürlichen Exponenten.

Es gilt für $a, b \in \mathbb{R}$ und $n \in \mathbb{N}$:

$$a^n \cdot b^n = (a \cdot b)^n$$
$$a^n : b^n = \left(\tfrac{a}{b}\right)^n$$

Die Potenzen lassen sich schrittweise erweitern auf rationale und sogar auf reelle Exponenten, wobei wichtig zu beachten ist, dass sich bei dieser Erweiterung Einschränkungen für a ergeben können.

▶ **Definition**

- Eine *Potenz mit negativem Exponenten* (aus $\mathbb{Z}$) wird definiert als $a^{-n} = \frac{1}{a^n}$ mit $a \in \mathbb{R}, n \in \mathbb{N}$.
- Eine *Potenz mit positivem rationalem Exponenten* (aus $\mathbb{Q}^+$) wird definiert als $a^{\frac{1}{n}} = \sqrt[n]{a}$ mit $a \in \mathbb{R}^+, n \in \mathbb{N}$ (gesprochen „n-te Wurzel aus a") und $a^{\frac{n}{m}} = \sqrt[m]{a^n}$ mit $a \in \mathbb{R}^+, n, m \in \mathbb{N}$. (gesprochen: „$n$-te Wurzel aus a hoch m").
- Zu beachten ist:
  - Eine Wurzel ist immer nur für positive reelle Zahlen definiert, deshalb muss hier die Definitionsmenge für a eingeschränkt werden auf $\mathbb{R}^+$.

- Für $n = 2$ spricht man auch von *Quadratwurzel* und es gilt die Kurzschreibweise $\sqrt[2]{a} = \sqrt{a}$.
- Eine *Potenz mit rationalem Exponenten* (aus $\mathbb{Q}$) wird definiert als

$$a^{-\frac{n}{m}} = \frac{1}{\sqrt[n]{a^m}} \text{ mit } a \in \mathbb{R}^+, n, m, \in \mathbb{N}.$$

- Eine *Potenz mit reellen Exponenten* (aus $\mathbb{R}$) wird definiert als a^r, mit $a \in \mathbb{R}^+, r \in \mathbb{R}$, wobei r dann der Grenzwert einer Folge von rationalen Zahlen (q_n) ist. Dann gilt $a^r := \lim\limits_{n \to \infty} a^{q_n}$.

So faszinierend große Zahlen sind, für Lernende jeden Alters bergen die Potenzschreibweise und das Umgehen mit Potenzen große Schwierigkeiten. Dies zeigt sich z. B. im Rahmen mathematischer (Vor-)Kurse und Hochschulveranstaltungen (vgl. u. a. Büchter 2016). Eine wichtige Ursache der Probleme scheint zu sein, dass die – meist auswendig – gelernten Regeln und Gesetze nicht verstanden und nachvollzogen sind. Die Bedeutung der Potenz mit ihren einzelnen symbolhaften Elementen (besonders des Exponenten) wird nicht verstanden und deshalb die Struktur eines Rechenausdrucks oder eines algebraischen Terms nicht erfasst. Damit fehlt die richtige Systematik, nach der passenden Regel zu suchen und diese angemessen anzuwenden. Man greift dann eher auf bekannte Strategien aus anderen Operationen zurück, die dann Anwendung finden, auch wenn sie im jeweiligen Kontext nicht angemessen sind. Deshalb ist es wichtig, gezielt Vorstellungen zu Potenzen aufzubauen, damit der Umgang mit Potenzen souverän und richtig gelingen kann. Itsios (z. B. in Itsios und Barzel 2018) kommt in seinen Studien zu folgenden Grundvorstellungen von Potenzen, die aufgebaut werden sollten, um die Potenz in ihrem gesamten Potenzial erfassen und souverän nutzen zu können.

Grundvorstellungen zu Potenzen

Es lassen sich zwei wesentliche Grundvorstellungen unterscheiden – die Vorstellung der Potenz als wiederholte Multiplikation mit demselben Faktor (vgl. Tab. 5.3) und eine kombinatorische Vorstellung. Beiden Vorstellungen kann eine eher dynamische Betrachtung des Prozesses oder auch eine eher statische Betrachtung der Potenz als Produkt zugrunde liegen.

Bei der kombinatorischen Vorstellungen beschriebt die Potenz n^k die Anzahl aller möglichen Variationen, k Elemente aus n vorhandenen mit Zurücklegen auszuwählen.

Fehlvorstellungen

Aufgrund von Fehleranalysen zahlreicher Tests hat Itsios (vgl. Itsios und Barzel 2018) verschiedene Kategorien auftretender Fehlvorstellungen im Umgang mit Potenzen in Anlehnung an Malle (1993) aufgestellt, die sich wie in Tab. 5.4 dargestellt bündeln lassen. Dabei treten Fehlvorstellungen auf, die auf mangelndes konzeptuelles Verständnis hinweisen, aber auch Flüchtigkeitsfehler beim Umgang mit den Prozeduren.

Tab. 5.3 Vorstellung der Potenz als wiederholte Multiplikation mit demselben Faktor

Dynamisch/Prozessvorstellung	Statisch/Produktvorstellung
Numerisch: a^n wird als wiederholte „Ver-a-fachung" verstanden, wobei die Ver-a-fachung $n-1$-mal vollzogen wird. Beispiel: wiederholtes Verdoppeln als 2^6, die Zahl 12 wird 5-mal verdoppelt.	**Numerisch:** a^n wird als eine Zahl, als ein neues mathematisches Objekt wahrgenommen, sozusagen die „Kapsel", in der sich der Prozess verdichtet hat. Beispielhaft dafür steht die wissenschaftliche Schreibweise (auch *wissenschaftliche Notation* genannt), bei der 10er-Potenzen genutzt werden, um große oder kleine Zahlen kompakt auszudrücken: $223\,000\,000\,000 \; = \; 223 \cdot 10^9$ oder $0,000\,000\,223 \; = \; 223 \cdot 10^{-9}$
Graphisch: Fokussieren des Prozesses der Entstehung oder als zentrische Streckung um einen Faktor: oder 	**Graphisch:** Räumlich-simultanes Erfassen des fertigen Bildes, z.B.
Kontexte und Beispiele: - Hierzu gehören zeitlich-sukzessive Prozesse, bei denen sich mit jedem Schritt oder mit jeder Zeiteinheit eine Größe multiplikativ verändert – also wächst oder zerfällt (z.B. Bakterienwachstum, radioaktiver Zerfall, festverzinste Geldanlage). In diesem Fall wird die Potenz als Funktion erfasst, wobei das Typische dieser Veränderung, also die Kovariation, im Vordergrund steht. - Auch zentrische Streckungen als geometrische Abbildungen gehören zu dieser Vorstellung.	**Kontexte und Beispiele:** - Erfassen von extrem großen oder extrem kleinen Zahlen (s.o.) - Dimensionen im Raum (wozu jedoch hier Potenzen maximal dritten Grades gehören) wie Längen („hoch 1"), Flächeninhalte („hoch 2") und Volumina („hoch 3"). Die räumliche Erfassung von Potenzen ist nicht nur zum Vorstellungsaufbau wichtig, sondern hilft auch beim Abschätzen richtiger und falscher Ergebnisse. - Straßenbauingenieure berechnen den Verschleiß von Straßen in Abhängigkeit vom Gewicht der Fahrzeuge nach dem sogenannten „Vierte-Potenz-Gesetz". Das besagt, dass der Verschleiß einer Straße durch ein Fahrzeug mit der vierten Potenz des Fahrzeuggewichts (pro Fahrzeugachse) steigt. Als Funktionsterm nutzt man $S(x) = 0,5 \cdot x^4$. Auch hier liegt eine funktionale Betrachtungsweise vor, jedoch eine eher statische Betrachtung, da man für ein bestimmtes Fahrzeug den Verschleiß der Straße berechnen möchte (vgl.® Tab. 6.11).

Tab. 5.4 Fehlvorstellungen im Umgang mit Potenzen

Typischer Fehler	Beispiele
Fehler im konzeptuellen Verständnis	
Verwechseln der Operationen	$x \cdot x \cdot x \cdot x \cdot x = 5x$ $a \cdot a \cdot b \cdot b \cdot a = 3a \cdot 2b$ $2p + 3p^2 = 5p^2$ oder $5p^3$
Fehler im Erfassen der Termstruktur	$(2x + 3a)^2 = 4x^2 + 9a^2$ $\left(3b^2 cd^3\right)^2 = 3b^4 \cdot cd^6$ $(0,3)^2 = 0,9$ $2^{30} : 2 = 2^{30-1} = 2^{20}$
Unzulässiges Linearisieren/„illusion of linearity"	50% von 2^{30} sind 2^{15}
Wissenschaftliche Schreibweise	$40.000 = 40^3$
Vorstellung „Potenzieren macht immer größer"	
Fehlerhafte Anwendung von Potenzgesetzen	$x^2 \cdot x^3 = x^6$ $\left(c^3\right)^2 = c^5 \left(c^3\right)^2 = c^9$
Prozedurale Fehler	
Fehler im Umgang mit 0	$0^3 = 1$
Nichtbeachtung der Prozedurhierarchie	$-5^0 = 1(2a)^3 = 2a^3$
Vertauschen von Basis und Exponent/ Kombinatorikfehler	3^4 statt 4^3
Unvollständiges Vereinfachen	Die Hälfte von 2^{60} ist $\frac{2^{60}}{2}$
Fehlendes deklaratives Wissen	
Keine Kenntnis zu Festlegungen	• $a^0 := 1$ ist unbekannt • Bedeutung des negativen Exponenten ist unbekannt

5.2.3 Definition von Potenzfunktionen

▶ **Definition** Als *Potenzfunktionen* bezeichnet man Funktionen der Form $f : \mathbb{R}^+ \to \mathbb{R}, f(x) = a \cdot x^r$ mit $a, r \in \mathbb{R}$.

Wenn man nur natürliche oder ganzzahlige Exponenten betrachtet, schreibt man für den Exponenten meistens n und $f(x) = a \cdot x^n$ mit $n \in \mathbb{N}$ oder $n \in \mathbb{Z}$. In diesem Fall kann die Definitionsmenge bei natürlichen Exponenten auf $\mathbb{R}$ und bei ganzzahligen Exponenten auf $\mathbb{R} \backslash \{0\}$ erweitert werden, da dann keine Wurzeln für x entstehen.

Einfache Beispiele für Potenzfunktionen sind die bereits thematisierten proportionalen Funktionen $f(x) = a \cdot x$, dann ist $n = 1$, und quadratische Funktionen der Form $f(x) = a \cdot x^2$, dann ist $n = 2$, aber auch antiproportionale Funktionen $f(x) = \frac{a}{x}$, dann ist n=-1.

Abb. 5.4 zeigt mehrere Graphen von Potenzfunktionen. Die Analyse der Graphen offenbart eine Fülle von besonderen Merkmalen von Potenzfunktionen.

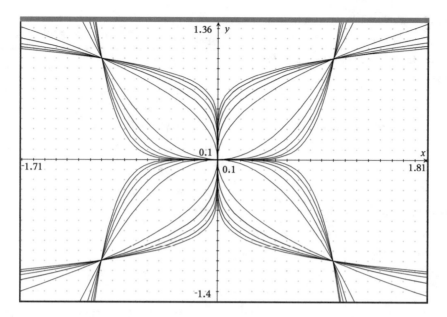

Abb. 5.4 Potenzblume – ein Bild aus Graphen von Potenzfunktionen

Auch wenn im Lernprozess noch keine Kenntnis zu Potenzfunktionen vorliegt, so kann die Analyse des Bildes einen entdeckenden und selbstdifferenzierenden Zugang zu den Graphen von Potenzfunktionen mit positiven rationalen Exponenten und ihren Merkmalen darstellen (Barzel und Möller 2001).

Die möglichen Erkenntnisse sind dabei in Tab. 5.5 aufgeführt.

Definitionsmenge und Wertemenge

Bei Potenzfunktionen ist der Exponent entscheidend dafür, welche Definitionsmenge möglich ist. Wenn man den Extremfall $r = 0$ ausschließt, weil sich dadurch die konstante Funktion $f(x) = a$ ergibt, ergeben sich die in Tab. 5.6 aufgeführten Möglichkeiten. Die Einschränkungen ergeben sich grundsätzlich durch zwei Fälle, die vermieden werden müssen:

- **Der Nenner in einem Bruch darf nicht 0 werden!** Dieser Fall kann für negative ganzzahlige Exponenten auftreten für $r \in \mathbb{Z}, r < 0$. So erhält man z. B. für $r = -3$ den Funktionsterm
  $f(x) = a \cdot x^{-3} = a \cdot \frac{1}{x^3}$, weshalb hier $x \neq 0$ sein muss, also $D = \mathbb{R} \setminus \{0\}$
- **Unter einer Wurzel darf keine negative Zahl stehen!** Dieser Fall tritt ein, wenn der Exponent ein Bruch ($r \notin \mathbb{Z}$) ist, da laut Definition $x^{\frac{1}{n}} = \sqrt[n]{x}$ ist. Hier muss also der Definitionsbereich auf positive Zahlen beschränkt werden.

Tab. 5.5 Lösungsideen zur Aufgabe „Erzeuge die Potenzblume!"

Idee	Term	Graph
Erkennen der Parabel. Der Versuch, die fehlenden Graphen durch eine Veränderung des Faktors a zu erreichen, führt zu einer kognitiven Dissonanz. Man erhält Graphen, die nicht mehr durch (1|1) gehen, was aber laut Grafik Vorgabe ist. Dies kann die Idee auslösen, den Exponenten zu verändern, da damit an der Stelle $x = 1$ der Funktionswert immer noch 1 bleibt.	$f(x) = x^2$ $f(x) = x^3$ $f(x) = x^4$ $f(x) = x^5$ $f(x) = x^6$ bzw. $f(x) = x^n$ für $n \in \{2,3,4,5,6\}$	
Spiegeln der gegebenen Graphen an der x-Achse	$f(x) = -x^n$ für $n \in \{2,3,4,5,6\}$	
Erkennen, dass die restlichen Graphen teils durch Spiegeln an der 1. Winkelhalbierenden entstehen und damit die Graphen der Umkehrfunktionen sein können. Hinweis: Viele der aktuellen Grafikprogramme nehmen für ungerade n als Definitionsbereich fälschlicherweise $\mathbb{R}$ an und nicht $\mathbb{R}^+$, wie auch im Bild hier. Auf diesen Missstand muss hingewiesen werden.	$f(x) = x^{\frac{1}{n}}$ für $n \in \{2,3,4,5,6\}$	
Erzeugen der fehlenden Graphen durch Spiegeln an der x-Achse ($f(x)$ durch $-f(x)$ ersetzen) und y-Achse (x durch $(-x)$ ersetzen)	$f(x) = -x^{\frac{1}{n}}$ für $n \in \{2,3,4,5,6\}$ $f(x) = -(-x)^{\frac{1}{n}}$ für $n \in \{2,3,4,5,6\}$ $f(x) = (-x)^{\frac{1}{n}}$ für $n \in \{2,3,4,5,6\}$	

Wichtiger Hinweis: Erlaubt man – wie in der Definition der Potenzfunktion angegeben – alle reellen Zahlen als Exponent, wird generell die Definitionsmenge für x auf positive reelle Zahlen eingeschränkt, auch wenn für $r \in \mathbb{Z}$ oder auch für einzelne Werte für $r \notin \mathbb{Z}$ eine sinnvolle Funktionsbeschreibung möglich wäre. Das ist auch der Grund, warum in vielen Grafikprogrammen beispielsweise für Exponenten wie $r = \frac{1}{3}$ oder $r = \frac{1}{5}$ ein Graph über ganz $\mathbb{R}$ gezeichnet wird (vgl. 3. Zeile in der Tab. 5.5).

Wenn man nur natürliche oder ganzzahlige Exponenten betrachtet, schreibt man für den Exponenten meistens n und $f(x) = a \cdot x^n$ mit $n \in \mathbb{N}$ oder $n \in \mathbb{Z}$. In diesem Fall kann der Definitionsbereich bei natürlichen Exponenten auf $\mathbb{R}$ und bei ganzzahligen Exponenten auf $\mathbb{R} \setminus \{0\}$ erweitert werden, da dann keine Wurzeln für x entstehen. Die Wertemenge hängt nicht nur vom Exponenten r ab, sondern auch vom Vorfaktor a. Dies lässt sich mithilfe von Beispielen analog zur vorherigen Tabelle verifizieren (siehe Tab. 5.7).

Fachdidaktische Reflexion

Mit der zu Beginn des Kapitels dargestellten „illusion of linearity" ist die wesentliche Hürde beim Vorstellungsaufbau von Potenzen und Potenzfunktionen mit natürlichen Exponenten benannt. Mit nichtnatürlichen Exponenten gehen noch einmal neue Herausforderungen einher. Denn diese sind formaler und komplexer. Das liegt zum einen daran, dass Einschränkungen im Definitionsbereich notwendig werden (vgl. Tab. 5.6), und zum anderen daran, dass über die Definition der Potenz hinaus weitere Potenzgesetze genutzt werden müssen, um z. B. zu einer Funktionsgleichung Wertepaare zu berechnen.

Tab. 5.6 Definitionsmengen abhängig vom Exponenten

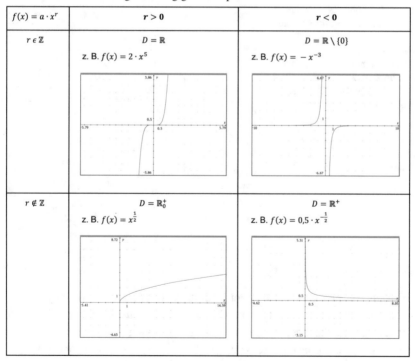

$f(x) = a \cdot x^r$	$r > 0$	$r < 0$
$r \in \mathbb{Z}$	$D = \mathbb{R}$ z. B. $f(x) = 2 \cdot x^5$	$D = \mathbb{R} \setminus \{0\}$ z. B. $f(x) = -x^{-3}$
$r \notin \mathbb{Z}$	$D = \mathbb{R}_0^+$ z. B. $f(x) = x^{\frac{1}{2}}$	$D = \mathbb{R}^+$ z. B. $f(x) = 0{,}5 \cdot x^{-\frac{1}{2}}$

Tab. 5.7 Wertemenge abhängig vom Exponenten r und dem Vorfaktor a

$a \cdot x^r$	$r > 0$		$r < 0$	
	r gerade	r ungerade	r gerade	r ungerade
$a > 0, r \in \mathbb{Z}$	$\mathbb{R}_0^+$	$\mathbb{R}$	$\mathbb{R}^+$	$\mathbb{R} \setminus \{0\}$
$a < 0, r \in \mathbb{Z}$	$\mathbb{R}_0^-$	$\mathbb{R}$	$\mathbb{R}^-$	$\mathbb{R} \setminus \{0\}$

Das prominenteste Beispiel einer Potenzfunktion in der Schule wird im schulischen Kontext gar nicht bewusst als solche definiert, sondern als eine Zuordnung. Es ist die antiproportionale Zuordnung, hinter der sich als eine bestimmte Potenzfunktion die antiproportionale Funktion verbirgt.

▶ **Definition** Als *antiproportionale Funktionen* bezeichnet man Potenzfunktionen der Form.

$$f : \mathbb{R}^x \to \mathbb{R}, \, f(x) = a \cdot x^{-1} = a \cdot \frac{1}{x} \text{ mit } a \in \mathbb{R}.$$

Die Bezeichnung „antiproportional" rührt daher, dass im Unterschied zu proportionalen Funktionen hier kein proportionales Wachsen, sondern gerade das Gegenteil vorliegt:
  Wird x verdoppelt, wird y halbiert, wird x ver-a-facht, wird y ver-$\frac{1}{a}$-facht.

Identifizieren lässt sich die Antiproportionalität über die Produktgleichheit: Multipliziert man Argument und Funktionswert einer antiproportionalen Zuordnung oder Funktion, so ergibt sich gerade der Wert a. Denn es gilt: $x \cdot \left(a \cdot \frac{1}{x} \right) = a$.
  In der Schule wird die Entscheidung für einen Zuordnungstyp proportional bzw. antiproportional manchmal mit den Merkregeln „Je mehr, desto mehr" bzw. „Je mehr, desto weniger" verknüpft. Von der fachlichen Warte aus gesehen ist dies für Zuordnungen mit $a, x > 0$ trivial, insofern hier nur die Monotonie formuliert wird, ansonsten falsch, denn für $D = \mathbb{R}$ gilt dies nicht.
  Vom fachdidaktischen Standpunkt ist eine solche verkürzende Merkregel zudem zu kritisieren, da sie, unkritisch übernommen, zu falschen Vorstellungen führen kann. Zum Beispiel erfüllt $f(x) = -2 \cdot x + 3$ die Merkregel, da die Funktion streng monoton fällt, aber es ist offensichtlich keine antiproportionale Funktion. Analog ist nicht jede streng monoton steigende Funktion proportional $f(x) = 2 \cdot x + 3$. Daher ist von solchen verkürzenden Merkregeln unbedingt abzuraten (vgl. Heiderich und Hußmann 2013).

5.2.4   Definition von Polynomfunktionen

Polynomfunktionen (auch ganzrationale Funktionen genannt) entstehen als Summe von Vielfachen von Potenzen (z. B. $f(x) = 3x^4 + 5x^3 + x + 1$) oder auch als Produkte von Linearfaktoren (z. B. $f(x) = (x - 1)(x + 3)^2 \left(x - \frac{1}{2} \right) = x^4 + \frac{9}{2}x^3 + \frac{1}{2}x^2 - \frac{21}{2}x + \frac{9}{2}$).

Das Wort Polynom kommt aus dem Griechischen und bedeutet „mehrnamig". Bereits Euklid hat diese Bezeichnung gewählt, so nannte er Summen aus zwei Potenzen „zweinamig". Eine Potenz wird analog auch „Monom" genannt („einnamig").

▶ **Definition Polynomfunktion (ganzrationale Funktion)** Eine Funktion $f : \mathbb{R} \to \mathbb{R}$ mit $n \in \mathbb{N}$ und $a_n, a_{n-1}, \ldots, a_2, a_1, a_0 \in \mathbb{R}$ heißt *Polynomfunktion*, wenn ihr Funktionsterm folgende Form besitzt:

$$f(x) = a_n x^n + a_{n-1} x^{n-1} + \ldots + a_2 x^2 + a_1 x + a_0$$

Alternative Schreibweise: $f(x) = \sum_{i=0}^{n} a_i x^i$.

Hierbei heißt n *Grad des Polynoms* und $a_n, a_{n-1}, \ldots, a_2, a_1, a_0$ mit $a_n \neq 0$ *Koeffizienten* des Polynoms.

Beispiele:

- Jede konstante Funktion mit $f(x) = c$ hat den Grad $n = 0$
- Jede lineare Funktion mit $f(x) = ax + b$ hat den Grad $n = 1$
- Jede quadratische Funktion mit $f(x) = ax^2 + bx + c$ mit hat den Grad $n = 2$
- Jede kubische Funktion mit $f(x) = ax^3 + bx^2 + cx + d$ mit hat den Grad $n = 3$
- Usw.

Mit der Ausweitung von Potenz- auf Polynomfunktionen steht eine Fülle weiterer Funktionen zur Verfügung, um inner- und außermathematische Problemstellungen zu bearbeiten. Ein wichtiger Gewinn bei dieser Ausweitung sind dabei die auftretenden Minima und Maxima, was Polynomfunktionen gerade bei Fragen der Optimierung und damit zur Modellierung von Realkontexten interessant macht. Das zweite Einstiegsbeispiel zu diesem Kapitel ist dafür ein gutes Exempel, bei dem der Kontext des Volumens ein Polynom dritten Grades erforderte (vgl. Abschn. 5.1).

Definitionsmenge und Wertemenge

Da bei allen Polynomfunktionen laut Definition nur natürliche Exponenten vorkommen, müssen für die Definitionsmenge keine Einschränkungen vorgenommen werden, es bleibt $D = \mathbb{R}$.

Ob alle Werte der Zielmenge $Z = \mathbb{R}$ erreicht werden, hängt davon ab, ob der Grad des Polynoms gerade oder ungerade ist. Bei Funktionen mit geradem Grad werden die Werte für $f(x)$ für immer kleiner werdende x (also: $x \to -\infty$) und für immer größer werdende x (also: $x \to \infty$) in beiden Fällen je nach Vorzeichen des Parameters a entweder unendlich groß oder unendlich klein, verweisen die beiden Enden des Funktionsgraphen also in die gleiche Richtung. Bei Funktionen mit ungeradem Grad dagegen nehmen die Werte für $f(x)$ für immer kleiner werdende x (also: $x \to -\infty$) und für immer größer werdende x (also: $x \to \infty$) unterschiedliches Vorzeichen an, verweisen die beiden Enden des Funktionsgraphen in unterschiedliche Richtung. Eine Gegenüberstellung findet sich in Tab. 5.8.

Tab. 5.8 Einschränkung der Wertemenge je nachdem, ob Grad des Polynoms gerade oder ungerade

Bei einem Polynom geraden Grades ist die Wertemenge eine Teilmenge von $\mathbb{R}$, z. B.:	Bei einem Polynom ungeraden Grades ist die Wertemenge $\mathbb{R}$, z. B.:
$f(x) = 3x^4 + 5x^3 + x + 5$ $W = \{x \mid x \in \mathbb{R} \wedge x \geq 1,28\} = \mathbb{R}_{\geq 1,28}$ (Das heißt, alle Funktionswerte liegen oberhalb der gepunkteten Linie.)	$f(x) = -x^5 + 5x^2 + x - 3$ $W = \mathbb{R}$
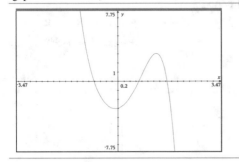	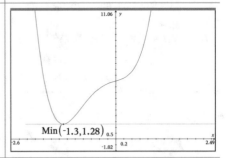

5.3 Eigenschaften und Anwendungen

5.3.1 Eigenschaften und Anwendungen von Potenzfunktionen

Symmetrien bei Graphen zu Potenzfunktionen

Graphen von Potenzfunktionen weisen deutliche Symmetrieeigenschaften auf. Dies macht auch im Wesentlichen den ästhetischen Charakter der „Potenzblume" (vgl. Abb. 5.4) aus. Die vorkommenden Symmetrien (vgl. Abschn. 2.8.2) lassen sich sowohl mit dem Blick der Kovariation als auch mit dem Blick auf einzelne Werte (Vorstellung der Zuordnung) erfassen. Manche der einzelnen Graphen sind *achsensymmetrisch* zur y-Achse und manche sind *punktsymmetrisch* zum Ursprung/Nullpunkt, auch das Gesamtbild weist diese beiden Symmetriearten auf. Zudem ist das Gesamtbild auch *achsensymmetrisch* zur ersten und zweiten Winkelhalbierenden des Koordinatenkreuzes, was jedoch erst durch das Betrachten einzelner Graphen zu Potenzfunktionen und ihren Umkehrfunktionen entsteht. Das wird näher in Abschn. 5.4.1 erörtert.

▶ **Satz** Potenzfunktionen $F : \mathbb{R}\backslash 0 \rightarrow \mathbb{R}, f(x) = a \cdot x^r$ mit ganzzahligem Exponenten $(r \in \mathbb{Z})$ und $a \in \mathbb{R}$ weisen folgende Symmetrien auf:

- Ist r *ungerade,* so ist der Graph der Funktion punktsymmetrisch zum Ursprung, es gilt $f(-x) = -f(x)$.
- Ist r gerade, so ist der Graph der Funktion achsensymmetrisch zur y-Achse, es gilt $f(-x) = f(x)$.
- (Zum Beweis siehe Tab. 5.9 und Abb. 5.5.)

Tab. 5.9 Symmetrien bei Potenzfunktionen

Punktsymmetrie zum Ursprung	Achsensymmetrie zur y-Achse
Zu zeigen: Unterscheiden sich die x-Koordinaten zweier Punkte eines Graphen im Vorzeichen, so unterscheiden sich auch die y-Koordinaten im Vorzeichen $f(-x) = -f(x)$ Dies gilt für alle Potenzfunktionen mit ganzzahligen Exponenten, die ungerade sind: $f(x) = a \cdot x^{2n+1}$ $$f(-x) = a \cdot (-x)^{2n+1} = a \cdot (-1)^{2n+1} \cdot (x)^{2n+1}$$ $$= a \cdot (-1) \cdot (x)^{2n+1}$$ $$= -\left(a \cdot x^{2n+1}\right) = -f(x)$$	Zu zeigen: Unterscheiden sich die x-Koordinaten zweier Punkte eines Graphen im Vorzeichen, dann sind die y-Koordinaten gleich $f(-x) = f(x)$ Dies gilt für alle Potenzfunktionen mit ganzzahligen Exponenten, die gerade sind $f(x) = a \cdot x^{2n}$ $$f(-x) = a \cdot (-x)^{2n} = a \cdot (-1)^{2n}(x)^{2n} =$$ $$= a \cdot (x)^{2n} = a \cdot x^{2n} = f(x)$$

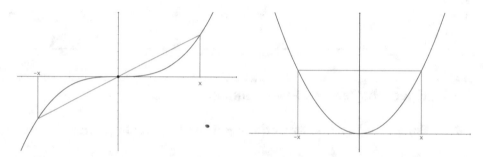

Abb. 5.5 Symmetrien bei Potenzfunktionen

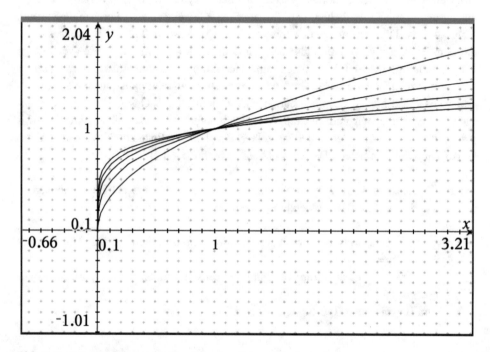

Abb. 5.6 Potenzfunktionen mit Graphen ohne Symmetrieeigenschaften

Graphen zu Potenzfunktionen mit $r \notin \mathbb{Z}$ weisen keine Symmetrieeigenschaften auf, da sie, wie oben beschrieben, nur für positive x-Werte definiert sind (vgl. Abb. 5.6).

Besondere Punkte bei Graphen von Potenzfunktionen
Als besondere Punkte können gelten – sowohl bei der Grafik „Potenzblume" (Abb. 5.4) als auch für Potenzfunktionen im Allgemeinen: die Nullstelle, in der Potenzblume: $(0|0)$, lokale Extrempunkte bei einigen Graphen sowie auch Schnittpunkte, wenn mehrere Graphen zugleich dargestellt.

Die gemeinsame Nullstelle $(0|0)$ ergibt sich unmittelbar aus $f(0) = 0$.

Bedeutung der Parameter
Bei Potenzfunktionen sind die beiden Parameter a und r zu betrachten.

Bedeutung des Parameters a Für die Bedeutung von a gilt Ähnliches wie das, was für die quadratische Funktion $g(x) = a \cdot x^r$ (vgl. Abschn. 4.3.2) festgehalten wurde:

In der Funktionsgleichung $g(x) = a \cdot x^r$ hat der Parameter a folgende Auswirkung:

a. Für $a < 0$ wechseln alle Funktionswerte von $f(x) = x^r$ ihr Vorzeichen.
b. Für $|a| > 1$ wird der Graph der Funktion $f(x) = x^r$ gestreckt und für $|a| < 1$ gestaucht.

Begründung zu a.: Der Parameter a bewirkt, dass alle Funktionswerte $f(x) = x^r$ mit a multipliziert werden. Für $a = -1$ wird der Funktionswert von $f(x)$ durch den betragsgleichen negativen Wert ersetzt. In der Tabelle wechseln alle Funktionswerte das Vorzeichen. Für den Graphen bedeutet das: Die Punkte, die vorher oberhalb der x-Achse lagen, liegen nun mit gleichem Abstand zur x-Achse unterhalb derselben. Jeder Punkt wird an der x-Achse gespiegelt.

Wenn $a > 0$ und ungleich 1 ist, findet zudem eine Streckung und Stauchung statt (siehe b.).

Begründung zu b.: In $g(x) = a \cdot x^r$ werden die Funktionswerte von $f(x) = x^r$ mit a multipliziert. Eine Multiplikation mit $a > 1$ bewirkt, dass die Funktionswerte in der Tabelle vervielfacht werden. Insofern die Funktionswerte von der x-Achse „weggezogen" werden, spricht man von einer Streckung des Graphen. Anschaulich gesprochen wird der Graph enger.

Eine Multiplikation mit $a < 1$, also z. B. $a = \frac{1}{2}$, bewirkt, dass die Funktionswerte halbiert werden. Insofern die Funktionswerte halbiert (multiplikativ verkleinert) werden, halbiert sich der Abstand der Punkte von der x-Achse. Der Graph wird von oben „platt gedrückt", also zusammengestaucht. Man spricht von der Stauchung eines Graphen für $|a| < 1$.

Am Graphen einer Potenzfunktion kann man den Wert für a an der Stelle $x = 1$ ablesen, da $g(1) = a \cdot 1^r = a$.

In der Potenzblume gibt es Funktionen, die durch $(1|1)$ gehen, also $a = 1$ vorliegt, und es gibt Funktionen, die durch den Punkt $(1|-1)$ gehen, also $a = -1$ vorliegt.

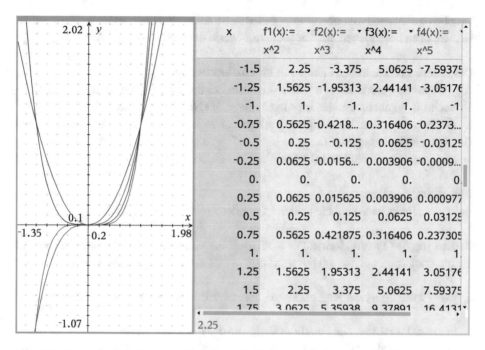

x	f1(x):= x^2	f2(x):= x^3	f3(x):= x^4	f4(x):= x^5
-1.5	2.25	-3.375	5.0625	-7.59375
-1.25	1.5625	-1.95313	2.44141	-3.05176
-1.	1.	-1.	1.	-1.
-0.75	0.5625	-0.4218...	0.316406	-0.2373...
-0.5	0.25	-0.125	0.0625	-0.03125
-0.25	0.0625	-0.0156...	0.003906	-0.0009...
0.	0.	0.	0.	0
0.25	0.0625	0.015625	0.003906	0.000977
0.5	0.25	0.125	0.0625	0.03125
0.75	0.5625	0.421875	0.316406	0.237305
1.	1.	1.	1.	1.
1.25	1.5625	1.95313	2.44141	3.05176
1.5	2.25	3.375	5.0625	7.59375
1.75	3.0625	5.35938	9.37891	16.4131

Abb. 5.7 Besonderes Wachstumsverhalten von Potenzfunktionen

Bedeutung des Parameter r Betrachtet man mehrere Potenzfunktionen in Abhängigkeit vom wachsenden Exponenten r, so schmiegt sich der Graph zwischen $x = -1$
und $x = 1$ mit wachsendem r immer näher an die x-Achse, und außerhalb dieses
Bereiches, also für $x < -1$ und $x > 1$ wird der Graph steiler (fallend oder steigend) mit
wachsendem r. Dies ist auch gut an der Potenzblume in Abb. 5.7 zu erkennen.

Der Grund für dieses Phänomen liegt darin, dass für x-Werte mit $|x| < 1$ die
Potenzen mit größer werdendem Exponenten immer näher an 0 liegen und für $|x| > 1$
die Potenzen mit größer werdendem Exponenten immer stärker wachsen. Dies ist an der
Wertetabelle gut zu erkennen, die Werte in der Nähe von 0 liegen nach rechts hin immer
näher an 0.

Monotonie und Wachstumsverhalten

Mit Monotonieverhalten wird der Blick auf die Kovariation einer Funktion gerichtet – es
geht um die Frage, wie sich das Wachstum der Funktionswerte in Abhängigkeit von x
ändert (vgl. Definitionen in Abschn. 2.8.4).

Grundsätzlich unterscheidet man zwei Arten von Monotonie – ein Graph ist steigend
oder fallend. Das Gleichbleiben von Werten beim Verändern von x wird je nach Situation
beim Fallen oder Steigen mit betrachtet. Ist dieser Fall ausgeschlossen, spricht man zur
Unterscheidung von einer „strengen Monotonie".

Für Potenzfunktionen lassen sich mehrere Fälle unterscheiden. In Tab. 5.10 sind als
Beispiel Potenzfunktionen mit natürlichem Exponenten aufgeführt.

Tab. 5.10 Monotonieverhalten für Potenzfunktionen mit natürlichem Exponenten

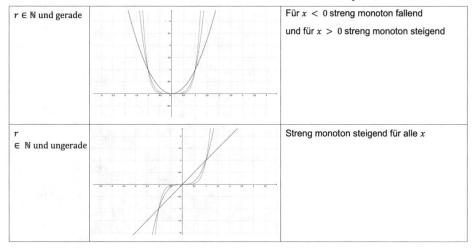

$r \in \mathbb{N}$ und gerade		Für $x < 0$ streng monoton fallend und für $x > 0$ streng monoton steigend
$r \in \mathbb{N}$ und ungerade		Streng monoton steigend für alle x

Außermathematische Anwendungen

Das immer stärkere Anwachsen mit jeder größer werdenden Potenz liegt auch im Kern der eingangs gewählten Kontextbeispiele. Wir unterschätzen dieses starke Wachsen häufig, wenn wir allein der Intuition folgen. So zum Beispiel beim kegelförmigen Sektglas, das zunächst nur bis zur halben Glashöhe gefüllt ist (vgl. Abb. 5.2). Kaum eine Person erfasst intuitiv, dass noch sieben solcher Füllungen bis zur randvollen Füllung in dieses eine Sektglas passen.

Zwei weitere Beispiele sollen dieses starke Wachsen einmal mehr verdeutlichen:

▶ **Beispiel**

Barbie mag für manche die Traumfrau sein, aber im wahren Leben wäre sie das nicht, denn sie fiele ständig um. Ärzte sagen sogar, dass sie gar nicht leben könnte. Und das nicht nur, weil die Organe keinen Platz im Bauchraum hätten, sondern auch, weil die überproportional langen und dünnen Beine das entstehende Gewicht nicht tragen könnten. Das Gewicht ist proportional zum Volumen, das mit der dritten Potenz wächst, und die Flächen, z. B. die Querschnittsflächen der Muskel und Knochen in den Beinen, wachsen nur mit der zweiten. Pro Querschnittsfläche müsste der Körper also viel mehr Gewicht tragen. Um diese misslichen Proportionen zu veranschaulichen, hat der amerikanische Künstler Nickolay Lamm eine alternative Puppe hergestellt, bei der er von den Maßen einer 19-jährigen amerikanischen Durchschnittsfrau ausgegangen ist (vgl. Barzel 2013 und Abb. 5.8).

Abb. 5.8 Vergleich von
Barbie und einer Figur nach
Maßen einer Durchschnittsfrau
© Nickolay Lamm / dpa /
picture alliance

Ein anderes Beispiel:

▶ **Beispiel**

Wodurch wird man stärker verletzt: wenn einem 10-mal ein 100 g-Gewicht auf
den Fuß fällt oder einmal ein 1 kg-Gewicht? Bei diesem Beispiel sagt schon
unsere Intuition, dass die Verletzung bei einem 1 kg-Gewicht deutlich größer
ist, denn der Verletzungsgrad steigt nicht linear mit der Größe, sondern erheblich stärker. Dies ist richtig und gilt so auch für den Verschleiß einer Straße in
Abhängigkeit vom Gewicht des Fahrzeugs. Aufgrund von Belastungsstudien
legen Straßenbauingenieure das sogenannte „Vierte-Potenz-Gesetz" zugrunde,
um den Straßenverschleiß als Größe zu ermessen (vgl. Abb. 5.9).

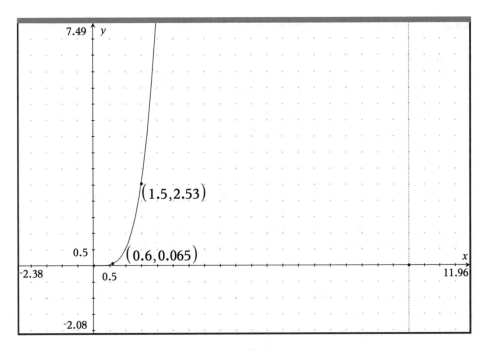

Abb. 5.9 Straßenverschleiß in Abhängigkeit vom Fahrzeuggewicht

Man geht von folgendem Zusammenhang aus: $S(x) = 0,5 \cdot x^4$, wobei x für das Gewicht des Fahrzeugs pro Achse steht. In Tab. 5.11 sind konkrete Durchschnittswerte für drei Fahrzeugarten aufgeführt.

Betrachtet man den Graphen, kann man die Werte für Kleinwagen und SUV gut erkennen, jedoch ist der Funktionswert für $x = 10$ (gestrichelte Linie rechts im Bild) so groß, dass nicht alle drei Funktionswerte in einer Ansicht gut darstellbar sind.

Stellt man die Werte in Beziehung zueinander, erkennt man, dass ein SUV für den Straßenverschleiß im Vergleich zum Kleinwagen eine ca. 40-fache Belastung für die Straße darstellt, obwohl er nur weniger als dreimal so schwer ist wie der Kleinwagen. Die Belastung durch den LKW beträgt sogar das ca. 77000-Fache gegenüber dem Kleinwagen.

Tab. 5.11 Durchschnittswerte für den Straßenverschleiß bei verschiedenen Fahrzeugarten		Gewicht pro Achse (x)	Verschleiß der Straße S
	Kleinwagen	$0,6$ Tonnen	$0,5 \cdot 0.6^4 = 0.0648$
	SUV	$1,5$ Tonnen	$0,5 \cdot 1.5^4 = 2.53125$
	LKW	10 Tonnen	$0,5 \cdot 10^4 = 5000$

5.3.2   Eigenschaften von Polynomfunktionen

Bedeutung der Parameter

Die Bedeutung der Parameter ist bei Polynomfunktionen im Vergleich zu linearen, quadratischen und Potenzfunktionen deutlich komplexer, da mit jedem höheren Grad der Funktion ein neuer Parameter hinzukommt.

Zwei Aussagen gelten jedoch für die Parameter aller Polynomfunktionen

$$f(x) = a_n x^n + a_{n-1} x^{n-1} + \cdots + a_2 x^2 + a_1 x + a_0:$$

- $f(0) = a_0$, d. h., der Summand ohne einen Faktor x bzw. mit Faktor $x^0 (= 1)$ gibt den Schnittpunkt mit der y-Achse an. Man nennt a_0 auch „*absolutes Glied*".
- a_n entscheidet über das Unendlichkeitsverhalten, wobei man hier – analog zur Betrachtung der Wertemenge – Polynome geraden und ungeraden Grades unterscheiden muss.

Die weitere Betrachtung sei exemplarisch an einem Polynom dritten und einem Polynom vierten Grades in Tab. 5.12 konkretisiert.

Tab. 5.12 Bedeutung der Parameter – exemplarisch bei zwei Polynomen vom Grad 3 und 4

$f(x) = a_n x^n + a_{n-1} x^{n-1} + \ldots + a_2 x^2 + a_1 x + a_0$	
n ist ungerade, Hier als Beispiel ein Polynom dritten Grades	n ist gerade, Hier als Beispiel ein Polynom vierten Grades
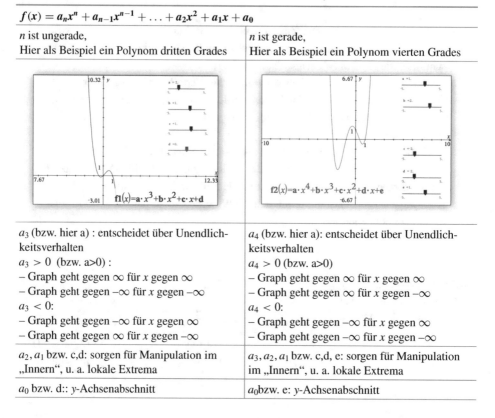	
a_3 (bzw. hier a) : entscheidet über Unendlichkeitsverhalten $a_3 > 0$ (bzw. a>0) : – Graph geht gegen ∞ für x gegen ∞ – Graph geht gegen $-\infty$ für x gegen $-\infty$ $a_3 < 0$: – Graph geht gegen $-\infty$ für x gegen ∞ – Graph geht gegen ∞ für x gegen $-\infty$	a_4 (bzw. hier a): entscheidet über Unendlichkeitsverhalten $a_4 > 0$ (bzw. a>0) – Graph geht gegen ∞ für x gegen ∞ – Graph geht gegen ∞ für x gegen $-\infty$ $a_4 < 0$: – Graph geht gegen $-\infty$ für x gegen ∞ – Graph geht gegen $-\infty$ für x gegen $-\infty$
a_2, a_1 bzw. c,d: sorgen für Manipulation im „Innern", u. a. lokale Extrema	a_3, a_2, a_1 bzw. c,d, e: sorgen für Manipulation im „Innern", u. a. lokale Extrema
a_0 bzw. d:: y-Achsenabschnitt	a_0 bzw. e: y-Achsenabschnitt

Für die weitere Betrachtung sei die dynamische Betrachtung mithilfe einer Software zur Erstellung von Funktionsgraphen, z. B. mit Schiebereglern, empfohlen.

Symmetrie

Achsensymmetrie zur y-Achse und Punktsymmetrie zum Nullpunkt weisen die Graphen zu Polynomen nur dann auf, wenn die Exponenten entweder alle gerade oder alle ungerade sind. Betrachten wir die Beispiele in Tab. 5.13: Sind alle Exponenten ungerade (wie im Beispiel links), so ist der Graph punktsymmetrisch zum Ursprung oder Nullpunkt $(0|0)$; sind alle Exponenten gerade (wie im Beispiel rechts), so ist der Graph achsensymmetrisch zur y-Achse.

Diese Regelmäßigkeiten in den Symmetrieeigenschaften ganzrationaler Funktionen können leicht bewiesen werden (vgl. Abschn. 2.8.2), sodass wir die beiden folgenden Sätze formulieren können:

▶ **Satz** Sind bei einem Polynom alle Exponenten gerade, gilt also.

$$f(x) = a_n x^n + a_{n-2} x^{n-2} + \ldots + a_2 x^2 + a_0 x^0,$$

so ist der Graph der Funktion achsensymmetrisch zur y-Achse.
Die Funktion f ist gerade.

Beweis:

$$f(-x) = a_n(-x)^n + a_{n-1}(-x)^{n-2} + \ldots + a_2(-x)^2 + a_0(-x)^0$$
$$= a_n x^n + a_{n-1} x^{n-2} + \ldots + a_2 x^2 + a_0 x^0 = f(x)$$

▶ **Satz** Sind bei einem Polynom alle Exponenten ungerade, gilt also.

$$f(x) = a_n x^n + a_{n-2} x^{n-2} + \ldots + a_3 x^3 + a_1 x^1,$$

so ist der Graph der Funktion punktsymmetrisch zum Ursprung $(0|0)$.
Die Funktion f ist ungerade.

Beweis:

$$f(-x) = a_n(-x)^n + a_{n-1}(-x)^{n-2} + \ldots + a_3(-x)^3 + a_1(-x)^1$$
$$= -a_n(x)^n - a_{n-1}(x)^{n-2} - \ldots - a_3(x)^3 - a_1(x)^1$$
$$= -(a_n x^n + a_{n-2} x^{n-2} + \ldots + a_3 x^3 + a_1 x^1) = -f(x)$$

Werden Polynome nach links oder rechts verschoben, d. h. wird x durch $x - k$ ersetzt (wobei $k \in \mathbb{R}$), so kann eine Symmetrie erhalten bleiben – allerdings verschiebt sich dann die Symmetrieachse bei Achsensymmetrie bzw. der Spiegelpunkt bei Punktsymmetrie.

Nullstellen

Über Nullstellen bei Polynomen, also diejenigen x-Werte, an denen der Graph einer Funktion die x-Achse berührt oder schneidet und bei denen die Funktionswerte $f(x) = 0$ sind, lassen sich ebenfalls wichtige Aussagen treffen (Abschn. 2.8.1):

Tab. 5.13 Beispiele für Symmetrie von Polynomfunktionen

$f(x) = 0.5x^5 - 3x^3 + x$	$f(x) = -x^6 + 2x^4 + 2$
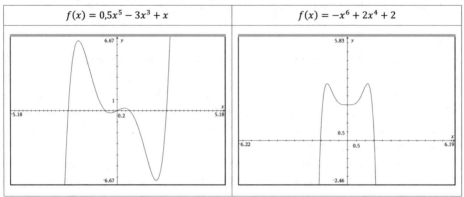	

▶ **Fundamentalsatz der Algebra** Jedes Polynom $f : \mathbb{R} \to \mathbb{R}$ mit Grad n besitzt höchstens n verschiedene Nullstellen.

Diesen Satz hat Carl Friedrich Gauß 1799 in seiner Dissertation bewiesen. Wichtig ist hierbei zu bedenken, dass es „höchstens n" verschiedene Nullstellen gibt. Beim Graphen zur Funktion $f(x) = x^3 + 2$ in Abb. 5.10 gibt es beispielsweise nur eine Nullstelle, der Grad von f beträgt jedoch 3.

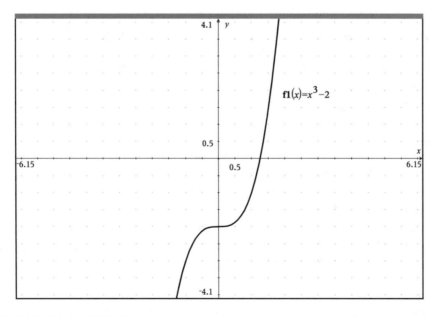

Abb. 5.10 Nur eine Nullstelle

Man unterscheidet *einfache* und *mehrfache Nullstellen* (vgl. Abb. 5.11). Von einfachen Nullstellen spricht man, wenn der entsprechende Linearfaktor in der ersten Potenz vorkommt (z. B. $(x - 4)$, und von mehrfachen oder n-fachen Nullstellen, wenn der Linearfaktor in einer höheren Potenzen als 1 vorkommt (z. B: $(x - 3)^2$.

Im Beispiel in Abb. 5.11 ist der Graph zur Funktion $f(x) = 0,1 \cdot (x + 1)^3 (x - 3)^2 (x + 4)$ abgebildet. Der Linearfaktor (x-4) führt zu einer einfachen Nullstelle bei $x = -4$, der Linearfaktor (x−3)^2 führt zu einer zweifachen (oder doppelten) Nullstelle bei $x = 3$ und der Linearfaktor (x+1)^3 zu einer dreifache Nullstelle bei $x = -1$.

Am Graphen erkennt man auch die graphischen Unterschiede der verschiedenen Arten von Nullstellen. Bei einer einfachen Nullstelle (in Abb. 5.11 z. B. $x = -4$) schneidet der Graph die x-Achse, bei einer zweifachen (oder doppelten) Nullstelle (in Abb. 5.11 z. B. $x = 3$) wird der Graph berührt. Dieses Berühren entsteht analog, wenn die entsprechenden Linearfaktoren in gerader Potenz vorkommen, also immer bei 4-, 6-, 2n-fachen Nullstellen. Bei Linearfaktoren mit einer ungeraden Potenz, die größer als 1 ist, entsteht ein sogenannter *Sattelpunkt*, d. h., der Graph schneidet den Graphen nicht nur, sondern schmiegt sich dabei auch lokal an die x-Achse an (in Abb. 5.11 z. B. $x = -1$).

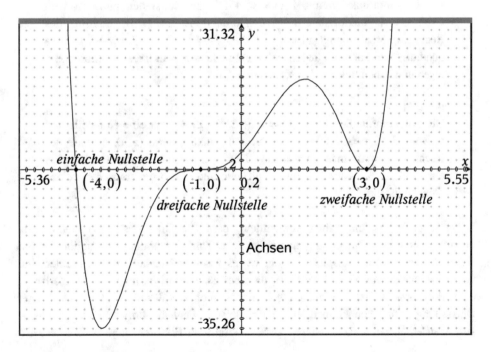

Abb. 5.11 Verschiedene Arten von Nullstellen

▶ **Satz (Existenz einer Linearfaktorzerlegung).** Ein Polynom $f : \mathbb{R} \to \mathbb{R}$ mit Grad n lässt sich genau dann in Linearfaktoren zerlegen, wenn es genau n Nullstellen besitzt. Hierbei können einzelne Nullstellen auch mehrfach vorkommen.

In diesem Fall lassen sich Zahlen $x_1, x_2, \ldots, x_n, c \in \mathbb{R}$ finden, sodass

$$f(x) = c \cdot (x - x_1) \cdot (x - x_2) \cdot \ldots \cdot (x - x_n)$$

gilt. Die Zahlen $x_1, x_2, \ldots, x_n$ sind dabei die Nullstellen von f.

Wenn alle Nullstellen (und ihre Häufigkeiten) eines Polynoms bekannt sind, lässt sich der Funktionsterm bis auf den Streck- bzw. Stauchfaktor c eindeutig aufstellen. Dazu werden die Linearfaktoren wie im Satz zur Existenz einer Linearfaktorzerlegung multipliziert. Um von der Linearfaktordarstellung in die gewohnte Polynomdarstellung zu gelangen, muss der Term ausmultipliziert werden. Umgekehrt führt das Faktorisieren eines Terms in Polynomdarstellung zur Darstellung in Linearfaktoren.

Die zentrale Voraussetzung der Existenz einer Linearfaktorzerlegung ist, dass ein Polynom mit Grad n auch genau n Nullstellen besitzt. Doch was passiert, wenn es weniger als n Nullstellen gibt? Wir betrachten zwei Beispiele:

▶ **Beispiel**

Die Polynomfunktion mit $f(x) = x^4 + 1$ keine Nullstellen und   ist vom Grad $n = 4$. Faktorisiert man den Funktionsterm (z. B. mithilfe des Rechners), erhält man $f(x) = \left(x^2 + \sqrt{2} \cdot x + 1\right) \cdot \left(x^2 - \sqrt{2} \cdot x + 1\right)$. Diese quadratischen Faktoren lassen sich nicht mehr weiter in lineare Faktoren zerlegen und haben beide keine Nullstellen.

▶ **Beispiel**

Die Polynomfunktion mit $f(x) = x^3 + 2x^2 + 2x + 1$ hat eine Nullstelle und ist vom Grad n=3. Faktorisiert man den Funktionsterm (z. B. mithilfe des Rechners), erhält man $f(x) = (x + 1)(x^2 + x + 1)$. Man das Produkt aus einem linearen Faktor mit einer Nullstelle und einem quadratischen Faktor ohne Nullstelle.

Diese beiden Beispiele haben verdeutlicht, dass der Grad des Polynoms nur die maximale und nicht unbedingt die tatsächliche Zahl der Nullstellen angibt. Es gibt Fälle, wie die beiden Beispiele zeigen, wo es weniger Nullstellen gibt, als der Grad des Polynoms angibt. Grund dafür ist, dass bei der Faktorisierung, also der Zerlegung eines Polynoms in Faktoren, quadratische Faktoren ohne Nullstellen in der faktorisierten Darstellung auftauchen können. Im ersten Beispiel liegt ein Polynom vierten Grades vor. Man erhält beim Faktorisieren zwei quadratische Faktoren ohne Nullstellen, also insgesamt keine Nullstellen. Im zweiten Beispiel, einem Polynom dritten Grades, gibt es einen quadratischen Faktor ohne Nullstellen und einen Linearfaktor, also eine Nullstelle. Polynome lassen sich immer in quadratische und/oder lineare Terme zerlegen. Der nächste Satz drückt dies allgemein aus:

▶ **Satz (Allgemeine Zerlegung)** Ein Polynom $f : \mathbb{R} \to \mathbb{R}$ mit Grad n lässt sich immer in eine Kombination aus quadratischen und Linearfaktoren zerlegen. Ist keine weitere Zerlegung mehr möglich, entstehen quadratische Faktoren, die keine Nullstelle haben, und Linearfaktoren mit genau einer Nullstelle. Die Anzahl der Faktoren beträgt dabei stets n, wobei quadratische Faktoren doppelt gezählt werden.

An der Faktorzerlegung in lineare und quadratische Faktoren ist nun der Zusammenhang des Grades n eines Polynoms mit der Anzahl der Nullstellen und der Anzahl der einzelnen Faktoren deutlich geworden. Dieses Prinzip lässt sich übertragen auf Überlegungen zur Anzahl von Extremstellen einer Funktion. Extremstellen sind diejenigen x-Werte, an denen der Graph einen Hoch- oder Tiefpunkt aufweist, sich also die Steigungsrichtung von steigend zu fallend (bei einem Hochpunkt) bzw. von fallend zu steigend (Tiefpunkt) ändert.

5.4 Umkehrfunktion

5.4.1 Umkehrfunktion bei Potenzfunktionen

Die Frage nach Umkehrfunktionen hängt immer damit zusammen, die Rolle der unabhängigen und abhängigen Variablen (vgl. Abschn. 2.2) zu vertauschen (vgl. Abschn. 2.8.6, Abschn. 3.5 und Abschn. 4.4.4).

Dies lässt sich in den verschiedenen Darstellungsarten deuten, hier zu greifen wir das Beispiel auf zum Vierte-Potenz-Gesetz (vgl. Tab. 5.14, Abb. 5.9 und Tab. 5.11):

Bevor eine Umkehrfunktion gebildet wird, ist es zunächst wichtig zu prüfen, ob die Ausgangsfunktion f überhaupt umkehrbar oder bijektiv ist. Dazu müssen zwei Kriterien erfüllt sein – die Funktion f muss injektiv und surjektiv sein (vgl. Abschn. 2.8.5).

Ist dies nicht der Fall, so kann man dies durch Anpassung der Definitionsmenge (vgl. Abschn. 2.3) und der Zielmenge (vgl. Abschn. 2.3) erreichen:

- Ist die Funktion nicht injektiv, so kann man die Definitionsmenge D so einschränken, dass die Funktion injektiv wird (vgl. Abb 5.12).
- Ist die Funktion nicht surjektiv, so kann man die Zielmenge Z so einschränken, dass die Funktion surjektiv wird (vgl. Abb. 5.13).

Tab. 5.14   Die Umkehrfunktion bei Potenzfunktionen am Beispiel des Vierte-Potenz-Gesetzes

Sprachlich-situativ	Formal-Symbolisch
In der Ausgangsfunktion f wird nach dem Straßenverschleiß in Abhängigkeit vom Fahrzeuggewicht gefragt (z. B.: Wie groß ist der Straßenverschleiß bei einem bestimmten Fahrzeuggewicht?) Bei der Umkehrfunktion f^{-1} wird nach dem Fahrzeuggewicht in Abhängigkeit vom Straßenverschleiß gefragt (z. B.: Bei welchem Fahrzeuggewicht muss man mit einem bestimmten Straßenverschleiß rechnen?)	Ausgangsfunktion: $f(x) = 0.5 \cdot x^4$ mit $x \in \mathbb{R}^+$ Aus $y = 0.5 \cdot x^4$ entsteht durch Auflösen nach x : $x = 2 \cdot y^{\frac{1}{4}}$ So erhält man die zugehörige Umkehrfunktion: $f^{-1}(x) = 2 \cdot x^{\frac{1}{4}} = 2 \cdot \sqrt[4]{x}$ mit $x \in \mathbb{R}^+$
Numerisch-tabellarisch Die Spalten von x-Werten und y-Werten werden vertauscht (vgl. Tab. 5.11)	**Graphisch-Visuell** 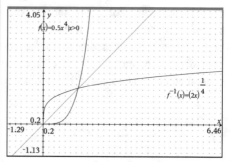 Das Vertauschen der Variablen bewirkt ein Spiegeln an der ersten Winkelhalbierenden im Koordinatenkreuz (hier gestrichelte Linie), d. h., die Graphen zur Funktion und Umkehrfunktion sind dazu achsensymmetrisch

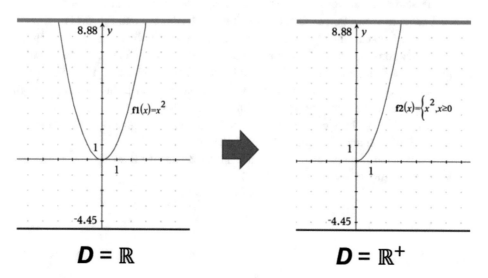

Abb. 5.12   Einschränken der Definitionsmenge, um Injektivität zu erreichen

Abb. 5.13 Einschränken der Zielmenge, um Surjektivität zu erreichen

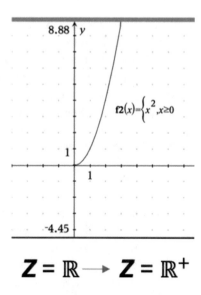

$$Z = \mathbb{R} \longrightarrow Z = \mathbb{R}^+$$

Neben dem Beachten bzw. Erreichen der Bijektivität ist es bei der Umkehrung von Funktionen wichtig zu berücksichtigen, ob für die angestrebte Umkehrfunktion Einschränkungen für die Definitionsmenge wichtig werden. Dies ist bei Potenzfunktionen oft der Fall.

Will man beispielsweise zur einer Potenzfunktion mit ungeradem Exponenten (z. B. $f(x) = x^3$, $\boldsymbol{D} = \mathbb{R}$) die Umkehrfunktion bilden, so liegt für die Funktion Injektivität und Surjektivität vor, die Funktion ist also bijektiv bzw. umkehrbar. Die angestrebte Umkehrfunktion ist allerdings eine Wurzelfunktion $f^{-1}(x) = \sqrt[3]{x}$, und Wurzeln sind nur für positive reelle Zahlen definiert (vgl. Definition). Dies ist wichtig zu beachten, denn man muss dann die Funktion in zwei Teilfunktionen aufspalten und getrennt die Umkehrfunktion bilden, so wie es bei der Potenzblume (Abb. 5.4) der Fall war. Es gibt einige Funktionsplotter, die dies fälschlicherweise nicht beachten.

5.4.2 Umkehrfunktion bei Polynomfunktionen

Das Bilden einer Umkehrfunktion bei Polynomfunktionen ist erwartungsgemäß noch viel komplexer als bei Potenzfunktionen. Im Beispiel der quadratischen Funktion in Abb. 5.12 lag die Injektivität zunächst nicht vor, weil ein y-Wert zweimal vorkam. Bei Polynomfunktionen höheren Grades kann ein y-Wert sogar noch häufiger vorkommen, und deshalb wäre ein Zerlegen der Funktion in mehrere Teilfunktionen erforderlich, um Injektivität zu erreichen.

Will man jedoch eine Umkehrfunktion zu einer Polynomfunktion bilden, ist der erste Schritt das Prüfen und eventuelle Herstellen der Injektivität und Surjektivität durch Einschränken der Definitionsmenge und der Zielmenge. Graphisch lässt sich dann die

Umkehrfunktion für die einzelnen Teilfunktionen bilden, was für Anwendungskontexte eventuell ausreichend ist.

Ein formal-symbolisches Bestimmen einer Umkehrfunktion zu Polynomfunktionen ab dem Grad 3 ist jedoch äußerst komplex. Im Unterschied zu linearen und quadratischen Funktionen gibt es keinen Algorithmus, die Umkehrfunktion durch Rückwärtsrechnen zu bestimmen. Bei quadratischen Funktionen ist dies möglich, zum Beispiel nach Aufteilen in Teilfunktionen durch direktes Rückwärtsrechnen, wenn man von der Scheitelpunktform ausgeht.

▶ **Auftrag**

1. Bestimmen Sie die Umkehrfunktion(en) zu $f(x) = x^2 - 2x + 3$. In welche beiden Teilfunktionen muss die Funktion zunächst zerlegt werden, sodass Bijektivität für die Teilfunktionen vorliegt?
   Geben Sie jeweils die Definitionsmenge und die Zielmenge an und bilden Sie dann jeweils die Umkehrfunktion.
2. Betrachten Sie den Graphen zur Funktion $f(x) = x^3 - 3x$. In welche Teile müsste man die Funktion zerlegen, um Bijektivität zu erreichen?

5.5   Gleichungen

Gleichungen können gedeutet werden als die Suche nach unbekannten Werten im Zusammenhang mit Funktionen – so auch bei Potenzgleichungen in innermathematischen wie außermathematischen Zusammenhängen. Gleichungen sind zu lösen beim Bestimmen von:

- Funktionswerten bzw. y-Werten zu gegebenen x-Werten,
- x-Werten zu gegebenen y-Werten oder
- Schnittpunkten verschiedener Funktionsgraphen.

Am Graphen oder einer Tabelle lassen sich immer ungefähre Werte zur Lösung einer Gleichung ablesen. Exakte Werte sind nur in Ausnahmefällen am Graphen oder einer Tabelle zu ermitteln, wenn der gesuchte Wert zum Beispiel auf einem Gitterpunkt im Koordinatensystem liegt oder man den vermuteten Wert durch Einsetzen in die Gleichung schnell überprüfen kann. Will man immer einen genauen Wert, geht dies nur über das Lösen von Gleichungen. Im Rahmen von Potenz- und Polynomfunktionen entstehen dann Potenzgleichungen, für deren Lösung vor allem die Potenzgesetze relevant sind (vgl. Abschn. 5.2.2).

Zunächst ein Beispiel, bei dem das Lösen der Gleichung über Rückwärtsrechnen möglich ist.

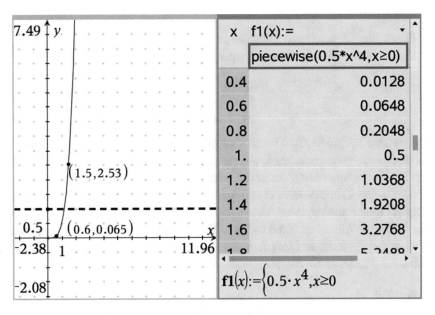

Abb. 5.14 Funktion zur Beschreibung der Straßenbelastung abhängig vom Fahrzeuggewicht

▶ **Beispiel**
Beim Vierte-Potenz-Gesetz für die Belastung einer Straße (vgl. Abb. 5.14) könnte die Frage sein:

Welches maximale Gewicht pro Achslast sollte ein Pkw haben, damit die Straßenbelastung nicht über $S = 1$ steigt?

Am Graphen und der Wertetabelle lässt sich der ungefähre Wert ablesen, das Lösen der Gleichung liefert den genauen Wert:

$$S(x) = 0,5 \cdot x^4 = 1 \Leftrightarrow x^4 = 2 \Leftrightarrow x = \sqrt[4]{2} \approx 1.19$$

Damit die Straßenbelastung nicht über den Wert $S = 1$ steigt, darf ein Fahrzeuggewicht nicht höher sein als $1,1t$ pro Achslast.

Das Rückwärtsrechnen ist nur bei Gleichungen im Zusammenhang von Potenzfunktionen möglich.

Sobald Summen von Potenzen auftreten und wir uns im Bereich der Polynomfunktionen bewegen, wird dies schwieriger. Nur bei linearen und quadratischen Gleichungen gibt es Algorithmen, also klare Rechenschritte, denen man beim Lösen von Gleichungen folgen kann – wie z. B. die p-q-Formel oder der Weg der quadratischen Ergänzung beim Lösen quadratischer Gleichungen (vgl. Abschn. 4.4).

▶ **Auftrag**

Lösen Sie die folgenden Gleichungen. Überprüfen Sie Ihr Ergebnis durch Einsetzen der Lösungen in die Ausgangsgleichung.

$$0,125 \cdot x^5 = 4$$
$$5 \cdot x^{-3} = 2 \cdot x^7$$
$$2 \cdot x^{\frac{1}{2}} = 3 \cdot x^{\frac{1}{3}}$$

Bei Polynomen mit einem Grad höher als 3 gibt es in der Regel keine Algorithmen. Hier bietet neben dem systematischen Probieren die Suche nach Lösungen am Graphen oder in der Tabelle in Anwendungskontexten einen guten Weg, zumindest Näherungswerte zu ermitteln. Bei Tabellen kann dies durch das Verfeinern der Tabelle sogar zu einem beliebig genauen Näherungswert führen.

Nur in einigen Ausnahmefällen lassen sich Gleichungen relativ leicht lösen, zum Beispiel wenn das Polynom in Linearfaktoren zerlegt vorliegt und Nullstellen gesucht sind (Abschn. 5.3.2). Hierzu ein Beispiel:

▶ **Beispiel**

Es soll die Gleichung $(x - 1)(x + 2)(x - 3) = 0$ gelöst werden.

Es liegt ein Produkt aus drei Linearfaktoren vor. Ein Produkt ist dann 0, wenn einer der Faktoren 0 wird. Dadurch ergibt sich die Lösungsmenge:$L = \{1, -2, 3\}$

Würde das Polynom in der Form $x^3 - 2x^2 - 5x + 6 = 0$ vorliegen, wäre es deutlich schwieriger, die Lösung zu finden. Zwei Wege wären dann möglich:

- Man sucht durch systematisches Probieren alle drei Lösungen.
- Man sucht durch systematisches Probieren eine Lösung (z. B. $x = 1$) und führt dann eine sogenannte Polynomdivision durch:

$$(x^3 - 2x^2 - 5x + 6) : (x - 1) = x^2 - x - 6.$$

Der im Beispiel beschriebene Weg der Polynomdivision hilft in manchen Fällen dabei, dass man auf eine quadratische Gleichung reduzieren kann, für die dann Lösungswege bekannt sind.

5.6   Check-out

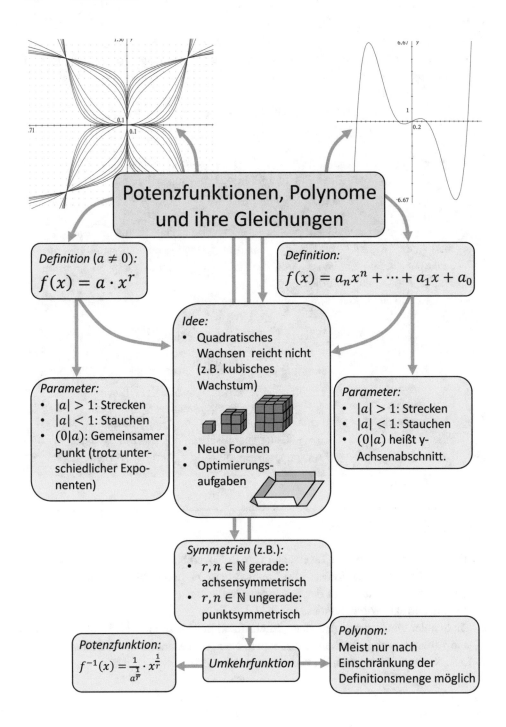

Kompetenzen

Sie können ...

- den Begriff Potenz und die verschiedenen Grundvorstellungen von Potenzen an Beispielen erläutern sowie mit Potenzen flexibel rechnen unter Anwendung der Potenzgesetze,
- die Lernendenperspektive einnehmen und typische Fehler bei der Potenzrechnung nennen sowie beschreiben, wie ihnen begegnet werden kann,
- die Kernidee von Potenzfunktionen (z. B. kubisches Wachstum für $n = 3$) benennen und an Beispielen erläutern, dabei Definitionsmenge und Wertemenge angeben,
- bei gegebenen Potenz- und Polynomfunktionen zwischen den vier Darstellungsformen mit und ohne digitale Medien wechseln und auch Anwendungsbeispiele angeben,
- aus zwei gegebenen Punkten den Term der zugehörigen Potenzfunktion ermitteln,
- markante Merkmale der Graphen von Potenzfunktionen und von Polynomfunktionen erkennen und begründen (z. B. Öffnung des Graphen, einzelne Punkte, Monotonie, Symmetrie),
- Anwendungen zu Potenzfunktionen angeben und erläutern (z. B. Ameise, Sekt, Barbie),
- die Umkehrfunktion zu Potenzfunktionen und Polynomfunktionen bestimmen und dabei Definitionsmenge und Wertemenge angeben,
- Gleichungen mit Potenzen graphisch, tabellarisch und je nach Gleichung auf verschiedenen algebraischen Wegen (Rückwärtsrechnen, Umformen, Faktorisieren) lösen,
- die Lernendenperspektive einnehmen und (z. B. Vorstellungsänderungen bei den Potenzfunktionen im Unterschied zu quadratischen Funktionen, Fehlkonzept der Übergeneralisierung der Proportionalität – „illusion of linearity") erläutern.

5.7   Übungsaufgaben

1. In der 20-Uhr-Ausgabe der Tagesschau vom 2. November 2014 wurde über den Weltklimarat berichtet, der fordert, die Treibhausgasemissionen bis 2050 um 40 % zu reduzieren. Dies wurde mit der folgenden Grafik illustriert (Abb. 5.15). Ist die Darstellung korrekt? Wie wirkt diese auf Sie?
2. Ein Schüler löst folgende Aufgabe: „Ein Luftballon wird so mit Luft befüllt, dass sich sein Volumen nach jeder Stunde verdoppelt. Nach acht Stunden ist der Ballon voll mit Luft. Nach wie vielen Stunden war er nur halb voll?"

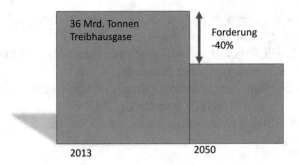

Abb. 5.15 Treibhausgasemissionen sollen bis 2050 um 40 % reduziert werden.

Die Antwort des Schülers: „Vier!" Was sagen Sie dem Schüler?

3. Lösen Sie die folgenden Rechnungen und vereinfachen Sie das Ergebnis so weit wie möglich. Formulieren Sie einen Tipp zur angegebenen Schülerlösung.
   – Was ist die Hälfte (bzw. 50 %) von 2^{40000}? Schülerlösung: 1^{40000}
   – Was ist das Sechsfache von 6^{70000}? Schülerlösung: 36^{70000}

4. In Abb. 5.16 ist die Entwicklung der weltweiten Erdölförderung auf der Grundlage der folgenden Daten (in Tab. xx) dargestellt.

Jahr	2003	2010	2016
Menge an Erdöl	3704, 5	3976, 5	4382, 4

Analysieren Sie die Wirkung dieser Darstellung auf den Betrachter.

5. Werden Sie kreativ und erstellen Sie ein Diagramm, das andere Menschen in ähnlicher Weise in die Irre führen könnte.

6. Polynomfunktionen, Nullstellen und Konstruktion
   a) Was kann man über die Anzahl der Lösungen der nichtlinearen Gleichung $x^4 + 15x^2 = 8x^3$ sagen, ohne zu rechnen?

Abb. 5.16 Entwicklung der weltweiten Erdölförderung

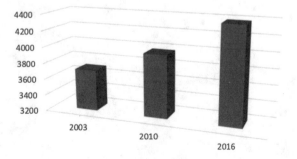

Weltweite Erdölförderung (in Millionen Tonnen)
Datenquelle (Letzter Zugriff: 17.2.2020):
https://de.wikipedia.org/wiki/Erdöl/Tabellen_und_Grafiken#Weltförderung

b) Finden Sie ein Polynom fünften Grades mit den Nullstellen $-2, -1, 0, 1$ und 2. Gehen Sie möglichst geschickt vor.

c) Finden Sie ein Polynom dritten Grades mit genau einer Nullstelle $x_1 = 2$ (insbesondere nicht einer dreifachen Nullstelle).

d) Konstruieren Sie ein Polynom dritten Grades, das durch die Punkte $(0|0), (1|3), (-1|-3)$ und $(2|12)$ verläuft.

e) Bestimmen Sie eine Funktionsgleichung zu der in Abb. 5.17 dargestellten Polynomfunktion.

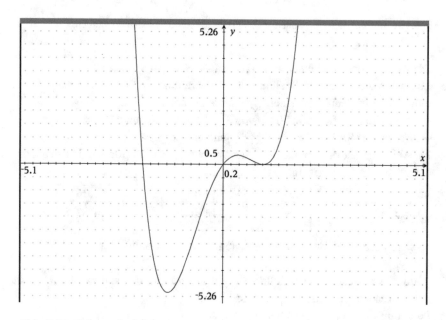

Abb. 5.17 Polynomfunktion

Exponentialfunktionen und ihre Gleichungen

6.1 Check-in

In Natur und Technik reicht es oft nicht aus, nur mit den bisher bekannten Wachstumsarten zu arbeiten. Viele Phänomene lassen sich nicht mehr mithilfe linearen, quadratischen etc. Wachstums beschreiben. Ein Beispiel:

Der ostafrikanische Victoriasee ist der größte See Afrikas. Zu Beginn des Jahres 1995 war eine Fläche von etwa 20 Quadratkilometern des Victoriasees von Wasserhyazinthen bedeckt. Ein Jahr später hatte sich die Fläche auf etwa 40 Quadratkilometer vergrößert. Bereits im Januar 1997 überdeckte die Population der Pflanze rund 80 Quadratkilometer der Seefläche, bis zu Beginn des Jahres 1998 sogar 160 Quadratkilometer überwuchert waren – eine ökologische Katastrophe, wie man anhand von Abb. 6.1 erahnen kann.[1]

Offenbar reicht hier ein lineares Modell zur Beschreibung des Wachstums nicht mehr aus: Die Zeitpunkte liegen jeweils etwa ein Jahr auseinander. Statt einer konstanten Zunahme von Zeitpunkt zu Zeitpunkt beobachtet man eine Verdopplung der Population von Wasserhyazinthen mit jedem Zeitschritt. Man spricht von sog. *exponentiellem Wachstum*, da sich die vorhandene Menge mit jedem konstanten Zeitschritt um einen festen Faktor (hier 2) vergrößert. Auch wenn die Menge der Pflanzen zu Beginn recht gering erscheint, so bedeutet eine stetige Verdopplung doch ein enormes Wachstum, das schnell jeden linearen (und auch jeden anderen bisher vorgestellten) Wachstumsprozess übersteigt.

---

[1]Den See und eine entsprechende Wasserhyazinthenplage gibt es wirklich. Wie die meisten Pflanzen breitet sich auch die Hyazinthe bei optimalen Wachstumsbedingungen exponentiell aus. Die genannten Werte entsprechen etwa realistischen Größenordnungen, wurden jedoch etwas korrigiert, um das mathematische Konzept, nicht aber die konkreten Rechnungen zunächst genauer zu beleuchten (vgl. Albright et al. 2004).

© Springer-Verlag GmbH Deutschland, ein Teil von Springer Nature 2021
B. Barzel et al., *Algebra und Funktionen,* Mathematik Primarstufe und Sekundarstufe I + II, https://doi.org/10.1007/978-3-662-61393-1_6

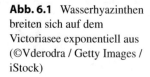

Abb. 6.1 Wasserhyazinthen
breiten sich auf dem
Victoriasee exponentiell aus
(©Vderodra / Getty Images /
iStock)

Auf einen Blick

In diesem Kapitel betrachten wir exponentielle Wachstums- und Zerfallsprozesse.
Diese lassen sich durch Exponentialfunktionen mathematisch beschreiben. Arbeitet
man mit Exponentialfunktionen, benötigt man häufig auch ihr mathematisches
Gegenstück, die sog. Logarithmusfunktionen. Auf die Eigenschaften beider
Funktionsklassen einschließlich ihrer Umkehreigenschaft und was diese für ent-
sprechende Gleichungen bedeutet, wird in diesem Kapitel eingegangen.

Aufgaben zum Check-in

Im Folgenden können Sie Ihr Vorwissen zum Thema testen. Hierzu finden Sie typische
Aufgaben.

1. Welche Prognose lässt sich ausgehend von den bekannten Daten für die Größe der
   Wasserhyazinthenpopulation im Victoriasee für September 1998 abgeben?
2. Bestimmen Sie einen ungefähren Funktionsterm, der in Abhängigkeit von der
   vergangenen Zeit die Größe der Wasserhyazinthenpopulation im Victoriasee
   prognostiziert.
3. Die Population von Eichhörnchen innerhalb eines Parks vervierfacht sich jedes Jahr.
   Stellen Sie einen Funktionsterm auf, der die Größe der Population in Abhängigkeit
   von der Zeit in Jahren beschreibt, wenn zu Beginn ein Eichhörnchenpaar im Park ausgesetzt wird.
4. Bestimmen Sie mit einer Methode Ihrer Wahl anhand der von Ihnen aufgestellten
   Funktionsvorschrift, nach wie vielen Jahren über 1000 Eichhörnchen im Park leben.
5. Die Funktion $f(x) = 1{,}4^x$ beschreibt einen exponentiellen Wachstumsprozess.
   Bis zu welchem x wächst der lineare Wachstumsprozess, der durch die Funktion
   $g(x) = 2x + 2$ beschrieben wird, schneller als der exponentielle Prozess?

6. Die Funktion $f(x) = a^x$ beschreibt einen allgemeinen Prozess von exponentieller Natur. Für welche Werte von a wird ein Wachstums-, für welche ein Zerfallsprozess beschrieben?

7. Welcher Punkt ist allen Funktionen des Typs $f(x) = a^x$ gemein?

8. Bestimmen Sie eine Exponentialfunktion, die durch die Punkte $P_1(0|1)$ und $P_2(0|9)$ verläuft. Ist diese eindeutig? Lässt sich durch jedes Paar zweier Punkte eine Exponentialfunktion bestimmen?

6.2   Zugänge zu Exponentialfunktionen

6.2.1   Exponentielles Wachstum

Im einführenden Beispiel haben Sie vielleicht ein erstes Gefühl für die Mächtigkeit exponentiellen Wachstums entwickelt und erkannt, welche Gefahren u. a. damit einhergehen können. Um die Natur exponentieller Wachstumsprozesse weiter zu beleuchten, betrachten wir ein weiteres Beispiel, das – zugegeben – etwas weniger weltlich erscheint:

Stellen Sie sich Folgendes vor: Sie nehmen ein übliches DIN-A4-Blatt zur Hand und falten es genau in der Mitte, sodass es die Größe eines DIN-A5-Blattes erhält. Das wiederholen Sie nun, sodass Sie Papier in der Größe DIN A6, DIN A7 usw. erhalten. Natürlich kann man diesen Prozess physisch nicht beliebig oft wiederholen – bei sieben, spätestens aber acht Durchgängen ist Schluss. Innerhalb der Mathematik können wir dies aber zumindest rechnerisch unendlich fortsetzen, und so wird bei jedem Mal Falten das gestapelte Papier etwas dicker. Was schätzen Sie, wie oft gefaltet werden muss, bis der Papierstapel die Höhe des Empire State Building übertrifft?

Exponentielles Wachstum ist Wachstum, das schnell an Wachstumsgeschwindigkeit gewinnt, und zwar schneller als alle anderen Arten von Wachstum, wie wir sie bisher betrachtet haben (linear, quadratisch etc.).

Dies kann man sich gut an obigem Beispiel veranschaulichen: Das Empire State Building in New York hat eine Höhe von rund 443 m bis zur Antennenspitze (s. Abb. 6.2). Handelsübliches DIN-A4-Papier hat meist eine Stärke von etwa einem Zehntel Millimeter, ist also 0,0001 m dick. Mit jedem Mal Falten verdoppeln wir die Höhe des Papierstapels. Wie man in Tab. 6.1 sehen kann, nimmt das Höhenwachstum des Stapels ständig zu, sodass man nach 22-maligem Falten bereits eine Höhe von über 419 m erreicht. Nach „nur" 23-maligem Falten ist der Papierturm mit etwa 839 m schließlich höher als das Empire State Building – zumindest theoretisch.

Anhand der in Tab. 6.1 dargestellten Wertereihe lässt sich leicht eine entsprechende Funktionsvorschrift bestimmen: $f(x) = 0,0001 \cdot 2^x$.   Die entsprechende Funktion ordnet jeder Anzahl von Faltvorgängen offensichtlich die entsprechende Turmhöhe in Metern zu. Hierbei erhält man z. B. genau für $x = 0$ die Ausgangshöhe 0,0001 m, also die Höhe eines Blattes. Wertet man die Funktion bei zwei aufeinanderfolgenden natürlichen Zahlen aus und vergleicht so z. B. $f(3)$ mit $f(4)$, verdoppelt sich (wie gewünscht)

Abb. 6.2 Empire State
Building in New York

Tab. 6.1 Papierfalten rechnerisch: Wie oft muss man falten, um einen Stapel größer als das Empire State Building zu erhalten?

Anzahl Falt-vorgang	Höhe des Papierstapels (in m)	Multiplikative Änderung	Additive Änderung
0	0,0001	–	
1	$0{,}0001 \cdot 2 = 0{,}0002$	·2	+0,0001
2	$0{,}0001 \cdot 2 \cdot 2 = 0{,}0001 \cdot 2^2 = 0{,}0004$	·2	+0,0002
3	$0{,}0001 \cdot 2 \cdot 2 \cdot 2 = 0{,}0001 \cdot 2^3 = 0{,}0008$	·2	+0,0004
4	$0{,}0001 \cdot 2 \cdot 2 \cdot 2 \cdot 2 = 0{,}0001 \cdot 2^4 = 0{,}0016$	·2	+0,0008
5	$0{,}0001 \cdot 2 \cdot 2 \cdot 2 \cdot 2 \cdot 2 = 0{,}0001 \cdot 2^5 = 0{,}0032$	·2	+0,0016
…	…		
22	$0{,}0001 \cdot 2^{22} = 419{,}430$	·2	+209, 715
23	$0{,}0001 \cdot 2^{23} = 838{,}861$	·2	+419, 430

der Funktionswert. Man spricht entsprechend von *multiplikativer Änderung* um den Faktor 2, da hier $f(4) = 2 \cdot f(3)$ gilt. Man kann den Fokus aber auch speziell darauf richten, um welche Länge der Turm bei diesem entsprechenden Schritt wächst. Hier gilt $f(4) = f(3) + 0{,}0008$. In diesem Kontext spricht man von *additiver Änderung* (vgl. Confrey und Smith 1995; Thiel-Schneider 2018). Während die multiplikative Änderung bei exponentiellen Wachstumsprozessen konstant ist, verändert sich die additive Änderung bei jedem Schritt. Im konkreten Beispiel wächst Letztere unaufhörlich und verändert sich in den ersten 23 Schritten von 0,0001 bis auf 419,430, was die besondere Wachstumsgeschwindigkeitexponentieller P rozesse unterstreicht .

Besonders verdeutlichen lässt sich die Mächtigkeit exponentiellen Wachstums aber auch, wenn der zugehörige Funktionsgraph, wie er in Abb. 6.3 dargestellt ist, betrachtet wird. Nachdem der Graph zu Beginn nur zögerlich wächst, gewinnt der Wachstumsprozess nach und nach an Fahrt, sodass der Wert für $x = 18$ bereits nicht mehr dem dargestellten Ausschnitt zu entnehmen ist.

Das Falten von Papier oder anderer Materialien und das damit verbundene exponentielle Wachstum der Stapelgröße ist aber nicht nur ein reines mathematisches Gedankenexperiment. Zum Beispiel lässt sich mit diesem Verfahren die Stärke (d. h. die Materialdicke) auch sehr feiner Materialien bestimmen. Faltet man etwa sog. Mylarfolie

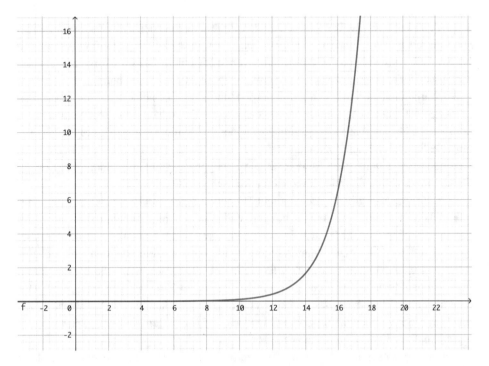

Abb. 6.3 Graph der Funktion $f(x) = 0{,}0001 \cdot 2^x$

Abb. 6.4 Fünffach gefaltete Mylarfolie im Messschieber

fünfmal, so liegen insgesamt $2^5 = 32$ Lagen Folie übereinander. Die Gesamtstärke lässt sich nun mit einem einfachen Messschieber, wie in Abb. 6.4 dargestellt, bestimmen. In diesem Fall lässt sich eine Gesamtstärke von etwa einem halben Millimeter ablesen, womit die Stärke einer einzelnen Folie etwa $\frac{0,5 \text{ mm}}{32} = 0,015625$ mm beträgt.

Auch Epidemien breiten sich i. d. R. exponentiell aus. Dies liegt vor allem daran, dass infizierte Menschen oder Tiere selbst wieder weitere Individuen infizieren. Verdeutlichen kann man sich das Ausbreitungsverhalten einer Epidemie anhand der folgenden Aufgabenstellung: Bei einer Zombieapokalypse verdreifacht sich die Menge der infizierten Personen etwa einmal jede Stunde. Die Apokalypse beginnt mit einer Mutation bei „Patient 0" zu einem Zombie. Wann ist die Menschheit ausgelöscht?

Zum Zeitpunkt 0 gibt es mit „Patient 0" genau einen Zombie. Dieser wird innerhalb der ersten Stunde die Anzahl infizierter Personen verdreifachen, sodass dann drei Personen infiziert sind, nach zwei Stunden neun usw. Wir können also von der Funktion $z(x) = 1 \cdot 3^x$ für die Anzahl der Zombies z in Abhängigkeit von den verstrichenen Stunden nach Ausbruch x ausgehen. Es stellt sich die Frage, wann die Menschheit in ihrer jetzigen Form ausgelöscht und alle Menschen zu Zombies geworden sind. Dies kann man ungefähr anhand des zugehörigen Funktionsgraphen in Abb. 6.5 ablesen. Geht man von einer Weltbevölkerung von aktuell ca. 7,5 Mrd. Menschen aus, kann man die ungefähre obere Grenze von 21 h ausmachen.

Während die Zahl der infizierten Personen in den ersten 16 h noch recht gering bleibt, nimmt die Apokalypse ab diesem Zeitpunkt deutlich an Ausbreitungsgeschwindigkeit zu.

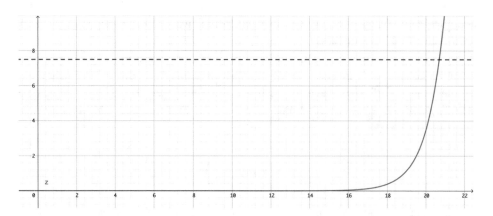

Abb. 6.5 Funktion z, die eine weltweite Zombieapokalypse beschreibt (x-Achse in Stunden, y-Achse in Milliarden Menschen)

Dies liegt an der im Verhältnis zur Weltbevölkerung relativ geringen Anzahl infizierter Personen vor diesem Zeitpunkt.

6.2.2 Exponentieller Zerfall

Neben exponentiellem Wachstum kann man in Natur und Technik auch exponentiellen Zerfall beobachten. Ein häufiges Beispiel stellen sog. *Halbwertszeiten* dar, wie sie etwa im Kontext radioaktiver Strahlung auftreten: Das Element Plutonium 238 (Symbol ^{238}Pu) ist radioaktiv. Es hat eine Halbwertszeit von 88 Jahren, d. h., nach 88 Jahren ist die Hälfte der Atomkerne einer vorhandenen Menge Plutonium 238 unter Aussendung radioaktiver Strahlung in ein anderes Nuklid umgewandelt worden. Dieser Vorgang wiederholt sich immer weiter, sodass sich nach $2 \cdot 88 = 176$ Jahren die noch verbliebene Menge erneut halbiert hat, d. h. auf ein Viertel der Ausgangsmenge reduziert wurde usw.

Geht man davon aus, dass zu Beginn eine gewisse Masse m_0 des radioaktiven Elements vorliegt, halbiert sich also die vorhandene Menge alle 88 Jahre, sodass wir den folgenden Funktionsterm aufstellen können:

$$f(x) = m_0 \cdot \left(\frac{1}{2}\right)^x$$

Hierbei sollte man sich jedoch vergegenwärtigen, wofür die beiden beteiligten Größen x und $f(x)$ stehen: Da eine Halbierung des Bestands alle 88 Jahre stattfindet, bedeutet etwa die Erhöhung von x um 1 ein Voranschreiten des Zerfallsprozess um ebenfalls 88 Jahre. Entsprechend steht x für jeweils 88 Jahre. $f(x)$ ist entsprechend der noch vorhandene Bestand Plutonium zum Zeitpunkt x in jener Einheit, in der auch m_0 gegeben ist. Statt in einer für uns üblichen Zeiteinheit wie Sekunden, Minuten oder Stunden wird x in der aufgestellten Funktionsvorschrift also in einer „neuen" fiktiven Zeiteinheit angegeben, die jeweils genau 88 Jahre umfasst.

Es stellt sich also die Frage, wie wir die Funktionsvorschrift möglicherweise so gestalten können, dass in einer für uns üblichen Zeiteinheit, beispielsweise Jahre, eingesetzt werden darf. Dies kann man sich wie folgt überlegen: Da x für 88 Jahre steht, steht $\frac{x}{88}$ genau für $\frac{1}{88}$ dieses Zeitraums, also ein Jahr. Entsprechend gibt die alternative Funktionsvorschrift

$$g(x) = m_0 \cdot \left(\frac{1}{2}\right)^{\frac{x}{88}}$$

den Bestand des radioaktiven Materials $g(x)$ in Abhängigkeit von der verstrichenen Zeit x in Jahren an. Wie man in Abb. 6.6 sieht, nimmt die entsprechende Größe, d. h. die Menge des Materials, mit zunehmendem x immer schneller ab. Genauer kann man zwischen den Punkten A, B, C und D, die jeweils den x-Abstand einer Halbwertszeit besitzen, die entsprechende Halbierung der Funktionswerte sehen. Jeder additive Schritt um 88 Jahre entlang der x-Achse resultiert also in einer Multiplikation mit dem Faktor $\frac{1}{2}$

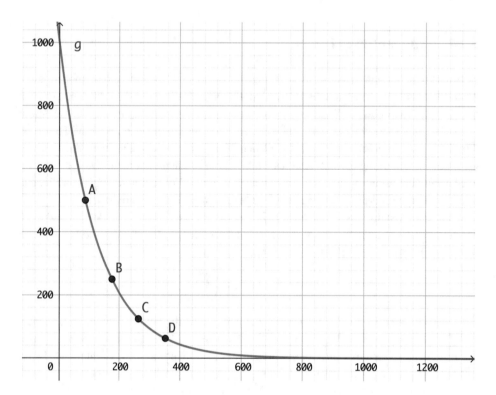

Abb. 6.6 Graph der Funktion g. Die Punkte A, B, C und D markieren jeweils Schritte von 88 Jahren

auf der y-Achse. Die Funktionswerte schmiegen sich schließlich asymptotisch an die x -Achse an, werden also immer kleiner, erreichen 0 jedoch nie.

6.2.3 Definition

Wir definieren die Funktionsklasse der Exponentialfunktionen nun wie folgt:

▶ **Definition** Eine Funktion $f : D \to Z$ heißt Exponentialfunktion zur *Basis* $a \in \mathbb{R}^+$, wenn ihr Funktionsterm die Form

$$f(x) = k \cdot a^x$$

besitzt. Hierbei heißt $k \in \mathbb{R} \backslash \{0\}$ *Anfangswert*.

Setzt man in dieser allgemeinen Form $k = 0{,}0001$ und $a = 2$, ergibt sich das Beispiel aus Abschn. 6.2.1; setzt man $k = m_0$ und $a = 1/2$, ergibt sich das Beispiel aus Abschn. 6.2.2. Hierbei steht x dann jeweils für 88 Jahre. Bei der Funktion $g(x)$ aus Abschn. 6.2.2 handelt es sich jedoch auch um eine Exponentialfunktion im Sinne der Definition. Dies lässt sich durch die folgende Umformung unter Ausnutzung der Potenzgesetze erkennen:

$$g(x) = m_0 \cdot \left(\frac{1}{2} \right)^{\frac{x}{88}} = m_0 \cdot \left(\left(\frac{1}{2} \right)^{\frac{1}{88}} \right)^x \approx m_0 \cdot 0{,}992154^x$$

Den letzten Schritt erhält man hier z. B. näherungsweise durch Ziehen der 88sten Wurzel aus $\frac{1}{2}$ mit einem Taschenrechner. Die Funktion $g(x)$ ist also für die Setzung $k = m_0$ und $a = 0{,}992154$ ebenfalls eine Exponentialfunktion im Sinne der Definition. Den Einfluss der Parameter können Sie systematisch mithilfe des Applets „Exponentialfunktionen erkunden" nachvollziehen.

6.2.4 Die natürliche Exponentialfunktion

Für den Vorfaktor $k = 1$ und den Wert der Basis $a = e$ mit der sog. *Eulerschen Zahl* $e \approx 2{,}7182818284$ ergibt sich die sog. *natürliche Exponentialfunktion*. Für den entsprechenden Funktionsterm gilt also $f(x) = e^x \approx 2{,}7182818284^x$. Ähnlich wie die Kreiszahl π ist auch e eine Naturkonstante, deren Nachkommastellensequenz niemals abbricht, und somit eine irrationale Zahl.

Die natürliche Exponentialfunktion $f(x) = e^x$ hat besondere Bedeutung für die Differenzialrechnung. Neben der Nullfunktion (d. h. die Funktion, die für alle Werte den Wert 0 liefert) ist sie die einzige Funktion, die durch Ableiten unverändert bleibt. Somit gilt für sie $f'(x) = e^x$.

Zur Erinnerung: Die Ableitungsfunktion einer Funktion gibt an jeder Stelle die Steigung der entsprechenden Tangente an den Graphen an. Dies kann man auch als Steigung des Graphen selbst an dieser Stelle interpretieren. Die Steigung einer Tangente an den Graphen der natürlichen Exponentialfunktion ist also immer genauso groß wie der jeweilige Funktionswert an der Stelle selbst.

6.3 Eigenschaften und Anwendungen

6.3.1 Bedeutung der Parameter

Exponentialfunktionen verkörpern ihrer Natur nach exponentielles Wachstum und somit Wachstum, das von Schritt zu Schritt immer schneller wird, also sukzessive die Geschwindigkeit erhöht. Exponentielles Wachstum ist in gewisser Weise schnelleres Wachstum als jedes andere. Genauer gibt es kein Polynom, dessen wachsender Funktionsgraph dauerhaft mit jenem einer Exponentialfunktion „mithalten" kann. Dies gilt selbst dann, wenn die Exponentialfunktion vergleichsweise langsam wächst, etwa weil ihre Basis nur knapp oberhalb der 1 gewählt ist.

Hierbei spricht man verallgemeinernd von Wachstum in Form eines Oberbegriffs. Dies gilt auch dann, wenn man eigentlich einen Zerfall meint. Genauer ergeben sich für Werte $a > 1$ jeweils Exponentialfunktionen, die exponentiell wachsen. Für Werte $a < 1$ ergeben sich Funktionen, die exponentiellen Zerfall repräsentieren (positive Werte von k jeweils vorausgesetzt). Wir haben dies in Abb. 6.3 und Abb. 6.6 exemplarisch sehen können.

Wir haben außerdem gesehen, dass sich die Funktionswerte einer Exponentialfunktion bei konstanten (additiven) Schritten auf der x-Achse jeweils um denselben Faktor verändern. Hierbei spricht man verallgemeinernd vom sog. *Wachstumsfaktor*, i. d. R. auch dann, wenn die Funktion eigentlich einen Zerfall repräsentiert. Erhöht man die betrachteten Werte auf der x-Achse jeweils um 1, ist dies für eine Exponentialfunktion der Form $f(x) = k \cdot a^x$ gerade der Wert der Basis a: $f(x + 1) = k \cdot a^{x+1} = k \cdot a^x \cdot a^1 = f(x) \cdot a$. Erhöht man die x-Werte ganz allgemein, wie in Abb. 6.7 illustriert, jeweils um einen Wert $c \in \mathbb{R}^+$, werden die entsprechenden Funktionswerte ebenfalls um den festen Wachstumsfaktor d multipliziert. Diesen kann man ähnlich bestimmen: $f(x + c) = k \cdot a^{x+c} = k \cdot a^x \cdot a^c = f(x) \cdot a^c$. Somit gilt $d = a^c$. Man erhält den Wachstumsfaktor bei Erhöhung der Werte um c also jeweils, indem man die Basis um dieses c potenziert.

Der typische Verlauf einer Exponentialfunktion kann dem Funktionsgraphen in Abb. 6.8 entnommen werden. Hierbei sind die Funktionen $f(x) = 2^x$, $g(x) = e^x$ und $h(x) = 2 \cdot 2^x$ jeweils Exponentialfunktionen mit einer Basis $a > 1$. Sie verkörpern daher exponentielle Wachstumsprozesse. Bei den Funktionen $i(x) = \left(\frac{1}{2}\right)^x$, $j(x) = \left(\frac{1}{e}\right)^x = e^{-x}$ und $k(x) = 2 \cdot \left(\frac{1}{2}\right)^x$ handelt es sich hingegen um Exponentialfunktionen mit Basis a zwischen 0 und 1, sodass ein exponentieller Zerfall zu beobachten ist.

Alle dargestellten Funktionen besitzen keine Definitionslücken, sodass prinzipiell beliebige reelle Zahlen eingesetzt werden können. Der maximale Definitionsbereich

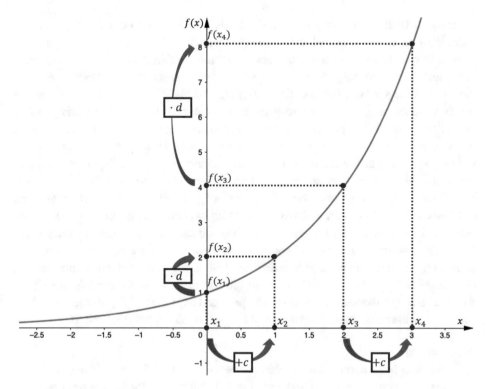

Abb. 6.7 Eine Erhöhung der x-Werte um c bewirkt eine Multiplikation mit einem Faktor d auf der y-Achse

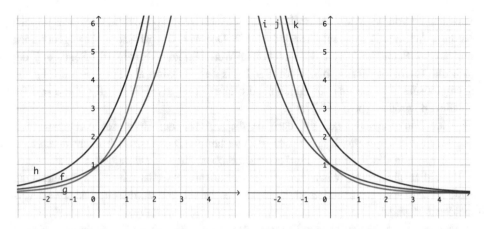

Abb. 6.8 Typischer Verlauf für drei exemplarische Exponentialfunktionen mit $a > 1$ (links) sowie $0 < a < 1$ (rechts)

ist somit $\mathbb{R}$. Unabhängig von der Wahl der Basis a nehmen die Funktionen jedoch nur positive Werte an. Der maximal erzielbare Wertebereich ist daher $\mathbb{R}^+$.

In beiden Wachstumsfällen ist zu beobachten, dass die Funktionen niemals stagnieren, d. h., auf einen Wert folgt immer ein größerer Wert (exponentielles Wachstum) bzw. immer ein kleinerer Wert (exponentieller Zerfall). Die Funktionen sind daher (bei einem positiven Vorfaktor k) für $a > 1$ streng monoton wachsend, für $0 < a < 1$ streng monoton fallend. Dies lässt sich natürlich auch algebraisch begründen: Wir betrachten zwei Werte x und y, wobei $x < y$ gelten soll (Abschn. 2.8.4). Dann gibt es ein positives c, sodass $y = x + c$ gilt. Wollen wir nun z. B. herausfinden, wann eine Exponentialfunktion streng monoton steigend ist, müssen wir untersuchen, unter welchen Bedingungen die Ungleichung $f(x) < f(y)$ und somit $k \cdot a^x < k \cdot a^y$ gilt. Mit der Wahl von c gilt nun $k \cdot a^x < k \cdot a^{x+c} = k \cdot a^x \cdot a^c$. Ist k positiv, lässt sich das durch Teilen von $k \cdot a^x$ auf beiden Seiten umformen zu $1 < a^c$. Hier müssen wir uns nun auf die Regeln der Potenzrechnung (Kap. 1) rückbesinnen: Liegt eine Zahl zwischen 0 und 1, wird sie beim Potenzieren mit einer positiven Zahl kleiner; liegt eine Zahl oberhalb der 1, wird sie beim Potenzieren mit einer positiven Zahl größer. Die Ungleichung gilt also für $a > 1$ und daher folgt die Eigenschaft der strengen monotonen Steigung. Entsprechend führt $f(x) > f(y)$ in analoger Weise auf $1 > a^c$, sodass eine solche Funktion für $0 < a < 1$ streng monoton fallend ist.

▶ **Auftrag**

Wir sind bei unseren Überlegungen zur Monotonie von einem positiven Vorfaktor k ausgegangen. Zu welchem Ergebnis führt eine solche Überlegung, falls k negativ ist? Welche Konsequenzen für entsprechende Ungleichungen hat dies?

Unabhängig von der Wahl der Basis schmiegen sich asymptotisch die Funktionsgraphen an die x-Achse an, erreichen diese jedoch nie. Der Wert 0 wird also nicht angenommen und ist zu Recht kein Teil des genannten Wertebereichs. Einzig die Seite, auf der sich die Asymptote ergibt, hängt von der Basis der Funktion ab: Für $a > 1$ erfolgt die asymptotische Annäherung für zunehmend kleinere (negative) Werte, für $0 < a < 1$ für zunehmend größere (positive) Werte.

Allen Funktionen ist gemein, dass sie die y-Achse auf Höhe des Anfangswerts k schneiden und somit durch den Punkt $(0|k)$ verlaufen. Dies lässt sich leicht durch Einsetzen von 0 in die jeweiligen Funktionsterme überprüfen. Beschreiben die Funktionen z. B. zeitlich ablaufende Wachstums- oder Zerfallsprozesse, ist damit die Bezeichnung Anfangswert auch anschaulich klar: Dieser beschreibt den zum Zeitpunkt $x = 0$ vorhandenen Bestand.

Die vorstehend beschriebenen Eigenschaften sind zur besseren Übersicht noch einmal in Tab. 6.2 dargestellt.

Der Einfachheit halber sind wir hier nur von positiven Anfangswerten k ausgegangen. Nach der Definition aus Abschn. 6.2.3 sind jedoch (außer 0) beliebige Werte prinzipiell erlaubt. In diesem Fall ergeben sich dann (wie bei jeder Funktionsart durch Hinzufügen

Tab. 6.2 Wichtigste Eigenschaften von Exponentialfunktionen

Eigenschaften von $f(x) = k \cdot a^x$, $a > 0, k > 0$	$a > 1$	$a < 1$
Art des Wachstums	Exponentielles Wachstum	Exponentieller Zerfall
Definitionsbereich	$\mathbb{R}$	$\mathbb{R}$
Wertebereich	$\mathbb{R}^+$	$\mathbb{R}^+$
Monotonie	Streng monoton wachsend	Streng monoton fallend
Asymptoten	An x-Achse für x gegen $-\infty$	An x-Achse für x gegen ∞
Gemeinsame Punkte	$(0|k)$	$(0|k)$

eines negativen Vorzeichens vor den Funktionsterm) jeweils an der x-Achse gespiegelte Graphen. Die Monotonieeigenschaften in beiden Spalten von Tab. 6.2 werden hierdurch dann vertauscht. Dies lässt sich auch anhand der rechnerischen Überlegungen oben nachvollziehen, da sich die Richtung einer Ungleichung durch die Multiplikation einer negativen Zahl auf beiden Seiten umkehrt.

6.3.2   Relevanz für die Zinsrechnung

Die Zinsrechnung ist ein elementares Thema der Finanzmathematik und – zugegebenermaßen – ein häufig als recht unbeliebt empfundenes Thema innerhalb der Schulmathematik (Stichwort z. B. „Zinseszins") (vgl. Alle 1981). Während Zinsrechnung bereits kurz nach der Erprobungsstufe den Mathematikunterricht dominiert, werden Exponentialfunktionen und die Thematik exponentiellen Wachstums typischerweise erst gegen Ende der Sekundarstufe I unterrichtet.

Dieser Umstand ist in gewisser Weise misslich, lässt sich die Zinsrechnung doch sehr gut innerhalb des fachlichen Überbaus von Exponentialfunktionen und zu exponentiellem Wachstum ausbreiten. An dieser Stelle sollen daher vor allem der höhere Standpunkt und eine entsprechende Verortung innerhalb des hier betrachteten Themas im Fokus stehen.

Grundsätzlich lassen sich zwei Modelle der Verzinsung unterscheiden: die sog. *lineare Verzinsung* (die Zinsen werden auf ein separates Konto abgeführt) sowie die sog. *exponentielle Verzinsung* (die Zinsen werden dem Kapital hinzugeschlagen und selbst wieder mitverzinst).

- Lineare Verzinsung: $K_n = K_0 + K_0 \cdot \frac{p}{100} \cdot n$
- Exponentielle Verzinsung: $K_n = K_0 \cdot q^n$

Hierbei ist K_n das Kapital nach n Jahren (oder allgemeiner einer festen Zinsperiode) und K_0 das anfängliche Kapital. Mit dem Zinssatz $\frac{p}{100}$ können die jährlichen Zinsen Z

berechnet werden: $Z = K_0 \cdot \frac{p}{100}$. Der Zinsfaktor $q \geq 1$ kürzt die additive Berechnung des resultierenden Kapitals ab: $K_n = K_0 + K_0 \cdot \frac{p}{100} = K_0 \cdot \left(1 + \frac{p}{100}\right) = K_0 \cdot q$. Die Zahl q ist also jener Faktor, mit dem der Betrag bei einer einzigen Zinszahlung multipliziert wird.

Betrachten wir die beiden Modelle an einem Beispiel:

Zwei Personen möchten vorhandenes Kapital in Höhe von 10000 Euro gewinnbringend anlegen. Hierzu investiert jede Person ihr Kapital in einen Aktienfonds, der jährlich etwa 5 % Gewinn einfährt. Nach dem ersten Jahr besitzen beide Personen also jeweils $10000 \cdot q = 10000 \cdot \left(1 + \frac{5}{100}\right) = 10000 \cdot 1{,}05 = 10500$ Euro.

Person A entnimmt nach jedem Jahr die Gewinne aus dem Fonds und transferiert diese auf das sichere Tagesgeldkonto. Person B belässt die Gewinne im Fonds und profitiert somit vom sog. *Zinseszinseffekt*:

Im zweiten Jahr erhält Person A wieder 500 Euro zusätzlich. Zusammen mit dem im Vorjahr abgesicherten Gewinn verfügt sie nun über insgesamt $10000 + 500 + 500 = 11000$ Euro. Person B macht im zweiten Jahr mehr Gewinn. Da sie die 500 Euro Vorjahresgewinn nicht aus dem Fonds gelöst hat, besitzt sie schließlich $10500 \cdot 1{,}05 = 11025$ Euro und steht somit in der Gesamtbilanz um 25 Euro besser da als Person A. Die Ursache: Bei ihr wurden auch auf die 500 Euro Vorjahresgewinn Zinsen fällig, während Person B diese nur auf den Anfangsbetrag von 10000 Euro erhielt. Die Anlagestrategie von Person A besitzt somit eine lineare, die von Person B eine exponentielle Verzinsung.

Eine Differenz von 25 macht angesichts der Anlagesumme von 10000 Euro nur einen geringen Unterschied. Dennoch entwickeln sich beide Anlagemethoden über die Jahre ganz unterschiedlich. Hierzu wurden beide Verläufe in Abb. 6.9 graphisch dargestellt.

Während Person A nach einem Anlagezeitraum von 20 Jahren ihren einstigen Anlagebetrag von 10000 Euro auf insgesamt 20000 Euro verdoppeln konnte, fällt der Gesamtgewinn für Person B noch höher aus. Sie verfügt über etwa 26500 Euro und somit 6500 Euro mehr als Person A. Dieser zusätzliche Gewinn ist allein auf den Umstand zurückzuführen, dass Person B die jährlichen 500 Euro im Fonds belassen und somit dem Zinseszinseffekt ausgesetzt hat.

Dies lässt sich nicht nur anhand der entsprechenden Verlaufskurven erkennen, sondern auch den oben stehenden Formeln entnehmen. Konkret gilt für das Anlagemodell von Person A die folgende Formel linearer Verzinsung: $K_{n,A} = K_0 + K_0 \cdot n \cdot \left(\frac{p}{100}\right) = 10000 + 10000 \cdot 0{,}05 \cdot n$. Nach 20 Jahren besitzt Person A also einen Gesamtbetrag von $K_{20,A} = 10000 + 10000 \cdot 0{,}05 \cdot 20 = 20000$ Euro.

Für Person B gilt hingegen die folgende Formel exponentieller Verzinsung: $K_{n,B} = K_0 \cdot q^n = 10000 \cdot 1{,}05^n$. Hieraus resultiert ein Gesamtbetrag von $K_{20,B} = 10000 \cdot 1{,}05^{20} = 26532{,}98$ Euro nach einer Anlagezeit von 20 Jahren.

Während die Formel für das Kapital von Person A nach n Jahren $K_{n,A}$ eine lineare Funktion bildet, ergibt sich für das Kapital von Person B nach n Jahren $K_{n,B}$ eine Exponentialfunktion. Zu Beginn entwickelt sich das Anlagemodell von Person B nur unwesentlich besser, jedoch überholt jede Exponentialfunktion nach einer gewissen Zeit jede lineare Funktion und setzt sich schließlich deutlich von ihr ab.

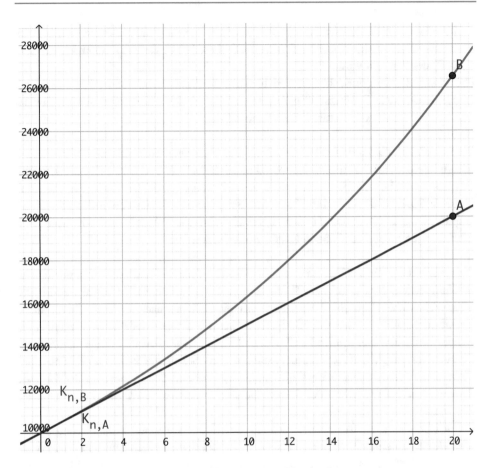

Abb. 6.9 Vergleich der Anlagemodelle von Person A und Person B

6.3.3 Grenzen der Modellierung

In der Praxis werden Exponentialfunktionen meist genutzt, um reale Sachzusammen-hänge zu approximieren. Sie bilden in diesem Kontext also eine Modellierung der realen Welt, sodass auch gewonnene Resultate i. d. R. nicht gänzlich exakt sind. Dies hat u. a. folgende Gründe:

- Modelle, die von exponentiellem Wachstum ausgehen, nehmen somit auch an, dass der modellierte Zusammenhang ohne jede Grenze wächst bzw. unendlich nah gegen 0 fällt, diese jedoch nicht erreicht. Dies wird in der realen Welt so nicht realisiert. Hier sind in aller Regel Sättigungs- oder Ausdünnungseffekte zu erwarten, sodass ein exponentieller Zusammenhang eher lokal besteht.
- Modelle gehen von einem immer gleich bleibenden Wachstumsfaktor aus. Hierbei multiplizieren sich die Funktionswerte jeweils um den Wachstumsfaktor d, wenn auf

der x-Achse gleich große Schritte der Schrittweite c gegangen werden. Die meisten realen Prozesse unterliegen jedoch statistischen Schwankungen, sodass dies nicht exakt der Fall sein wird.

- Viele reale Zusammenhänge finden nicht kontinuierlich, sondern isoliert, aber regelmäßig statt. Exponentialfunktionen sind jedoch stetig und gehen somit von einer Kontinuität des modellierten Zusammenhangs aus.

Die obigen Einschränkungen sollen anhand der bisherigen Beispiele illustriert werden. Hierzu werden erneut die Beispiele „Papier falten" (Abschn. 6.2.1), „Zombieapokalypse" (Abschn. 6.2.1), „radioaktiver Zerfall" (Abschn. 6.2.2) sowie Zinsrechnung (Abschn. 6.3.2) betrachtet. Innerhalb der Beispiele wurde jeweils mit Exponentialfunktionen gearbeitet. Durch dieses relativ einfache Modell müssen aber Einschränkungen im obigen Sinne in Kauf genommen werden:

- *Papier falten:* Tatsächlich kann man – wie oben bereits erwähnt – Papier nicht so häufig falten, dass es größer als das Empire State Building wird. Zwar hat die US-amerikanische Highschool-Schülerin Britney Gallivan nachgewiesen (zuvor nahm man allgemein an, dass ein häufigeres Falten als sieben- oder achtmal nicht möglich sei), dass bei hinreichend langem Papier jede Anzahl von Faltvorgängen prinzipiell möglich ist, jedoch überschreitet die notwendige Papierlänge schnell den Durchmesser des bekannten Universums (vgl. Korpal 2015; Pickover 2009). Dem exponentiellen Wachstum der Stapelhöhe sind in der realen Welt also enge Grenzen gesetzt.
- *Zombieapokalypse:* Auch hier wurden durch die gewählte Modellierung Fehler in Kauf genommen. Einerseits scheint es unmöglich vorherzusagen, wie viele Personen jede Stunde von einem Zombie gebissen werden. Tatsächlich dürfte die Zahl schwanken und ggf. auch von Zombie zu Zombie variieren. Einbeinige Zombies sind möglicherweise weniger agil als zweibeinige. Darüber hinaus dürfte mit Ausdünnungseffekten zu rechnen sein, d. h. wenn gegen Ende der Apokalypse nur noch wenige Menschen existieren. Diese wären schwer zu finden, sodass die entsprechende Exponentialfunktion irgendwann gesättigt wäre und die Wachstumsgeschwindigkeit abflaut.
- *Radioaktiver Zerfall:* Auch hierbei handelt es sich um einen stochastischen Prozess. Darüber hinaus ist radioaktiver Zerfall im Grunde ein diskreter Prozess. In der Realität wird irgendwann jedes radioaktive Teilchen zerfallen sein. Mathematisch betrachtet fällt die aufgestellte Funktion gegen 0, berührt die x-Achse jedoch nie. Dies würde – im Gegensatz zur Realität – bedeuten, dass das zu Beginn vorhandene radioaktive Material niemals ganz verschwindet.
- *Zinsrechnung:* Auch hier haben wir wieder zu Gunsten eines weniger komplexen Modells Vereinfachungsannahmen getroffen. Hierzu gehört der feste Zinssatz von 5 Prozent pro Jahr. Tatsächlich schwankt der zu erwartende Gewinn durch einen Fonds aufgrund von marktbedingten Schwankungen.

Abb. 6.10 Verwendung des Schlagworts „exponentielle Zunahme" in den Medien auf taz.de vom 28. Oktober 2015 (oben) und auf Welt.de vom 13. Februar 2018 (unten)

Bei jeder Modellierung muss also stets eine gewisse Ungenauigkeit in Form einer Unpassung zwischen Realität und mathematischem Modell mitgedacht werden. Diese Schere zeigt sich regelmäßig zudem auch im allgemeinen Sprachgebrauch. Hier wird der Begriff „exponentiell" entgegen seiner in diesem Kapitel vorgestellten Bedeutung häufig auch schlicht für einen schnell wachsenden oder zunehmenden Prozess gebraucht. Dies zeigen exemplarisch die beiden Schlagzeilen in Abb. 6.10.

Die erste Meldung unterstellt eine exponentielle Zunahme der vollstreckten Todesstrafen im Iran. Hier wird mit dem Begriff offensichtlich eine besonders hohe Zunahme oder allenfalls ein lokal für ein paar Jahre wachsender exponentieller Zusammenhang bezeichnet. Schließlich kann ein solcher Vorgang nicht unbegrenzt wachsen, da es auch im Iran – wie in jedem Land – nur endlich viele Menschen gibt.

Auch das zweite Beispiel hält einer genauen mathematischen Inspektion nicht stand: Hier heißt es, der Meeresspiegel steige exponentiell. Während auch hier wieder das Gegenargument der Unmöglichkeit unbeschränkten Wachstums greift, macht der Artikel im ersten Satz noch genauere Angaben zum zugrunde liegenden funktionalen Zusammenhang: Dabei liege der Pegel der Ozeane jedes Jahr etwas um 3 mm höher. Dieser Zuwachs beschleunige sich um zusätzliche 0,08 mm jährlich. Kann diese Beschreibung auf einen exponentiellen Wachstumsprozess zutreffen? Wir bezeichnen die Höhe des Pegels mit h und gehen der Einfachheit halber von einem aktuellen Pegel von 0 aus. Dann steigt h für jedes Jahr x um 3 mm, wobei es sich beim Jahr null um das aktuelle Jahr handele. Diese Steigung wächst wiederum um 0,08 mm pro Jahr. Wir haben bereits in Abschn. 6.3.1 gesehen, dass sich der Wert einer Exponentialfunktion jeweils mit einem festen Faktor d multipliziert, wenn die x-Werte um einen konstanten Wert erhöht werden. Dies kann hier augenscheinlich nicht der Fall sein, da der Meeresspiegel jeweils additiv um den Wert 3 mm steigt, der wiederum lediglich additiv um den Wert 0,08 mm von Jahr zu Jahr erhöht wird. Tatsächlich steigt der Meeresspiegel h laut Artikel jährlich um einen Wert von $s(x) = 3 + 0{,}08x$. Somit ergibt sich für den Pegelstand die Formel

$$h(x) = \sum_{n=0}^{x} s(n) = \sum_{n=0}^{x} (3 + 0{,}08n) = 3x + 0{,}08 \cdot \sum_{n=0}^{x} n = 3x + 0{,}08 \cdot \frac{x^2+x}{2} = 0{,}04x^2 + 3{,}04x$$

Hierbei ist im letzten Schritt mit dem sog. „kleinen Gauß" die Formel $\sum_{0}^{x} n = \frac{x^2+x}{2}$ eingegangen (s. z. B. Klinger 2015, S. 33 ff.). Der Meeresspiegel lässt sich (laut den Daten des Artikels) somit durch eine quadratische Funktion beschreiben. Die Schlagzeile müsste also korrekt lauten: „Der Meeresspiegel steigt sogar quadratisch".

6.3.4 Fachdidaktische Aspekte

Die zentralen Herausforderungen beim Lernen ergeben sich zum Teil aus den fachlichen Ausführungen: Lernende unterschätzen exponentielles Wachstum und übergeneralisieren – auch bei dieser Funktionenklasse – lineare Konzepte (vgl. Ebersbach et al. 2008). Um dem zu begegnen, ist es hilfreich das Änderungsverhalten bei beiden Wachstumsarten bewusst zu betrachten und gegenüberzustellen, wie sich dies auch in vielen Schulbüchern findet.

Für Lernende ist das Charakteristische des exponentiellen Wachstums aber schwer zu fassen. Vor allem die verschiedenen Möglichkeiten der Beschreibung, die miteinander vernetzt werden müssen, sind herausfordernd.

▶ **Auftrag**

Prüfen Sie selbst einmal, ob die folgenden Beschreibungen zusammenpassen (Nicht alle tun dies!) und begründen Sie ggf. die Passung:

„Zu 200€ kommen 3 % hinzu."

$$200€ \cdot 1{,}3$$
$$200€ \cdot 1{,}03\ \%$$
$$200€ + 200€ \cdot \tfrac{3}{100}$$
$$200€ \cdot 1{,}03$$
$$200€ \cdot \left(1 + \tfrac{3}{100}\right)$$

Vielleicht haben Sie bei der Prüfung bemerkt, wie herausfordernd die Analyse durch die Darstellung mit Summen und Produkten in verschiedenen Konstellationen sowie durch die verschiedenen Zahlschreibweisen ist. Gleichzeitig sind bestimmte Übersetzungsschritte für Lernende kaum vertraut (z. B. die Beschreibung eines 200-%igen Zuwachses als Verdreifachung).

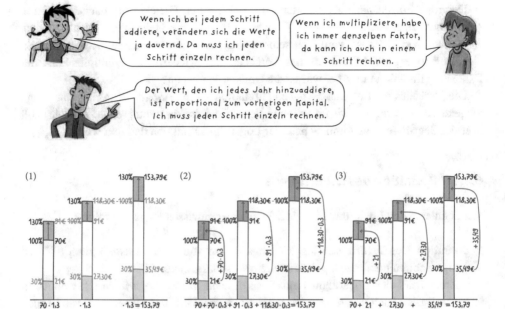

Abb. 6.11 Verschiedene Konzepte als Voraussetzung zum Verständnis von exponentiellem Wachstum (entnommen aus Prediger et al. 2017, S. 72, Mathewerkstatt © Cornelsen Verlag)

Der Variabilität auf der Ebene der Terme entspricht eine Vielzahl an verschiedenen notwendigen Deutungen auf der Verstehensebene, die in Abb. 6.11 thematisiert werden.

Sie finden in der Abbildung die Betrachtung der additiven Änderung (Was kommt absolut (Diagramm 3) bzw. relativ (Diagramm 2) hinzu?) und die Betrachtung der multiplikativen Änderung (Mit welchem Faktor wird vervielfacht? (Diagramm 1)). Während bei linearem Wachstum ein fester Betrag hinzukommt, ändert sich der Betrag, der bei exponentiellem Wachstum hinzukommt, jedes Mal, aber der relative Zuwachs und damit der Faktor der Veränderung sind gleich. Dabei ist offensichtlich, dass zur Lösung verschiedener Aufgabenstellungen unterschiedliche Aspekte dieses komplexen Begriffsgefüges hilfreich oder sogar notwendig sind.

6.4 Gleichungen und Umkehrfunktion

Betrachtet man Anwendungen zu exponentiellem Wachstum oder Zerfall, so stellt sich oft die Frage, wann ein bestimmter Funktionswert erreicht ist. Zum Beispiel: Wann ist nur noch die Hälfte des radioaktiven Stoffes vorhanden? Wann ist der See vollständig mit Algen bedeckt?

Derartige Fragen nach Zeitpunkten lassen sich durch Gleichungen darstellen, deren Unbekannte man sucht. Um in der Gleichung $2^x = 16$ die Unbekannte zu bestimmen, fragt man: Wie oft muss 2 mit sich selbst multipliziert werden, damit sich als Produkt die Zahl 16 ergibt? Man kehrt das Vorgehen des wiederholten Multiplizierens der Exponentialfunktion um. Aber was ist die Umkehrung genau?

Die Umkehrfunktion einer Exponentialfunktion ist eine *Logarithmusfunktion* – und umgekehrt! Dies werden wir im weiteren Verlauf dieses Abschnitts sehen. Zunächst soll aber der Begriff des Logarithmus bzw. der Logarithmusfunktion definiert werden.

6.4.1 Definition des Logarithmus

Wir definieren den Logarithmus einer Zahl zu einer gewissen Basis wie folgt:

▶ **Definition** Der *Logarithmus* $\log_a x$ („Logarithmus von x zur Basis a") mit $a \in \mathbb{R}^+$ ist diejenige Zahl, mit der man a potenzieren muss, sodass man x erhält.

Hierbei heißt der Logarithmus zur Basis 2 auch *dualer Logarithmus* (Symbol ld), jener zur Basis e auch *natürlicher Logarithmus* (Symbol ln) sowie jener zur Basis 10 auch *dekadischer Logarithmus* (Symbol log).

Entsprechend obiger Definition gilt also stets $a^{\log_a x} = x$.

Betrachtet man die Zahl $a \in \mathbb{R}^+$ mental als Konstante und erlaubt x zu variieren, erhält man die Logarithmusfunktion. Zusätzlich fügen wir noch einen Stauchungs- bzw. Streckungsfaktor k ein. Dieser ist nicht mit dem Anfangswert einer Exponentialfunktion zu verwechseln.

▶ **Definition** Eine Funktion $f : D \to Z$ heißt Logarithmusfunktion zur Basis $a \in \mathbb{R}^+$, wenn ihr Funktionsterm die Form $f(x) = k \cdot \log_a x$ besitzt. Hierbei gilt $k \in \mathbb{R} \backslash \{0\}$.

6.4.2 Umkehreigenschaft

Wir haben bereits gesehen, dass der Logarithmus diejenige Zahl liefert, die beim Potenzieren mit einer gewissen Basis den unter dem Logarithmus stehenden Wert liefert. So ist z. B. die Logarithmusfunktion $g(x) = \log_8 x$ für $x = 64$ diejenige Zahl y, die die Gleichung $8^y = 64$ löst. Somit ergibt sich der Wert 2, d. h., es gilt $g(64) = 2$. Der Logarithmus verhält sich somit in genau umgekehrter Richtung zur Exponentialfunktion $f(x) = 8^x$, denn hier gilt $f(2) = 64$. Das gilt nicht nur für diese speziellen Werte, sondern generell. Dies illustriert Abb. 6.12.

Abb. 6.12 Die
Funktion $g(x) = \log_8 x$
ist Umkehrabbildung der
Funktion $f(x) = 8^x$ (und
andersherum)

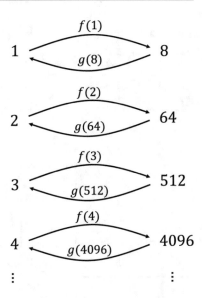

Allgemein sind Logarithmus- und Exponentialfunktion zur jeweils selben Basis Umkehrfunktionen zueinander:

▶ **Satz** Der Logarithmus zur Basis a ist Umkehrfunktion der Exponential-funktion $f(x) = a^x$ und wir schreiben entsprechend $f^{-1}(x) = \log_a x$. Hiermit gilt $f\big(f^{-1}(x)\big) = a^{\log_a x} = x$ sowie $f^{-1}(f(x)) = \log_a a^x = x$.

Da beide Funktionstypen Umkehrabbildungen zueinander sind, ergibt sich das in Abb. 6.13 dargestellte Schaubild. Erneut ziehen wir die Funktion $f(x) = 8^x$ sowie die zugehörige Umkehrfunktion $g(x) = \log_8 x$ heran. Das heißt, es gilt $g(x) = f^{-1}(x)$. Aufgrund der Umkehreigenschaft verhalten sich die beiden Funktionsgraphen zueinander an der Winkelhalbierenden w mit $w(x) = x$ gespiegelt.

Sucht man außerdem die Umkehrfunktion zu einer allgemeinen Exponential-funktion der Form $f(x) = k \cdot a^x$, kann man hierzu ebenfalls obigen Satz nutzen. Durch Raten oder Umstellen der Funktionsgleichung (d. h. Vertauschen der y - und x-Größe) erhält man $f^{-1}(x) = \log_a \frac{x}{k}$. Ein (zusätzlicher) Nachweis der Umkehreigenschaft kann durch Hintereinanderausführung geführt werden: Es gilt $f^{-1}(f(x)) = \log_a \frac{f(x)}{k} = \log_a\big(\frac{k \cdot a^x}{k}\big) = \log_a a^x = x$. Alternativ kann auch $f\big(f^{-1}(x)\big)$ ausgewertet werden.

In der Umkehreigenschaft beider Funktionsarten begründet sich ein großer Teil der Nützlichkeit von Logarithmen. Bisher haben wir, um abzuschätzen, wann eine Exponentialfunktion eine gewisse Grenze überschreitet, jeweils auf einfaches Einsetzen

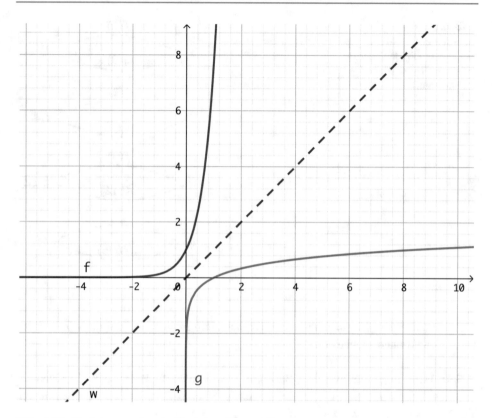

Abb. 6.13 Funktionsgraphen der Funktion $f(x) = 8^x$, $g(x) = \log_8 x$ sowie $w(x) = x$

und Ausprobieren bzw. auf graphische Schaubilder gesetzt (s. Abschn. 6.2.1). Hierzu zählen die Fragen, wann der imaginäre Papierstapel eine gewisse Höhe erreicht hat bzw. wann eine Zombieapokalypse eine gewisse Zahl an Opfern übersteigt. Konkret stellte sich die Frage, wann die Funktion $f(x) = 0{,}0001 \cdot 2^x$ den Wert 443 erreicht und wann die Funktion $z(x) = 3^x$ den Wert 7500000000 überschreitet. Dies lässt sich nun mithilfe des Logarithmus auch durch algebraische Umformungen herausfinden. Konkret sind dann die Gleichungen $0{,}0001 \cdot 2^x = 443$ bzw. $3^x = 7.500.000.000$ zu lösen.

Im ersten Fall macht es Sinn, zunächst durch 0,0001 zu teilen, sodass sich $2^x = 4.430.000$ ergibt. Durch Anwenden des dualen Logarithmus $\log_2$ auf beiden Seiten der Gleichung ergibt sich unmittelbar der gesuchte Schwellenwert:

$$\log_2 2^x = \log_2 4430000 \Leftrightarrow x \approx 22{,}079.$$

Hierbei heben sich der Logarithmus sowie die Potenz zur Basis 2 gegeneinander auf. Dies folgt aus der Umkehreigenschaft beider Funktionstypen. Ein Näherungswert für $\log_2 4430000$ lässt sich schließlich mit einigen wissenschaftlichen Taschenrechnern direkt oder über Umwege (s. u.) bestimmen.

Im zweiten Fall ist es noch einfacher: Hier kann unmittelbar der Logarithmus $\log_3$ auf beiden Seiten der Gleichung angewendet werden: $\log_3 3^x = \log_3 7500000000$. Wieder löst der Logarithmus die Potenz auf, sodass $x = \log_3 7.500.000.000$ folgt. Es ergibt sich $x = 20{,}6972$.

Mithilfe des Logarithmus lassen sich also Exponentialgleichungen der Form $a^x = b$ lösen, indem der Logarithmus wie oben auf beiden Seiten der Gleichung angewandt und die Umkehreigenschaft ausgenutzt wird. Auf die beschriebene Weise konnten jeweils exaktere Werte als in Abschn. 6.2.1 ermittelt werden. Hiermit wird in der Praxis die Berechnung einer Lösung der Gleichung (oder zumindest einer entsprechenden Näherung) an den Taschenrechner (oder einen anderen Computer) ausgelagert.

Hierbei ist es oft von Vorteil, eine sog. Basistransformation durchzuführen oder andere Rechengesetze geschickt auszunutzen. Auf solche Regeln geht Abschn. 6.4.3 ein. Einen Eindruck, wie der Taschenrechner überhaupt an Werte des Logarithmus gelangt, vermittelt hingegen Abschn. 6.4.4. Eine weitere wichtige Anwendung des Logarithmus findet sich in Form der logarithmischen Skala zudem in Abschn. 6.4.5.

6.4.3 Rechengesetze

Für den Umgang mit dem Logarithmus und somit auch der Logarithmusfunktion gelten die folgenden Rechengesetze:

Rechengesetz

Die folgenden Regeln gelten für beliebige Logarithmen zur Basis $a \in \mathbb{R}^+$ und Zahlen $p, q \in \mathbb{R}$ (sofern die entsprechenden Ausdrücke definiert sind).

- $\log_a (p \cdot q) = \log_a p + \log_a q$
- $\log_a \left({p}/{q} \right) = \log_a p - \log_a q$
- $\log_a (p^q) = q \cdot \log_a p$
- $\log_a (p) = \frac{\log_b p}{\log_b b}$ mit einer beliebigen weiteren Basis b (sog. *Basistransformation*) ◀

Die obigen Gesetze kann man sich verdeutlichen, wenn man auf die Umkehreigenschaft zwischen Exponentialfunktionen und Logarithmusfunktionen zurückgreift. Bei einer einfachen Exponentialfunktion der Form $f(x) = b^x$ gilt Folgendes: $f(x + y) = b^{x+y} = b^x \cdot b^y = f(x) \cdot f(y)$. Ein Addieren zweier Werte vor dem Abbilden mit einer solchen Exponentialfunktion kommt also dem Multiplizieren der einzelnen Bilder $f(x)$ und $f(y)$ gleich. Da die Logarithmusfunktion $f^{-1}(x) = \log_b x$ die Umkehrfunktion zu f ist, muss hier also ein Multiplizieren zweier Werte vor dem Abbilden eine Addition der sich ergebenden Funktionswerte bedeuten. Mit anderen Worten gilt $\log_b (p \cdot q) = \log_b p + \log_b q$. Wir haben oben das Potenzgesetz $b^{x+y} = b^x \cdot b^y$ genutzt. Auf diese Weise leitet man also auch die Logarithmusgesetze aus den Potenzgesetzen her.

Die letzte Gleichung, die sog. *Basistransformation*, ist weiterhin von besonderer Bedeutung: Mit ihrer Hilfe lassen sich Logarithmen beliebiger Basis in Logarithmen jeder anderen Basis überführen. Möchte man etwa den Logarithmus $\log_{12} 20736$ zur Basis 12 bestimmen, lässt sich dieser mithilfe einer Transformation zu $\log_{12} 20736 = \frac{\log_{10} 20736}{\log_{10} 12}$ umformen. Der Vorteil: Nun besteht der Ausdruck nur noch aus dekadischen Logarithmen – und neben dem natürlichen Logarithmus lassen sich diese auf jedem wissenschaftlichen Taschenrechner wiederfinden!

6.4.4 Berechnung des Logarithmus

Logarithmen lassen sich in einigen einfachen Fällen durch Lösen des Umkehrproblems im Kopf bestimmen. So kann man sich etwa überlegen, dass $\log_3 9$ den Wert 2 aufweisen muss, da der Logarithmus nach Definition die Lösung der Gleichung $3^x = 9$ angibt. Dies funktioniert jedoch nur so lange, wie man auch das Umkehrproblem im Kopf bearbeiten kann. Früher nutzte man hierfür sog. Logarithmentafeln. In diesen waren durch vergleichsweise aufwendige mathematische Verfahren gewonnene Ergebnisse verschiedener Logarithmenausdrücke systematisch notiert.

Heute kann man hierzu (nach etwaiger Basistransformation) einen Taschenrechner heranziehen. Unklar ist jedoch, wie ein Taschenrechner (oder jeder andere Computer) einen Logarithmus bestimmt. Auch dieser setzt, ähnlich wie die Autoren entsprechender Logarithmentafeln, mathematische Verfahren um, mit denen es möglich ist, Werte von Logarithmen hinreichend genau zu approximieren.

Eine Möglichkeit hierzu bietet die sog. Potenzreihe des Logarithmus. So fand der Mathematiker Nikolaus Mercator im 17. Jahrhundert heraus, dass sich der Ausdruck $\ln(1 - x)$ beliebig gut durch spezielle Polynome approximieren lässt. Es gilt nämlich:

$$\ln(1 - x) \approx -\sum_{k=1}^{n} \frac{x^k}{k} = -\left(\frac{x^1}{1} + \frac{x^2}{2} + \frac{x^3}{3} + \frac{x^4}{4} + \ldots + \frac{x^n}{n} \right)$$

Solche Näherungen sind i. d. R. umso exakter, je größer der Grad n des approximierenden Polynoms gewählt wird. Im vorliegenden Fall funktioniert die Näherung zudem nur, falls $x \in [-1, 1)$ gilt. Beides lässt sich gut in Abb. 6.14 erkennen. Konkret wird hier der natürliche Logarithmus ln sowie die durch die Formel gewonnenen Näherungswerte für $n = 1, 2, 3, 10$ dargestellt. Man kann erkennen, dass die Graphen der Approximationspolynome umso näher am Logarithmus liegen, je näher sich die betrachteten Stellen an der 1 befinden. Außerhalb des Intervalls $[-1, 1)$ verhalten sich die Schätzungen hingegen erwartungsgemäß völlig anders als die zu approximierende Funktion.

▶   **Beispiel**

Wir versuchen einen Näherungswert für ln 1,5 mithilfe der bekannten Formel für den Fall $n = 3$ zu bestimmen. Damit man auch eine Näherung für den

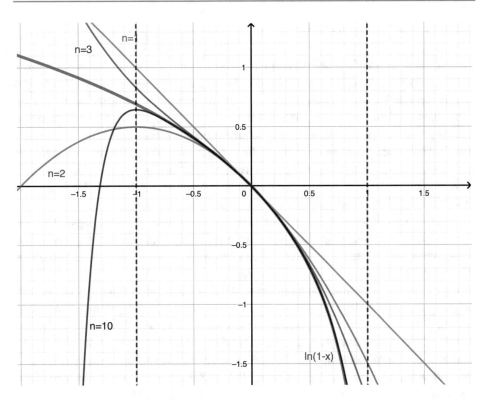

Abb. 6.14 Natürlicher Logarithmus $\ln(1-x)$ sowie durch die Formeln gewonnene Näherungen
für $n = 1, 2, 3, 10$

gewünschten Ausdruck erhält, muss die Formel an der Stelle $x = -0{,}5$ ausgewertet werden:

$$\ln 1{,}5 = \ln\left(1 - (-0{,}5)\right) \approx -\left(\frac{(-0{,}5)^1}{1} + \frac{(-0{,}5)^2}{2} + \frac{(-0{,}5)^3}{3}\right) = -\frac{5}{12} \approx 0{,}416$$

Durch Vergleich des Ergebnisses mit jenem, das ein üblicher Taschenrechner
liefert, lässt sich die Qualität der Näherungslösung einschätzen. Ein solcher
Rechner liefert (je nach Anzahl der Nachkommastellen des Displays) ungefähr
einen Wert von 0,405465. Dieser liegt relativ nah bei der händisch gewonnenen
Schätzung. Durch Erhöhung von n könnte die Schätzung nun weiter optimiert
werden.

Was aber, wenn die zu approximierende Stelle außerhalb des Intervalls $[-1, 1)$
liegt? In diesem Fall kann man versuchen, die betroffene Stelle unter Ausnutzung
der Logarithmusgesetze in das entsprechende Intervall zu verschieben.

6.4.5 Logarithmische Skala

Möchte man innerhalb eines Diagramms sowohl sehr kleine als auch sehr große Zahlen darstellen, kommt es häufig zu Problemen: Entweder ist zwischen verschiedenen sehr kleinen Werten überhaupt kein Unterschied zu erkennen oder der Platz reicht nicht aus, um auch die größten Werte adäquat abzubilden. Abhilfe schafft hier eine sog. *logarithmische Skala* (auch *logarithmische Darstellung*). Diese verspricht gerade dann einen adäquaten Überblick über vorliegende Daten, wenn sich diese um Größenordnungen unterscheiden. Hierbei versteht man in der Mathematik unter einer Größenordnung i. A. den Faktor, der notwendig ist, um eine Zahl um mindestens eine Stelle zu vergrößern. In unserer üblichen Darstellung ist dies der Faktor 10.

In einer logarithmischen Skala stellt man nun nicht mehr die Ausgangszahlen dar, sondern gibt die entsprechenden logarithmierten Werte an. Nutzt man hierzu den dekadischen Logarithmus log, unterscheiden sich zwei Werte auf der Skala gerade um den Faktor 10 und somit um eine Größenordnung.

Dies ist etwa für die einzelnen Stationen, die man passieren müsste, um von unserer Sonne zum nächstgelegenen Sternsystem Alpha Centauri zu gelangen, der Fall. Abb. 6.15 stellt den Weg in Vielfachen der Entfernung zwischen Sonne und Erde, sog. *astronomischen Einheiten* (AU), dar. Die Abbildung ist überhaupt nur möglich, weil die Strecke nicht linear, sondern logarithmisch skaliert ist. So entspricht die mittlere Entfernung zwischen Sonne und Erde etwa 149.600.000 km; zwischen Sonne und Alpha Centauri hingegen 4,34 Lichtjahre und somit 41.060.000.000.000 km.

Eine weitere prominente Anwendung einer logarithmischen Skala ist die sog. *Richterskala* (Richter 1935). Mit ihrer Hilfe lässt sich die Magnitudenstärke unterschiedlicher Erdbeben vergleichen, wie man es oft in Medienberichten wiederfindet (Abb. 6.16). Da Erdbeben sowohl in sehr schwacher als auch extrem starker Form auftreten können und somit potenziell sehr kleine als auch sehr große Werte gleichzeitig betrachtet werden, ist die Anwendung einer Logarithmenskala hier sinnvoll.

Hierbei berechnet sich die Magnitude M eines Erdbebens entsprechend der Formel $M = \log\left(\frac{A_{\max}}{A_0}\right)$ (Bormann 2012; Wallace 1990, S. 177). Dabei bezeichnet $A_{\max}$ den maximalen Ausschlag eines standardisierten Seismographen (Anderson und Wood 1925), wie in Abb. 6.17 dargestellt, durch das Beben (in Millimetern), A_0 ist ein vom Abstand der Messstation zum Epizentrum des Bebens abhängiger Ausgleichswert. Prinzipiell kann man davon ausgehen, dass der maximale Ausschlag eines Bebens repräsentativ für seine Stärke ist.

Wie kann es aber sein, dass die Auswirkungen eines Bebens der Stärke $M_1 = 5{,}8$ und $M_2 = 4{,}9$ so unterschiedlich sind? Während in Japan glücklicherweise von keinen Toten, Verletzten oder überhaupt nennenswerten Schäden durch das Beben zu berichten ist, wurden in der Türkei Menschen verletzt und Häuser zum Einsturz gebracht. Die Antwort findet sich in der logarithmischen Natur der Skala: Steigt die Magnitude um eine Einheit, bedeutet dies nicht nur eine leichte Steigerung der

Abb. 6.15 Weg von unserer
Sonne zum System Alpha
Centauri (© Interstellar Probe,
Jet Propulsion Laboratory,
NASA / Public)

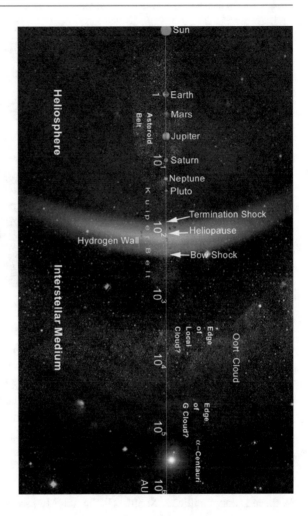

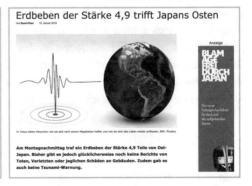

Abb. 6.16 Meldung zu einem Erdbeben der Stärke 5,8 in der Türkei auf ZEIT Online vom 8.
August 2019 (links) und zu einem Erdbeben der Stärke 4,9 in Japan auf Sumikai.com vom 5.
Januar 2019 (rechts)

Abb. 6.17 Ein Seismograph
misst Aktivitäten des Vulkans
Pinatubo auf den Philippinen
(© Tsui, public domain,
Wikimedia Commons)

Bebenintensität. Tatsächlich verzehnfacht sich die Stärke eines Bebens hierdurch. Dies lässt sich wie folgt erklären: Erhöht sich der Wert des Logarithmus um eine Einheit, wie hier geschehen, rührt das von einer Verzehnfachung des Ausgangswertes her: $M + 1 = \log\left(\frac{A_{max}}{A_0}\right) + 1 = \log\left(\frac{A_{max}}{A_0}\right) + \log 10 = \log\left(10 \cdot \frac{A_{max}}{A_0}\right)$. Dass das Schadensbild zwischen beiden Beben sehr unterschiedlich ist, ist vor dem Hintergrund einer zehnfachen Intensität beider Beben dann nicht mehr verwunderlich.

Man kann also festhalten, dass gleiche Abstände auf einer logarithmischen Skala jeweils gleiche Faktoren zwischen den Funktionswerten wiedergeben.

Didaktische Einordnung

Während der fachliche Schlüssel für das Lösen von Exponentialgleichungen der Logarithmus und die thematisierten Gesetze sind, wird im Rahmen der ersten Auseinandersetzung in der Sekundarstufe I ausschließlich informell, nämlich mit der Annäherung über Graphen oder Tabellen gearbeitet. Im Sinne der Stärkung des verständigen Umgangs mit Funktionen ist das hilfreich, insofern bewusst der Umgang mit den erwähnten Darstellungsformen und inhaltliche Überlegungen aktiviert werden (z. B.: Wie oft muss ich die Basis multiplizieren, um den gegebenen Wert zu erhalten?), bevor mit Logarithmen gearbeitet wird (vgl. Abschn. 1.2.1).

6.5 Check-out

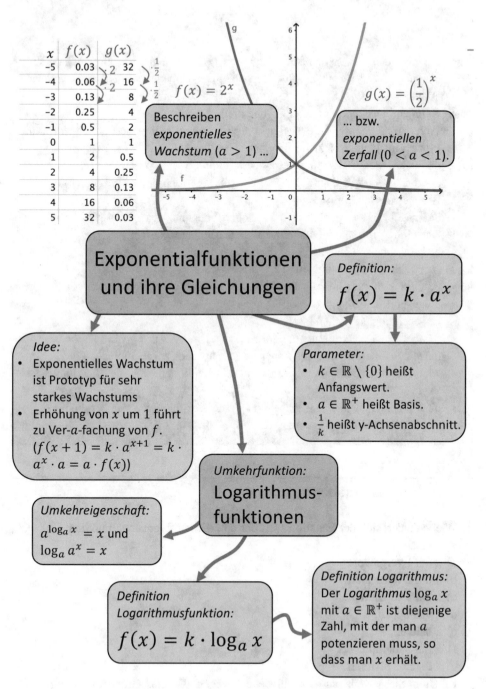

x	$f(x)$	$g(x)$
-5	0.03	32
-4	0.06	16
-3	0.13	8
-2	0.25	4
-1	0.5	2
0	1	1
1	2	0.5
2	4	0.25
3	8	0.13
4	16	0.06
5	32	0.03

$f(x) = 2^x$

$g(x) = \left(\frac{1}{2}\right)^x$

Beschreiben *exponentielles Wachstum* ($a > 1$) …

… bzw. *exponentiellen Zerfall* ($0 < a < 1$).

Exponentialfunktionen und ihre Gleichungen

Definition:
$$f(x) = k \cdot a^x$$

Idee:
- Exponentielles Wachstum ist Prototyp für sehr starkes Wachstums
- Erhöhung von x um 1 führt zu Ver-a-fachung von f.
  ($f(x+1) = k \cdot a^{x+1} = k \cdot a^x \cdot a = a \cdot f(x)$)

Parameter:
- $k \in \mathbb{R} \setminus \{0\}$ heißt Anfangswert.
- $a \in \mathbb{R}^+$ heißt Basis.
- $\frac{1}{k}$ heißt y-Achsenabschnitt.

Umkehrfunktion:

Logarithmus-funktionen

Umkehreigenschaft:
$a^{\log_a x} = x$ und
$\log_a a^x = x$

Definition Logarithmusfunktion:
$$f(x) = k \cdot \log_a x$$

Definition Logarithmus:
Der *Logarithmus* $\log_a x$ mit $a \in \mathbb{R}^+$ ist diejenige Zahl, mit der man a potenzieren muss, so dass man x erhält.

Kompetenzen

Sie können …

- die Kernidee von Exponentialfunktionen (z. B. zunehmende Geschwindigkeit exponentieller Wachstums- und Zerfallsprozesse) benennen und an Beispielen erläutern,
- zu einem gegebenen Prozess exponentiellen Wachstums (z. B. durch gegebene Werte bzw. Punkte) eine geeignete Exponentialfunktion bestimmen, um den Prozess mathematisch zu beschreiben,
- markante Merkmale einer Exponentialfunktion am Funktionsterm erkennen (Anfangswert, Wachstums- oder Zerfallsfaktor, Monotonie, Asymptoten) und an Beispielen erläutern,
- bei gegebenen Exponential- und Logarithmusfunktionen zwischen den vier Darstellungsformen mit und ohne digitale Medien wechseln,
- bedeutsame Anwendungen zu Exponentialfunktionen angeben und erläutern (z. B. Zinsen, Wachstums- und Zerfallsprozesse),
- den Logarithmus als Umkehrfunktion einer Exponentialfunktion erläutern und umgekehrt,
- Exponentialgleichungen lösen,
- flexibel mit Logarithmusfunktionen umgehen, entsprechende Rechenregeln nutzen und diese Regeln auf Exponentialfunktionen zurückführen,
- wichtige Anwendungen von Logarithmusfunktionen wie die logarithmische Skala erläutern,
- die Lernendenperspektive einnehmen (z. B. Vorstellungen zum exponentiellen Wachstum an Beispielen verdeutlichen).

6.6 Übungsaufgaben

1. Wie verändert sich der Funktionswert der natürlichen Exponentialfunktion $f(x) = e^x$, wenn man
   a) x um 1 vergrößert,
   b) x um 2 verkleinert,
   c) x um 2 verkleinert,
   d) x verdoppelt,
   e) x halbiert,
   f) x mit 3 multipliziert
   g) x durch 3 dividiert?
   Erklären Sie jeweils auf verschiedenen Wegen. Welche Grundvorstellungen von Funktionen haben Sie bei der Bearbeitung aktiviert?
2. Die folgende Legende geht auf das 3. oder 4. Jahrhundert n. Chr. zurück:

Der indische Herrscher Shihram tyrannisierte seine Untertanen und stürzte sein Land in Not und Elend. Um die Aufmerksamkeit des Königs auf seine Fehler zu lenken, ohne seinen Zorn zu entfachen, schuf Dahirs Sohn, der weise Brahmane Sissa, ein Spiel, in dem der König als wichtigste Figur ohne Hilfe anderer Figuren und Bauern nichts ausrichten kann. Der Unterricht im Schachspiel machte auf Shihram starken Eindruck. Er wurde milder und ließ das Schachspiel verbreiten, damit alle davon Kenntnis nähmen. Um sich für die anschauliche Lehre von Lebensweisheit und zugleich Unterhaltung zu bedanken, gewährte er dem Brahmanen einen freien Wunsch. Dieser wünschte sich Weizenkörner: Auf das erste Feld eines Schachbretts wollte er ein Korn, auf das zweite Feld das Doppelte, also zwei, auf das dritte wiederum die doppelte Menge, also vier und so weiter. Der König lachte und war gleichzeitig erbost über die vermeintliche Bescheidenheit des Brahmanen (nach https:// de.wikipedia.org/wiki/Sissa_ibn_Dahir).

Nehmen Sie Stellung zur Haltung des Königs und zur Idee des Brahmanen. Geben Sie dazu

  a) eine Funktion an, die den Sachverhalt modelliert (50 Reiskörner wiegen ungefähr 1g),

  b) eine Berechnung an, wie weit der König ungefähr mit einem Reissack von 1kg kommt,

  c) eine Berechnung an, wie viele Reiskörner der Brahmane am Ende erhält.

3. Zeichnen Sie auf einem quer liegenden DIN-A4-Blatt in ein Koordinatensystem den Graphen zu $f(x) = 3^x$.

  a) Der Graph endet zwar physisch aufgrund der Beschränktheit des Blattes, könnte aber prinzipiell unendlich weit fortgeführt werden. Verfolgen Sie nun den Graphen gedanklich weiter über das Blatt hinaus, wie er um die Erde „herumläuft" – eventuell sogar mehrmals. Kommt Ihr Graph wieder auf Ihrem Blatt an? Entscheiden Sie spontan und intuitiv.

  b) Berechnen Sie nun genau, ob Ihr Graph wieder auf dem Blatt ankommt, und falls ja, kommt er noch häufiger auf Ihrem Blatt an? Wenn ja, wie oft?

4. Entscheiden und begründen Sie jeweils, ob die folgenden Aussagen allgemein gültig sind.

  a) Der Graph jeder Exponentialfunktion schneidet die Funktion $f(x) = x^{10}$ genau zweimal.

  b) Potenzfunktionen wachsen für hinreichend große x-Werte immer stärker als Exponentialfunktionen.

  c) Jede Exponentialfunktion $f(x) = k \cdot a^x$ ist monoton fallend oder monoton steigend.

  d) Die Funktion $f(x) = 100x + 1$ und $g(x) = 1{,}01^x$ schneiden sich nur im Punkt $(0|1)$.

5. Sie besitzen 1€. Was ist besser? Wenn Ihnen jemand jede Woche 100€ dazu gibt oder jemand Ihnen wöchentlich 1% Zinsen zu Ihrem angesparten Kapital zahlt?

6. Bestimmen Sie die folgenden Logarithmen nach Möglichkeit im Kopf.

  a) $\log_a 1$

  b) $\log_2 8$

  c) $\log_a a^x$

d) $\log_3 \sqrt{3}$

e) $\log_x \frac{1}{x}$

7. Gegeben ist die Gleichung $a = b^c$. Vervollständigen Sie die folgende Tabelle:

a	b	c
27		3
	3,47	0,5
19	2,5	
	$-\frac{3}{5}$	4
	64	$-\frac{2}{3}$
10	100	
10		10
	10	10
8	$\sqrt{2}$	
5		$\sqrt{5}$

8. Gegeben ist wieder die Gleichung $a = b^c$. Skizzieren Sie zu den folgenden Fragen jeweils einen Graphen:

   a) Wie hängt a von c ab, wenn b konstant ist?

   b) Wie hängt a von b ab, wenn c konstant ist?

   c) Wie hängt b von c ab, wenn a konstant ist?

   d) Wie hängt b von a ab, wenn c konstant ist?

   e) Wie hängt c von a ab, wenn b konstant ist?

   f) Wie hängt c von b ab, wenn a konstant ist?

Trigonometrische Funktionen und Gleichungen

7

7.1   Check-in

Beobachtet man mit einem Teleskop den Planeten Jupiter und betrachtet den Abstand einer seiner Monde (z. B. Europa) zu ihm, kann man die in Abb. 7.1 dargestellten Informationen gewinnen. Anhand des abgebildeten Schulbuchausschnitts lässt sich ein zeitlich variierender Abstand von Europa zu Jupiter erkennen. Europa durchläuft eine scheinbar wellenförmige Bewegung, sollte dabei als Mond aber doch eigentlich eine Kreisbahn um Jupiter durchlaufen. Wie ist das zu erklären?

Die Kreisbewegung Europas findet in derselben Ebene wie jene der Erde statt. Hierdurch nimmt man nur noch eine Dimension der eigentlich zweidimensionalen Bewegung wahr. Abb. 7.2 verdeutlicht dies: Während man von oben (und somit von außerhalb unseres Sonnensystems) einen vollständigen Kreis sehen könnte, bekommen wir von der Erde – und somit von der Seite – nur eine der Seiten des eingezeichneten Dreiecks zu Gesicht.

Kennt man den tatsächlichen Abstand von Europa zu Jupiter (z. B. in Form des längsten sichtbaren Abstands), lässt sich mithilfe des tatsächlichen und sichtbaren Abstands der aktuelle Winkel α des Mondes auf seiner Umlaufbahn bestimmen: Der tatsächliche Abstand bildet die Hypotenuse, der sichtbare die Ankathete des entsprechenden Dreiecks. Es gilt also $\cos\alpha = \frac{\text{Ankathete}}{\text{Hypothenuse}} = \frac{\text{sichtbarer Abstand}}{\text{tatsächlicher Abstand}}$. Stellt man dies zu sichtbarer Abstand $=$ (tatsächlicher Abstand) $\cdot \cos\alpha$ um, erkennt man, dass der in Abb. 7.1 mit einem Teleskop gemessene Abstand einer sog. Kosinusfunktion folgt. Mithilfe von Kosinus (und wie wir später sehen werden, auch Sinus) lassen sich also Kreisbewegungen beschreiben. Die entsprechenden Funktionsgraphen nehmen dabei periodische Wellenformen an.

© Springer-Verlag GmbH Deutschland, ein Teil von Springer Nature 2021
B. Barzel et al., *Algebra und Funktionen,* Mathematik Primarstufe und Sekundarstufe I + II, https://doi.org/10.1007/978-3-662-61393-1_7

Till beobachtet mit seinem neuen Teleskop die Jupitermonde, wie Galileo Galilei es bereits 1610 getan hat. Jupiter hat insgesamt mehr als sechzig Monde. Tills Lieblingsmond heißt Europa. Er ist überrascht über die Bewegungen von Europa, die ähnlich aussehen, wie Galilei sie aufgeschrieben hat.

Till findet eine Tabelle, die den scheinbaren Abstand von Europa und Jupiter in den Nächten vom 29.11. bis 02.12.2013 angibt.

Beobachtungszeit Datum und Uhrzeit	Scheinbarer Abstand Jupiter – Europa
29.11.2013; 06:45	0 km (Bedeckung durch Jupiter)
29.11.2013; 21:00	565 000 km rechts
30.11.2013; 04:00	671 000 km rechts
30.11.2013; 07:00	636 000 km rechts
30.11.2013; 19:30	283 000 km rechts
01.12.2013; 01:20	0 (Durchgang vor Jupiter)
01.12.2013; 04:50	177 000 km links
01.12.2013; 19:30	636 000 km links
01.12.2013; 22:30	671 000 km links
02.12.2013; 05:30	565 000 km links
02.12.2013; 19:40	0 km (Bedeckung durch Jupiter)

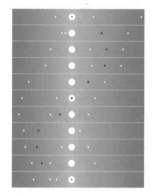

Abb. 7.1 Ausschnitt aus dem Schulbuch Mathewerkstatt (Barzel et al. 2017, S. 125) (Mathewerkstatt © Cornelsen Verlag)

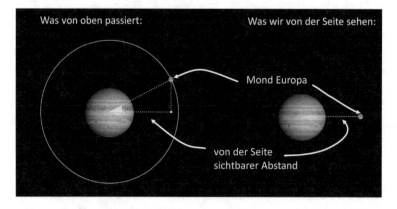

Abb. 7.2 Umlaufbahn des Mondes Europa um Jupiter – von oben und von der Seite betrachtet

Auf einen Blick

Trigonometrische Funktionen werden in der Mittelstufe am Dreieck motiviert und sind in vielen geometrischen Zusammenhängen von großer Bedeutung. Betrachtet man sie als vom Winkel abhängige Funktionen, bilden sie die Grundlage zur

Beschreibung vieler zyklischer Vorgänge. Hierzu zählen beispielsweise die Gezeiten der Meere, Kreisbewegungen wie Planetenbahnen oder der menschliche Biorhythmus. Um solche Vorgänge gut zu modellieren, nehmen Transformationen wie Streckungen und Stauchungen eine wesentliche Rolle für trigonometrische Funktionen ein.

Aufgaben zum Check-in

1. Geben Sie die Definitionen von Sinus, Kosinus und Tangens am Dreieck wieder.
2. Bestimmen Sie die Höhe h des Hauses sowie die Entfernung vom Standort S zum Haus d.

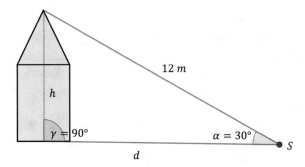

3. Übersetzen Sie die Werte $90°$, $180°$ und $360°$ ins Bogenmaß.
4. Skizzieren Sie grob den Graphen der Funktionen $f(x) = \sin(x)$ und $g(x) = \cos(x)$. Was ist das Besondere dieser Funktionen? Welche Werte können sie annehmen? Welche Werte darf man einsetzen?
5. Welcher Zusammenhang besteht zwischen Sinus und Kosinus? Welcher besteht zwischen Tangens, Sinus und Kosinus?
6. Drücken Sie die Werte der folgenden Ausdrücke in Zahlen aus:
   – $\sin(0)$
   – $\cos(0)$
   – $\tan(0)$

7.2 Zugänge zu trigonometrischen Funktionen

Im Check-in haben wir bereits zwei zentrale Zugänge zu trigonometrischen Funktionen angedeutet, die deutlich machen, welchen unterschiedlichen Nutzen diese Funktionen haben: Man kann mit ihnen unbekannte Größen in rechtwinkligen Dreiecken bestimmen und periodische Prozesse beschreiben. Dabei haben diese beiden Aspekte auf den ersten Blick nichts gemein: Im ersten Fall wird einem Winkel $\alpha < 90°$ eine Zahl aus dem Intervall [0; 1] zugeordnet. Im zweiten Fall werden sich periodisch verändernde Längen in Abhängigkeit von der Zeit betrachtet (Beispiel Jupitermond). Während man bei den Winkeln im rechtwinkligen Dreieck nichts Periodisches sieht, hat die Bewegung des Jupitermondes nicht unmittelbar etwas mit Winkeln zu tun. Um diese beiden verschiedenen Anwendungssituationen, die sich beide durch trigonometrische Funktionen beschreiben lassen, zu verknüpfen, benötigt man noch einen dritten Zugang, der den beschränkten Bereich der Winkel zwischen 0° und 90° erweitert und gleichzeitig die Winkel durch ein neutraleres Maß ersetzt. Dies leistet der folgende dritte Zugang des Einheitskreises, der im Folgenden auf der Grundlage der Dreiecksgeometrie erarbeitet werden soll.

7.2.1   Definition trigonometrischer Funktionen am Dreieck

Im Rahmen der Schullaufbahn kommen Lernende typischerweise erstmalig mit den Begriffen Sinus, Kosinus und Tangens im Kontext der Trigonometrie, d. h. der Untersuchung und Vermessung von Dreiecken, in Kontakt (vgl. Kirsch 1979). Tatsächlich rührt das Wort „Trigonometrie" gerade hierher: griechisch „trígonon" für „Dreieck" und „métron" für „Maß".

Sinus, Kosinus und Tangens werden dann wie in der folgenden Definition ausschließlich für rechtwinklige Dreiecke als Verhältnis unterschiedlicher Seitenlängen definiert. In Abb. 7.3 ist γ der rechte Winkel des Dreiecks. Aus Perspektive des Winkels α sind an den Seiten des Dreiecks die Begriffe Ankathete, Gegenkathete und Hypotenuse erklärt. Die *Hypotenuse* (übrigens nicht „Hypothenuse") ist dabei immer die Dreiecksseite, die dem rechten Winkel gegenüberliegt. Als *Ankathete* (zu α) bezeichnet man jene Seite, die am betrachteten Winkel α anliegt, aber nicht die Hypotenuse ist. Entsprechend

Abb. 7.3 Bezeichnungen im rechtwinkligen Dreieck

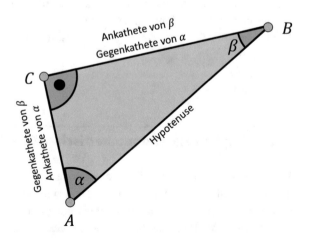

ist die dritte und dem betrachteten Winkel α gegenüberliegende Seite die *Gegenkathete* (zu α). Bezieht man die Begriffe Ankathete und Gegenkathete stattdessen auf den Winkel β, werden sie entsprechend vertauscht. Die Seite zwischen B und C bildet dann die Ankathete zum Winkel β, die Seite zwischen A und C die Gegenkathete zum Winkel β. Die Hypotenuse ist hingegen universell und bezeichnet weiterhin dieselbe Seite.

Aus Perspektive des Winkels α sind die Begriffe Sinus, Kosinus und Tangens dann als die folgenden Verhältnisse definiert.

▶ **Definition** Im rechtwinkligen Dreieck sind die folgenden Verhältnisse aus Ankathete, Gegenkathete und Hypotenuse eines Winkels α wie folgt benannt:

- *Sinus* von $\alpha = \sin(\alpha) = \frac{\text{Gegenkathete}}{\text{Hypotenuse}}$

- *Kosinus* von $\alpha = \cos(\alpha) = \frac{\text{Ankathete}}{\text{Hypotenuse}}$

- *Tangens* von $\alpha = \tan(\alpha) = \frac{\text{Gegenkathete}}{\text{Ankathete}}$

Gelegentlich – jedoch deutlich seltener als der Tangens – findet auch der Kotangens Gebrauch. Für ihn gilt:

- *Kotangens* von $\alpha = \cot(\alpha) = \frac{\text{Ankathete}}{\text{Gegenkathete}}$

Die vorstehend definierten Verhältnisse hängen nur von der Größe des Winkels α ab. Sie ergeben also für jedes rechtwinklige Dreieck mit einem Winkel der Größe α denselben Wert.

Im folgenden Beispiel soll nun darauf eingegangen werden, warum es sinnvoll ist, mit den oben definierten Verhältnissen zu arbeiten und ihnen eigene Bezeichnungen zu geben.

▶ **Beispiel**

Die Zugbrücke einer Burg ist 8 m lang und hat zwischen der Mauer und der Kette einen Winkel von 43°. Wie lang muss die Kette sein, mit der man die Zugbrücke hinunterklappen kann? Eine Skizze ist in Abb. 7.4 dargestellt.

Aus Perspektive des Winkels der Größe $\alpha = 43°$ ist nun die (unbekannte) Länge an der Steinwand die Länge der Ankathete und die mit 8 m angegebene Länge der Brücke die Länge der Gegenkathete. Die gesuchte Kettenlänge liegt gegenüber einem rechten Winkel und bildet somit die Hypotenuse. Aus diesem Grund ist es sinnvoll, den Sinus zu betrachten, da sich dieser aus dem Verhältnis von Gegenkathete und Hypotenuse berechnet, d. h., es gilt:

$$\sin(\alpha) = \sin(43°) = \frac{\text{Gegenkathete}}{\text{Hypotenuse}} = \frac{8\,\text{m}}{\text{Kettenlänge}}$$

Abb. 7.4 Zugbrücke mit
angegebenen Werten

Dies lässt sich umstellen zu.

$$\text{Kettenlänge} = \frac{8\ \text{m}}{\sin(43°)} \approx \frac{8\ \text{m}}{0{,}6819983601} \approx 11{,}73\text{m}.$$

Hierbei erhält man einen ungefähren Wert von $\sin(43°)$ z. B. mit einem Taschenrechner. Auf andere Methoden wird weiter unten eingegangen.

Der Sinus (und auch Kosinus und Tangens) ist also vor allem deswegen ein wichtiges
Werkzeug innerhalb solcher Berechnungen, da er einen Zusammenhang zwischen einem
Winkel und zwei Seiten eines rechtwinkligen Dreiecks herstellt. Sind nur eine dieser
Seiten und der Winkel selbst bekannt, lässt sich zur entsprechenden fehlenden Seite
umstellen.

Wieso ist der Wert von $\sin(\alpha)$ nur von α abhängig?
Aber wieso bilden im rechtwinkligen Dreieck Gegenkathete und Hypotenuse ein nur
vom Winkel α abhängiges, immer gleich bleibendes Verhältnis? Dies lässt sich mit
Mitteln der Elementargeometrie begründen: Dreiecke, die in jeweils allen drei Winkeln
übereinstimmen, sind ähnlich, unterscheiden sich also nur durch ihre Gesamtgröße. Mit
anderen Worten kann jedes derartige Dreieck durch eine proportionale Vergrößerung
oder Verkleinerung (auch zentrische Streckung genannt) eines jeden anderen Dreiecks
erzeugt werden.

   Da wir nur rechtwinklige Dreiecke betrachten und der Winkel α festgehalten wird,
muss auch der dritte Winkel jeweils dieselbe Größe haben. Dies ergibt sich aufgrund der
für alle Dreiecke geltenden Innenwinkelsumme von $180°$.

   Betrachtet man also beliebige rechtwinklige Dreiecke mit einem feststehenden
Winkel α, sind all diese Dreiecke zueinander ähnlich. Für ähnliche Dreiecke gilt

schließlich eine sog. Verhältnisgleichheit (s. z. B. Gorski und Müller-Philipp 2014, S. 215 ff.), d. h., dass sich die einzelnen Dreiecksseiten der unterschiedlichen Dreiecke zwar in ihrer Länge unterscheiden, nicht aber gebildete Verhältnisse. Entsprechend bleibt das Verhältnis $\sin(\alpha) = \frac{\text{Gegenkathete}}{\text{Hypotenuse}}$ für all solche Dreiecke konstant und besitzt stets denselben Wert. Auf die gleiche Weise kann man auch für Kosinus und Tangens argumentieren.

Wie berechnet man Sinus, Kosinus und Tangens?

Ein kleiner, aber entscheidender Schritt ist in obigem Beispiel an den Taschenrechner ausgelagert worden: die Berechnung des Wertes von $\sin(43°)$. Taschenrechner benutzen hierzu moderne Algorithmen wie etwa den CORDIC-Algorithmus, auf welchen wir hier aber nicht genauer eingehen wollen (s. aber z. B. Muller 2016). Welche Verfahren genau benutzt werden, legen entsprechende Hersteller zudem nicht offen und verweisen auf ein entsprechendes Betriebsgeheimnis (vgl. Müller 2014).

Tatsächlich lassen sich für Werte von Sinus, Kosinus und Tangens auch ohne Taschenrechner ungefähre Näherungswerte bestimmen. Hierzu gibt es verschiedene Möglichkeiten.

Die vermutlich einfachste (aber wohl auch ungenaueste) Methode ist jene, ein entsprechendes Dreieck zu zeichnen. Hierbei muss das Dreieck dann nicht die gleichen Längen umfassen wie das eigentlich untersuchte. Es genügt, ein ähnliches Dreieck zu skizzieren, die entsprechenden Längen von z. B. Gegenkathete und Hypotenuse zu messen und schließlich einen Näherungswert des entsprechenden Verhältnisses zu bestimmen.

Natürlich gab es, auch bevor Taschenrechner verfügbar waren, viele weitere Möglichkeiten, Werte der trigonometrischen Funktionen auszuwerten. Da dies ohne Rechenhilfen wie ein Computer natürlich deutlich aufwendiger war, hielt man die Werte entsprechender Funktionen in Tabellen fest und veröffentlichte Nachschlagewerke. Frühe Tabellen stammen etwa vom Mathematiker Christoph Clavius (1538–1612) (vgl. Wußing 2013, S. 346).

Beispielhaft ist ein kleiner Teil eines solchen Werkes in Abb. 7.5 dargestellt. Mit dem entsprechenden Buch von Vlacq (1767) lässt sich so etwa der Wert von $\sin(43°)$ nachschlagen. Dazu sind in der zweiten Spalte der Tabelle die einzelnen Werte des Sinus abgebildet; die weiteren Spalten enthalten die Werte anderer Funktionen. In den jeweiligen Zeilen lässt sich der entsprechende Wert für den gesuchten Winkel finden. Hierbei wird nach Winkelminuten (der ersten Untereinheit von Grad) unterschieden. Dabei entspricht eine Winkelminute einem Sechzigstel Grad.

Da wir gerade am Wert des Sinus für 43 Grad und 0 Winkelminuten interessiert sind, lässt sich der gesuchte Wert unmittelbar der ersten Zeile entnehmen: 68199,84. Dieser muss jedoch noch durch 100.000 geteilt werden, sodass sich 0,6819984 ergibt. Dieser stimmt bis zur sechsten Nachkommastelle mit dem obigen Resultat des Taschenrechners überein. Wie man sieht, war es also bereits 1767 möglich und vergleichsweise einfach, entsprechende Verhältnisse zu bestimmen.

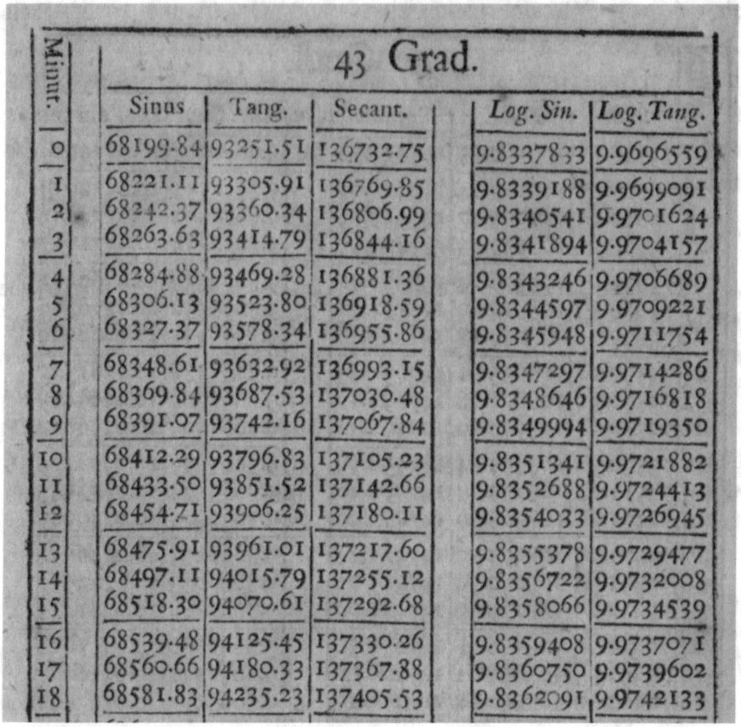

Minut.	Sinus	Tang.	Secant.	Log. Sin.	Log. Tang.
0	68199.84	93251.51	136732.75	9.8333783	9.9696559
1	68221.11	93305.91	136769.85	9.8339188	9.9699091
2	68242.37	93360.34	136806.99	9.8340541	9.9701624
3	68263.63	93414.79	136844.16	9.8341894	9.9704157
4	68284.88	93469.28	136881.36	9.8343246	9.9706689
5	68306.13	93523.80	136918.59	9.8344597	9.9709221
6	68327.37	93578.34	136955.86	9.8345948	9.9711754
7	68348.61	93632.92	136993.15	9.8347297	9.9714286
8	68369.84	93687.53	137030.48	9.8348646	9.9716818
9	68391.07	93742.16	137067.84	9.8349994	9.9719350
10	68412.29	93796.83	137105.23	9.8351341	9.9721882
11	68433.50	93851.52	137142.66	9.8352688	9.9724413
12	68454.71	93906.25	137180.11	9.8354033	9.9726945
13	68475.91	93961.01	137217.60	9.8355378	9.9729477
14	68497.11	94015.79	137255.12	9.8356722	9.9732008
15	68518.30	94070.61	137292.68	9.8358066	9.9734539
16	68539.48	94125.45	137330.26	9.8359408	9.9737071
17	68560.66	94180.33	137367.88	9.8360750	9.9739602
18	68581.83	94235.23	137405.53	9.8362091	9.9742133

Abb. 7.5 Tabelle mit mathematischen Funktionen, u. a. dem Sinus. Die Werte werden für alle Winkel zwischen 43 Grad und 0 Winkelminuten und 43 Grad und 18 Winkelminuten dargestellt und sind durch 100.000 zu teilen. (Quelle: Vlacq 1767, N. 173)

7.2.2 Definition trigonometrischer Funktionen am Einheitskreis

Betrachtet man trigonometrische Funktionen, wie man sie z. B. zur Beschreibung periodischer Prozesse nutzen kann, so werden als Eingabewerte im Gegensatz zur Dreiecksgeometrie nicht mehr Winkel im Gradmaß (z. B. 45°) angegeben, sondern einheitenfreie Zahlen. Die Verbindung zwischen den Winkeln und besagten Zahlen stiftet das sog. Bogenmaß. Bevor die entsprechenden trigonometrischen Funktionen definiert werden, soll selbiges daher diskutiert werden.

Das Bogenmaß

Innerhalb der Mathematik hat sich an vielen Stellen eingebürgert, Winkel nicht in Grad, sondern im sog. *Bogenmaß* (auch *Radiant* oder schlicht *rad*) zu messen. Hierbei wird der Winkel eigentlich nur indirekt gemessen, nämlich indem die Länge des zugehörigen Kreisbogens des Einheitskreises abgetragen wird.

Exemplarisch ist dies in Abb. 7.6 für die drei Winkel $\alpha = 22{,}5°$, $\beta = 60°$ und $\gamma = 135°$ dargestellt.

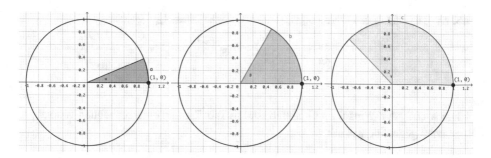

Abb. 7.6 Die drei Winkel α (links), β (Mitte) und γ (rechts) im Einheitskreis. Die zugehörigen Bogenlängen a, b bzw. c sind jeweils abgetragen

Statt der entsprechenden Winkel bezieht man sich im Bogenmaß dann auf die entsprechenden Längen der Kreisbögen a, b und c, die sich einfacher als maßunabhängige Zahlen deuten lassen. Deren Länge kann man über die Kreisumfangsformel $U = 2\pi r$ bestimmen. Diese vereinfacht sich aufgrund der Betrachtung im Einheitskreis und der Länge des Radius von $r = 1$, sodass die gesamte Länge des Umfangs $U = 2\pi$ beträgt.

Da eine gesamte Drehung 360° entspricht, würde also die zugehörige Bogenlänge des Einheitskreises gerade dem vollen Umfang dieses Kreises und somit 2π betragen. Mit anderen Worten hat ein Winkel von 360° im Bogenmaß die Größe 2π.

Alle anderen Winkel lassen sich nun durch entsprechende Anteilsbildung bestimmen:

- Der Winkel $\alpha = 22{,}5°$ entspricht genau $\frac{22{,}5°}{360°} = \frac{1}{16}$ einer ganzen Drehung. Entsprechend lautet α im Bogenmaß $\frac{1}{16} \cdot 2\pi = \frac{\pi}{8}$. Dies ist also auch die Länge des Kreisbogens a.
- Der Winkel $\beta = 60°$ entspricht genau $\frac{60°}{360°} = \frac{1}{6}$ einer ganzen Drehung. Entsprechend lautet β im Bogenmaß $\frac{1}{6} \cdot 2\pi = \frac{\pi}{3}$. Dies ist also auch die Länge des Kreisbogens b.
- Der Winkel $\gamma = 135°$ entspricht genau $\frac{135°}{360°} = \frac{3}{8}$ einer ganzen Drehung. Entsprechend lautet γ im Bogenmaß $\frac{3}{8} \cdot 2\pi = \frac{3\pi}{4}$. Dies ist also auch die Länge des Kreisbogens c.

Hierbei liegt jeweils die Überlegung zugrunde, dass ein Winkel im Gradmaß sich zu einer gesamten Drehung von 360° wie ein Winkel im Bogenmaß zu einer gesamten Drehung von 2π verhält. Ganz allgemein ausgedrückt kann man also einen Winkel im Gradmaß ins Bogenmaß oder umgekehrt überführen, indem man den bekannten Wert in die folgende Gleichung einsetzt und zur jeweils gesuchten Größe umstellt:

$$\frac{\alpha_{\text{Gradmaß}}}{360} = \frac{\alpha_{\text{Bogenmaß}}}{2\pi}$$

Ein Winkel von beispielsweise $\alpha_{\text{Gradmaß}} = 43°$ würde also zur Gleichung $\frac{43}{360} = \frac{\alpha_{\text{Bogenmaß}}}{2\pi}$ führen und somit zu $\alpha_{\text{Bogenmaß}} = \frac{43}{360} \cdot 2\pi = \frac{43\pi}{180} \approx 0{,}7505$.

Tab. 7.1 Die wichtigsten Winkel im Grad- und Bogenmaß einander gegenübergestellt

$\alpha_{\text{Gradmaß}}$	360°	270°	180°	90°	60°	45°	30°
$\alpha_{\text{Bogenmaß}}$	2π	$\frac{3}{2}\pi$	π	$\frac{\pi}{2}$	$\pi/3$	$\pi/4$	$\pi/6$

Die wichtigsten Winkel im Gradmaß sind in Tab. 7.1 den entsprechenden Winkeln im Bogenmaß gegenübergestellt.

Negative Winkel im Bogenmaß

Neben diesen Werten zwischen 0 und 2π für das Bogenmaß hat man sich darauf geeinigt, auch negative Werte zu akzeptieren. Das negative Vorzeichen interpretiert man dann als Drehung in entgegengesetzte Richtung, ähnlich wie dies auch beim Gradmaß in manchen Anwendungen der Fall ist. Exemplarisch ist dies für den Winkel $\alpha = -\frac{\pi}{4}$ in Abb. 7.7 dargestellt. In der entsprechenden Grafik findet sich außerdem der Winkel $\beta = 2\pi + \alpha = 2\pi - \frac{\pi}{4} = \frac{7\pi}{4}$. Während α negatives Vorzeichen hat und sich daher ausgehend vom Punkt $(1|0)$ in Richtung des Uhrzeigersinns ausbreitet, ist der Winkel β aufgrund seines positiven Vorzeichens gegen den Uhrzeigersinn orientiert.

Beide Winkel teilen sich hierbei aufgrund der Konstruktion beide Schenkel. Es macht also keinen Unterschied, ob man sich um $\frac{\pi}{4}$ nach rechts oder um $\frac{7\pi}{4}$ nach links dreht. Aus diesem Grund werden Winkel wie α und β miteinander identifiziert. Allgemein gilt daher: Ein beliebiger negativer Winkel $\alpha \in [-2\pi, 0]$ ist gleichbedeutend zum positiven Winkel $\beta = 2\pi + \alpha$.

Winkel außerhalb des Intervalls $[-2\pi, 2\pi]$

Winkel außerhalb des Intervalls $[-2\pi, 2\pi]$ lassen sich anschaulich interpretieren als Winkel, die den Einheitskreis mehrfach (also mehr als genau einmal) umrunden – dies entweder im oder gegen den Uhrzeigersinn. Zusätzliche Umdrehungen ignoriert man hierbei im Allgemeinen und identifiziert jene Winkel mit ihren Entsprechungen innerhalb des Intervalls $[-2\pi, 2\pi]$. So entspricht der Winkel $3\pi = 2\pi + \pi$ einer vollständigen Drehung und noch einer halben um den Einheitskreis. Da jede zusätzliche Umdrehung ignoriert wird, lässt sich der Winkel mit dem Winkel π identifizieren. Im Resultat entspricht der Winkel 3π also genau einer halben Drehung. Auch wenn die Bogenlänge kontinuierlich größer wird, kann man die Periodizität der zugrunde liegenden Winkel und damit der y-Koordinate des Punktes auf dem Einheitskreis gut sehen.

7.2.3 Definition trigonometrischer Funktionen

Sinus und Kosinus haben, wie eingangs angedeutet, elementare Bedeutung für die funktionale Beschreibung von Kreisbewegungen. Dies hängt mit ihrer Definition zusammen, die üblicherweise am Einheitskreis vorgenommen wird.

Abb. 7.7 Der Winkel $\alpha = -\frac{\pi}{4}$ sowie der Winkel $\beta = 2\pi + \alpha$ am Einheitskreis

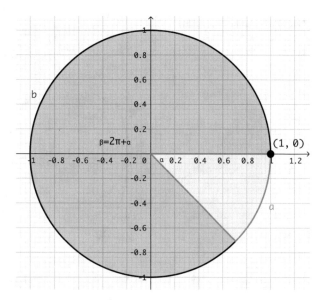

Sinus- und Kosinusfunktion

Betrachtet man einen beliebigen Punkt $P(x, y)$ auf dem Einheitskreis und zeichnet zusätzlich den bei ihm ausgehenden Radius sowie seine x- und y-Koordinate ein, ergibt sich ein Bild wie in Abb. 7.8. Der Winkel α bezeichne hierbei den Winkel, unter dem der Punkt P auf dem Kreis steht. Dieser beträgt im Bogenmaß ungefähr $0{,}64 = 0{,}2037 \cdot \pi$.

Aufgrund der Rechtwinkligkeit des konstruierten Dreiecks gelten für die x- und y-Koordinaten sowie den Winkel α von P die folgenden Gleichungen: $\sin\alpha = \frac{\text{Gegenkathete}}{\text{Hypotenuse}} = \frac{y}{1} = y = 0{,}6$ sowie $\cos\alpha = \frac{\text{Ankathete}}{\text{Hypotenuse}} = \frac{x}{1} = x = 0{,}8$. Dynamisch können Sie diese Konstruktion des Graphen der Sinusfunktion mithilfe des Einheitskreises mit dem Applet „Sinusfunktion am Einheitskreis" untersuchen.

Bei obiger Rechnung ist zu beobachten, dass aufgrund der Konstruktion innerhalb des Einheitskreises die Hypotenuse eines solchen Dreiecks stets den Wert 1 hat. Auf diese Weise entsprechen Sinus und Kosinus solcher Winkel unmittelbar den Koordinaten des Punktes. Dies macht man sich für eine Definition der Sinus- und Kosinusfunktion zunutze:

▶ **Definition** Die *Sinusfunktion* $\sin : \mathbb{R} \to [0, 1]$ mit $\alpha \mapsto \sin(\alpha)$ sowie die *Kosinusfunktion* $\cos : \mathbb{R} \to [0, 1]$ mit $\alpha \mapsto \cos(\alpha)$ sind definiert als y- bzw. x-Koordinate eines Punktes auf dem Einheitskreis, dessen Verbindungsstrecke zum Ursprung mit der positiven x-Achse den Winkel α einnimmt. Hierbei versteht sich α i. d. R. als im Bogenmaß gemessen.

Abb. 7.8 Punkt P auf dem
Einheitskreis

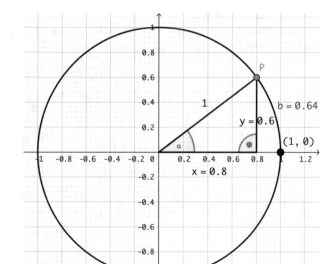

Im Gegensatz zur üblichen Definition in der Trigonometrie (s. Abschn. 7.2) können Sinus- und Kosinusfunktion nun auch negative Werte annehmen. Dies kann sich ergeben, falls der entsprechende Punkt nicht im ersten Quadranten des Koordinatensystems liegt.

Eine solche Situation ist für den Punkt Q in Abb. 7.9 gegeben. Der Winkel hier ist deutlich größer als jener unter Punkt P und beträgt im Bogenmaß ungefähr $5,52 = 1,7571 \cdot \pi$. Der Punkt fällt somit in den vierten Quadranten. Folgt man obiger Definition, ergeben sich für Winkel $\beta = 5,52$ aufgrund der entsprechenden Koordinaten des Punktes Q die folgenden Werte für Sinus und Kosinus: $\sin \beta = -0,69$ sowie $\cos \beta = 0,73$. Während Kosinus positiv ausfällt, ergibt sich nun also für den Sinus ein negativer Wert. Umgekehrt wäre es gewesen, hätte der Punkt im zweiten Quadranten gelegen. Im dritten Quadranten hingegen würden beide Koordinaten und somit auch die entsprechenden Funktionswerte negativ.

Hierbei liegen die Werte der Sinus- und Kosinusfunktion aber stets zwischen -1 und 1. Der Wertebereich wird also durch das Intervall $[-1, 1]$ gebildet. Dies galt bereits für die Definition wie in Abschn. 7.2 und lässt sich mithilfe des Satzes des Pythagoras erklären: Für positive Längen von Hypotenuse c und der Katheten a und b gilt $c^2 = a^2 + b^2$ und somit $c = \sqrt{a^2 + b^2}$. Lässt man eine der beiden Kathetenlängen weg, ergibt sich die Abschätzung $c = \sqrt{a^2 + b^2} > \sqrt{a^2} = |a| = a$. Die Hypotenuse c ist also größer als die Kathete a. Analog kann auch gezeigt werden, dass $c > b$ gilt. In jedem Fall liegen die Verhältnisse $\frac{a}{c}$ und $\frac{b}{c}$ also (wenn man wieder ein negatives Vorzeichen zulässt) zwischen -1 und 1. Über die neue Definition ist der genannte Wertebereich nun noch einsichtiger: Punkte, die sich auf dem Einheitskreis befinden, können niemals Koordinaten größer als 1 oder kleiner als -1 aufweisen.

Abb. 7.9 Punkt Q auf dem
Einheitskreis

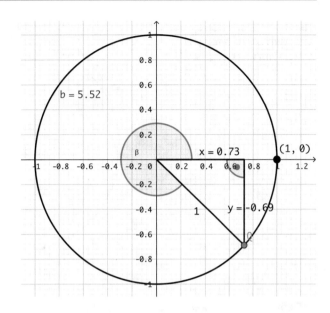

In obiger Definition haben wir als Definitionsbereich der Sinus- und Kosinusfunktion zudem bewusst auf $\mathbb{R}$ gesetzt. Hierbei werden Winkelgrößen, die mindestens eine Kreisdrehung überschreiten oder negativ sind, wie in Abschn. 7.2.2 erläutert, so behandelt: Werte größer als 2π entsprechen jenen Winkeln, die man erhielte, würde man entsprechend viele Drehungen am Einheitskreis nachverfolgen. Negative Werte entsprechen jenen Winkeln, die sich betraglich mit ihnen zu 2π ergänzen.

Mithilfe der Definition der Sinus- und Kosinusfunktion am Einheitskreis ergibt sich zudem der folgende Zusammenhang unmittelbar aus der Anwendung des Satzes des Pythagoras. Für alle $x \in \mathbb{R}$ gilt die Gleichung

$$(\sin x)^2 + (\cos x)^2 = 1.$$

In einigen Rechnungen kann es von Vorteil sein, wenn man einen Sinus-Ausdruck auf diese Weise durch einen Kosinus-Ausdruck ersetzen kann und umgekehrt.

Tangens- und Kotangensfunktion

Ähnlich wie für die Sinus- und Kosinusfunktion ist auch eine Definition des Tangens über den Einheitskreis möglich. Dies lässt sich am einfachsten indirekt über die bisher definierten Funktionen vornehmen. Wie bereits in der Dreiecksgeometrie soll dabei der Tangens weiterhin dem Verhältnis von Sinus und Kosinus gleichen, sodass dies eine Eigenschaft ist, die die Grundlage einer entsprechenden Definition bietet:

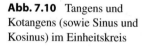

Abb. 7.10 Tangens und
Kotangens (sowie Sinus und
Kosinus) im Einheitskreis

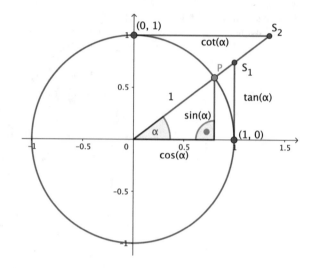

▶ **Definition** Die *Tangensfunktion* tan : $\mathbb{R} \setminus N_1 \to \mathbb{R}$ und die *Kotangensfunktion*
cot : $\mathbb{R} \setminus N_2 \to \mathbb{R}$ sind definiert als tan $(\alpha) = \frac{\sin(\alpha)}{\cos(\alpha)}$ bzw. cot $(\alpha) = \frac{\cos(\alpha)}{\sin(\alpha)}$. Hierbei ist N_1
die Nullstellenmenge des Kosinus, d. h. $N_1 = \{\alpha \in \mathbb{R} \mid \cos(\alpha) = 0\}$, sowie N_2 die Null-
stellenmenge des Sinus, d. h. $N_2 = \{\alpha \in \mathbb{R} \mid \sin(\alpha) = 0\}$.

Hierbei müssen die Nullstellenmengen von Kosinus bzw. Sinus ausgenommen werden,
da sonst in den entsprechenden, zur Definition von Tangens und Kotangens heran-
gezogenen Verhältnissen durch 0 geteilt würde.

Für die Tangens- und Kotangensfunktion ist auch eine direkte Definition anhand
des Einheitskreises möglich. Hierbei besitzen die entsprechend markierten Strecken in
Abb. 7.10 jeweils die Längen der sich für den Winkel α ergebenden Werte von Tangens
und Kotangens. Die beiden Strecken gehen jeweils vom Punkt (1|0) bzw. (0|1) aus
und verlaufen zur jeweils anderen Koordinatenachse parallel. Die Punkte S_1 bzw. S_2
markieren die jeweiligen Enden der Strecken und sind Schnittpunkt der im Winkel α
stehenden Verlängerung des Radius des Einheitskreises.

Die entsprechende Behauptung lässt sich mithilfe des zweiten Strahlensatzes (s. z. B.
Gorski und Müller-Philipp 2014, S. 219) rechtfertigen: Dieser lässt sich anwenden,
da die Strecke mit Länge sin(α) parallel zur Strecke zwischen (1|0) und S_1 ist. Es folgt
daher $\frac{\sin(\alpha)}{\cos(\alpha)} = \frac{\tan(\alpha)}{1} = \tan(\alpha)$. Auf diese Weise lässt sich der Tangens auch unmittelbar elementargeometrisch anhand des Einheitskreises definieren. Eine analoge
Argumentation funktioniert für den Kotangens.

Mit den vorstehenden Definitionen lassen sich nun für die Funktionen sin, cos, tan
und cot Funktionswerte für beliebige Winkel α des Einheitskreises und darüber hinaus
bestimmen. Hierbei wird als abhängige Variable der jeweiligen Funktionen auch die

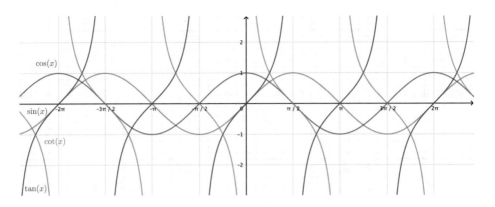

Abb. 7.11 Funktionsgraphen der Funktionen sin, cos, tan und cot zwischen -2π und 2π

Bezeichnung x (wie in „$f(x)$") anstatt α genutzt. Entsprechende Funktionsgraphen sind in Abb. 7.11 dargestellt.

Während Sinus und Kosinus nur Werte zwischen -1 und 1 annehmen, können die Werte von Tangens und Kotangens aufgrund ihrer Definition als Verhältnisse der Sinus- und Kosinuswerte unendlich klein oder unendlich groß werden. Der in ihrer Definition geforderte Zielbereich $\mathbb{R}$ wird somit angenommen und ist daher gleichermaßen auch Wertebereich entsprechender Funktionen.

Es lässt sich außerdem beobachten, dass alle Funktionen ihre Funktionswerte regelmäßig überholen. Dies ist auf den Umstand zurückzuführen, dass Winkel größer als 2π mit ihren entsprechenden einfachen Drehungen identifiziert werden. Während Sinus- und Kosinusfunktion ihre Werte jeweils im Abstand von 2π (und somit einer Umdrehung des Einheitskreises) wiederholen, ist diese Spanne für Tangens und Kotangens kleiner: Die entsprechenden Funktionen benötigen hierfür lediglich einen Abstand von π.

Das Verhalten von Funktionen, die ihre Werte in bestimmten Abständen wiederholen, hatten wir als dritten Zugang zu trigonometrischen Funktionen bezeichnet. Es soll im nächsten Abschnitt formalisiert und verallgemeinert werden.

7.3 Allgemeine periodische Funktionen

Periodische Funktionen sind Funktionen, deren Funktionswerte sich bei Ablaufen der x-Achse regelmäßig wiederholen. Hierzu zählen die trigonometrischen Funktionen, wie im vorangegangenen Abschnitt dargestellt wurde. Periodische Funktionen sind jedoch nicht nur auf trigonometrische Funktionen beschränkt, wie Abb. 7.12 exemplarisch zeigt.

Alle drei Funktionen f_1, f_2 und f_3 wiederholen sich, ähnlich wie Sinus, Kosinus etc., regelmäßig – und zwar jeweils beim Voranschreiten auf der x-Achse um zwei Werte. Man sagt, die Funktionen haben eine Periodenlänge von 2. Hierbei kann das, was inner-

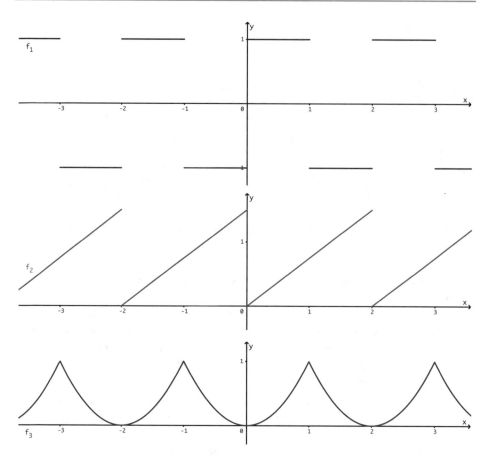

Abb. 7.12 Beispiele für periodische Funktionen (Applet auf der Website zum Buch verfügbar)

halb der Periode geschieht, ganz unterschiedlichen Charakter haben. Die Funktion f_1 ist jeweils lokal konstant und unstetig. Die Funktion f_2 ist ebenfalls unstetig, besteht aber aus vielen kleinen Geradenstücken. Aufgrund ihrer Form spricht man auch von einer Sägezahnfunktion. Die Funktion f_3 wiederum besteht aus kleinen parabelförmigen Elementen.

7.3.1 Definition

Der Begriff der Periode sowie verwandte Begriffe sollen im Folgenden weiter formalisiert werden. Hierbei ist die ausschlaggebende Eigenschaft jeweils, dass sich die entsprechenden Funktionswerte in regelmäßigen Abständen wiederholen.

▶ **Definition** Eine Funktion $f : D \to Z$ heißt *periodisch*, wenn.

$$f(x + T) = f(x)$$

für alle $x \in D$ mit einem kleinsten Wert $T \in \mathbb{R}^+$ gilt. Der Wert T heißt *Periode*, *Perioden-länge* oder *Schwingungsdauer* von f. Der Wert $\frac{1}{T}$ wird auch *Frequenz* von f genannt.

Wie oben bereits bemerkt, wiederholen sich die Funktionswerte unserer Beispiel-funktionen jeweils im Abstand 2. Aus diesem Grund gilt auch $T = 2$ – und zwar jeweils für jede der drei Funktionen. So gilt die innerhalb der Definition geforderte Gleichung etwa für die Funktion f_2: Das heißt, es gilt $f_2(x + 2) = f_2(x)$. Dies kann man sich so vor-stellen: Verschiebt man die Funktion f_2 um zwei Einheiten auf der x-Achse nach links, bildet somit also die Funktion $g(x) = f_2(x + 2)$, gleichen sich beide Funktionen auf-grund der sich jeweils im Abstand 2 wiederholenden Funktionswerte für jede einzelne Stelle x. Theoretisch könnte man in die Gleichung auch die Werte $T = 4$, $T = 6$, $T = 8$ usw. einsetzen, denn wenn sich die Werte jeweils für den Abstand 2 wiederholen, tun sie dies auch für den Abstand 4 usw. Allgemein wäre für diese Beispielfunktion jede gerade positive Zahl möglich. Innerhalb der obigen Definition findet sich jedoch noch die Bedingung „mit einem kleinsten Wert $T \in \mathbb{R}^+$. Als Periode wollen wir also die kleinste positive Zahl betrachten, die die entsprechende Funktion erfüllt. Ansonsten hätte jede periodische Funktion unendlich viele weitere Perioden (nämlich genau die Vielfachen einer Periode).

Die Frequenz wiederum ist der Kehrwert der Periodenlänge T. In unserem Fall gilt also $f = \frac{1}{T} = \frac{1}{2} = 0{,}5$. Anschaulich gibt die Frequenz somit wieder, wie oft sich die Funktion innerhalb einer Einheit auf der x-Achse wiederholt. In diesem Fall schafft f_2 (und ebenso die Funktionen f_1 und f_3) nur eine halbe Wiederholung beim Voranschreiten einer x-Einheit.

Auch unsere bisher in Abschn. 7.2.3 gemachten Erfahrungen lassen sich nun in den Begrifflichkeiten der obigen Definition beschreiben: Für Sinus und Kosinus gilt dabei $T = 2\pi$. Für Tangens und Kotangens gilt $T = \pi$.

7.3.2 Ruhelage und Amplitude

Die Ruhelage bei der Schwingung eines Objektes ist die Position, die jenes Objekt selbstständig (d. h. nur durch die Erdanziehungskraft) einnehmen würde. Bei einem Pendel – z. B. in Form einer Pendeluhr oder Schaukel – ist dies die Position (bei eben-erdigem Aufbau der Uhr bzw. Schaukel), bei der die Befestigung senkrecht zur Erd-anziehungskraft zeigt. Exemplarisch ist dies in Abb. 7.13 dargestellt. Die Amplitude eines solchen schwingenden Objekts bezeichnet wiederum die maximale Auslenkung, d. h. jene Stelle, bei der das Pendel der Uhr maximal weit von seiner Ruhelage entfernt ist, bzw. den höchsten Punkt eines schaukelnden Kindes.

Abb. 7.13 Pendel einer Pendeluhr (links) und Schaukel (rechts) in jeweiliger Ruhelage (© Gianni Crestani auf Pixabay und Roland Mey auf Pixabay)

Da periodische Funktionen wie Sinus- und Kosinusfunktion häufig genutzt werden, um derartige Schwingungen zu modellieren, haben sich beide Begriffe auch innermathematisch etabliert. Wir definieren sie im Folgenden:

▶ **Definition** Für eine periodische Funktion $f : D \to Z$ ist ihre *Ruhelage* $y_R \in \mathbb{R}$ sowie *Amplitude* $y_A \in \mathbb{R}^+$ definiert als $y_R = \frac{y_{\max} + y_{\min}}{2}$ bzw. $y_A = y_{\max} - y_r = \frac{y_{\max} - y_{\min}}{2}$. Hierbei ist y_{max} der größte und y_{min} der kleinste Wert der Funktion f innerhalb einer Periode. Beide Begriffe sind insbesondere also nur definiert, falls f beschränkt ist und ein kleinster und größter Wert überhaupt existiert.

Wir verdeutlichen diese Begrifflichkeiten wieder anhand der drei Beispielfunktionen f_1, f_2 und f_3 aus Abb. 7.12. Die Funktion f_1 nimmt abwechselnd die Werte -1 und 1 an. Diese bilden daher gleichzeitig auch den kleinsten sowie größten Wert innerhalb einer Periode. Es gilt also $y_{\min} = -1$ sowie $y_{\max} = 1$. Die Ruhelage ist anschaulich der Mittelwert aus größtem und kleinstem Wert. Genauso ergibt sich auch rechnerisch $y_R = \frac{1 + (-1)}{2} = 0$. Die Amplitude y_A ist anschaulich die maximale Auslenkung der Funktion von ihrer Ruhelage und somit die Entfernung des größten Wertes $y_{\max}$ von der Ruhelage y_R. Somit gilt auch rechnerisch $y_A = 1 - 0 = 1$. Alternativ hätte man auch den Abstand des kleinsten Wertes von der Ruhelage bestimmen können. Hierbei würde man zum selben Resultat kommen, da die Ruhelage ja genau mittig zum größten und kleinsten Wert liegt. In Abb. 7.14 sind die entsprechenden Größen noch einmal veranschaulicht.

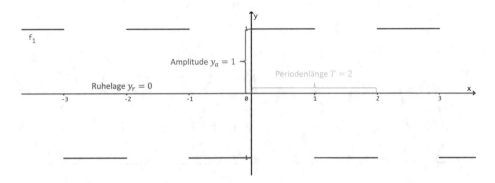

Abb. 7.14 Funktion f_1 samt Periodenlänge, Ruhelage und Amplitude

Für f_2 ergibt sich durch ähnliche Rechnung für die Ruhelage $y_R = \frac{1,5+0}{2} = \frac{3}{4} = 0,75$ sowie für die Amplitude $y_A = 1,5 - 0,75 = 0,75$, sofern man von den Werten $y_{min} = 0$ und $y_{max} = 1,5$ ausgeht. Für f_3 ergeben sich die Werte $y_R = 0,5$ sowie $y_A = 0,5$. Versuchen Sie doch, die Rechnungen hierfür einmal nachzuvollziehen.

Auch hier wollen wir die Begriffe wieder auf die trigonometrischen Funktionen rückbeziehen: Für die Sinus- und Kosinusfunktion ist der kleinste Funktionswert $y_{min} = -1$ und der größte Funktionswert $y_{max} = 1$. Die Ruhelage beider Funktionen beträgt somit $y_R = 0$ und die Amplitude $y_A = 1$. Da sowohl Tangens als auch Kotangens hinsichtlich ihrer Funktionswerte über alle Grenzen wachsen, existiert kein konkret angebbarer kleinster oder größter Wert. Sowohl Ruhelage als auch Amplitude sind daher für diese beiden Funktionen nicht definiert.

7.3.3 Phasenverschiebung

Ein weiteres Phänomen, das periodische Funktionen betrifft, ist die sog. Phasenverschiebung. Diese lässt sich anhand der beiden Beispielfunktionen f und g in Abb. 7.15 beobachten. Beide Funktionen bestehen aus sich ständig wiederholenden Parabelelementen, sind also insbesondere periodisch. Hierbei besitzen beide Funktionen dieselbe Periodenlänge $T = 2$ und sehen sich auch insgesamt sehr ähnlich. Bei genauerer Betrachtung lässt sich erkennen, dass sich zwischen den Funktionswerten von f und g jeweils ein Abstand der Länge $\varphi = 1$ einzeichnen lässt. Je nach Betrachtungsweise „hinkt" die Funktion f der Funktion g um eine Einheit hinterher – oder umgekehrt.

Dieser Umstand rührt daher, dass beide Funktionen zueinander phasenverschoben sind. Formal ist dieser Begriff wie folgt definiert:

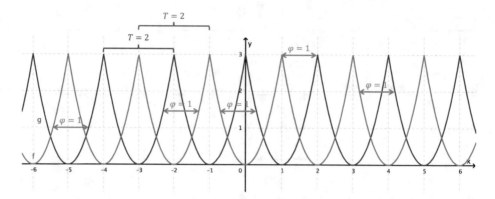

Abb. 7.15   Zwei periodische Funktionen f und g im Vergleich

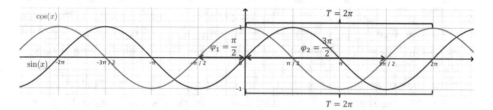

Abb. 7.16   Sinus und Kosinus samt Periodenlängen und Phasenverschiebungen

▶ **Definition** Eine periodische Funktion $f : D \to Z$ heißt zu einer periodischen Funktion $g : D \to Z$ mit selber Periodenlänge T *phasenverschoben*, falls $f(x) = g(x + \varphi)$ für eine Zahl $0 < \varphi < T$ und alle $x \in D$ gilt. Eine solche Zahl φ heißt *Phasenverschiebung* von f zu g.

Der Wert $\varphi = 1$ ist hier also gerade die Phasenverschiebung von f zu g. Die Bedingung $f(x) = g(x + \varphi)$ innerhalb der Definition lässt sich so interpretieren: Verschiebt man g entlang der x-Achse um φ Einheiten nach links und betrachtet somit $g(x + \varphi)$ statt $g(x)$, ist das Resultat vollständig deckungsgleich zur Funktion f. Die Funktionen f und g gleichen sich also bis auf eine Verschiebung um φ Einheiten bzw. anders ausgedrückt: Die Funktion f hängt der Funktion g immer um φ Einheiten hinterher.

     Wir wollen wieder die Situation für die trigonometrischen Funktionen klären: Eine Phasenverschiebung kommt nur für solche periodischen Funktionen potenziell infrage, welche dieselbe Periodenlänge besitzen. Dies ist für Sinus und Kosinus, aber auch für Tangens und Kotangens der Fall. In Abb. 7.11 lässt sich jedoch erkennen, dass sich die Werte von Tangens und Kotangens innerhalb ihrer Perioden nicht versetzt wiederholen. Stattdessen zeigen sie ein gespiegeltes Bild. Sinus und Kosinus hingegen sind phasenverschoben, wie sich in Abb. 7.16 erkennen lässt.

Wie bereits zuvor besprochen, weisen beide Funktionen eine Periode von 2π auf. Beobachten lässt sich weiterhin, dass die Werte des Kosinus im Abstand von $\varphi_1 = \frac{\pi}{2}$ jenen des Sinus „hinterherhinken". Anders ausgedrückt lässt sich der Sinus um $\varphi_1 = \frac{\pi}{2}$ nach links verschieben, sodass er deckungsgleich zum Kosinus wird. Der Kosinus ist also um $\varphi_1 = \frac{\pi}{2}$ Einheiten phasenverschoben zum Sinus. Andersherum lässt sich jedoch der Kosinus auch um $\varphi_2 = \frac{3\pi}{2}$ nach links verschieben, sodass er deckungsgleich zum Graphen des Sinus wird. Somit ist auch der Sinus um $\varphi_2 = \frac{3\pi}{2}$ Einheiten phasenverschoben zum Kosinus. Je nach Sichtweise sind beide Funktionen also um $\varphi_1 = \frac{\pi}{2}$ bzw. $\varphi_2 = \frac{3\pi}{2}$ zueinander phasenverschoben.

Dieser Zusammenhang ist kein Zufall, sondern lässt sich verallgemeinern:

▶ **Satz** Ist eine periodische Funktion $f : D \to Z$ zu einer periodischen Funktion $g : D \to Z$ mit selber Periodenlänge T um φ Einheiten phasenverschoben, dann ist auch g zu f um $T - \varphi$ Einheiten phasenverschoben.

Dies lässt sich anschaulich wie folgt erklären: Wenn sich g durch Linksverschiebung um φ auf f schieben lässt, ist es alternativ auch möglich, f durch Rechtsverschiebung um φ auf g zu schieben. Da beide Funktionen eine Periodizität von T aufweisen, bedeutet eine Rechtsverschiebung um φ aber dasselbe wie eine Linksverschiebung um $T - \varphi$.

Diese Argumentation lässt sich auch als symbolisch-algebraischer Beweis nachvollziehen: Nach Voraussetzung gilt zunächst $f(x) = g(x + \varphi)$. Diese Phasenverschiebung gilt aber auch weiterhin, wenn beide Funktionen um den gleichen Wert verschoben werden, z. B. um φ nach rechts. Entsprechend folgt die Gleichung $f(x - \varphi) = g(x + \varphi - \varphi)$. Dies ist gleichbedeutend zu $f(x - \varphi) = g(x)$. Aufgrund der Periodizität lässt sich f auch um weitere T Einheiten verschieben, ohne dass dies Auswirkungen hätte. Man erhält $f(x - \varphi + T) = g(x)$ und somit $g(x) = f(x + (T - \varphi))$. Dies ist gerade die Definition einer Phasenverschiebung um $T - \varphi$ von g zu f.

Aufgrund der gegenseitigen Phasenverschiebung von Sinus und Kosinus und der obigen Beweisideen lässt sich auch festhalten, dass jeder Sinus-Ausdruck durch einen Kosinus-Ausdruck ersetzt werden kann und umgekehrt: Schließlich lassen sich aufgrund der Phasenverschiebungen um φ_1 bzw. φ_2 die folgenden handlichen Gleichungen $\sin(x) = \cos\left(x - \frac{\pi}{2}\right)$ sowie $\cos(x) = \sin\left(x + \frac{\pi}{2}\right)$, die sich auch in vielen Formelsammlungen finden, entwickeln.

Außerdem: Der Umstand, dass sich im Beispiel aus Abb. 7.15 lediglich ein Wert für eine Phasenverschiebung um 1 finden lässt, ist übrigens nur darauf zurückzuführen, dass die Periode beider Funktionen f und g genau doppelt so groß ist. Hierdurch fällt eine Phasenverschiebung von f zu g und von g zu f zusammen.

7.4 Eigenschaften und Anwendungen

7.4.1 Überblick über die wichtigsten Eigenschaften

Inzwischen haben wir einige Informationen über die trigonometrischen Funktionen Sinus, Kosinus, Tangens und Kotangens gesammelt, die wir an dieser Stelle vervollständigen wollen.

Während Sinus und Kosinus für jede beliebige reelle Zahl ausgewertet werden können, muss der Definitionsbereich von Tangens und Kotangens aufgrund der Definition als Bruch eingeschränkt werden, um einer Division durch 0 vorzubeugen. Wie bereits oben erläutert, werden hierzu die Nullstellen des Kosinus bzw. Sinus aus den entsprechenden Definitionsmengen ausgeschlossen.

Der Sinus ist punktsymmetrisch zum Ursprung, der Kosinus achsensymmetrisch zur y-Achse. Somit gilt also $\sin(x) = -\sin(-x)$ bzw. $\cos(x) = \cos(-x)$. Beides lässt sich anhand der Funktionsgraphen schnell erkennen, kann aber auch anhand ihrer Definition am Einheitskreis nachvollzogen werden. Sowohl Tangens als auch Kotangens sind hingegen punktsymmetrisch zum Ursprung, was sich aus den Symmetrieeigenschaften von Sinus und Kosinus ergibt. So kann man etwa für den Tangens folgende Rechnung vornehmen:

$$-\tan(-x) = -\frac{\sin(-x)}{\cos(-x)} = -\frac{-\sin(x)}{\cos(x)} = \frac{\sin(x)}{\cos(x)} = \tan(x)$$

Hierbei fließt im vorletzten Schritt die Punktsymmetrie des Sinus sowie die Achsensymmetrie des Kosinus ein. Eine analoge Rechnung funktioniert für den Kotangens.

Sowohl Sinus als auch Kosinus sind aufgrund ihrer schwingenden Natur wechselweise streng monoton steigend wie auch streng monoton fallend, während Tangens und Kotangens jeweils ausschließlich streng monoton steigend bzw. fallend sind – dies jedoch nur zwischen zwei Definitionslücken. Springt man über eine der Definitionslücken, wird die jeweilige Eigenschaft verletzt, da so von einem unendlich großen zu einem unendlich kleinen Wert bzw. umgekehrt gesprungen wird.

Im Bereich ihrer Definitionslücken werden die Werte von Tangens und Kotangens unendlich groß. Sie nähern sich hier asymptotisch an die von der Definitionslücke ausgehende vertikale Gerade an. Das bedeutet: Je näher der x-Wert der entsprechenden Definitionslücke kommt, desto größer (bzw. kleiner) werden die entsprechenden Funktionswerte von Tangens und Kotangens. Hierbei berühren die Funktionsgraphen die beschriebene vertikale Gerade niemals. Sinus und Kosinus zeigen ein solches Verhalten nicht, da sie für jede reelle Zahl definiert sind.

Möchte man weiterhin alle Nullstellen des Sinus bzw. des Kosinus in einem Ausdruck fassen, bietet es sich an, sich an Abb. 7.11 zu orientieren. Im dargestellten Bereich weist der Sinus Nullstellen für $-2\pi, -\pi, 0, \pi$ und 2π auf. Aufgrund seiner Periodizität lässt sich somit schließen, dass es sich bei den Nullstellen des Sinus gerade um alle

Vielfachen der Kreiszahl π handelt. Der Ausdruck $n\pi$ erfasst für $n \in \mathbb{Z}$ also alle Nullstellen des Sinus. Der Kosinus hingegen zeigt im dargestellten Ausschnitt die Nullstellen $-\frac{3\pi}{2}, -\frac{\pi}{2}, \frac{\pi}{2}$ und $\frac{3\pi}{2}$. Aufgrund der Phasenverschiebung zwischen Sinus und Kosinus liegen die Nullstellen des Kosinus also jeweils um $\frac{\pi}{2}$ versetzt. Seine Nullstellen können daher über den Ausdruck $n\pi + \frac{1}{2}\pi$ für $n \in \mathbb{Z}$ adressiert werden. Die Nullstellen von Tangens und Kotangens ergeben sich nun jeweils über die Funktion im Zähler, sodass genau die Nullstellen des Sinus bzw. Kosinus vererbt werden.

Auf ähnliche Weise lässt sich auch auf die Extremalstellen von Sinus und Kosinus schließen. Diese liegen bei $n\pi + \frac{1}{2}\pi$ bzw. $n\pi$ (jeweils für $n \in \mathbb{Z}$). Da Tangens und Kotangens jeweils (sowohl in positive als auch negative Richtung) über alle Grenzen wachsen, besitzen sie keine Extremalstellen auf ihrem Definitionsbereich.

Alle hier sowie zuvor diskutierten Eigenschaften sind noch einmal in Tab. 7.2 zusammengefasst.

7.4.2 Transformationen trigonometrischer Funktionen

Im Unterschied zu den zuvor behandelten Funktionstypen haben wir im Rahmen der trigonometrischen Funktionen bisher auf die Einführung entsprechender Parameter innerhalb der Funktionsgleichung verzichtet. Diese sind jedoch von besonderer Bedeutung, insbesondere wenn Sinus-, Kosinusfunktion und Co. genutzt werden sollen, um Vorgänge der realen Welt zu beschreiben, und somit Bestandteil eines mathematischen Modells sind.

Der Umlauf des Mondes Europa um Jupiter
Zur weiteren Annäherung an die Thematik betrachten wir erneut das Beispiel vom Anfang des Kapitels und wenden uns der Umlaufbahn Europas um seinem Planeten Jupiter zu. Hierzu ist die Situation noch einmal in der (von der Erde aus nicht einnehmbaren) Aufsicht in Abb. 7.17 dargestellt. Die linke Skizze geht dabei fiktiv von einem Radius der Mondumlaufbahn von $r = 1$ aus. In diesem Fall wären dann, wie in Abschn. 7.2.3 definiert, die beiden Dreieckskatheten von der Länge $\sin\alpha$ bzw. $\cos\alpha$. Stellt man sich die Situation wie im rechten Teil der Skizze etwas realistischer vor, kann man von einem Bahnradius Europas von etwa 671000 km ausgehen. Dieser Wert ist der größte innerhalb der Zeitreihe in Abb. 7.1 gemessene, sodass davon auszugehen ist, dass Europa zu diesem Zeitpunkt etwa einen Winkel von $\alpha = 0$ einnimmt. Geht man nun vom Radius $r = 1$ zum Radius $r = 671000$ km über und vergrößert somit das gesamte Dreieck maßstabsgetreu, sind auch die beiden Kathetenlängen mir r zu multiplizieren, sodass sich, wie in der Skizze dargestellt, die Längen $r \cdot \sin\alpha$ bzw. $r \cdot \cos\alpha$ ergeben.

Stellt man sich nun wieder vor, dass wir von der Erde aus die Situation lediglich von der Seite aus beobachten und daher nur die Länge der Strecke optisch messen können, die der Größe $r \cdot \cos\alpha$ entspricht, sollten sich die sichtbaren Abstände in Abhängigkeit des Winkels α dem Funktionsgraph in Abb. 7.18 entnehmen lassen. Hierbei gilt

Tab. 7.2 Wichtige Eigenschaften der Sinus-, Kosinus-, Tangens- und Kotangensfunktion (n stellt jeweils beliebige ganze Zahlen dar)

Eigenschaft	$\sin(x)$	$\cos(x)$	$\tan(x)$	$\cot(x)$
Definitionsbereich	$\mathbb{R}$	$\mathbb{R}$	$\mathbb{R}$ außer Polstellen, d. h. $\mathbb{R} \setminus \{x \in \mathbb{R}\| \cos(x) = 0\}$ $= \mathbb{R} \setminus \{n\pi + \frac{1}{2}\pi \| n \in \mathbb{Z}\}$	$\mathbb{R}$ außer Polstellen, d. h. $\mathbb{R} \setminus \{x \in \mathbb{R}\| \sin(x) = 0\} = \mathbb{R} \setminus \{n\pi \| n \in \mathbb{Z}\}$
Wertebereich	$[-1, 1]$	$[-1, 1]$	$\mathbb{R}$	$\mathbb{R}$
Symmetrie	Punktsymmetrisch zum Ursprung	Achsensymmetrisch zur y-Achse	Punktsymmetrisch zum Ursprung	Punktsymmetrisch zum Ursprung
Monotonie	Streng monoton zwischen Extremalstellen	Streng monoton zwischen Extremalstellen	Streng monoton steigend zwischen Polstellen	Streng monoton fallend zwischen Polstellen
Asymptoten	Keine	Keine	Jeweils in y-Richtung an Polstellen	Jeweils in y-Richtung an Polstellen
Markante Punkte	Nullstellen bei $n\pi$ Extremalstelle bei $n\pi + \frac{1}{2}\pi$	Nullstellen bei $n\pi + \frac{1}{2}\pi$ Extremalstelle bei $n\pi$	Nullstellen bei $n\pi$ Keine Extremalstellen	Nullstellen bei $n\pi + \frac{1}{2}\pi$ Keine Extremalstellen
Periodenlänge	2π	2π	π	π

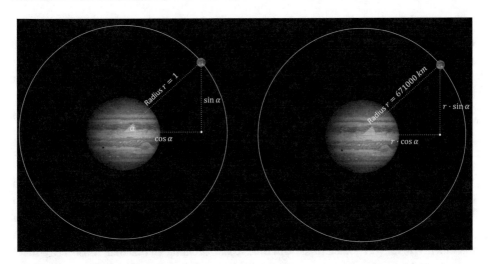

Abb. 7.17 Umlaufbahn des Mondes Europa um Jupiter am fiktiven Einheitskreis (links) und mit realistischer Umlaufbahn (rechts)

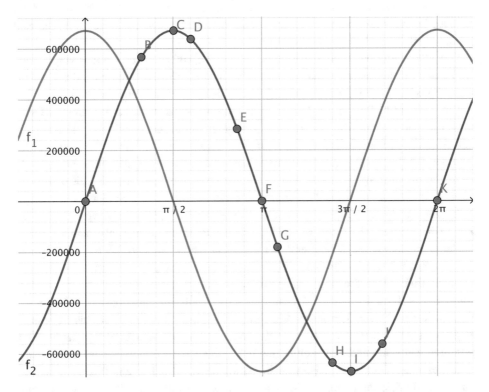

Abb. 7.18 Funktionen f_1 und f_2 zur Modellierung der sichtbaren Abstände des Mondes Europa zu Jupiter in Abhängigkeit des eingenommenen Winkels Europas auf seiner Bahn

$f_1(x) = r \cdot \cos\alpha$ mit $r = 671000$ km. Rein mathematisch lässt sich hier beobachten, dass der Vorfaktor r vor der Kosinusfunktion diese in y-Richtung streckt, sodass sich die Amplitude auf einen Wert von 671000 deutlich vergrößert.

Betrachtet man erneut die in der Tabelle in Abb. 7.1 aufgeführten Abstände, scheint die so aufgestellte Funktion f_1 aber nicht ganz zu passen. Während der Prozess innerhalb der Tabelle mit der Position beginnt, bei welcher Europa (aus unserer Perspektive) genau hinter Jupiter steht, nimmt f_1 zu Beginn maximalen Abstand an. Die in der Tabelle beschriebene Sequenz beginnt in unserer Skizze also mit einem Winkel $\alpha = \frac{\pi}{2}$ (d. h. 90°). Abb. 7.1 ist außerdem zu entnehmen, dass Europa zunächst rechts und erst später links von Jupiter erscheint. Wir müssen also zusätzlich eine Drehrichtung im Uhrzeigersinn annehmen. Mathematisch würde sich der Winkel hingegen in einer Richtung gegen den Uhrzeigersinn öffnen. Diesen Umständen kann man mit den folgenden Änderungen an f_1 aber begegnen: Um den Anfangswinkel zu korrigieren, verschiebt man die Funktion um einen Winkel von $\frac{\pi}{2}$ nach links. Um eine Rechtsdrehung zu erzielen, muss der Winkel mit voranschreitenden Werten von x immer kleiner und nicht größer werden. Dies kann man erreichen, indem man zusätzlich das Vorzeichen von x umkehrt, also $-x$ stattdessen schreibt. Insgesamt ergibt sich somit die neue Funktion $f_2(x) = 671000 \cdot \cos\left(\frac{\pi}{2} - x\right)$. Diese ist ebenfalls in Abb. 7.18 dargestellt und passt nun besser zu den Werten innerhalb der Tabelle. Diese lassen sich nun ungefähr auf dem Funktionsgraphen verorten. Sie sind mit den Buchstaben A bis K beschriftet.

Die aufgestellte Funktion f_2 beschreibt nun einen vollständigen Umlauf von Europa um Jupiter. Für jeden Drehwinkel lässt sich der theoretisch sichtbare Abstand durch Einsetzen berechnen und mit dem empirisch feststellbaren Abstand vergleichen.

Ein Problem bleibt jedoch: Möchte man Europa beobachten, ist der aktuelle Drehwinkel seiner Umlaufbahn um Jupiter unbekannt. Man kennt lediglich die Zeit, die seit dem ersten Verschwinden hinter Jupiter vergangen ist. Diese lässt sich ebenfalls der Tabelle in Abb. 7.1 entnehmen. Wünschenswert wäre also eine Funktion f_3, die nicht ausgehend von einem Winkel, sondern von der vergangenen Zeit den sichtbaren Abstand Europas zu Jupiter angibt. Aus den Werten lässt sich eine Umdrehungsdauer von Europa um Jupiter etwa alle 85 h abschätzen (Zeitspanne vom 29.11. um 06:45 Uhr bis zum 02.12. um 19:40 Uhr). Rein numerisch muss f_2 also entlang der x-Achse gestreckt werden, sodass eine Periode nicht bei 2π, sondern bei 85 endet. Hierzu darf der Kosinus gewissermaßen nicht mehr im Bogenmaß, sondern muss in Stunden rechnen. Eine Vierteldrehung entspricht dann statt $\frac{\pi}{2}$ einer Spanne von $\frac{85}{4} = 21{,}25$ Stunden. Der Term $\frac{\pi}{2} - x$ wird also zu $\frac{85}{4} - x$ innerhalb des Funktionsterms. Damit der Kosinus diesen Wert in Stunden richtig verarbeitet, muss er zuvor wieder ins Bogenmaß umgeformt werden. Hierzu setzt man den Wert in Stunden in sein Verhältnis zu einer gesamten Drehung und teilt somit durch 85 h. Dieses Verhältnis wird sodann mit einer gesamten Drehung im Bogenmaß multipliziert, also mit 2π. Insgesamt erfolgt also eine Multiplikation mit $\frac{2\pi}{85}$. Als entsprechendes Resultat erhält man die Funktion
$f_3(x) = 671000 \cdot \cos\left(\frac{2\pi}{85}\left(\frac{85}{4} - x\right)\right) = 671000 \cdot \cos\left(-\frac{2\pi}{85}\left(x + \frac{85}{4}\right)\right)$.

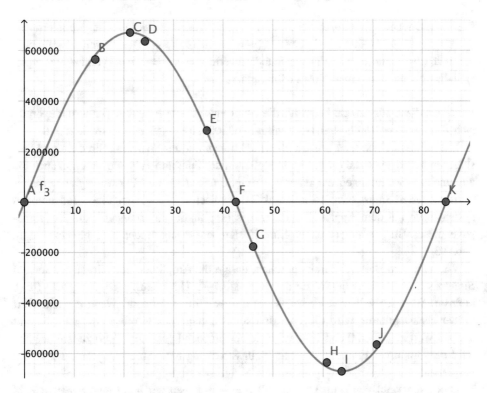

Abb. 7.19 Funktion f_3 zur Modellierung der sichtbaren Abstände des Mondes Europa zu Jupiter in Abhängigkeit der vergangenen Stunden

Der entsprechende Funktionsgraph ist in Abb. 7.19 dargestellt. Zusätzlich wurden die Daten der Tabelle wieder als Punkte von A bis K abgebildet. Im Unterschied zur vorherigen Grafik ist dies nun auch exakt möglich: Hierzu können die Datums- und Uhrzeitangaben in Stunden ab einem Zeitpunkt 0 umgerechnet und mit den entsprechend sichtbaren Abständen der Tabelle als Punkte in das Koordinatensystem eingetragen werden. Die Punkte liegen im Wesentlichen genau auf dem Funktionsgraphen oder allenfalls leicht daneben, sodass von einer hohen Modellgüte auszugehen ist und sich auch weitere Punkte auf diese Weise vorhersagen ließen.

Transformierte Sinus- und Kosinusfunktion

Im vorangegangenen Beispiel haben wir die Thematik der Planetenbahnen wieder aufgegriffen und diese mit einer angepassten Kosinusfunktion modelliert. Generell lassen sich Sinus- und Kosinusfunktionen beliebig strecken, stauchen und verschieben. Dies führt auf die sog. transformierte Sinus- bzw. Kosinusfunktion:

▶ **Definition** Die *transformierte Sinus-* bzw. *Kosinusfunktion* ist definiert als $f(x) = a \cdot \sin(b \cdot (x + c)) + d$ bzw. $g(x) = a \cdot \cos(b \cdot (x + c)) + d$ mit Parametern $a, b \in \mathbb{R} \setminus \{0\}$ und $c, d \in \mathbb{R}$. Für die Standardwerte $a = 1$, $b = 1$, $c = 0$ und $d = 0$ ergibt sich die übliche Sinus- bzw. Kosinusfunktion.

Legt man diese allgemeine Form für die zuvor entwickelte Funktion f_3 zugrunde, ergibt sich $f_3(x) = a \cdot \cos(b \cdot (x + c)) + d$ mit $a = 671000$, $b = -\frac{2\pi}{85}$, $c = \frac{85}{4}$ sowie $d = 0$.

Mit unserem bisherigen Wissen über Funktionen und ihr Stauchen, Strecken und Verschieben sowie den Erfahrungen beim Herleiten der Funktion f_3 lassen sich nun auch die allgemeinen Bedeutungen der Parameter a, b, c und d für den Funktionsgraphen einer transformierten Sinus- oder Kosinusfunktion ausmachen. Sie können diese Bedeutungen systematisch mit dem Applet „Trigonometrische Funktionen erkunden" auf der Homepage dieses Buches untersuchen. Eine Zusammenfassung findet sich gleichzeitig in Tab. 7.3.

Wir haben im Beispiel bereits gesehen, dass a die Amplitude beeinflusst. Da sowohl Sinus als auch Kosinus nur Werte des Intervalls $[-1, 1]$ annehmen, ist der größte (bzw. kleinste) Wert schließlich $a \cdot 1$, sodass $|a|$ die Amplitude darstellt. Wenn a einen Wert größer als 1 annimmt, wird die Funktion somit entlang der y-Achse gestreckt. Nimmt a einen Wert zwischen 0 und 1 an, wird sie entsprechend gestaucht. Ist a zudem negativ, wird der Graph der Funktion zusätzlich zur Streckung bzw. Stauchung an der x-Achse gespiegelt.

Durch die Wahl von b im Beispiel als $b = -\frac{2\pi}{85}$ haben wir b auf eine negative Zahl zwischen -1 und 1 gesetzt. Hierdurch wird die Funktion in x-Richtung gestreckt. Umgekehrt hätte ein Wert von $b > 1$ oder $b < -1$ eine entsprechende Stauchung bewirkt. Falls b negativ ist, werden positive Werte von x im Vergleich zur Standardfunktion zu negativen Werten und umgekehrt. Dies bewirkt eine zusätzliche Spiegelung an der y-

Tab. 7.3 Wirkung der Parameter a, b, c und d auf den Funktionsgraphen einer transformierten Sinus- oder Kosinusfunktion

Parameter	Wirkung auf den Funktionsgraphen
a	Parameter a streckt ($a > 1$ und $a < -1$) und staucht ($-1 < a < 1$) den Graphen in y-Richtung. Die Amplitude ist $y_A = |a|$. Negative Werte von a spiegeln den Graphen zudem an der x-Achse
b	Parameter b streckt ($-1 < b < 1$) und staucht ($b > 1$ und $b < -1$) den Graphen in x-Richtung. Die Periodenlänge ist $T = \frac{2\pi}{|b|}$. Negative Werte von b spiegeln den Graphen zudem an der y-Achse
c	Parameter c verschiebt den Graphen in x-Richtung (für $c > 0$ um c nach links, für $c < 0$ um c nach rechts). Hierdurch ergibt sich eine entsprechende Phasenverschiebung φ zur untransformierten Sinus- bzw. Kosinusfunktion
d	Parameter d verschiebt den Graphen in y-Richtung (für $d > 0$ um d nach oben, für $d < 0$ um d nach unten). Die Ruhelage ist $y_R = d$

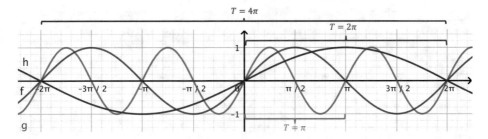

Abb. 7.20 Exemplarische Streckung und Stauchung des Sinus in x-Richtung mithilfe des Parameters b

Achse. Dies hat beim Kosinus jedoch keine Auswirkungen, da dieser in unverschobener Variante symmetrisch zur y-Achse ist. Der Parameter b hat somit insbesondere Auswirkungen auf die Periodenlänge. Wie man in Abb. 7.20 am Beispiel des Sinus sehen kann, wird die Periode von Sinus bzw. Kosinus bei der Wahl von $b = 2$ auf $T = \pi$ halbiert, bei der Wahl von $b = \frac{1}{2}$ auf $T = 4\pi$ verdoppelt. Im dargestellten Koordinatensystem finden sich die Graphen von $f(x) = \sin(x)$ (als Referenz), $g(x) = \sin(2x)$ sowie $h(x) = \sin\left(\frac{1}{2}x\right)$, d. h., es gilt $b = 1$, $b = 2$ bzw. $b = \frac{1}{2}$. Alle anderen Parameter wurden der Einfachheit halber auf ihren Standardwerten belassen. Dies lässt sich durch den Umstand begründen, dass die Definitionsmenge der Funktion durch ein b zwischen 0 und 1 entsprechend langsamer, für ein $b > 1$ entsprechend schneller durchlaufen wird. Allgemein gilt daher für die Periodenlänge T einer transformierten Sinus- oder Kosinusfunktion $T = \frac{2\pi}{|b|}$.

Parameter c greift additiv unmittelbar auf das Argument x der Funktion zu. Hierdurch findet wie bei allen anderen Funktionstypen eine Verschiebung in x-Richtung statt. Auch im obigen Beispiel war dies der Fall. Positive Werte von c führen hierbei zu einer Verschiebung nach links, negative zu einer Verschiebung nach rechts. Auf diese Weise entsteht auch eine entsprechende Phasenverschiebung zur untransformierten Sinus- bzw. Kosinusfunktion.

Parameter d hatte in obigem Beispiel keine Relevanz (bzw. wurde auf $d = 0$ gesetzt). Wie bei allen anderen Funktionstypen lässt sich mit ihm eine Verschiebung entlang der y-Achse realisieren. Dabei führen positive Werte von d zu einer Verschiebung nach oben, negative zu einer Verschiebung nach unten. Dies hat auch Auswirkungen auf die Ruhelage y_R, die dieser Verschiebung folgt und statt 0 den Wert d annimmt. Da sich die Amplitude y_A als der größte (bzw. kleinste) Ausschlag der Funktionswerte von der Ruhelage aus versteht, hat eine solche Verschiebung keinen Einfluss auf ihren Wert.

Die in Tab. 7.3 aufgeführten Effekte lassen sich in Teilen auch auf das Verhalten von Tangens und Kotangens übertragen, definiert man analog zu Sinus und Kosinus entsprechende transformierte Varianten. Bei der Periodenlänge ist aufgrund einer anderen Ausgangsperiodenlänge entsprechend von $T = \frac{\pi}{|b|}$ auszugehen. Außerdem sind die

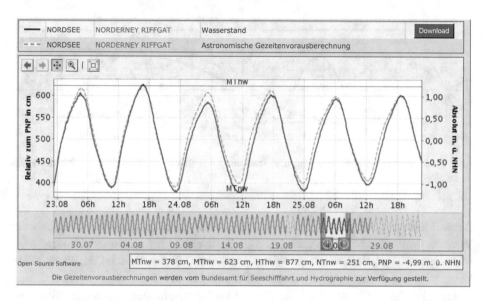

Abb. 7.21 Übersicht des Pegelstandes auf Norderney zwischen dem 23.08. und 25.08.2019 (abgerufen von https://www.pegelonline.wsv.de/webservices/zeitreihe/visualisierung?pegelnum mer=9360010)

Begriffe der Ruhelage und Amplitude auch für transformierte Varianten von Tangens und Kotangens nicht definiert, da diese weiterhin über alle Grenzen wachsen werden.

Modellierung der Gezeiten der Nordsee

Wer schon einmal länger Urlaub an der Nordsee gemacht hat, weiß, dass im Wechsel von etwa sechs Stunden die Strände maximale bzw. minimale Größe haben. Ursache sind Ebbe und Flut, allgemein als Gezeiten bezeichnet. Ursächlich für dieses Verhalten ist die Anziehungskraft in Form von Gravitation zwischen Erde und Mond sowie dessen Umlauf um die Erde.

Auch für die Schifffahrt ist der aktuelle Pegelstand der Gewässer von Bedeutung. Im Internet lassen sich entsprechende Pegeldaten abrufen. Ein Beispiel in Abb. 7.21 zeigt den Pegelstand über drei vergangene Tage für die Insel Norderney. Deutlich ist das zyklische Auf und Ab des Wasserstandes zu erkennen. Die Skala links zeigt dabei die Höhe des Pegels.

Zur Modellierung der Gezeiten drängen sich Kosinus- oder Sinusfunktionen geradezu auf. Im Folgenden soll daher versucht werden, die dargestellten Daten mithilfe einer transformierten trigonometrischen Funktion zu approximieren. Durch ein hinreichend genaues Modell wären so auch Aussagen über zukünftige Pegelstände möglich (vgl. auch Tressel 2017).

▶ **Auftrag**

Überlegen Sie einmal:

- Wie kann in dieser Situation vorgegangen werden?
- Welche trigonometrische Funktion eignet sich besonders (oder auch prinzipiell) zur Modellierung?
- Welche Informationen für die Berechnung zur Funktion gehörender Parameter können der Grafik entnommen werden?

Zuerst muss also entschieden werden, ob eine transformierte Sinus- oder Kosinusfunktion als Ausgangspunkt gewählt wird. Alle anderen trigonometrischen Funktionen eignen sich aufgrund ihres Erscheinungsbildes hier nicht. Prinzipiell ist aufgrund der Phasenverschiebung von Sinus- oder Kosinusfunktion auch beides möglich. Die dargestellten Realdaten ähneln jedoch zunächst eher dem Sinus. Daher soll von einer Funktion des Typs $f(x) = a \cdot \sin(b \cdot (x + c)) + d$ ausgegangen werden.

Anhand der im Diagramm dargestellten Daten lassen sich bereits Amplitude und Ruhelage bestimmen. Hier sind der größte bzw. kleinste Wert mit den Bezeichnungen MThw bzw. MTnw versehen. Wir setzen daher $y_{max} = 623$ cm und $y_{min} = 378$ cm. Als (empirische) Ruhelage ergibt sich somit $y_R = \frac{y_{max} + y_{min}}{2} = \frac{623 + 378}{2} = 500{,}5$ und daraus die (ebenfalls empirische) Amplitude $y_A = y_{max} - y_r = 623 - 500{,}5 = 122{,}5$. Wie oben dargestellt, nehmen in der transformierten Sinusfunktion gerade die Parameter d bzw. a die entsprechenden Rollen ein. Wir setzen daher $d = 500{,}5$ sowie $a = 122{,}5$.

Betrachtet man im Diagramm einen Zeitraum über genau 24 h, lässt sich erkennen, dass in dieser Zeit recht exakt zwei Schwingungen der Kurve stattfinden. Die Periodenlänge T sollte also in etwa zwölf Stunden betragen, was gut mit der alltäglichen Erfahrung eines Wechsels zwischen Ebbe und Flut von sechs Stunden übereinkommt. Für die Periodenlänge ist Parameter b verantwortlich, da dieser die Funktion in x-Richtung streckt oder staucht. Aus dem Zusammenhang $T = \frac{2\pi}{|b|}$ lässt sich unmittelbar $|b| = \frac{2\pi}{T}$ folgern. An dieser Stelle gilt es zu entscheiden, ob f später in Stunden oder Tagen rechnen soll. In Abhängigkeit davon setzt man T entweder auf 12 oder auf ½. Wir entscheiden uns für Stunden und erhalten somit $|b| = \frac{2\pi}{12}$. Unklar ist hierbei noch, welches Vorzeichen b aufweisen soll. Da die Werte in Abb. 7.21 nach einer ungespiegelten Sinusfunktion aussehen, ist von einem positiven Vorzeichen auszugehen, sodass wir $b = \frac{2\pi}{12}$ setzen.

Der letzte zu bestimmende Parameter ist c. Dieser ist für eine Verschiebung in x-Richtung verantwortlich. Würden wir $c = 0$ setzen, würde der Funktionsgraph von f die y-Achse genau auf Höhe der Ruhelage $d = 500{,}5$ passieren. Anhand der Daten lässt sich aber recht genau abschätzen, dass ein y-Achsenabschnitt von etwa 450cm angebrachter wäre. Um dies zu erreichen, kann man die Funktion um etwa eine Dreiviertelstunde nach rechts verschieben, sodass wir $c = -\frac{3}{4}$ erhalten. Für diese Justierung ist es am einfachsten, ein bisschen mit einem entsprechenden Funktionenplotter zu experimentieren.

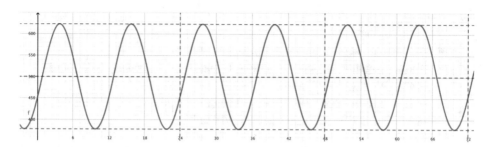

Abb. 7.22 Funktionsgraph von f als Modell der Pegelhöhe auf Norderney in Abhängigkeit der vergangenen Stunden

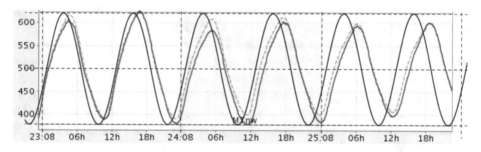

Abb. 7.23 Vergleich des Modell-Graphen f mit den zugrunde liegenden Realdaten

Insgesamt erhalten wir somit die Funktionsvorschrift $f(x) = 122{,}5 \cdot \sin\left(\frac{2\pi}{12}\left(x - \frac{3}{4}\right)\right) + 500{,}5$. Der entsprechende Funktionsgraph (mit zu den Rohdaten ungefähr ähnlich skalierten Achsen des Koordinatensystems) ist in Abb. 7.22 dargestellt.

Durch Auswertung der Funktion ist es nun möglich, Schätzungen für den Pegelstand außerhalb des Rohdaten-Diagramms zu erhalten. So lässt sich etwa der Pegelstand nach vier Tagen durch eine Auswertung von f an der Stelle 96 bestimmen. Es ergibt sich $f(96) = 453{,}62$ und somit ein etwa mittlerer Pegelstand für den 27.08.2019 um Mitternacht.

Um die Güte des gewonnenen Modells besser abschätzen zu können, bietet es sich an, den Modell-Graphen sowie das Realdaten-Diagramm übereinanderzulegen. Dies ist in Abb. 7.23 realisiert. Es lässt sich beobachten, dass sich beide Graphen zu Beginn noch recht gut übereinanderlegen lassen, während die Kurven am dritten Tag bereits deutlich divergieren. Die bestimmte Schätzung nach 96 h dürfte also allenfalls nur noch eine sehr grobe Annäherung darstellen.

Wieso ist das so? Wir haben nur wenige Informationen in unser Modell einfließen lassen können. Hierzu zählen vor allem die empirische Amplitude und Ruhelage sowie die Schätzung von zwei Periodendurchläufen pro Tag. Vor allem die Grundannahme der vollständigen Periodizität der Wertereihe lässt sich unter realen Bedingungen nicht wiederfinden. So unterliegen die einzelnen Phasen von Flut und Ebbe natürlich noch weiteren Einflüssen wie dem tagesaktuellen Wetter und der lokalen geografischen Beschaffenheit. Auch hier zeigt sich also, dass die Realität von höherer Komplexität ist als eine entsprechende mathematische Modellierung, schließlich geht es bei dieser ja gerade um Abstraktion (Herget und Maaß 2016). So wird ein mathematisches Modell in aller Regel gegebene Daten umso genauer annähern, desto mehr Faktoren integriert sind, was typischerweise mit einer Steigerung der mathematischen Komplexität einhergeht. Vor diesem Hintergrund – und insbesondere den vergleichsweise geringen mathematischen Aufwand berücksichtigend – erscheint die Modellierung bereits wieder recht gut gelungen.

Fachdidaktische Reflexion
Trigonometrische Funktionen sind komplex und für viele Lernende neuartig. Die Dreiecksgeometrie der Sekundarstufe I wird zudem oft viel intensiver betrieben als die Entwicklung und Anwendung der funktionalen Sicht.

Die trigonometrischen Funktionen sind daher besonders komplex, da ihr Graph nicht mit einer konkreten, operativ durchführbaren Berechnungsvorschrift (wie z. B. $f(x) = x^2$, also: „Quadriere einen Wert.") oder mit einer Tabelle, die ein über die Periodizität und Symmetrie hinausgehendes Muster hat, verbunden ist. Vielmehr sind sie mit einer geometrischen Struktur im Einheitskreis verbunden, nämlich dem Zusammenhang zwischen der Bogenlänge und der y- bzw. x-Koordinate.

Diese Verknüpfung ist ungewohnt, herausfordernd und allein für das Verstehen und nicht für die Nutzung von trigonometrischen Funktionen zur Berechnung von Winkeln oder zur Beschreibung von Prozessen wichtig. Zudem wird oft zu wenig mit dieser Verknüpfung gearbeitet, sodass Lernende ein unzureichendes Verständnis entwickeln (vgl. Challenger 2009). Diese Verknüpfung hält außerdem einige Probleme für Lernende bereit:

- Warum befindet sich bei $\sin x$ der Punkt auf dem Einheitskreis zwar auf derselben Höhe wie der Punkt auf dem Graphen, aber an einer ganz anderen Stelle? (Weil die Bogenlänge auf der x-Achse abgetragen wird.)
- Warum beginnt der Winkel nach einmaligem Durchlaufen im Einheitskreis wieder von vorn, aber im Graphen wird kontinuierlich nach rechts weitergezeichnet? (Die Bogenlänge, also der auf dem Kreis zurückgelegte Weg, wird immer länger, auch wenn ich immer wieder in dem selben Punkt des Einheitskreises ankomme.)
- Wenn ich die Auslenkung der Jupitermonde in Abhängigkeit von der Zeit betrachte, was hat das mit dem Winkel von $\cos x$ zu tun?

An der letzten Frage sieht man, dass es auch schwerfällt, den funktionalen Zusammenhang zu dekontextualisieren: Auf der x-Achse können alle möglichen Größen abgetragen

werden, um bestimmte periodische Prozesse durch Transformationen von trigonometrischen Funktion zu beschreiben – die ursprüngliche inhaltliche Deutung spielt gar
keine Rolle mehr.

7.5 Gleichungen und Umkehrfunktionen

Wie löst man die Gleichung $\sin(x) = 0{,}5$? Die Umkehrfunktionen der trigonometrischen
Funktionen Sinus, Kosinus & Co. (eher weniger jedoch Kotangens) sind Schülerinnen
und Schülern aus der Dreiecksgeometrie vor allem als Taschenrechnertaste bekannt
(vgl. Roth 2017). Mit ihnen ist es möglich, den Wert des Sinus, Kosinus oder Tangens
wieder auf den zugehörigen Winkel abzubilden. Damit kommt den Umkehrfunktionen
der trigonometrischen Funktionen algebraisch oft eine ähnliche Rolle zu wie dem
Logarithmus bzgl. einer Exponentialfunktion (vgl. Kap. 6). Dies ist bei Berechnungen
unterschiedlicher Größen innerhalb eines Dreiecks, aber ebenso bei der Bestimmung von
Argumenten bei vorgegebenen Funktionswerten (Wann ist der Wasserstand des Meeres
wieder auf einer bestimmten Höhe?) relevant. So liefert die Funktion „$\sin^{-1}$" bei Eingabe
des Werts 0,5 etwa den Wert $\frac{\pi}{6}$, wie in Abb. 7.24 dargestellt ist. Algebraisch ausgedrückt
wird die Gleichung $\sin(x) = 0{,}5$ durch Anwenden von „$\sin^{-1}$" auf beiden Seiten gelöst:
$\sin^{-1}(\sin(x)) = \sin^{-1}(0{,}5)$, sodass $x = \frac{\pi}{6}$ folgt.

Mit Beginn der Oberstufe (und z. B. auch im Physikunterricht) ist es dann jedoch
in vielen Kontexten notwendig, die am Dreieck definierten Begriffe hinsichtlich ihrer
funktionalen Dimension aufzufassen und Symbole wie „$\sin^{-1}$" oder „arcsin" als entsprechende Umkehrfunktionen der trigonometrischen Funktionen zu begreifen.

Möchte man solche Umkehrfunktionen definieren, fällt zunächst folgendes Hinder-
nis auf: Alle trigonometrischen Funktionen sind periodisch, sodass sich ihre Funktionswerte regelmäßig wiederholen. Eine Funktion ist jedoch genau dann umkehrbar, wenn
sie bijektiv ist und somit jedes Element des Zielbereichs von genau einem Element des
Definitionsbereichs getroffen wird (Kap. 2). Sinus, Kosinus und Co. sind also formal gar
nicht umkehrbar und besitzen daher auch keine Umkehrfunktion.

Da es aber extrem praktisch ist, auch systematisch von einem Wert einer trigonometrischen Funktion auf den zugehörigen Winkel schließen zu können, wendet man
einen Trick an: Statt der gesamten Sinus- oder Kosinusfunktion betrachtet man nur einen
Teilausschnitt, in dem die entsprechende Funktion bijektiv ist. Es ist also ein Bereich auf
der x-Achse gesucht, für den jeder Wert auf der y-Achse nur genau einmal angenommen
wird. Wirft man erneut einen Blick auf Abb. 7.11, kommen hierfür aufgrund der
Periodizität der Funktionen unendlich viele Abschnitte in Betracht. Man hat sich innerhalb der Mathematik jedoch auf einheitliche Intervalle geeinigt (vgl. Roth 2017) und
schränkt daher die Funktionen Sinus und Kosinus auf die in Abb. 7.25 dargestellten
Bereiche ein (Grieser 2015, S. 282).

Wie man erkennen kann, führt jede Stelle innerhalb des ausgewählten Intervalls über
den zugehörigen Punkt des Funktionsgraphen zu genau einer Stelle auf der y-Achse,

Abb. 7.24 Wissenschaftlicher
Taschenrechner mit
Hervorhebungen der
Umkehrfunktionen der
trigonometrischen Funktionen

sodass keine Stelle der y-Achse mehrmals getroffen wird. Dies wird exemplarisch für einige Punkte und für jede der beiden Funktionen dargestellt. Hierbei hat man sich für den Sinus auf das Intervall $\left[-\frac{\pi}{2}, \frac{\pi}{2}\right]$ und für den Kosinus auf das Intervall $[0, \pi]$ verständigt. Jedes der beiden Intervalle hat dabei maximale Größe, sodass jede Erweiterung des betreffenden Intervalls zur Verletzung der Bijektivität führen würde. Offenbar werden die Werte beider Intervalle durch Sinus bzw. Kosinus jeweils auf alle Werte des Intervalls $[-1, 1]$ abgebildet.

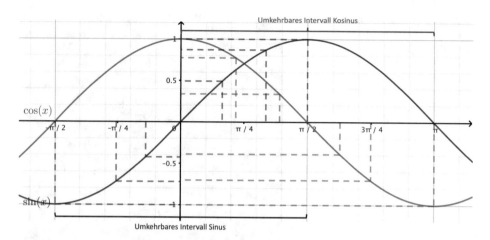

Abb. 7.25 Eine Einschränkung des Definitionsbereichs von Sinus- und Kosinusfunktion führt zur lokalen Bijektivität

Ausgehend von diesen Überlegungen kann man nun Umkehrfunktionen der auf die jeweiligen Intervalle entsprechend eingeschränkten Sinus- und Kosinusfunktion definieren. Die entsprechenden Funktionen heißen Arkussinus bzw. -kosinus. Das Präfix „Arkus-" geht dabei auf die lateinische Bezeichnung „arcus" für „Bogen" zurück, da die beiden Funktionen zu jedem Sinus- bzw. Kosinuswert (innerhalb der entsprechenden Intervalle) die zugehörige Bogenlänge (und somit den Winkel) liefern.

▶ **Definition** Der *Arkussinus* $\sin^{-1} : [-1, 1] \to \left[-\frac{\pi}{2}, \frac{\pi}{2}\right]$ ist die Umkehrfunktion der eingeschränkten Sinusfunktion $f : \left[-\frac{\pi}{2}, \frac{\pi}{2}\right] \to [-1, 1]$ mit $f(x) = \sin x$. Der *Arkuskosinus* $\cos^{-1} : [-1, 1] \to [0, \pi]$ ist die Umkehrfunktion der eingeschränkten Kosinusfunktion $g : [0, \pi] \to [-1, 1]$ mit $g(x) = \cos x$. Als alternative Bezeichnungen sind auch arcsin und arccos in Gebrauch.

Doch wieso eigentlich so kompliziert? Hätte man nicht dieselben Intervalle sowohl für Sinus als auch für Kosinus wählen können? Im Prinzip ja! So lassen sich auf dem Intervall $\left[0, \frac{\pi}{2}\right]$ beide Funktionen problemlos umkehren, jedoch hätte man hier auf die Hälfte der Größe eines entsprechenden Intervalls verzichten müssen. Tatsächlich ist es aufgrund der gegenseitigen Phasenverschiebung beider Funktionen nicht möglich, ein Intervall der Länge π zu finden, auf dem sich sowohl Kosinus als auch Sinus umkehren lassen.

Die zugehörigen Funktionsgraphen beider Umkehrfunktionen sind nun in Abb. 7.26 dargestellt.

Ähnlich wie für die Sinus- und Kosinusfunktion verfährt man schließlich auch im Fall der Tangens- und Kotangensfunktion. Hierbei muss jedoch berücksichtigt werden, dass beide Funktionen aufgrund ihrer Definition als Verhältnisse von Sinus- und Kosinusfunktion jeweils Definitionslücken an ihren Polstellen aufweisen. Die entsprechenden

Abb. 7.26 Funktionsgraphen
des Arkussinus und des
Arkuskosinus

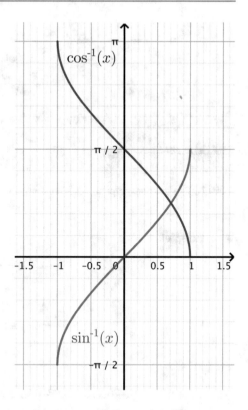

Intervalle $]-\frac{\pi}{2}, \frac{\pi}{2}[$ bzw. $]0, \pi[$, auf die man Tangens- bzw. Kotangensfunktion zwecks lokaler Umkehrbarkeit einschränkt, sind daher an den Rändern jeweils offen. Man kommt auf die folgende Definition:

▶ **Definition** Der *Arkustangens* $\tan^{-1} : \mathbb{R} \to\ ]-\frac{\pi}{2}, \frac{\pi}{2}[$ ist die Umkehrfunktion der eingeschränkten Tangensfunktion $f :\ ]-\frac{\pi}{2}, \frac{\pi}{2}[\ \to \mathbb{R}$ mit $f(x) = \tan x$. Der *Arkuskotangens* $\cot^{-1} : \mathbb{R} \to\ ]0, \pi[$ ist die Umkehrfunktion der eingeschränkten Kotangensfunktion $g :\ ]0, \pi[\ \to \mathbb{R}$ mit $g(x) = \cot x$. Als alternative Bezeichnungen sind auch arctan und arccot in Gebrauch.

Die beiden resultierenden Funktionsgraphen sind schließlich in Abb. 7.27 dargestellt.

Fachdidaktische Reflexion
Analog zu Exponentialgleichungen lassen sich Gleichungen, in denen trigonometrische Ausdrücke vorkommen, nur in bestimmten Fällen lösen. Argumente zu transformierten trigonometrischen Funktionen lassen sich noch recht gut finden, wenn man das Wissen um die Umkehrfunktion und Äquivalenzumformungen nutzt.

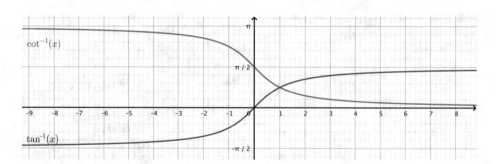

Abb. 7.27 Funktionsgraphen des Arkustangens und des Arkuskotangens

▶ **Beispiel**

$$2\sin(3x - 4) = 2 | : 2$$

$$\sin(3x - 4) = 1 | \sin^{-1}$$

$$3x - 4 = \sin^{-1} 1 | + 4 \,|{:}3$$

$$x = \frac{4 + \sin^{-1} 1}{3}$$

… oder $x = \frac{4 - 2\pi}{3}$ oder $x = \frac{4 - \pi}{3}$ oder $x = \frac{4 + \pi}{3}$ oder $x = \frac{4 + 2\pi}{3}$ oder …

Wenn a alle ganzen Zahlen durchläuft, beschreibt die folgende Gleichung die Lösungen: $x = \frac{4 + a \cdot \pi}{3}$.

Falls der Definitionsbereich nicht geeignet eingeschränkt wurde, liegt für Lernende neben den Strukturierungsanforderungen der individuellen Gleichung die zentrale Herausforderung im Berücksichtigen der Vielzahl an Lösungen, die sich finden lassen (vgl. Beispiel oben).

Auch für diese Gleichungen gilt, dass die Nutzung anderer Darstellungen (Graph, Einheitskreis) beim Bestimmen von Eingabewerten im Lernprozess wichtig und für einen gründlichen Aufbau sowie einen verständigen Umgang notwendig ist.

7.6 Check-out

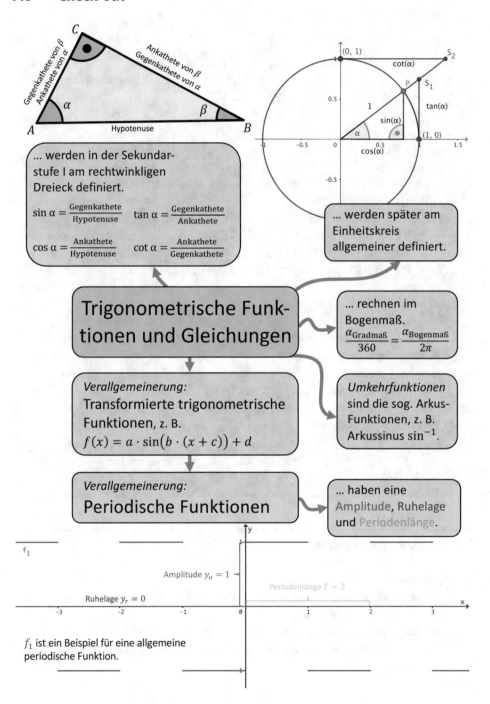

... werden in der Sekundarstufe I am rechtwinkligen Dreieck definiert.

$$\sin \alpha = \frac{\text{Gegenkathete}}{\text{Hypotenuse}} \qquad \tan \alpha = \frac{\text{Gegenkathete}}{\text{Ankathete}}$$

$$\cos \alpha = \frac{\text{Ankathete}}{\text{Hypotenuse}} \qquad \cot \alpha = \frac{\text{Ankathete}}{\text{Gegenkathete}}$$

... werden später am Einheitskreis allgemeiner definiert.

Trigonometrische Funktionen und Gleichungen

... rechnen im Bogenmaß.

$$\frac{\alpha_{\text{Gradmaß}}}{360} = \frac{\alpha_{\text{Bogenmaß}}}{2\pi}$$

Verallgemeinerung:

Transformierte trigonometrische Funktionen, z. B.

$$f(x) = a \cdot \sin\big(b \cdot (x + c)\big) + d$$

Umkehrfunktionen sind die sog. Arkus-Funktionen, z. B. Arkussinus $\sin^{-1}$.

Verallgemeinerung:

Periodische Funktionen

... haben eine Amplitude, Ruhelage und Periodenlänge.

f_1 ist ein Beispiel für eine allgemeine periodische Funktion.

Kompetenzen

Sie können …

- die Kernidee der trigonometrischen Funktionen erläutern (z. B. Periodizität) und ihren Zusammenhang zur elementaren Geometrie (Längenverhältnisse im Dreieck, Winkel, Einheitskreis) erklären,
- erläutern, warum der Wert von Sinus, Kosinus & Co. nur von der Größe des Winkels α abhängt,
- die Definition des Bogenmaßes angeben und einfache Werte im Kopf, schwierigere Werte mithilfe des Taschenrechners aus dem Gradmaß ins Bogenmaß und umgekehrt mit und ohne digitale Medien überführen,
- bei gegebenen Sinus-, Kosinus-, Tangens- und Kotangensfunktionen zwischen den vier Darstellungsformen mit und ohne digitale Medien wechseln,
- markante Merkmale der Sinus-, Kosinus-, Tangens- und Kotangensfunktion am Funktionsterm erkennen bzw. bestimmen (Periodenlänge, Amplitude, Ruhelage, Definitions- und Wertebereich, Symmetrie, Asymptoten und mögliche Phasenverschiebungen zu den jeweils anderen Funktionen) und an Beispielen erläutern,
- die Normalform einer transformierten Sinus- bzw. Kosinusfunktion nennen und die Auswirkungen einer Veränderung der Parameter a, b, c und d auf den Funktionsgraphen beschreiben,
- bedeutsame Anwendungen zu trigonometrischen Funktionen angeben und erläutern (z. B. Verläufe in der Astronomie und der Natur),
- die Umkehrfunktionen der trigonometrischen Funktionen und deren Definitions- und Wertebereiche nennen und auf entsprechende Winkel, die einzelnen Werten trigonometrischer Funktionen zugrunde liegen, rückschließen,
- die Lernendenperspektive einnehmen (z. B. Vorstellungsaufbau anhand von Realkontexten).

7.7 Übungsaufgaben

1. Trigonometrie
   a) Erläutern Sie an einem Bild, warum für zwei Dreiecke mit verschiedenen Seitenlängen $\sin \alpha$ gleich sein kann.
   b) Warum kann $\cos a$ in einem Dreieck nicht größer als 1 sein?
   c) Warum können in einem Dreieck nicht $\cos \alpha$ und $\sin \alpha$ gleichzeitig den Wert 0,8 annehmen?

2. Einheitskreis

   a) Welche Bogenlänge im Einheitskreis entspricht einem Winkel von 90°, 180°, 45°?

   b) Warum sind die Bogenlängen im Einheitskreis von 90° und −90° nicht gleich?

   c) Warum kann $\sin \alpha$ – im Einheitskreis gedacht – nicht größer als 1 sein?

   d) Warum kann $\tan \alpha$ größer als 1 sein?

3. Transformationen

   a) Welche Transformationen überführen den $\sin x$ in i) $\cos x$ ii) $-\sin x$. Geben Sie, wo möglich, drei verschiedene Transformationen an.

   b) Warum lassen sich unendlich viele verschiedene Transformationen finden, die den Graphen von $\sin x$ auf den Graphen von $\cos x$ abbilden?

   c) Welche möglichen Lagebeziehungen können der Graph von $\sin x$ und der Graph einer verschobenen Kosinusfunktion haben?

   d) Gesucht sind zwei Transformationen von trigonometrischen Funktionen, die im Bereich $[0, 2\pi]$ vier Schnittpunkte (bzw. sechs, sieben Schnittpunkte) haben.

4. Riesenrad

Ein Riesenrad mit einem Radius von 20 m benötigt für eine Umdrehung 4 min.[1] Beantworten Sie die einzelnen Fragen jeweils auch in den Begrifflichkeiten dieses Kapitels.

---

[1]Aufgabe nach Barzel et al. (2017), S. 121.

a) Erstellen Sie einen Graphen, an dem man erkennen kann, zu welcher Zeit eine bestimmte Gondel welche Höhe hat. Markieren Sie die Gondel mit einer Farbe. Ändern Sie nun den Startpunkt der Gondel. Welche Auswirkungen hat dies auf den Graphen der Funktion?

b) Variieren Sie die Zeit, die das Riesenrad für eine Umdrehung benötigt. Nehmen Sie an, das Riesenrad würde sich doppelt, dreimal oder halb so schnell bewegen. Welche Auswirkungen hat dies auf den Graphen?

c) Tragen Sie statt der Zeit den Drehwinkel auf der ersten Achse ein. Vergleichen Sie die Graphen mit der Zeit und dem Drehwinkel. Was ist gleich, was ist unterschiedlich? Überlegen Sie sich dazu auch, was sich ändert, wenn sich das Riesenrad doppelt oder dreimal so schnell dreht.

5. Uhrzeiger
Stellen Sie sich eine Analoguhr wie abgebildet vor.

a) Bestimmen Sie eine Funktion s, die jeder Uhrzeit (in Stunden) die Position der Zeigerspitze des Stundenzeigers in der Ziffernblattebene zuordnet. Gehen Sie von einem Koordinatensystem aus, das seinen Ursprung in der Mitte der Uhr besitzt, und von einem Durchmesser der Uhr von 20 cm.

b) Wie muss die Funktion s angepasst werden, damit aus ihr eine neue Funktion m entsteht, die entsprechend den Minutenzeiger beschreibt?

6. Weihnachtsdekoration
Bestimmen Sie eine Funktion l, die für jede der Kugeln der oberen Kugelhälfte die Länge des notwendigen Befestigungsbandes angibt. Gehen Sie hierbei von einem Koordinatensystem aus, das den Ursprung genau bei der obersten Kugel besitzt, diese oberste Kugel eine Befestigung von 5 m benötigt und die Gesamtformation selbst einen Radius von 3 m besitzt. Wieso ist es ausreichend, die Aufgabe zweidimensional zu betrachten?

7. Gezeiten

Sie haben schon gesehen, dass sich die Gezeiten gut mit der Sinus- oder Kosinus-funktion beschreiben lassen. In der Praxis verwendet man oft die sogenannte Zwölftelregel. Sie besagt: Unterteile den Zeitraum von Niedrig- bis Hochwasser in sechs gleich große Einheiten und den Höhenunterschied in zwölf gleich große Einheiten. Dann lässt sich die Veränderung von Niedrig- zu Hochwasser mit dem Muster $1 - 2 - 3 - 3 - 2 - 1$ beschreiben. Das bedeutet, dass das Wasser nach der ersten Zeiteinheit um eine Längeneinheit gestiegen ist, nach der zweiten um weitere zwei, nach der dritten um weitere drei, nach der vierten um weitere drei, nach der fünften um weitere zwei, nach der sechsten um noch eine Längeneinheit, sodass der Hochwasserstand erreicht ist. Die damit gegebenen Punkte des Graphen, der den Wasserstand beschreibt, verbindet man jeweils durch eine Gerade.[2]

a) Nehmen wir an, das Wasser ist in sechs Stunden um 4,8 m gestiegen. Skizzieren Sie in ein Koordinatensystem eine passende Transformation der Kosinusfunktion, die den Verlauf beschreibt.

b) Berechnen Sie die Wasserstände zu den vollen Stunden mit der Zwölftelregel und tragen Sie die Punkte und auch die verbindenden Strecken ein.

c) Inwiefern unterscheiden sich die konkreten Werte? Was sind die Vorteile der beiden Vorgehensweisen in a. und b.?

---

[2]Siehe hierzu auch https://www.nautisches-lexikon.de/b_gez/gezeitenprax/x_zwoelftel.html. Hier finden Sie auch eine entsprechende Grafik.

Vernetzung

8

8.1 Check-in

In der Rückschau stellen sich zu Gelerntem oft noch neue Fragen:

- Was ist den verschiedenen Funktionsarten gemeinsam und was verschieden?
  - Sind z. B. die Deutungen der verschiedenen Parameter funktionsübergreifend anwendbar? So bedingt etwa die Addition eines festen Summanden leicht Unterschiedliches: Bei einer linearen Funktion $f(x) = a \cdot x + b$ bezeichnet der Summand b den y-Achsenabschnitt.
  - Bei einer quadratischen Funktion $f(x) = a \cdot (x - d)^2 + e$ bezeichnet der Summand e die y-Koordinate des Scheitelpunkts. Bei Exponentialfunktionen kam in Kap. 6 die Addition eines Parameters b $f(x) = a^x + b$ bislang gar nicht vor.
  - Wie hilft mir der Blick auf verschiedene Funktionsarten, meine Sicherheit im Umgang mit komplizierten Termen und Gleichungen zu erhöhen?
  - Welche Funktionen passen zu welchen inner- und außermathematischen Anwendungen?
- Wo liegen die Grenzen der bisherigen Betrachtung der Funktionsarten?
  - Wie kann man funktionale Zusammenhänge beschreiben, bei denen die bislang behandelten Funktionentypen versagen?
  - Kann man auch Entwicklungen in der Welt, die gar nicht genau zu den mathematischen Funktionen passen, hilfreich beschreiben und so vorhersagen?

Die Antworten auf diese vernetzenden Fragen sind unten kurz angedeutet und werden im Kapitel gründlicher gegeben.

© Springer-Verlag GmbH Deutschland, ein Teil von Springer Nature 2021
B. Barzel et al., *Algebra und Funktionen,* Mathematik Primarstufe und Sekundarstufe I + II, https://doi.org/10.1007/978-3-662-61393-1_8

Auf einen Blick

In diesem Kapitel sollen die bislang erarbeiteten mathematischen Objekte und Konzepte, also z. B. die Klassen von Funktionen und Gleichungen, noch einmal in Bezug zueinander gebracht werden, um einen guten Überblick zu gewinnen. Der vernetzende Blick hilft, die passenden Funktionen bei Anwendungssituationen auszuwählen und ggf. neue Funktionen und Gleichungen zu konstruieren, z. B. um damit mehr Situationen durch Funktionsgleichungen beschreiben zu können.

Für die Algebra hilft der vernetzende Blick, Strukturen von Termen und Gleichungen schneller zu erkennen und so auch mit komplexeren formal-symbolischen Ausdrücken umgehen zu können. Daher runden ein algebraisches Strukturtraining und vernetzende Aufgaben dieses Kapitel ab, um das Gelernte zu vertiefen.

Aufgaben zum Check-in

1. Welche Funktionstypen und welche Funktionsgleichungen genau könnte man nutzen, um die folgenden beiden graphischen Darstellungen zu beschreiben?

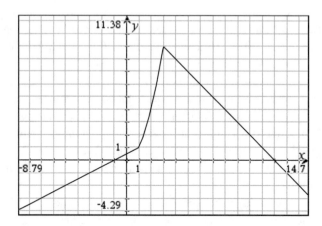

2. In den zurückliegenden Kapiteln haben Sie die Bedeutung von Parametern bei verschiedenen Funktionenarten untersucht. Im Folgenden haben die Funktions-gleichungen eine abgewandelte Form. Beschreiben Sie jeweils die Wirkung der hier angegebenen Parameter $a, b, c, d, e, f, k, m \in \mathbb{R}$ auf die Normalparabel bzw. die Exponentialfunktion $f(x) = 2^x$. Gibt es Parameter, die dieselbe oder eine ähnliche Wirkung haben?
a) $g(x) = a \cdot 2^{x-b} + c$ b) $h(x) = 2^{f \cdot x - b}$ c) $j(x) = d \cdot x^2 + e \cdot (x + f)$
d) $k(x) = a \cdot (x - k) \cdot (x - l)$

3. Betrachten Sie folgende Funktionen.

   1) $g(x) = 2^{x-4} + 3$ 2) $h(x) = \frac{x^2}{x-1}$ 3) $j(x) = x \cdot (x+1)$ 4) $k(x) = \sin(x^3)$

   a) Welcher Funktionstyp liegt jeweils vor?
   b) Geben Sie jeweils die Umkehrfunktion an und schränken Sie den Definitionsbereich der Umkehrfunktion geeignet ein.

4. Lösen Sie die folgenden Gleichungen und kontrollieren Sie Ihre Lösungen anschließend mit einem Funktionenplotter.

   1) $4 \cdot 2^{x-3} + 8 = 16$ 2) $(x-3)^4 \cdot x^2 \cdot (x+1) = 0$ 3) $\sin x^2 = \frac{1}{2}$ 4) $\frac{x^2-3}{x+1} = 0$

5. Welche Funktionsart passt bei den folgenden Anwendungssituationen? Geben Sie jeweils die unabhängige und abhängige Variable sowie die passende allgemeine Funktionsgleichung an.

   a) Es interessiert, wie eine Zellkultur unter kontrollierten Laborbedingungen wächst.
   b) Der Preis für Gas setzt sich zusammen aus einem Grundbetrag und dem Preis pro Kilowattstunde (kWh).
   c) Die Flugbahn eines Basketballs soll modelliert werden, um daraus Erkenntnisse für den optimalen Wurf ziehen zu können.
   d) Zum Festlegen des Fahrplans einer Fähre zu einer Nordseeinsel ist es wichtig, die Gezeiten genau zu bestimmen.
   e) Zum gegebenen Volumen eines Kegels (bei festgelegtem Grundradius) soll die Höhe bestimmt werden.

8.2 Funktionstypen im Überblick

Bislang wurde eine Vielzahl von Funktionstypen wiederholt und reflektiert, wie sich die Vorstellungen und die Betrachtungen von Funktionstyp zu Funktionstyp ändern – lineare und quadratische Funktionen, Potenzfunktionen und Polynome sowie Exponentialfunktionen und trigonometrische Funktionen. Bei allen diesen Funktionen kann man eine bestimmte Funktion als „Grundform" ausmachen, z. B. bei den quadratischen Funktionen $f(x) = x^2$ oder bei den trigonometrischen Funktionen $f(x) = \sin(x)$.

8.2.1 Die Transformationen Strecken, Stauchen und Verschieben

Bei allen Funktionstypen haben Sie bereits eine Erweiterung durch Transformationen erlebt. Dazu gehören Streckungen, Stauchungen und Verschiebungen des Graphen ausgehend von der jeweiligen Grundform. Diese Transformationen werden durch Parameter in den Funktionsgleichungen beschrieben, z. B.:

- Bei linearen Funktionen $f(x) = ax + b$ bewirkt der Parameter a eine Streckung oder Stauchung, der Parameter b eine Verschiebung in y-Richtung (vgl. Abschn. 3.3.2).

- Bei den quadratischen Funktionen werden die Transformationen in der Scheitelpunktsform greifbar: $f(x) = d \cdot (x - e)^2 + f$, der Parameter e bewirkt eine Verschiebung in x-Richtung,
- d eine Streckung oder Stauchung und f eine Verschiebung in y-Richtung (vgl. Abschn. 4.4.1).
- Bei den trigonometrischen Funktionen sind vier verschiedene Transformationen unterscheidbar, da Streckungen und Stauchungen in x-Richtung von denen in y-Richtung zu unterscheiden sind (vgl. Abschn. 7.4.2)

Durch Transformationen (Strecken, Stauchen, Verschieben) und die entsprechende Wahl der Parameter entsteht dann ein umfangreicher Schatz an sehr unterschiedlichen Funktionen – vor allem da alle Transformationen durch die Wahl der jeweiligen Parameter mit integriert sind (z. B. $f(x) = 3 \cdot \sin(x - \pi)$, $g(x) = 2(x - 3)^2 - 1$).

▶ **Auftrag**

Deuten Sie die Parameter in der Scheitelpunktsform noch einmal geometrisch, d. h. für den Verlauf des Graphen.

Beschreiben Sie den Verlauf des Graphen zur Funktion mit $f(x) = 3 \cdot \sin(0{,}5(x - \pi)) + 1$ und geben Sie dabei Amplitude, Phasenverschiebung und Periodenlänge explizit an.

In Tab. 8.1 finden Sie einen Überblick über alle in diesem Buch betrachteten Funktionstypen mit den Transformationen (Strecken, Stauchen, Verschieben) und ihren Charakteristika. Ergänzen Sie selbst weitere geeignete Beispiele.

In Tab. 8.1 wurden die verschiedenen Funktionenklassen unterschiedlich breit gedacht: Die Normalparabel wurde gestaucht, gestreckt und verschoben und der entstehende Graph war immer eine quadratische Funktion. Für die Potenzfunktionen und die Exponentialfunktion wurden bislang nur die Streckung und Stauchung, aber keine Verschiebungen beschrieben, was auch häufig in schulischen Lernprozessen so gehandhabt wird. Aber natürlich lassen sich für diese Funktionstypen alle drei Transformationen ebenso vollziehen.

8.2.2   Die „Superform" der symbolischen Darstellung

Da sich die thematisierten Transformationen einer Funktion durch Parameter beschreiben lassen, liegt es nahe, eine allgemeine „Superform" aufzustellen, die für alle Funktionstypen die Transformationen beschreibt. Einfacher vorstellbar ist dies, wenn Sie es zunächst in Analogie zu quadratischen Funktionen so denken, dass der Graph zur Grundform $f(x) = x^2$, also die Normalparabel, gestreckt bzw. gestaucht oder verschoben wird.

Tab. 8.1 Funktionstypen und ihre Eigenschaften

Funktionen	Beispielgraphen, Tabellen und Gleichungen	Kernidee und Eigenschaften
Lineare Funktion $f(x) = a \cdot x + b$ $D = \mathbb{R}$	$f(x) = 0{,}4x - 2$, $g(x) = -3x + 1$ <table><tr><td>x</td><td>0</td><td>1</td><td>2</td><td>3</td><td>4</td></tr><tr><td>$f(x)$</td><td>-2</td><td>$-1{,}6$</td><td>$-1{,}2$</td><td>$-0{,}8$</td><td>$-0{,}4$</td></tr><tr><td>$g(x)$</td><td>1</td><td>-2</td><td>-5</td><td>-8</td><td>-11</td></tr></table>	Pro Schritt kommt die gleiche Portion hinzu. Beliebiger Schnittpunkt mit der y-Achse
Spezialfall Proportionale Funktionen $f(x) = a \cdot x$ $D = \mathbb{R}$	$f(x) = 0{,}4x$ $g(x) = 3x$ <table><tr><td>x</td><td>0</td><td>1</td><td>2</td><td>3</td><td>4</td></tr><tr><td>$f(x)$</td><td>0</td><td>0,4</td><td>0,8</td><td>1,2</td><td>1,6</td></tr><tr><td>$g(x)$</td><td>0</td><td>3</td><td>6</td><td>9</td><td>12</td></tr></table>	Pro Schritt kommt die gleiche Portion hinzu. Doppelter Eingabewert – doppelter Ausgabewert Graph verläuft durch Ursprung; spezielle lineare Funktion

(Fortsetzung)

Tab. 8.1 (Fortsetzung)

Quadratische Funktion (auch alle Transformationen beinhaltend) $f(x) = a \cdot x^2 + b \cdot x + c$ $g(x) = a \cdot (x - d)^2 + e$	$f(x) = 0.5(x + 1)^2 = 0.5x^2 + x + 0.5$ $g(x) = 2(x - 1)^2 - 3 = 2x^2 - 4x - 1$ 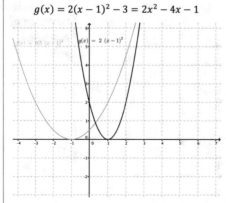	achsensymmetrisch, krumm, lineare Änderung, Wurfparabel

x	-2	-1	0	1	2
$f(x)$	0,5	0	0,5	2	4,5
$g(x)$	15	5	-1	-3	-1

Spezialfall Quadratisches Wachstum $f(x) = a \cdot x^2$ $D = \mathbb{R}_0^+$	$f(x) = 0,4x^2,\ g(x) = 2x^2$ 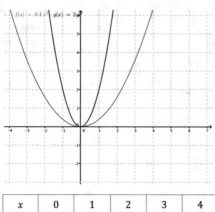	Ver-n-fachung der Eingabewerte führt zur Ver-n^2-fachung des Ausgabewertes; halbe Parabel

x	0	1	2	3	4
$f(x)$	0	0,4	1,6	3,6	6,4
$g(x)$	0	2	8	18	32

(Fortsetzung)

Tab. 8.1 (Fortsetzung)

Potenzfunktion $f(x) = a \cdot x^r$, $r \in \mathbb{Q}$	$f(x) = x^3$, $g(x) = x^{0,5} = \sqrt{x}$ 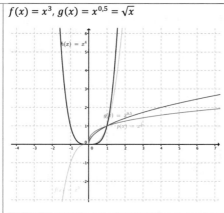	Für $r \in \mathbb{Z}$: Symmetrie (zur y-Achse für gerade Exponenten, zum Ursprung für ungerade Exponenten). Dies gilt jedoch nicht für Wurzelfunktionen.

x	0	1	2	4	9
$f(x)$	0	1	8	64	6561
$g(x)$	0	1	$\sqrt{2}$	2	3

Polynomfunktion (Summe von Potenzen mit natürlichen Exponenten) $f(x) = a_n x^n + a_{n-1} x^{n-1} + \cdots + a_1 x + a_0$	$f(x) = x^4 - x^2 - 0{,}1$ $g(x) = x^3 - 2x^2 + 2x - 1$ 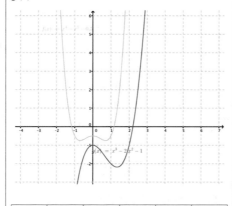	Zahl der maximalen Nullstellen und Extrema ist abhängig vom Grad, nur natürliche Zahlen als Exponenten.

x	-2	-1	0	1	2
$f(x)$	11,9	$-0,1$	$-0,1$	$-0,1$	11,9
$g(x)$	-21	-6	-1	0	3

(Fortsetzung)

Tab. 8.1 (Fortsetzung)

Verschiebung einer exponentiellen Funktion $f(x) = a \cdot b^{x-d} + e$	$f(x) = 4 + 3 \cdot 0{,}5^x$, $g(x) = 4 - 3 \cdot 0{,}5^x$ 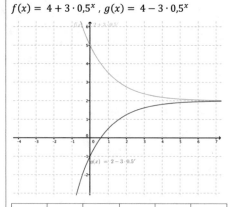	Streng monoton steigend / fallend, wegen $+e$ kein multiplikativer Zusammenhang mehr

x	-1	-2	0	1	2
$f(x)$	16	10	7	5,5	4,75
$g(x)$	-8	-2	1	2,5	3,25

Spezialfall Exponentielle Funktion $f(x) = a \cdot b^x$	$f(x) = 0{,}1 \cdot 2^x$, $g(x) = 3 \cdot 0{,}5^x$ 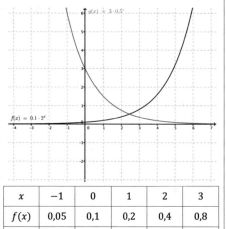	Pro Schritt wird mit demselben Faktor vervielfacht, ein Bestand wächst immer schneller bzw. sinkt immer langsamer.

x	-1	0	1	2	3
$f(x)$	0,05	0,1	0,2	0,4	0,8
$g(x)$	6	3	1,5	0,75	0,375

(Fortsetzung)

Tab. 8.1 (Fortsetzung)

Transformationen einer trigonometrischen Funktion	$f(x) = 2 \cdot \sin(1/3 \cdot (x - \pi)) - 1$ $g(x) = 0.5 \cdot \sin(3(x - 2\pi)) + 1$	Periodische Funktionen
Beispiel $f(x) = a \cdot \sin(b \cdot (x - c)) + d$	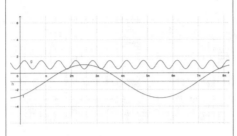	Nicht mehr zur y-Achse oder zum Ursprung, sondern zu neuen Punkten oder Achsen symmetrisch (verschiedene Punkte/Achsen möglich).

x	0	$\dfrac{\pi}{4}$	$\dfrac{\pi}{2}$	π	4π
$g(x)$	1	$1{,}5$	1	1	1
$f(x)$	$-2{,}73$	$-2{,}414$	-2	-1	-1

| Spezialfall Trigonometrische Funktion

 $f(x) = \sin x$
 $g(x) = \cos x$
 $h(x) = \tan x$ | $f(x) = \sin x$
 $g(x) = \cos x$
 $h(x) = \tan x$

   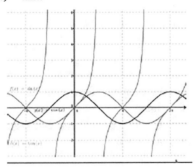 | Periodische Funktionen

 Punkt- und/oder Achsensymmetrie, immer dasselbe sich wiederholende Muster |

x	0	$\dfrac{\pi}{2}$	π	$\dfrac{3\pi}{2}$	2π
$f(x)$	0	1	0	-1	0
$g(x)$	1	0	-1	0	1
$h(x)$	0	$-$	0	$-$	0

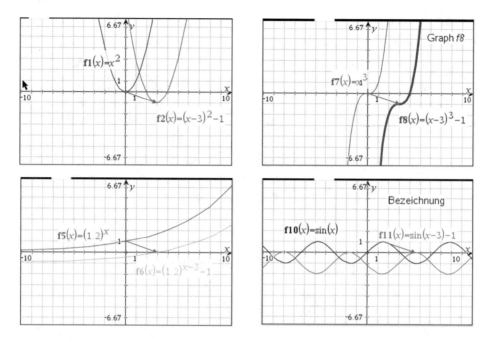

Abb. 8.1 $f(x-3)-1$: Translation um 3 Einheiten nach rechts und um 1 Einheit nach unten

▶ **Satz** Sei $f(x)$ eine Funktion. Dann beschreibt $g(x) = a \cdot f(b \cdot (x + \mathrm{c})) + d$ mit $a, b, c, d \in \mathbb{R}$ die folgenden Transformationen:

- a bewirkt eine Streckung ($|a| > 1$) bzw. Stauchung ($|a| < 1$) in Richtung der y-Achse um Faktor a und für $a < 0$ zudem eine Spiegelung an der x-Achse.
- b bewirkt für ($|b| > 1$) eine Stauchung bzw. für $|b| < 1$ eine Streckung in Richtung der x-Achse, für $b < 0$ zudem eine Spiegelung an der y-Achse.
- c verschiebt in Richtung der x-Achse: für $c > 0$ um c Einheiten nach links, für $c < 0$ nach rechts.
- d verschiebt in der Richtung der y-Achse: für $d > 0$ um d Einheiten nach oben, für $d < 0$ nach unten.

Die geometrische Deutung der Parameter, wie sie in dem Satz beschrieben ist, soll für das Beispiel einer Verschiebung noch einmal für alle behandelten Funktionstypen überblicksartig mit Graphen konkretisiert werden (vgl. Abb. 8.1). Die Verschiebung ist durch einen Pfeil visualisiert. Sie können die Bedeutung der Parameter der Superform zudem mithilfe des Applets „Superform erkunden" vertiefen.

Die Parameter der Superform lassen sich auch kontextuell deuten.

Sei $f(x)$ eine Funktion $g(x) = a \cdot f(b \cdot (x + \mathrm{c})) + d$ mit $a, b, c, d \in \mathbb{R}$. Sie soll die Entwicklung eines Bestandes in Abhängigkeit von der Zeit beschreiben. Dann lassen sich die Parameter folgendermaßen deuten:

- *a* bewirkt eine Vervielfachung des Bestandes mit dem Faktor *a*.
- *b* lässt sich als Zeitbremse deuten und bewirkt eine Verzögerung Beschleunigung/Verlangsamung der Entwicklung mit dem Faktor *b*.
- *c* bewirkt ein Zurückdatieren; die Werte werden *c* Zeiteinheiten früher angenommen.
- *d* bewirkt eine Vermehrung des Bestandes um *d* Einheiten.

Mit der Superform haben wir ein mächtiges Werkzeug formuliert, das jedoch nicht für alle Fälle schon eine endgültige Interpretation liefert, wie wir am Beispiel der Beschreibung eines Wachstumsprozesses mit einer natürliche Grenze (denken Sie etwa an einen Baum) diskutieren wollen.

▶ **Beispiel**

Betrachten wir $k(x) = 5 - 3 \cdot \left(\frac{1}{2}\right)^x$. Der Graph von $k(x)$ entsteht, wenn man den Graphen von $f(x) = \left(\frac{1}{2}\right)^x$ mit dem Faktor 3 streckt, an der x-Achse spiegelt und dann um 5 Einheiten nach oben verschiebt. Der Graph von $k(x)$ verläuft durch $(0|2)$.

Man nennt diese Art der Entwicklung „beschränktes Wachstum". Allgemein lässt es sich mit der Gleichung $f(x) = S - k \cdot b^x$ beschreiben (mit $0 < b < 1$). Der „Startwert" der Funktion entspricht der Differenz $S - k$, denn $b^0 = 1$. Die „Schranke" (obere Grenze) für das Wachstum ist S, denn für $0 < b < 1$ nähert sich b^x für große x-Werte immer mehr an 0 an, also nähert sich auch $k \cdot b^x$ an 0 an. Die Differenz zwischen dem Startwert und der Schranke wird pro Zeiteinheit mit dem Faktor b verringert (mit $0 < b < 1$).

An dem Beispiel sieht man, dass auch eine kontextuelle Deutung der Parameter relevant ist, aber lokal dennoch weitere Deutungen hilfreich sind: Denn S ist Schranke für das Wachstum und nicht nur die viel unkonkretere „Vermehrung des Bestandes um S Einheiten".

▶ **Auftrag**

Versuchen Sie die geometrische und die kontextuelle Bedeutung der Parameter noch einmal bewusst im Zusammenspiel der dargestellten und eigener Beispiele sowie der allgemeinen symbolischen Darstellung der Superform zu verstehen. Kontrollieren Sie eigene Beispiele mit einem Funktionenplotter und tauschen Sie sich über die Kontextbeispiele mit anderen aus.

8.3   Der Funktionenbaukasten – Funktionen miteinander verknüpfen

Der in diesem Buch bislang angesammelte Schatz an Funktionstypen ist sehr umfangreich – vor allem da alle Transformationen (Strecken, Stauchen, Verschieben) durch die Wahl der jeweiligen Parameter mit integriert sind (z. B. $f(x) = 3 \cdot \sin(x - \pi)$, $g(x) = 2(x - 3)^2 - 1$). Trotz dieser Vielfalt finden sich doch schnell Situationen oder

Verläufe von Kurven, die durch Gleichungen der behandelten Funktionstypen nicht beschreibbar sind. Der Schatz an Funktionen lässt sich erweitern, indem man aus mehreren Funktionstypen eine neue Funktion baut, um einen bestimmten funktionalen Zusammenhang zu beschreiben. Diese neue Funktion lässt sich dann nicht mehr notwendigerweise einer der bisher betrachteten Funktionsarten zuordnen.

Die wesentlichen Wege sind dabei:

- das abschnittweise Definieren (für disjunkte Bereiche des Definitionsbereichs werden verschiedene Funktionen genutzt, vgl. Abschn. 4.4.2), z. B.
- $f(x) = |x| = \begin{cases} -x, x < 0 \\ x, x \geq 0 \end{cases}$ oder $f(x) = |x| = \begin{cases} x, x < 0 \\ x^2, x \geq 0 \end{cases}$,
- das Verknüpfen von Funktionen durch Rechenoperationen (Funktionen werden addiert, multipliziert, ...), z. B. $f(x) = x^2 \cdot \sin(x)$, $g(x) = 3^x - 4x)$,
- die Verkettung bzw. Komposition (Funktionen werden hintereinander ausgeführt, z. B. $f(x) = (4^x)^2$, $g(x) = \sin x^2$).

Für alle Wege haben wir in den zurückliegenden Kapiteln schon Beispiele gezeigt. So führte beispielsweise die Addition von Potenzfunktionen (x^n mit $n \in \mathbb{N}$, vgl. Abschn. 5.2.3) zu den ganzrationalen Funktionen (Polynomfunktionen, vgl. Abschn. 5.2.4). Auch kann man die Transformationen bei manchen Beispielen als Verkettung interpretieren; so lässt sich etwa das Strecken und Verschieben einer Normalparabel auch als spezielle Verkettung einer quadratischen Funktion mit linearen Funktionen interpretieren, z. B. $f(x) = (2x - 3)^2$.

Hier nun die Erläuterungen zu den drei Wegen.

8.3.1 Abschnittweises Definieren von Funktionen

Anstatt Funktionen für den ganzen relevanten Definitionsbereich zu verknüpfen, kann man zur symbolischen Darstellung funktionaler Zusammenhänge verschiedene Funktionsvorschriften für verschiedene Abschnitte der Definitionsmenge aufstellen, um mehr Funktionen durch Gleichungen beschreiben zu können (vgl. Kap. 2). Damit steht ein großer Katalog an weiteren Funktionen zur Verfügung, die wir auf diese Art kombinieren können.

▶ **Beispiel**

In der folgenden Abbildung (die Aufgabe kennen Sie aus dem Check-in zum Kapitel) sind die Intervalle (Abschnitte), in denen die Funktionen definiert sind, rechts offen. An der Stelle $x = 1$ wird z. B. der Wert der zweiten Funktion x^2 zur Berechnung genutzt.

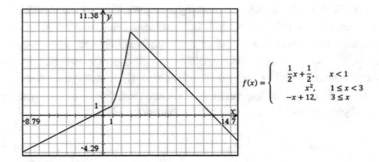

$$f(x) = \begin{cases} \frac{1}{2}x + \frac{1}{2}, & x < 1 \\ x^2, & 1 \le x < 3 \\ -x + 12, & 3 \le x \end{cases}$$

Wichtig dabei ist, dass für jedes Element des Definitionsbereichs genau eine Teilfunktion angewendet wird. Es darf also kein Element nicht definiert und auch keines doppelt definiert sein, sonst läge keine Funktion mehr vor. Dies wird in den Bedingungen ganz rechts in der Grafik geklärt, die die Intervalle beschreiben: An der Stelle $x = 1$ bestimmt x^2 den Funktionswert, an der Stelle 3 bestimmt $-x + 18$ den Funktionswert, sodass die Intervalle sich nicht überlappen. Dabei ist die Setzung, welcher Term an den Grenzen jeweils gilt, beliebig bzw. passend zum Kontext festzulegen.

8.3.2 Verknüpfen von Funktionen durch Operationen

▶ **Definition** Man kann zwei Funktionen verknüpfen, z. B. indem man die Summe $(f + g)$, Differenz $(f + g)$, das Produkt $(f \cdot g)$ oder den Quotienten $(f : g)$ zweier Funktionen bildet. Der Definitionsbereich ist die Schnittmenge der Definitionsbereiche von f und g. Für $f : g$ sind die Nullstellen von g weitere Definitionslücken.

Die Einschränkung des Definitionsbereiches auf die Schnittmenge der Definitions-bereiche stellt sicher, dass die Funktion für alle Elemente des Definitionsbereichs definiert ist. So ist beispielsweise der maximale Definitionsbereich von $f(x) = \sqrt{x} + \frac{1}{x}$ eben $D = \mathbb{R}_{>0}$, da aufgrund des Terms $\sqrt{x}$ negative Argumente und aufgrund des Terms $\frac{1}{x}$ die 0 ausgeschlossen sind.

Mit dem Verknüpfen von Funktionen erhält man neue Möglichkeiten zur Beschreibung von Sachzusammenhängen.

▶ **Beispiel**
Man kann *beschränktes Wachstum* leicht beschreiben, indem man die Differenz einer konstanten Funktion und einer fallenden Exponentialfunktion bildet: $f(x) = g(x) - h(x) = 10 - 8 \cdot 2^{-x}$. Der Graph der Funktion verläuft durch $(0|2)$ und nähert sich für große x immer mehr der Geraden $y = 10$ an.

In der Wirklichkeit setzen sich Schwingungen, wie sie z. B. die Sinusfunktion beschreibt, nicht immer beliebig fort. Um etwa eine Dämpfung der Schwingung herbeizuführen, könnte man mit einer Funktion multiplizieren, deren Graph im ersten Quadranten streng monoton fällt, also z. B. mit $f(x) = 0,95^x$. Die sich ergebende Funktion $h(x) = \sin(x) \cdot 0,95^x$ dämpft die Sinuskurve sanft ab.

So kann man die Eigenschaften verschiedener Funktionen geschickt kombinieren, um mehr Situationen beschreiben zu können.

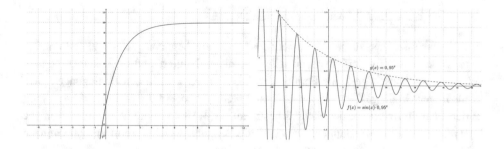

8.3.3 Verketten von Funktionen

Werden zwei Funktionen $g(x)$ und $h(x)$ hintereinander ausgeführt, bedeutet dies, dass nachdem der Funktionswert von $g(x)$ gebildet wurde, dieser Funktionswert y als Argument für die Funktion $h(x)$ genutzt wird. Hier also $f : x \to^{g(x)} y \to^{h(y)} z$. Man spricht dann von einer Verkettung, auch Verschachtelung oder Komposition genannt.

▶ **Definition** Als *Verkettung zweier Funktionen* $g(x)$ und $h(x)$ definiert man die Hintereinanderausführung von $g(x)$ und $h(x)$ und schreibt $(h \circ g)(x) = h(g(x))$.

Es ist wichtig, die Reihenfolge der Anwendung der beiden Funktionen zu beachten, deshalb spricht man auch „h nach g". Das erkennt man gut im rechten Term: Auf x wird zunächst g, dann h angewendet.

Die Wertemenge von g muss Teilmenge der Definitionsmenge von h sein, damit die verkettete Funktion definiert ist.

Die Bedeutung der Reihenfolge erkennt man an folgenden Beispielen:

▶ **Beispiel**
Sei $g(x) = x - 1$ und $h(x) = x^2$.
- „h nach g ausführen" bedeutet:$(h \circ g)(x) = h(g(x)) = (x - 1)^2$. Man erhält als Graph eine Normalparabel, die horizontal nach rechts verschoben wurde, da die Argumente und nicht die Funktionswerte der Normalparabel verändert werden.

- „g nach h ausführen" bedeutet:$(g \circ h)(x) = g(h(x)) = x^2 - 1$. Man erhält als Graph eine Normalparabel, die vertikal nach unten verschoben wurde, da hier die Funktionswerte und nicht die Argumente der Normalparabel verändert werden.

▶   **Beispiel**

- $f_1(x) = \sin(3 \cdot (x + 2))$. Auf den Eingabewert x wird zunächst die lineare Funktion $g(x) = 3 \cdot (x + 2)$ angewendet (erste Funktionsmaschine in der Abbildung). Dann wird auf $g(x)$ die Sinusfunktion $h(x) = \sin(x)$ angewendet (zweite Funktionsmaschine).

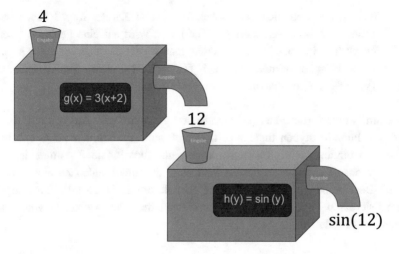

Wird zuerst $h(x)$ und dann $g(x)$ angewendet, ergibt sich $f_1(x) = g(h(x)) = 3 \cdot (\sin(x) + 2)$.

- Sei $g(x) = 2^x$ und $h(x) = \frac{1}{x}$. Dann ist $f_1(x) = h(g(x)) = \frac{1}{2^x}$ für alle $x \in \mathbb{R}$ definiert, während $f_2(x) = g(h(x)) = 2^{\frac{1}{x}}$ für $x = 0$ eine Definitionslücke besitzt.

Wie man an diesen Beispielen sieht, spielt die Reihenfolge der Hintereinanderschaltung eine wichtige Rolle für die Eigenschaften der Funktion (vgl. folgende Abbildung).

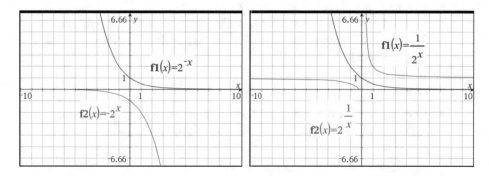

- Auch in der Definition der Umkehrfunktion in Kapitel Kap. 2 haben wir bereits Funktionen verkettet: $f^{-1}(f(x)) = x$. Wird auf eine Funktion deren Umkehrfunktion angewendet, so erhält man wieder die ursprünglichen Argumente. Beispiel: Wendet man auf $f(x) = 2x + 1$ deren Umkehrfunktion $g(x) = \frac{x-1}{2}$ an, so erhält man gerade $g(f(x)) = \frac{(2x+1)-1}{2} = x$.

Bis hierhin wurden die innermathematischen Aspekte der Ausweitung der zuvor behandelten Funktionstypen thematisiert. Mit diesem „Funktionenbaukasten" verfügen Sie über ein umfangreiches Instrumentarium, um funktionale Zusammenhänge auch durch Funktionsgleichungen zu beschreiben. Sind die funktionalen Zusammenhänge als unscharfe Beschreibungen von Situationen oder durch ein Über- oder Unterangebot an mathematisierbaren Daten gegeben, so bezeichnet man das Aufstellen von passenden Funktionen als Modellieren.

8.4   Modellieren mit Funktionen

Mathematik ist ein nützliches Werkzeug zur Lösung von Problemen in der Welt, was bereits in allen Kapiteln zu den Funktionstypen aufgegriffen wurde. Hier dazu nochmals ein Beispiel.

▶ **Beispiel**

Wann sollte ich ein Handy kaufen? Direkt bei Markeinführung? Wie entwickelt sich der Preis? In Abb. 8.2 finden sich dazu Daten verschiedener Anbieter.

Grundsätzlich stellt uns die Internetseite hier schon Informationen zur Verfügung, die das Verständnis der Situation enorm erleichtern. Es werden konkrete Wertepaare vorgegeben, die wir mit unserem Verständnis der Situation und ihren charakteristischen Eigenschaften überprüfen können. Auch ohne diese Werte zu kennen, hätten wir wohl vermutet, dass der Preis im Laufe der Zeit sinkt. Zur Geschwindigkeit der Preissenkung hätten wir jedoch nur grobe Schätzungen abgeben können.

Preisprognosen im Überblick

MODELL	UVP	NACH 2 MONATEN	NACH 4 MONATEN	NACH 6 MONATEN
SAMSUNG GALAXY S6	749 €	636 € (-15 %)	591 € (-21 %)	546 € (-27 %)
SONY XPERIA Z4	650 €	553 € (-15 %)	533 € (-18 %)	-
HTC ONE (M9)	699 €	531 € (-24 %)	510 € (-27 %)	412 € (-41 %)
LG G4	600 €	528 € (-12 %)	462 € (-23 %)	456 € (-24 %)
LG G FLEX 2	650 €	429 € (-34 %)	338 € (-48 %)	333 € (-48 %)

Abb. 8.2 Prognosen für Handypreise (Quelle: androidpit.de)

Die dargestellten Wertepaare verraten uns aber darüber hinaus nichts über den funktionalen Zusammenhang: Ist er von linearer, quadratischer oder anderer Natur oder unterliegt er starken Schwankungen bzw. folgt er überhaupt einer derartigen Regelmäßigkeit?

Hier benötigt man weitere Sachinformationen über Preisentwicklungen:

- Gibt es einen bestimmten Anteil des Gesamtpreises oder einen absoluten Wert, unter den der Preis nicht gesenkt wird, da der Verkauf sonst nicht mehr wirtschaftlich ist, oder kann der Preis beliebig tief fallen?
- Werden Produkte nach einem bestimmten Zeitraum vom Markt genommen und durch ein neues Modell ersetzt, um die Preise zu halten?

Die Fragen machen deutlich, dass das Beschreiben von funktionalen Zusammenhängen in der Lebenswelt keinesfalls eindeutig ist, da unterschiedliche Annahmen über die Situation zulässig erscheinen – insbesondere wenn man nicht die Möglichkeit hat, an weitere Informationen zu gelangen.

Diese Uneindeutigkeit beruht oft darauf, dass die Wirklichkeit komplex ist und wir sie für eine mathematische Beschreibung vereinfachen müssen (man spricht auch von Komplexitätsreduktion). So verkaufen verschiedene Ladengeschäfte und Internetplattformen Handys, es gibt Sonderangebote z. B. zur Eröffnung usw. Diese komplexe

Wirklichkeit wird in der Tabelle auf zwei Dimensionen reduziert (ein Preis in Abhängigkeit von der Zeit). Häufig scheint es auch so, dass gerade beim Verkauf von Produkten
bewusst verkompliziert wird, um die Preispolitik nicht zu transparent werden zu lassen
und wir als Verbraucher für viele verschiedene Produkte empfänglich bleiben.

Einzelne bekannte Daten werden beim Modellieren auch genutzt, um Voraussagen
zu machen, eine weitere Entwicklung zu prognostizieren. Man stellt dann aufgrund der
gegebenen Wertepaare einen Term zu einer passenden Funktion auf. Dabei bieten vor
allem Graphen die Chance, einen umfassenderen Blick auf den funktionalen Zusammenhang zu gewinnen. Wichtig ist dabei die bewusste Wahl, welcher Funktionstyp von der
Kernidee zur Realsituation passt und sich deshalb gut als Modell eignet. Die Bedeutung
der Wahl des richtigen Modells wird im Folgenden vertieft.

Eine passende Funktionsgleichung zu Situationen finden
Bei Prognosen ist es immer wichtig, den passenden Funktionstyp zu finden. Betrachten
wir weiterhin das Beispiel der Handypreise und probieren verschiedene Funktionstypen
als mathematische Funktionen für das erste Handy-Modell, für das vier verschiedene
Werte bzw. Wertepaare vorliegen: (0|749), (2|636), (4|591), (6|546).

Wählen wir als mathematisches Modell eine lineare Funktion. Es lassen sich z. B. die
folgenden beiden Funktionen aufstellen:

- Nutzt man die unverbindliche Preisempfehlung und den Preis nach vier Monaten,
  so ergeben sich die Koordinaten $(0|749)$ und $(4|591)$ und die Funktionsgleichung
  $f(x) = -39,5x + 749$.
- Geht man von der Annahme aus, dass die unverbindliche Preisempfehlung keinen
  realistischen Preis zum Zeitpunkt $x = 0$ angibt, wählt man zwei andere Wertepaare
  zur Bestimmung der linearen Funktion aus. Die Änderung zwischen dem zweiten und
  vierten Monat sowie dem vierten und sechsten Monat ist gleich (jeweils 45€ für zwei
  Monate). Also könnte man die Abnahme $-22,5$ als Steigung setzen. Das führt mit
  dem Punkt $(2|636)$ zur linearen Funktion $g(x) = -22,5x + 681$.

Beide Funktionen sind fallend und schneiden irgendwann die x-Achse. Insofern ist
die Vorhersagekraft der Funktion offensichtlich beschränkt.

Deshalb probieren wir einen anderen Funktionstyp: Legt man eine quadratische
Funktion durch die ersten drei Werte, erhält man $h(x) = 8,5x^2 - 73,5x + 749$. Als nach
oben geöffnete Parabel, die im Bereich der gegebenen Werte fällt, wird der Graph von
$h(x)$ nach dem Scheitelpunkt wieder steigen, sodass der Graph langfristig auch nicht
passt, obwohl er genau durch die drei benutzten Punkte verläuft. Also versuchen wir es
anders.

Mit vier Punkten lässt sich eine Funktion dritten Gerades eindeutig bestimmen.
Der Graph von $j(x) = -1,4167x^3 + 17x^2 - 84,833x + 749$ verläuft durch alle vier
Punkte schneidet aber später die x-Achse, sodass die Vorhersagekraft der Funktion auch
begrenzt erscheint, obwohl sie die Wertepaare perfekt trifft.

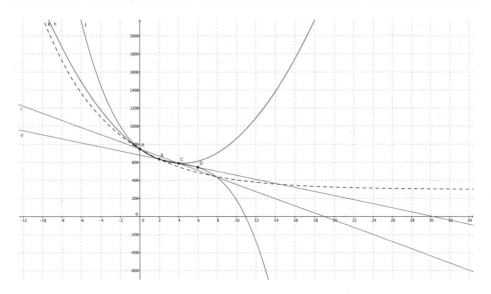

Abb. 8.3 Graphen, mit denen die Preisentwicklung beschrieben werden soll

Mit einer verschobenen Exponentialfunktion kann man die Modellannahme, dass der Preis nicht unter einen bestimmten positiven Wert sinkt, besser greifen. Nehmen wir an, dass ein Handy für 749 € nicht unter 300 € verkauft wird, sodass 300 eine untere Schranke für unsere Funktion ist, dann ergibt sich $(k(x) = (749 - 300) \cdot a^x + 300)$. Nutzen wir den Wert nach zwei Monaten, so ergibt sich $k(x) = 449 \cdot 0,865^x + 300$ (oder wir nutzen die e-Funktion und erhalten einen weiteren Parameter). Alle Graphen und die Punkte finden Sie in Abb. 8.3.

Bei allen Modellen macht es Sinn, bei den jeweiligen Funktionen den Definitionsbereich einzugrenzen, da nach endlicher Zeit Handys wieder vom Markt genommen werden. Oder man würde die Preisentwicklung jahresweise beschreiben. Dafür spricht, dass nach einem Jahr meist wieder ein neues Handy auf den Markt kommt.

Wir haben nun verschiedene mögliche mathematische „Modelle" ausprobiert, um die Daten zur Preisentwicklung zu beschreiben. Welche der Beschreibungen ist jetzt gut? Die verschiedenen Funktionen haben unterschiedliche Vorzüge, die sie in unterschiedlichem Maße erfüllen, nämlich *Einfachheit, Passung zu konkreten/charakteristischen Werten, Passung zur Situation,* also zu weiteren vorstellbaren Werten. Ein lineares Modell ist besonders *einfach.* Es beschreibt aber weder alle *einzelnen gegebenen Werte,* noch *passt es auf lange Sicht gut zur Situation.* Die Funktion dritten Grades beschreibt erfolgreich *alle gegebenen einzelnen Werte,* und doch erscheint die *Passung zur Situation* hier gering. Die Exponentialfunktion greift sowohl *charakteristische Werte* (Startwert) als auch eine hohe *Passung zur Situation* (aufgrund der Schranke) auf. Welches der „Modelle" ist jetzt gut? Das hängt davon ab, wie man die kursiv gesetzten Kriterien gewichtet. Um das besser zu verstehen, wollen wir zunächst den Begriff des Modells klären.

Der Begriff Modell

Sie kennen den Begriff, wie er hier gemeint ist, vielleicht von der „Modelleisen-bahn". Etwas aus der Wirklichkeit wird vereinfacht nachgebaut oder abgebildet, sodass bestimmte Eigenschaften des Originals erhalten bleiben, andere hingegen verschwinden. So fährt eine Modelleisenbahn auf Schienen und es lassen sich Weichen stellen, sodass der Zugbetrieb nachempfunden werden kann. Es kann aber niemand einsteigen, es gibt keine Oberleitungen oder Diesellocks usw.

▶ **Beispiel**

Ein Globus ist ein vereinfachtes Modell der Erde, in dem nur auf die grobe Form des Objekts und die Lage wichtiger Objekte an der Oberfläche Bezug genommen wird. So wird aus dem ungleichmäßigen Körper Erde in grober Vereinfachung eine Kugel.

Dabei hat ein Modell drei Eigenschaften (Stachowiak 1973, S. 131 ff.):

- Das Modell ist „Modell von etwas", es beschreibt oder stellt etwas anderes dar.
- Das Modell erfasst nicht alle Eigenschaften, sondern nur bestimmte.
- Das Modell ist dem beschreibenden Objekt nicht eindeutig zugeordnet. Es wird nach Zwecken und subjektiv gewählt.

Diese Eigenschaften zeigen, dass mathematische Modelle nicht eindeutig sind, sondern nach Kriterien und abhängig vom Zweck der Modellbildung wählbar sind. Es handelt sich beim Modellieren also um einen konstruktiven Akt, der vom Vorwissen des Modellierenden abhängig ist.

Beim Modellieren in der Mathematik sucht man ein geeignetes mathematisches Modell zur Beschreibung einer außermathematischen Situation, um im mathematischen Modell das Problem durch Verfahren der Mathematik zu lösen. Damit ist das Modellieren ein wesentlicher Aspekt im Mathematikunterricht, damit Mathematik nicht nur als Selbst-zweck, sondern auch in ihrem Nutzen für das Lösen von Problemen in der Welt erfahren wird. Aus diesem Grund wird das Modellieren als prozessbezogene (also nicht inhalt-lich gedachte) Kompetenz in Bildungsstandards und Lehrplänen ausgewiesen (vgl. KMK 2004). Modelle können aber nicht nur beschreiben (deskriptives Modell; Deskription: Beschreibung), sondern auch vorschreiben, wie es sein soll (normatives Modell; Norm: Vorschrift) (vgl. z. B. Marxer und Wittmann 2009; Greefrath et al. 2013, S. 13 f.).

▶ **Beispiel**

- Eine Preistafel schreibt vor (normativ), was man für den Salat zahlen soll.
- Es wird festgelegt, dass in die Klassenkasse für jedes Kind pro Monat 1 € eingezahlt werden soll, um Rücklagen für kleine Ausflüge zu bilden (normativ).

- Ein Steuermodell schreibt vor (normativ), welchen Anteil des erworbenen jährlichen Einkommens man abhängig von der Höhe des Einkommens und unter Berücksichtigung weiterer Parameter an den Staat zahlen muss.
- Die gemessenen Daten (z. B. Temperatur des abkühlenden Kaffees) werden über eine Exponentialfunktion beschrieben, um so weitere Temperaturwerte vorauszusagen (deskriptiv).

Beim Modellieren mit Funktionen ist das Modell (oder ein wichtiger Teil des Modells) eine Funktion, mit der der Zusammenhang von Größen oder eine in der Realität vorhandene Form beschrieben werden soll. Dabei ist das Vorhersagen von weiteren Werten und Entwicklungen wesentlich (vgl. z. B. Hußmann und Leuders 2008; Engel 2016). Wichtig ist dabei stets, dass nach der Berechnung der Rückbezug zum Beispiel und zur Realsituation vollzogen wird.

Rückbezug auf das Beispiel
Im anfänglichen Beispiel haben wir gesehen, dass die verschiedenen mathematischen Modelle zur Beschreibung der Preisentwicklung eines Handys in Bezug auf bestimmte Kriterien *(Einfachheit, Passung zu konkreten/charakteristischen Werten, Passung zur Situation)* mehr oder weniger geeignet erschienen. Dabei hatten die gezeigten mathematischen Modelle ganz unterschiedliche Vorzüge. Die Ausführungen zum Modellbegriff zeigen, dass sich die Frage nach der Qualität eines Modells im Zusammenspiel dieser Kriterien nicht vollständig auflösen lässt, insofern die Qualität immer von der Zielsetzung der Modellbildung abhängt und sich das Spannungsverhältnis zwischen Einfachheit und möglichst guter Passung nicht vollständig auflösen lässt. Im Sinne einer Beschreibung der Situation erscheint die *Passung zur Situation* relevanter als die *Passung zu einzelnen Werten,* auch wenn sie grundsätzlich ein Mittel zur Erreichung der *Passung zur Situation* sein kann.

Die linearen Funktionen waren besonders einfach aufzustellen und boten lokal passende Annäherungen an die gegebenen Wertepaare. Mit den weiteren Polynomfunktionen zweiten und dritten Grades konnten mehr Wertepaare in das Modell einbezogen werden. Die Funktion dritten Grades verlief durch alle gegebenen Punkte und stellt somit die genaueste Annäherung an die gegebenen Werte dar. Trotzdem erscheint sie nicht geeignet, den langfristigen Verlauf der Preisentwicklung zu beschreiben, da die Funktion auf lange Sicht unpassende Werte liefert (vgl. Abb. 8.3). Ebenso gut kann man sich fragen, welche Zwischenwerte zu den in der Tabelle gegebenen Werten passen oder ob man hierüber überhaupt Aussagen treffen kann.

Mit den letzten Aussagen stellen wir kein Modell mehr auf, sondern überprüfen die Sinnhaftigkeit des Modells oder einzelner Werte. Man sagt, wir *validieren* das Modell.

Kognitive Aktivitäten beim Modellieren – Modellierungskreislauf
Beim Lösen solcher Modellierungsaufgaben sind also verschiedene kognitive Prozesse notwendig wie vereinfachen, Annahmen machen, Modelle wählen und modifizieren, im Modell rechnen (zum Aufstellen der konkreten Funktionsgleichungen), Terme,

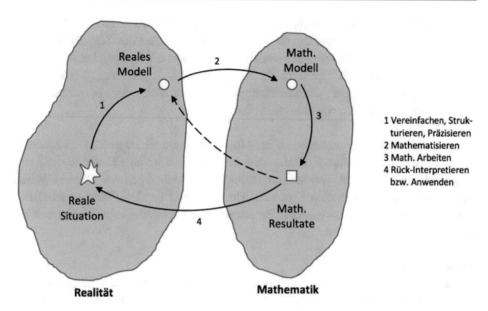

Abb. 8.4 Modellierungszyklus nach Blum (1985), übernommen aus Greefrath 2018, S. 17

Rechnungen und Ergebnisse validieren (überprüfen, inwiefern sie mit Bezug auf die Situation Sinn machen).

Zur Gestaltung und Beschreibung der Prozesse stellt man diese in der Mathematik-didaktik meist in Form eines Kreislaufs dar. Ein solches Beispiel stellt Abb. 8.4 dar.

Eine solche Form soll gerade deutlich machen, dass eine Vielzahl von aufeinander bezogenen kognitiven Aktivitäten (Annahmen machen, Funktionstyp wählen, Vorher-sagen und weitere Wertepaare abgleichen, validieren (überprüfen)) potenziell wieder-holt durchgeführt wird, um ein nicht eindeutig lösbares Problem der realen Welt mit mathematischen Mitteln zu bearbeiten.

Relevanz der Kenntnis der Charakteristika der verschiedenen Funktionstypen

Um einen geeigneten Funktionstyp wählen zu können, müssen die Charakteristika der Situation erkannt oder zumindest angenommen werden, aber auch die Charakteristika der verschiedenen Funktionstypen bekannt sein, damit der weitere Verlauf passend beschrieben werden kann.

Relevante Aspekte beim Übersetzen in ein mathematisches Modell zum Aufstellen einer Funktionsgleichung sind die folgenden:

a. Wahl von relevanten Eigenschaften der Situation, des zugrunde liegenden funktionalen Zusammenhangs oder der gegebenen Werte

Leitfragen: Was weiß ich über die Situation? Welche Annahmen machen Sinn? Was sagen mir die konkreten Werte: Lässt sich eine Symmetrie erkennen, vermuten oder annehmen? Lässt sich ein charakteristisches Änderungsverhalten (konstant, linear, immer das x-Fache) erkennen? Sehe ich mehr, wenn ich den Graphen skizziere?

b. Entscheidung, ob der funktionale Zusammenhang oder Teile durch einen Funktionstyp überhaupt algebraisch-symbolisch erfasst werden können, und wenn ja: Bietet sich ein abschnittweises Beschreiben durch verschiedene Funktionsterme an?

Leitfragen: Lassen die gefunden relevanten Eigenschaften eine Beschreibung durch einen Funktionentyp zu oder kann ich allein graphisch oder numerisch arbeiten? Welche Abschnitte kann man festlegen, sodass für einzelne Abschnitte Funktionsterme zur Beschreibung nutzbar sind?

c. Wahl des Koordinatensystems

Leitfragen: Wie wird die Funktionsgleichung besonders einfach (z. B. wenn man einen markanten Punkt in den Ursprung legt)? Welcher Ausschnitt aus der Entwicklung ist wichtig?

d. Wahl „geeigneter" Wertepaare

Leitfragen: Was sind markante Punkte, die ich gut nutzen kann? Welche Paare scheinen am besten zur Entwicklung zu passen?

e. Entscheidung, ob eine diskrete (Graph besteht nur aus einzelnen Punkten) oder kontinuierliche (Punkte sind grundsätzlich verbunden) Funktion gewählt wird

Leitfragen: Machen Werte zwischen ganzzahligen Eingabewerten Sinn? Verändert sich der Wert kontinuierlich oder passt z. B. eher eine Treppenfunktion?

Anwendung auf Beispiele

Um die Aspekte zu illustrieren, werden sie im Folgenden auf eher einfache Beispiele angewendet.

1. Was kosten eigentlich Äpfel? Ein Apfel kostet in der Mensa $0,80€$. Ein Kilobeutel Äpfel kostet rund $3,50€$. Kann man den Preis von Äpfeln beschreiben?

2. Im virtuellen Ort Leteb-Ezueg verändert sich die Höhe (die dort in *quam* gemessen wird) eines „Segreb" in Abhängigkeit von der Raumzeit (in *mau*). Wie verläuft die weitere Entwicklung?

x	0	1	2	3	4	5
$f(x)$	4	2	4	10	20	33

3. Wie lässt sich der Brückenbogen unten beschreiben?

4. Eine Tasse Rooibostee wird im Winter nach draußen gestellt. Die Temperatur des Tees
   entwickelt sich wie unten zu sehen. Für eine Rooibostee-Schorle darf die Temperatur
   des Tees höchstens 15° C betragen.

Zeit in Minuten	Temperatur in Grad
2	57.5
4	49.5
6	42.7
8	36.9
10	35.0
12	27.9
14	24.4

Hinweise zu den Beispielen

1. Bei der Bearbeitung von Beispiel 1 stolpert man vielleicht zunächst über das
   Problem, dass die beiden Informationen zwei verschiedene Modelle nahezu-
   legen scheinen, die aber vielleicht doch miteinander in Beziehung gebracht werden
   können. Zunächst erscheint es fraglich, für welche Zahl an Äpfeln die proportionale
   Funktion $f(x) = 0,8x$ noch informativ beschreibt. Kann man 100 Äpfel in der
   Mensa bekommen? Kosten die dann immer noch $0,80 €$ pro Apfel? Will man so
   viel bezahlen? Hier macht es Sinn, verschiedene Funktionen für verschiedene Intervalle aufzustellen (vgl. Wahl, ob abschnittweise definiert werden soll). Für bis zu 4
   oder 5 Äpfel ist der Mensapreis/Stückpreis passend, dann wird er schnell durch die
   kostengünstigeren Beutel (mit vielleicht 6 Äpfeln) unterboten. Für mehr als einen
   Beutel könnte man die Tarife mischen und die fehlenden Äpfel einzeln hinzukaufen.
   Spätestens ab 4-Kilo-Beuteln erscheint es fraglich, inwieweit die Stückzahl der Äpfel

noch ungefähr genannt werden kann und wie dann eigentlich der Preis in Abhängigkeit vom Gewicht ist.

Spätestens hier wird die abschnittweise Beschreibung des Preises problematisch: Man braucht verschiedene Funktionen mit verschiedenen Einheiten, um die Entwicklung des Preises in einem breiten Spektrum zu erfassen. Mit bestimmten Annahmen (alle Äpfel haben dasselbe Gewicht) lassen sich aber verschiedene Preise begrenzt durch abschnittweise definierte Funktionen miteinander verknüpfen. Wenn man den Preis in Abhängigkeit vom Gewicht berechnet, sind sogar Zwischenwerte (2, 340 kg) möglich, auch wenn man in der Mensa keine halben oder Viertelapfel kaufen kann. Hier wird deutlich, dass man Annahmen treffen muss, die die Situation so vereinfachen und idealisieren, dass sich zu jedem Eingabewert genau ein Ausgabewert ergibt, womit der Preis funktional beschrieben werden kann.

2. In Beispiel 2 sind viele konkrete Wertepaare gegeben, die Situation wirkt eher unklar (vor allem durch den Fantasieort Leteb-Ezueg). Hier besteht die Herausforderung zunächst im Identifizieren eines geeigneten Funktionstyps zur Beschreibung der Wertepaare, da kaum Informationen über die konkrete Situation vorliegen. Im Beispiel lässt sich eine Achsensymmetrie erkennen bzw. passen die abgebildeten Wertepaare zu einer Symmetrie (die „4" kommt als Funktionswert zwei Mal vor), damit ist eine Symmetrie zur Stelle $x = 2$ möglich. Daher könnte es sich um eine (verschobene) Potenzfunktion mit geradem Exponenten handeln. Um die Parameter konkret zu bestimmen, fängt man mit möglichst einfachen Funktionen an. Für Beispiel 2 ist das eine quadratische Funktion $(f(x) = a(x - 1)^2 + 2$, da der „Scheitelpunkt" des Graphen bei $(1|2)$ liegen dürfte. Einsetzen eines Punktes ergibt $a = 2$ (oder andere Vorgehensweisen, z. B. ein Gleichungssystem). Überprüfbar ist die Lösung durch das Einsetzen der weiteren Punkte. Man kann auch erkennen, dass das Beispiel zu einer quadratischen Funktion passt, da die Unterschiede zwischen den Funktionswerten genau doppelt so groß wie bei der Normalparabel sind (vom Scheitelpunkt aus bei der Normalparabel: $+1$; $+3$; $+5$; ...). Oder man betrachtet die Änderung der Änderung, die im Beispiel fast konstant ist (die Änderung ändert sich immer um 4, nur der letzte Wert ist ein Ausreißer).

Die Komplexität dieser Überlegungen zeigt nochmal, wie hilfreich eine Visualisierung durch einen Graphen sein kann, an dem Sie vielleicht den Charakter des funktionalen Zusammenhangs sofort deutlich erkennen. Das Beispiel ist sicher extrem, aber nicht immer ist eine genuine Kenntnis der Sachsituation gegeben, die beschrieben wird. Hier wird dann der Fokus auf konkrete Daten und die mathematischen Methoden relevanter. Der Charakter des Zusammenhangs wird allein aus den Daten und nicht aus theoretischen Vorannahmen abgeleitet (zur weiteren Vertiefung vgl. Engel 2016).

3. In Beispiel 3 besitzt der Brückenbogen offensichtlich die Form einer nach unten geöffneten Parabel. Hier ist die Wahl des Funktionstyps aufgrund der charakteristischen Form also nicht die Herausforderung. Relevanter sind deshalb hier die Entnahme von Maßen und die Beschreibung in einem Koordinatensystem. Man

muss erst Längen kennen oder schätzen, um dann die Form des Bogens mittels eines zu wählenden Koordinatensystems durch eine Funktionsgleichung zu beschreiben. Dabei hat man für die Lage im Koordinatensystem verschiedene Möglichkeiten. Günstig ist es, das Koordinatensystem so in das Bild zu legen, dass die Funktionsgleichung möglichst einfach und der Rechen- oder Denkaufwand möglichst gering werden. In diesem Sinn wird man das Koordinatensystem so platzieren, dass der Scheitelpunkt auf der y-Achse liegt, sodass die Gleichung die einfache Form $f(x) = a \cdot x^2 + c$ erhält. Zwei naheliegende Varianten bieten sich dabei an: Der Ursprung kann auf Höhe des vermuteten Erdniveaus liegen, dann sind die Funktionswerte einfach zu deuten. Da die Brücke 107m hoch ist (höchste Eisenbahnbrücke Deutschlands), wäre $f(0) = c = 107$. Der Bogen endet 31m über dem Erdniveau im Berg und ist an dieser Stelle 170m breit, sodass sich der Punkt $(85|31)$ ergibt, mit dem a bestimmt werden kann: $31 = a \cdot 65^2 + 107 \Rightarrow a = -\frac{76}{7225}$

Legt man hingegen den Scheitelpunkt in den Ursprung, hat die Parabel die noch einfachere Form $f(x) = a \cdot x^2$. Den Wert des Parameters kann man mit dem weiteren Punkt $(85| - 76)$ bestimmen und erhält $a = -\frac{76}{7225}$. Dafür müssen die Funktionswerte bewusster interpretiert werden. $f(85) = -76$ bedeutet, dass der Punkt auf der Höhe $-76 + 107 = 31$ (Meter) liegt.

4. Mit dem Blick auf die Werte und deren Veränderung lässt sich erkennen, dass die Temperatur in Beispiel 4 offensichtlich streng monoton fällt und die Temperaturunterschiede tendenziell immer geringer werden. Es sind viele Werte gegeben, deren Qualität sich im Einzelnen schlecht einschätzen lässt. Der Wert nach 10 min könnte ein Mess- oder Übertragungsfehler sein. Schaut man auf die Situation, so ist klar, dass der Tee nicht kälter werden kann als die Umgebungstemperatur. Vielmehr nähert er sich dieser an. Wie die Umgebungstemperatur genau ist, lässt sich der Aufgabe jedoch nicht entnehmen. Damit bietet sich als Modell die Transformation einer Exponentialfunktion an. Dazu wählt man eine Umgebungstemperatur sowie zwei „charakteristische Punkte" und stellt eine Funktion auf oder man nutzt entsprechende Statistikwerkzeuge, die eine Funktion suchen, welche die Werte am besten annähert (ohne Annahmen über die Umgebungstemperatur zu machen).

Entscheidend für die hier dargestellten Elemente des Aufstellens von Funktionsgleichungen ist, dass man ohne Ansatz in Bezug auf einen möglichen Funktionstyp oder wichtige Eigenschaften der Funktion nicht sinnvoll beginnen kann. Denn die nutzbaren Informationen können immer nur mit Bezug zu einer Funktionsgleichung algebraisch erfasst werden, indem z. B. Wertepaare eingesetzt oder Eigenschaften in konkrete Werte für Parameter übersetzt werden.

Daher ist das Wissen über die Kernideen und zentrale Eigenschaften der Funktionen sowie eine Fokussierung der „Funktion als Objekt" für das Modellieren mit Funktionen und das Aufstellen von Funktionsgleichungen wesentlich. Zur vollständigen Bestimmung einer Funktionsgleichung benötigt man aber alle Funktionsaspekte: den Zuordnungsaspekt (wenn man konkrete Wertepaare nutzt) und den Kovariationsaspekt zur Untersuchung der lokalen Veränderungen (siehe z. B. bei der Untersuchung des Änderungsmusters in Beispiel 3 oder 5) sowie den Objektaspekt (wenn man den passenden Funktionstyp auswählt).

8.5   Vernetzung zentraler Aspekte der Algebra

Bei Problemstellungen in der Mathematik, seien sie rein mathematischer Natur oder dienen sie dem Modellieren, also der Lösung von außermathematischen Problemen, bietet die Algebra das wichtigste Instrumentarium. Deshalb formulieren wir hier als vernetzende Rückschau in knapper Form die beiden zentralen Kernideen der Algebra:

- Untersuche Strukturen und stelle sie bewusst her (Abschn. 8.5.1).
- Nutze verschiedene Darstellungen (Abschn. 8.5.2).

8.5.1   Strukturen untersuchen und herstellen

- Welche Struktur (Potenz, Produkt, Summe) hat der Term, z. B. auch als Element einer Gleichung?
- Welche Umformungen oder Lösungsalgorithmen sind bei dieser Struktur anwendbar?
- Wie kann ich aus der vorhandenen Struktur der Gleichung die Struktur des Lösungsalgorithmus herstellen, den ich nutzen will? (Beispiel: Wie löse ich $(x - 2) \cdot (x - 1) = x + 1$ mit der pq-Formel?)
- In welcher Reihenfolge müssen die Umformungen angewendet werden, damit die Gleichung gelöst wird oder der Term die gewünschte Form erhält?

Umgekehrt hängt die Struktur eines Terms gerade von den Konventionen und Rechenregeln ab, die man anwenden kann. So ist z. B. $b + c^d$ eine Summe, da das Potenzieren als Multiplikation gleicher Faktoren enger bindet als die Summe.

Die zentralen Regeln zum Strukturieren und Vereinfachen von Termen und Gleichungen haben wir in Tab. 8.2 zusammengestellt.

Die Struktur eines algebraischen Ausdrucks muss von den Betrachtenden selbst konstruiert werden. Welche Struktur man in einem Term wahrnimmt, mit welchem „Strukturblick" man darauf schaut, hängt wesentlich vom Vorwissen ab: Zum Beispiel können Sie $a^2b^2 + 10ab + 25$ als Summe wahrnehmen. Vielleicht sehen Sie den Term aber auch als Teil der ersten binomischen Formel und erkennen, dass der Term gleichwertig zu $(ab + 5)^2$ ist.

Welche Strukturen wirklich hilfreich sind, hängt von der konkreten Aufgabe ab: Zum Beispiel ist die multiplikative Struktur von $f(x) = 2x \cdot (x - 2)$ hilfreich, um die Nullstellen der Funktion $x_1 = 0$ und $x_2 = 2$ abzulesen. Für das Ablesen des Scheitelpunktes dieser Parabel ist wiederum die Struktur der Scheitelpunktsform

Tab. 8.2 Regeln zum Strukturieren und Vereinfachen von algebraischen Ausdrücken

Regel	Beispiel	Möglicher Fehler und Ursachen
Potenz bindet stärker als Punktrechnung Punktrechnung bindet stärker als Strichrechnung	$4 \cdot 3^2 = 4 \cdot 9 = 36$ $4 \cdot 3 - 2 = 12 - 2 = 10$	Reihenfolge der Operationen missachtet $4 \cdot 3^2 = 12^2 = 144$ $4 \cdot 3 - 2 = 4$
Bei gleichartigen Operationen wird von links nach rechts gerechnet	$4 - 5 + 3 = -1 + 3 = 2$	Reihenfolge der Operationen missachtet $4 - 5 + 3 = 4 - 8 = -4$
Klammern werden zuerst ausgerechnet	$4 \cdot (2 + 3) = 4 \cdot 5 = 20$	Klammern nicht beachtet $4 \cdot (2 + 3) = 8 + 3 = 11$
Der Bruchstrich lässt sich wie eine Klammer lesen	$\frac{3a+3b}{2+a} = 3 \cdot \frac{a+b}{2+a}$	Klammern in den Brüchen nicht mitgedacht bzw. Übergeneralisierung des Kürzens: $\frac{a+b}{b^2+b} = \frac{a+1}{b+1}$
$a + b = b + a$ (Kommutativgesetz der Addition) $a \cdot b = b \cdot a$ (Kommutativgesetz der Multiplikation) $(a + b) + c = a + (b + c)$ (Assoziativgesetz der Addition) $(a \cdot b) \cdot c = a \cdot (b \cdot c)$ (Assoziativgesetz der Multiplikation) $a \cdot (b + c) = a \cdot b + a \cdot c$ (Distributivgesetz)	$3 + 4 = 4 + 3$ $3 \cdot 4 = 4 \cdot 3$ $(3 + 4) + 5 = 3 + (4 + 5)$ $(3 \cdot 4) \cdot 5 = 3 \cdot (4 \cdot 5)$ $3 \cdot (4 + 5) = 3 \cdot 4 + 3 \cdot 5$	Übergeneralisierung der Gesetze (zu allgemein gedacht) $a - b = b - a$ $a : b = b : a$ $(a - b) - c = a - (b - c)$ $3 \cdot (b + c) = 3b + c$
Potenzgesetze und Definitionen $a^n = a \cdot a \cdot a \cdot \ldots \cdot a$ mit n Faktoren a; $a^m \cdot a^n = a^{m+n}$ $a^m : a^n = a^{m-n}$ $(a^m)^n = a^{m \cdot n}$ $a^n \cdot b^n = (a \cdot b)^n$ $a^n : b^n = \left(\frac{a}{b}\right)^n$ $a^{\frac{1}{n}} = \sqrt[n]{a}$ (hier $a \in \mathbb{R}^+$); $a^{-n} = \frac{1}{a^n}$ (hier $a \in \mathbb{R}^+ / \{0\}$) $a^{-\frac{n}{m}} = \frac{1}{\sqrt[m]{a^n}}$ (hier $a \in \mathbb{R}^+$)	Begründungen der Gesetze erfolgen über die Definition: $5^2 \cdot 5^3 = 5^{2+3} = 5^5$ $5^3 : 5^2 = 5^{3-2} = 5^1$ $\left(5^3\right)^2 = 5^{3 \cdot 2} = 5^6$ $5^2 \cdot 3^2 = (5 \cdot 3)^2$	Fehlerhafte Vorstellungen zu Potenzen oder Potenzgesetze missachtet $3^4 \cdot 3^5 = 3^{20}$ $3^6 : 3^3 = 3^2 \left(5^3\right)^2 = 5^{32}$ Tipp: Mit Definition die Rechnung an einfachen Beispielen überprüfen $\left(5^3\right)^2 = (5 \cdot 5 \cdot 5) \cdot (5 \cdot 5 \cdot 5)$ $= 5^6$
Potenzen von Binomen Erste binomische Formel $(a + b)^2 = a^2 + 2ab + b^2$ Zweite binomische Formel $(a - b)^2 = a^2 - 2ab + b^2$ Dritte binomische Formel $(a + b) \cdot (a - b) = a^2 - b^2$ $(a + b)^3 = a^3 + 3a^2b + 3ab^2 + b^3$	$\left(2a + b^2\right)^2 = 4a^2 + 4ab^2 + b^4$	Fehlerhafte Vorstellungen zu Binomen oder binomische Formeln missachtet $(a + b)^2 = a^2 + b^2$ Tipp: Die Rechnung an einfachen Beispielen überprüfen! (Das gilt auch für die meisten folgenden Gesetze.)

(Fortsetzung)

Tab. 8.2 (Fortsetzung)

Regel	Beispiel	Möglicher Fehler und Ursachen
Wurzelgesetze $\sqrt[n]{a} \cdot \sqrt[n]{b} = \sqrt[n]{ab}$ $\sqrt[m]{\sqrt[n]{a}} = \sqrt[mn]{a}$ $\frac{\sqrt[n]{a}}{\sqrt[n]{b}} = \sqrt[n]{\frac{a}{b}}$ $\left(\sqrt[n]{a}\right)^m = \sqrt[n]{a^m}$	$\sqrt[3]{27} \cdot \sqrt[3]{8} = \sqrt[3]{27 \cdot 8}$ $\sqrt[3]{\sqrt[2]{64}} = \sqrt[3 \cdot 2]{64}$ $\frac{\sqrt[3]{64}}{\sqrt[3]{8}} = \sqrt[3]{\frac{64}{8}}$ $\left(\sqrt[6]{16}\right)^3 = \sqrt[6]{16^3}$	Fehlerhafte Vorstellungen zu Wurzeln als Potenzen $\sqrt[3]{27} \cdot \sqrt[3]{8} = \sqrt[9]{27 \cdot 8}$ $\sqrt[3]{\sqrt[2]{64}} = \sqrt[3+2]{64}$ …
Logarithmengesetze $a \in \mathbb{R}^+$ und Zahlen $p, q \in \mathbb{R}$ (sofern die entsprechenden Ausdrücke definiert sind) $\log_a p = q \Leftrightarrow a^q = p$ $\log_a 1 = 0;$ $-\log_a p = \log_a \frac{1}{p}$ $\log_a a^p = p$ $\log_a (p \cdot q) = \log_a p + \log_a q$ $\log_a \left(\frac{p}{q}\right) = \log_a p - \log_a q$ $\log_a (p^q) = q \cdot \log_a p$ $\log_a (p) = \frac{\log_b p}{\log_b a}$ mit einer beliebigen weiteren Basis b	$\log_2 8 = 3 \Leftrightarrow 2^3 = 8$ $\log_2 1 = 0;$ $-\log_2 8 = \log_2 \frac{1}{8}$ $\log_2 2^3 = 3$ $\log_2 (4 \cdot 8) = \log_2 4 + \log_2 8$ $\log_2 \left(\frac{32}{4}\right) = \log_2 32 - \log_2 4$ $\log_2 (4^3) = 3 \cdot \log_2 4$	Fehlerhafte Vorstellungen zu Logarithmen im Zusammenhang mit Potenzen $\log_a (p \cdot q) = \log_a p \cdot \log_a q$ $\log_a \left(\frac{p}{q}\right) = \log_a p : \log_a q$ $\log_a (p^q) = \left(\log_a p\right)^q$
Eigenschaften der trigonometrischen Funktionen $\sin (\alpha + 2\pi) = \sin \alpha$ $\sin (\alpha + \pi) = -\sin \alpha = \sin(-\alpha)$ $\sin (\alpha) = -\cos \left(\alpha + \frac{\pi}{2}\right)$ $\cos (\alpha) = \cos (-\alpha)$ $\tan (\alpha + \pi) = \tan \alpha$ $-\tan \alpha = \tan (-\alpha)$	Machen Sie sich diese Beziehungen an den Funktionsgraphen klar	Verwechslung der Beziehungen

Die Regeln beziehen sich auf das Umformen von Termen, sind aber natürlich auch beim Umgang mit Gleichungen wichtig

$f(x) = 2(x-1)^2 - 2$ hilfreicher, und um die Ableitung zu bestimmen, bietet sich die Polynomdarstellung an $f(x) = 2x^2 - 4x$.

Insofern ist die Struktur eines algebraischen Ausdrucks immer in Relation zu den intendierten Zielen und den dafür günstigen strukturellen Voraussetzungen zu sehen. Dabei müssen die Gesetze flexibel in verschiedenen Richtungen angewandt werden können, um günstige Strukturen herzustellen. Hierbei lassen sich zwei Richtungen unterscheiden: „stärker strukturierte" und damit kürze Ausdrücke zu schaffen (z. B. aus Summen Produkte erzeugen) oder „stärkere Strukturen" aufzulösen (z. B. umgekehrt aus Produkten Summen herstellen) und so die Ausdrücke zu verlängern (siehe Beispiele).

▶ **Beispiel: Strukturen auflösen**

Löse $3^{n+1} - 3^n = 2$.

$$3^{n+1} - 3^n = 3 \cdot 3^n - 3^n = 2 \cdot 3^n$$

$2 \cdot 3^n = 2$, also ist $3^n = 1$. An dieser Gleichung lässt sich die Lösung $n = 0$ direkt ablesen.

Hier ist die Differenz von Potenzen $3^{n+1} - 3^n$ gegeben. Damit Potenzen subtrahiert werden können, müssen die Basis und der Exponent gleich sein. Um dieses Ziel zu erreichen, wurde der Ausdruck 3^{n+1} mit der Definition der Potenz verlängert, damit er die „passende" Form $3 \cdot 3^n - 3^n$ erhält. Dann kann man erfolgreich weiteroperieren. Die Grundidee war es, die enge Bindung durch die Potenz etwas zu lösen, um subtrahieren zu können und „2" als Faktor zu erhalten.

▶ **Beispiel: Stärker strukturieren**

Ausdrücke mit einer kompakteren Struktur zu versehen, ermöglicht oft die Anwendung von stringenteren Lösungsalgorithmen.

Löse $2x^2 - 4x = 0$.

$$2x^2 - 4x = 0 \Leftrightarrow 2x \cdot (x - 2) = 0$$

An der Produktform können die Lösungen mit dem Satz vom Nullprodukt unmittelbar abgelesen werden.

Beide Richtungen sind für das kalkülmäßige Operieren wichtig. Das „Auflösen von Strukturen" sind wir aus der Schule aber weniger gewöhnt.

▶ **Auftrag**

Probieren Sie noch einmal bewusst aus, wie Sie die Struktur etwas auflösen können, um die folgende Gleichung zu ergänzen: $\frac{(n+1)(n+2)}{2}^2 = \frac{n(n+1)}{2}^2 + \square$

8.5.2 Gleichungen funktional denken

Während sich das Strukturieren (und das Auflösen von Strukturen) von algebraischen Ausdrücken eher auf die formalen Aspekte bezieht, sollen im Folgenden weitere Strategien zur Analyse von algebraischen Ausdrücken zusammengefasst werden, die auf andere Darstellungen und damit stärker auf „inhaltliches Denken" und Validieren abzielen.

Zentrale Strategien und Haltungen sind hier:

- Nutze das Erstellen graphischer Darstellungen (im Kopf), um die Sinnhaftigkeit oder Existenz von Lösungen zu prüfen.
- Deute algebraische Ausdrücke funktional, um probierendes Lösen systematischer zu gestalten (Wie muss ich weiterprobieren, um mich dem gesuchten Wert ökonomisch zu nähen?).

- Nutze das Einsetzen von konkreten Werten, um Lösungen zu überprüfen.

▶ **Auftrag**

    a. Lösen Sie $x^6 + \frac{2}{3}x^4 + \frac{1}{5}x^2 + 9 = 0$.
    b. Lösen Sie $x^3 - \frac{27}{7}x^2 + \frac{17}{7} = 0$.
    c. Lösen Sie $x^3 + \frac{1}{3}x + \frac{1}{4} = 0$.
    d. Überprüfen Sie die aufgestellte Gleichung für das Volumen eines Körpers
       $V = a^2 \cdot h + a \cdot b^2 + b \cdot h$.
    e. Überprüfen Sie die Rechnung $x^2 \cdot x^3 = x^6$.

Die Gleichung a. hat keine Lösung, während die folgende Gleichung Lösungen hat. Das sieht man, ohne zu rechnen, wenn man die Elemente der Gleichung anschaut. In der ersten Gleichung kommen nur gerade Exponenten vor. Das bedeutet, dass nur positive Zahlen bzw. 0 (oder nur Graphen von nach oben geöffneten Potenzfunktionen als Summanden) vorkommen. Daher ist die Summe immer größer oder gleich 9, sodass die Gleichung keine Lösungen haben kann. Der Graph zu b. nimmt jedoch sowohl negative als auch positive Funktionswerte an. Da er stetig ist, also insbesondere keine Unterbrechungen besitzt, muss er die x-Achse schneiden. Man sollte also Nullstellen suchen, die man hier leider im ersten Schritt nur raten oder in einer Tabelle oder einem Graphen annähern kann. Da sowohl Potenzen mit ungeraden als auch mit geraden Exponenten vorkommen, kann es sein, dass sich weitere Nullstellen ergeben (hier konkret die Nullstellen $x_1 = -\frac{1}{7}; x_2 = 1; x_3 = 3$).

Auch beim Validieren hilft die inhaltliche Deutung der Teilterme. In der obigen Formel für das Volumen bezeichnen die Variablen a, b, h offensichtlich Seitenlängen, sonst beschreiben die ersten Summanden kein Volumen. Dann beschreibt der letzte Summand $b \cdot h$ aber einen Flächeninhalt, sodass der Term nicht korrekt sein kann.

Natürlich ist auch das seit der Schulzeit bekannte Einsetzen der Lösung oder von beliebigen Zahlen zur Probe eine wichtige Strategie in diesem Setting. Es muss aber nicht notwendig die konkrete Zahl eingesetzt werden. Man kann auch gröber schauen, ob ein Ergebnis sinnhaft oder von der Größenordnung her passend ist.

Die Gültigkeit von Umformungen wie $x^2 \cdot x^3 = x^6$, aber auch grundsätzlich von Umformungsregeln kann man kontrollieren, indem man einfache Beispielzahlen einsetzt:

$$2^2 \cdot 2^3 = 4 \cdot 8 = 32 \neq 64 = 2^6$$

8.5.3   Komplexere Gleichungen

„Kompliziertere" Gleichungen motivieren die Suche nach weiteren Lösungsalgorithmen. Dies ist mit Mitteln der Sekundarstufe jedoch nur begrenzt und für Polynomgleichungen ab dem Grad 3 nur für spezielle Fälle möglich. Am Fehlen algebraischer Wege zur Bestimmung von Lösungen von komplizierteren Gleichungen sieht man die Relevanz der Nutzung numerischer und graphischer Verfahren. Insbesondere bei komplizierteren Gleichungen sind die folgenden Aspekte der elementaren Algebra hilfreich, um verdeckte Strukturen sichtbar werden zu lassen, die man nicht unmittelbar erkennt. Dazu gehören folgende Aspekte:

- die Idee des Faktorisierens, wie sie in der Polynomdivision greift,
- die Idee des Rückwärtsdenkens, die auf die Anwendung der Umkehrfunktion abzielt,
- die Substitution als weiterer Weg des Strukturierens von symbolischen Ausdrücken,
- das Nutzen verschiedener Darstellungen zum Lösen von Gleichungen.

Im Folgenden sollen zwei prominente Verfahren, die beim Lösen komplizierterer Gleichungen sinnvoll sind, nämlich die Substitution und die Polynomdivision, am Beispiel der Gleichung (bzw. des Nullstellenproblems) $x^6 - 6x^3 + 5 = 0$ thematisiert werden.

Substitution

Die Substitution beruht darauf, dass ein Term durch eine einfache Variable ersetzt (substituiert) wird, sodass die Struktur eines algebraischen Ausdrucks erheblich vereinfacht wird, der Ausdruck eine bekannte Form erhält und damit bearbeitbar wird. Nach der Bearbeitung muss die Ersetzung des Teilterms wieder rückgängig gemacht (resubstituiert) werden, damit die Lösungen auch zur ursprünglichen Gleichung passen.

▶   **Beispiel**

Die Gleichung $x^6 - 6x^3 + 5 = 0$ wäre erheblich einfacher, wenn viel kleinere Potenzen vorkämen.

Wir substituieren, d. h., wir ersetzen $x^3 =: u$.

Dann ergibt sich die quadratische Gleichung $u^2 - 6u + 5 = 0$.

Diese Gleichung ist z. B. mit der pq-Formel lösbar.

Man erhält $u = 3 \pm \sqrt{9 - 5} = 3 \pm 2$, also $u_1 = 1$; $u_2 = 5$.

Wir „resubstituieren", d. h., wir ersetzen u wieder durch x^3 und erhalten als Lösungen $x_1^3 = 1$; $x_2^3 = 5$, also $x_1 = 1$; $x_2 = \sqrt[3]{5}$.

An dem Beispiel sieht man gut, wie wichtig das Wahrnehmen der Struktur der Gleichung vor dem Hintergrund einer möglichen intendierten Struktur ist, mit der man dann leichter verfahren kann.

Man muss allerdings vorher schon sehen, dass man durch Substitution die vertraute Form einer lösbaren Gleichung gewinnen kann.

Polynomdivision

Bei Gleichungen, die als Nullprodukt notiert sind, also die Form $A \cdot B = 0$ haben, sind Lösungen einfach erkennbar. Gleichungen der Form $C = 0$ lassen sich, falls sie Lösungen haben, in die Produktform umwandeln. Seien $x_1, x_2, x_3, \ldots x_n$ Lösungen einer algebraischen Gleichung, deren rechte Seite 0 ist, dann lässt sich diese Gleichung als Produkt von Linearfaktoren notieren:

$$(x - x_1) \cdot (x - x_2) \cdot (x - x_3) \cdot \ldots \cdot (x - x_n) = 0$$

Die Idee der Polynomdivision ist es, ein Polynom, das als Summe gegeben ist, in ein Produkt aus Linearfaktoren umzuformen. Als Start braucht man einen Linearfaktor. Teilt man das Polynom dann durch diesen Linearfaktor, reduziert sich der Grad der Gleichung um 1 und man erhält eventuell eine Gleichung, für die ein Lösungsalgorithmus verfügbar ist. Dazu braucht man aber zunächst einmal einen Linearfaktor. Man finden diesen z. B. durch „Raten" einer Nullstelle n_1, sodass man dann als Linearfaktor $(x - n_1)$ erhält.

▶ **Beispiel**
   Durch „Raten" (also Probieren von Werten) oder durch Nutzung eines Funktionenplotters kommt man darauf, dass die Gleichung $x^6 - 6x^3 + 5 = 0$ die Lösung $x_1 = 1$ besitzt. Dividiert man die linke Seite durch $x - 1$, erhält man eine Gleichung von geringerem Grad. Das Verfahren ähnelt der schriftlichen Division.

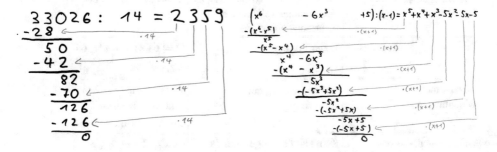

   Wenn Sie das Ergebnis mit dem Divisor multiplizieren, erhalten Sie wieder den ursprünglichen Term.

Am Beispiel der Polynomdivision wird die zentrale Strategie der Faktorisierung in ihrer Kraft greifbar, denn der Grad der Ausgangsgleichung wird um 1 reduziert. Aber auch die Grenzen sind offensichtlich, da dieses Verfahren manchmal wenig ökonomisch ist.

   Mit der Polynomdivision und der Substitution stehen auch für Gleichungen mit einem Grad > 2 kalkülmäßige Lösungswege zur Verfügung, die aber immer nur für Spezialfälle greifen, da es bestimmter Strukturen oder einfacher Lösungen (zumindest aus den ganzen Zahlen) bedarf. Die Systematik der kalkülmäßigen Lösungswege findet sich in Tab. 8.3.

   Auch wenn das bewusste formale Strukturieren unabdingbar ist für einen professionellen Umgang mit Termen und Gleichungen, so kann auch in der Rückschau inhaltliches Denken und die Nutzung verschiedener Darstellungen eine wichtige Quelle

Tab. 8.3 Verschiedene Typen von Gleichungen und mögliche Lösungswege

Typ der Gleichung	Kalkülmäßige Lösungswege	Beispiele
Lineare Gleichungen	Äquivalenzumformungen	$2, 2x + 4, 5 = 30$ $\Leftrightarrow 2, 2x = 25, 5$ $\Leftrightarrow x = 11\frac{13}{22}$
Quadratische Gleichungen	pq-Formel, Rückwärtsrechnen mit quadratischer Ergänzung, Nutzung des Satzes vom Nullprodukt/Satz von Vieta	$x^2 + 8x + 12 = 0$ $\Leftrightarrow (x^2 + 8x + 16) - 16 + 12 = 0$ $\Leftrightarrow (x + 4)^2 - 4 = 0$ $\Leftrightarrow (x + 4)^2 = 4$ $\Leftrightarrow x + 4 = 2$ oder $x + 4 = -2$ $\Leftrightarrow x = -2$ oder $x = -6$
Gleichungen mit Potenzen	Rückwärtsrechnen (einfache oder mehrfache Nullstelle?)	$0, 5 \cdot x^4 = 1$ $\Leftrightarrow x^4 = 2$ $\Rightarrow x = \sqrt[4]{2} \approx 1, 19$ oder $x = -\sqrt[4]{2} \approx -1, 19$
Gleichungen 3. Grades	Polynomdivision/ Faktorisieren (einfache oder mehrfache Nullstelle?)	Siehe Beispiel oben
Gleichungen 4., 5., … Grades	Substitution/ Polynomdivision/ Faktorisieren (einfache oder mehrfache Nullstelle?)	Siehe Beispiele oben
Exponentialgleichungen	Logarithmieren	$8^y = 64 \Leftrightarrow y = \log_8 64$ $\log_{12} 20736 = \frac{\log_{10} 20736}{\log_{10} 12}$
Trigonometrische Gleichungen	$\sin^{-1} x, \cos^{-1} x, \tan^{-1} x$ und Gesetze	$\sin(x) = \sin(x - 2\pi)$ $\text{sind}(x) = \cos\left(x - \frac{\pi}{2}\right)$ $\cos(x) = \sin\left(x + \frac{\pi}{2}\right)$
Gleichungen, die verschiedene Funktionstypen verknüpfen	Kein kalkülmäßiges Standardverfahren, aber man kann zeichnen	$\sin x = 2^x$

zur Kontrolle, Plausibilisierung oder zum Finden möglicher Lösungen sein. Im Unterschied zum Strukturieren werden mit diesen Strategien also nicht konkrete Lösungen erarbeitet, sondern vor allem ein Validieren gefundener oder auch nur möglicher Lösungen angeregt, sodass eine Kontrolle oder eine gezieltere Suche ermöglicht wird. Also:

- Agieren Sie bewusst auf einer formalen Ebene – das heißt, nennen Sie die Gesetze, die Sie beim Umformen nutzen.
- Arbeiten Sie bewusst inhaltlich – das heißt, prüfen Sie, indem Sie konkrete Zahlen einsetzen oder sich Situationen bzw. Bilder vorstellen.

8.6   Check-out

Funktionstypen:
- Proportionale
- Lineare
- Quadratische
- Potenz-
- Polynom-
- Exponential-
- Trigonometrische
...Funktionen

Baukasten:
- Abschnittsweises Definieren
- Transformieren
  - Strecken, Stauchen, Verschieben
  - Superform:
    $$g(x) = a \cdot f(b \cdot (x + c)) + d$$
- Verknüpfen $(f \pm g, f \cdot g, \frac{f}{g}, ...)$
- Verketten $(f(g(x)))$

Funktionen

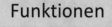

Vernetzung

Mathematische Modelle suchen:
- Charakteristische Eigenschaften
  - Symmetrie
  - Änderungsverhalten
  - Unendlichkeitsverhalten
  - Wichtige Punkte
  - Günstige Wertepaare
  - ...

Gleichungen

Gesetze der Algebra:
- Kommutativgesetz
- Assoziativgesetz der Addition/Multiplikation
- Distributivgesetz
- Potenz-, Wurzel-, Logarithmusgesetze
- Eigenschaften trigonometrischer Funktionen
- ...

Gleichungen lösen:
- Äquivalenzumformungen
- Faktorisieren
- Polynomdivision
- Substituieren
- Funktionale Deutung (z.B. anhand des Funktionsgraphe)
- Tabelle
- ...

Kompetenzen

Damit lassen sich auch übergreifende Kompetenzen benennen, die teils bereits vorne bei den vorherigen Kapiteln genannt wurden:
Sie können …

- Parameter der jeweiligen Funktionsgleichungen inhaltlich (in Bezug auf den Graphen als Transformation und in Bezug auf Sachsituationen) deuten und anpassen,
- die Übergänge zwischen den einzelnen Funktionsarten und die wachsende Komplexität beschreiben, bei allen Funktionsarten die Grundvorstellungen funktionaler Zusammenhänge konkretisieren und die verschiedenen Darstellungsformen nutzen,
- neue Funktionen bauen durch Verknüpfen, Verschachteln, abschnittweises Definieren,
- Formen und Datenmengen durch Funktionen beschreiben und die Qualität der Modellierung beurteilen,
- kompliziertere Terme strukturieren und umformen,
- kompliziertere Gleichungen lösen,
- das erarbeitete Wissen zu Funktionen und Gleichungen flexibel zum Problemlösen einsetzen.

8.7   Übungsaufgaben

1. Funktionen gesucht
   a) Suchen Sie jeweils zu jedem Funktionstyp drei verschiedenartige Beispielfunktionen, die die Eigenschaft erfüllen.
      i. $f(x)$ ist im Intervall [0;1] streng monoton steigend.
      ii. $f(x)$ ist im gesamten Definitionsbereich streng monoton fallend.
      iii. $f(x)$ ist achsensymmetrisch zur y-Achse.
      iv. $f(x)$ ist achsensymmetrisch zu $x = \pi$.
      v. $f(x)$ ist bijektiv.
   b) Suchen Sie Beispiele für Funktionen, die mehrere der Eigenschaften aus a. erfüllen, und denken Sie sich eigene Eigenschaften aus, für die Sie Beispiele suchen.

2. Graphen und Situationen

(1) Ich bin morgens immer müde, aber abends bin ich wach.	(2) Die Preise sind immer langsamer gestiegen.	(3) Das Pendel einer Uhr schwingt. Wie stark wird es ausgelenkt?
(4) Die Kaninchen vermehren sich wie die Karnickel.	(5) Je kleiner die Kisten, desto mehr passen in den Transporter.	(6) Ich mag heiße und kalte Getränke, aber ich hasse lauwarme.
(7) Ein Schimmelpilz wächst in der Kaffeetasse.	(8) Wie hängt das Volumen eines Würfels von der Kantenlänge ab?	(9) Ein Pendel schwingt, und mit der Zeit wird die Auslenkung immer geringer.

a) Skizzieren Sie zu den Situationen passende Graphen.

b) Welche Typen von Funktionen könnten zu den Situationen passen? Geben Sie mehrere an.

3. Funktionales Denken

a) Wahr oder falsch? Suchen Sie zu den falschen Aussagen Gegenbeispiele. Begründen Sie die wahren Aussagen.

- Jede proportionale Funktion ist eine lineare Funktion.
- Jede lineare Funktion ist eine Potenzfunktion.
- Jede Polynomfunktion ist auch eine Potenzfunktion.
- Jede Potenzfunktion ist auch eine Polynomfunktion.
- Jede Potenzfunktion hat einen Schnittpunkt mit der y-Achse.
- Jede gerade Polynomfunktion hat einen Schnittpunkt mit der x-Achse.
- Jede Potenzfunktion hat einen Schnittpunkt mit der x-Achse.
- Wenn eine Potenzfunktion einen Schnittpunkt mit der x-Achse hat, dann ist der Schnittpunkt $(0|0)$.
- Jede quadratische Funktion ist achsensymmetrisch.
- Jede Polynomfunktion dritten Grades ist punktsymmetrisch.

b) Wahr oder falsch (mit abstrakteren Begriffen)? Suchen Sie zu den falschen Aussagen Gegenbeispiele. Begründen Sie die wahren Aussagen.

- Jede bijektive Funktion ist streng monoton steigend oder fallend.
- Jede streng monoton steigende Funktion $D \to W$ ist bijektiv.
- Jede streng monoton steigende Funktion ist bijektiv.

- Jede punktsymmetrische Funktion $D \to W$ ist streng monoton steigend oder fallend.
- Jede achsensymmetrische Funktion $D \to W$ ist surjektiv.
- Jede streng monoton steigende Funktion ist stetig.

4. Für welche Funktionstypen ist die Aussage immer wahr? Suchen Sie bewusst Gegenbeispiele, vergessen Sie Spezialfälle nicht. Für jede Funktion dieses Typs gilt:
   - Es gibt immer einen Schnittpunkt mit der y-Achse.
   - Es gibt immer einen Schnittpunkt mit der x-Achse.
   - Wenn die Eingabewerte betragsmäßig groß sind, sind auch die Funktionswerte betragsmäßig groß.

5. Zahlenmuster
   - Beschreiben Sie die folgenden Muster und Zusammenhänge durch eine Funktionsgleichung.

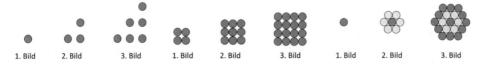

1. Bild   2. Bild   3. Bild   1. Bild   2. Bild   3. Bild   1. Bild   2. Bild   3. Bild

6. Die Superform nutzen
   a) Die Normalparabel wird um eine Einheit nach rechts und um eine Einheit nach unten verschoben. Wie lautet die neue Funktionsgleichung?
   b) Deuten Sie die Funktionsgleichungen im Sachkontext und geometrisch.
   c) 1) $f(x) = 3 \cdot 2^{\frac{x}{4}-1} + 5$ 2) $f(x) = -2 \cdot \sin\left(0,4x - \frac{\pi}{2}\right) + 1$
   d) Geben Sie ein Beispiel für eine Veränderung an, die man nicht einfach mit einem Parameter der Superform realisieren kann

7. Aspekte der Superform vernetzen
   a) Bei linearen und quadratischen Funktionen war die allgemeine Form der Gleichung viel übersichtlicher als bei der Superform. Aber natürlich lässt sich Letztere auch hier nutzen, nur dass mehr Transformationen und damit mehr Parameter als nötig angegeben werden.
      - Vereinfachen Sie in diesem Sinn die folgenden Funktionsgleichungen, indem Sie sie auf die übliche Form der linearen bzw. quadratischen Funktionsgleichung bringen.
      - Erklären Sie, welche Transformationen durch die komplizierteren Gleichungen beschrieben werden und warum die einfachen Gleichungen denselben Effekt beschreiben.
      - 1) $f(x) = 3 \cdot (2x - 4) + 5$; 2) $g(x) = 0,5 \cdot (2x - 4)^2 + 3$; 3) $h(x) = 3 \cdot 0,4^{2 \cdot x - 4} + 5$
      - Überprüfen Sie Ihre Ergebnisse nochmal mit einem Funktionenplotter.

b) Wenn man auf den Graphen einer Funktion mehrfach Transformationen ausübt, kann man insbesondere wieder den ursprünglichen Graphen erhalten.

c) Versuchen Sie für verschiedene Funktionsarten eine solche Kette von Transformationen anzugeben.

d) Bei einigen Funktionen (z. B. lineare, trigonometrische und Exponentialfunktionen) ergeben sich auch nichttriviale Verknüpfungen, auf die man nicht sofort kommt. Finden Sie welche?

e) Anton sagt über die Funktion $f(x)$ mit der Gleichung $f(x) = (x-3)^4 + 3$: „Der Graph hat den y-Achsenabschnitt 3." Welchen Denkfehler hat er gemacht und wie könnte er den Fehler einsehen?

8. Verkettete Funktionen
   a) Sei $f(x) = \sqrt{x}$, $g(x) = 3x + 1$, $h(x) = 2^x$, $j(x) = \cos x$. Verketten Sie je zwei Funktionen miteinander. Finden Sie alle Möglichkeiten.
   b) Geben Sie zu den in a. gebildeten Funktionen den Definitionsbereich und die Wertemenge an.
   c) Suchen Sie zu den gebildeten verketteten Funktionen jeweils die Umkehrfunktion mit passendem Definitionsbereich.

9. Verknüpfte, verkettete und abschnittweise definierte Funktionen
   a) Die folgenden Funktionsgleichungen sind das Produkt einer Verkettung bzw. Verknüpfung. Analysieren Sie diese, indem Sie zwei Funktionen und eine Verkettung bzw. Verknüpfung angeben, sodass die unten stehenden Funktionen entstehen.
   b) 1) $f(x) = (x-1)^2 + 3$; 2) $g(x) = 3 \cdot 0,4^{2 \cdot x - 4}$; 3) $h(x) = \frac{2}{\sin x}$
   c) Überprüfen Sie die folgenden Aussagen zur Verknüpfung von Funktionen und überlegen Sie sich selbst eigene.
   - Die Summe von zwei Polynomfunktionen (quadratischen, Potenzfunktionen) ist wieder eine Polynomfunktion.
   - Das Produkt von zwei Polynomfunktionen (linearen, Potenzfunktionen) ist wieder eine Polynomfunktion.
   - Der Quotient von zwei trigonometrischen Funktionen (Potenzfunktionen, Exponentialfunktionen) ist wieder eine solche Funktion.
   d) Erstellen Sie die folgenden Bilder mit einem Funktionenplotter.

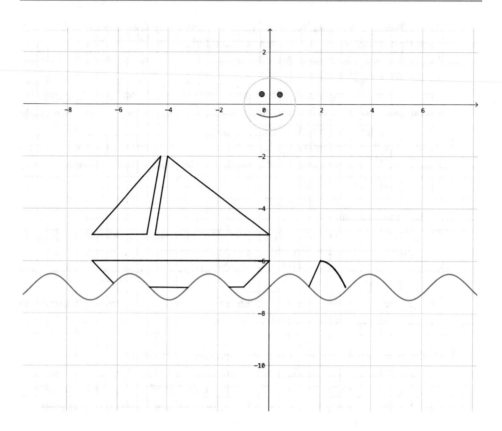

10. Modelle reflektieren
    a) Welche Situationen passen zu den abgebildeten Graphen? Begründen Sie Ihre
       Entscheidung.
       • Ein Kilo Pflaumen kostet 3 €.
       • Ein Ball kostet 3 €.
       • Auf dem Langzeitparkplatz kostet jeder angefangene Tag 3 €.

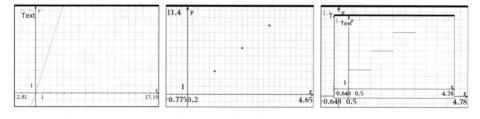

    b) Suchen Sie weitere Situationen, die zu A, B oder C passen.
    c) Inwiefern passt die Funktionsgleichung $f(x) = 1,50x + 1$ zur folgenden
       Situation?

Sonderangebot in der Eisdiele: Ein Eis kostet 2, 50 €, zwei Eis kosten 4 €, drei Eis kosten 5, 50 €.

11. Baumwachstum

Wie Bäume wachsen, hängt von der Baumart, aber auch von den konkreten Bedingungen ab. In der folgenden Abbildung sind drei Verläufe gegenübergestellt.

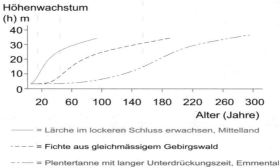

(aus: Bachmann, P. et al. 2009, 3–5)

a) Vergleichen Sie das Wachstum der drei exemplarisch ausgewählten Bäume und beschreiben Sie jedes Wachstum durch eine Funktionsgleichung.

b) Zum Beschreiben von Wachstumsprozessen nutzt man gern die folgenden Funktionsgleichungen:

$$f(x) = S - k \cdot b^{-x} \text{ (beschränktes Wachstum genannt)}$$
$$g(x) = \frac{a \cdot S}{a + (S - a) \cdot b^{-x}} \text{ (logistisches Wachstum genannt)}$$

Welche Bedeutung der Parameter lässt sich ablesen?

c) Stellen Sie für die Fichte aus a. für jedes Wachstumsmodell eine Gleichung auf, die zu dem Verlauf in der Abbildung passt, und reflektieren Sie die Eignung der beiden Modelle.

12. Kinderwachstum

Die folgende Grafik zeigt, wie Kinder bis zum Alter von 18 Jahren wachsen sollten. Im Streifen zwischen 3 % und 97 % liegen 94 % aller Kinder.

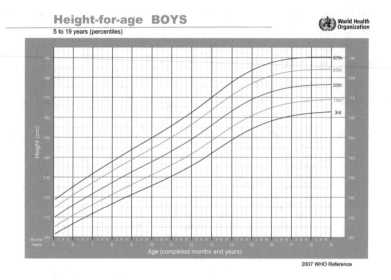

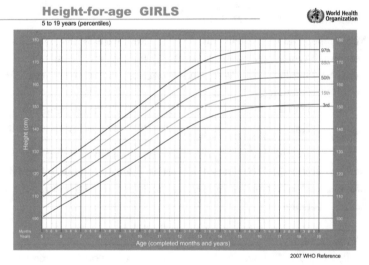

a) Erläutern Sie die Grafik.
- Wie groß müsste der durchschnittliche Junge mit zwölf Jahren sein?
- Wann wächst ein Mädchen am schnellsten? Wann ein Junge?
- Beschreiben Sie das Wachstum eines durchschnittlichen Jungen durch eine Funktion.

b) Welche Funktionsaspekte haben Sie bei der Bearbeitung der Aufgaben in a. aktiviert?

13. Damit muss man rechnen
  a) Nicht alles wächst. Die Biodiversität, also die Artenvielfalt, nimmt leider ab. Um
     die vielfältigen Entwicklungen, die damit einhergehen, vergleichbar zu machen,
     wurden in der folgenden Darstellung die Werte für das Jahr 1900 auf den Wert
     100 skaliert. Stellen Sie für den Living Planet Index Funktionsgleichungen und
     Prognosen für 2050 auf. Recherchieren Sie auch den aktuellen Wert von heute im
     Internet.

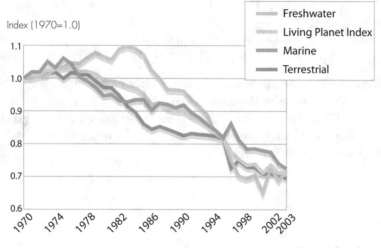

The Living Planet Index measures trends in the abundance of species for
which data is available. This indicator has been adopted by the
Convention on Biological Diversity to measure progress towards the 2010
target

*Source: Loh and
Goldfinger 2006*

  b) Die CO_2-Konzentration in der Atmosphäre wird am längsten kontinuierlich
     auf dem Mauna Loa (Hawaii) gemessen. Die Entwicklung im letzten halben
     Jahrhundert ist in der folgenden Abbildung dargestellt. Die Amplitude der
     Schwankungen im Jahreszyklus beträgt $1,5$ppm.

     Entwickeln Sie auf verschiedenen Wegen eine Vorhersage für den Mai 2050.

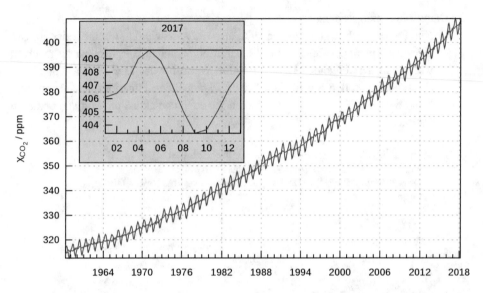

c) Wenn die Flut kommt, steigt das Wasser nicht immer gleich hoch. Das hängt
   davon ab, wo sich der Mond zu diesem Zeitpunkt befindet, wie tief das Wasser
   an der Küste ist usw. Wie könnte man derartige, nicht ganz gleichmäßige
   periodische Prozesse beschreiben? Entwickeln Sie verschiedene Modelle zu den
   folgenden Gezeitenverläufen.

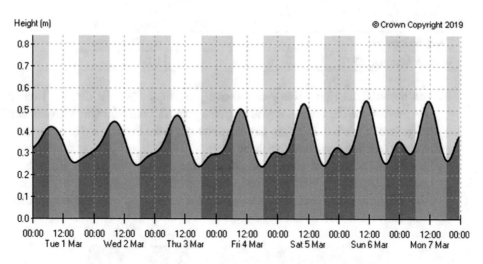

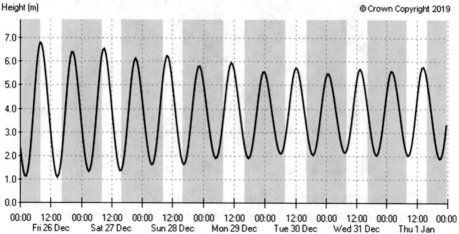

14. Herzschlag

Tier und Gewicht	Herzschlag / Minute
Blauwal (100 t)	6
Elefant (4000 kg)	25–30
Kuh	55–80
Mensch (70 kg)	72
Katze (4 kg)	97 ± 27
Giraffe	170
Ratte (300 g)	350
Maus (30 g)	600

Tier und Gewicht	Herzschlag / Minute
Zwergfledermaus	bis 972
Etruskerspitzmaus (2 g)	1000

a) Das menschliche Herz schlägt ca. 70-mal pro Minute. Wie ist das bei Tieren? Beschreiben Sie die Frequenz des Herzschlags in Abhängigkeit vom Gewicht des Säugetiers in Worten, in einem Graphen und mit einer Funktionsgleichung. Gibt es einen funktionalen Zusammenhang?

b) Das menschliche Herz schlägt ca. 70-mal pro Minute. Zu einem Herzschlag gehören dabei verschiedene Spannungszustände des Herzens, die in der Abbildung unten zu sehen sind. Entwickeln Sie verschiedene Modellierungen für diese Kurve. Die maximale Erregung ist 1.

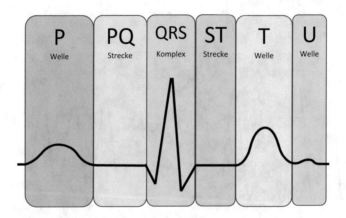

15. Gleichungen und Funktionen zu Informationen suchen

a) Geben Sie je zwei Gleichungen an, die die folgenden Lösungen besitzen.
   1) $\mathbb{L} = \{1\}$ 2) $\mathbb{L} = \{\}$ 3) $\mathbb{L} = \{-1; 1\}$ 4) $\mathbb{L} = \{\ldots, -3; -2; -1; 0; 1; 2; 3; 4; \ldots\}$

b) Sind auch ganz andere Funktionstypen möglich? Suchen Sie bewusst passende Potenz- oder Polynomfunktionen höheren Grades, Exponential- oder trigonometrische Funktionen bzw. begründen Sie, warum es diese nicht geben kann.

c) Tauschen Sie sich zu dieser Aufgabe mit jemand anderem aus.

d) Skizzieren Sie die Graphen der Funktionen $f(x)$, die zu den von Ihnen genannten Gleichungen der Form $f(x) = 0$ aus a. und b. passen.

e) Könnten auch die folgenden Gleichungen zu Lösungen aus a. passen?
   1) $x^{16} = 1$ 2) $x^5 = 1$ 3) $(x-1)^6 \cdot (x+1) = 0$ 4) $\tan(x \cdot \pi) = 0$
   5) $\cos(x + \pi) - 2 = 0$ 6) $\cos\left(\left(x - \frac{1}{2}\right) \cdot \pi\right) = 0$ 7) $27 \cdot 3^{2x-4} = 3$ 8) $9^x = 1$

16. Formal mit Gleichungen umgehen

   a) Geben Sie die Definitions- und die Lösungsmengen der folgenden Gleichungen an.

   1) $log_3 x = 27$ 2) $\frac{(x-1)^2}{x} = 4$ 3) $3 \cdot \sin(4x) + 2 = 0$

   4) $\tan(x - \pi) - 3 = 0$ 5) $3 \cdot \frac{1}{2}^{x-4} = 1,5$ 6) $x^{-2} = 4$

   b) Plotten Sie die Graphen der Terme auf der linken Seite der Gleichung und kontrollieren Sie damit die Antworten aus a.

17. Terme und Gleichungen strukturieren

   a) Welche Terme sind gleichwertig?

   1) $a^3 \cdot a^2; \frac{a^9}{a^4}; a^3 + a^2; (a - 1) \cdot a^4 + a^4$

   2) $-\sin(x); \sin(-x); -\cos(x); \sin(x + \pi)$.

   3) $4^{3(x+1)}; 4^{3x+1}; 64 \cdot 4^{3x}; 4^6 \cdot 4^{3(x-1)}$.

   b) Welche Gleichungen haben dieselbe Lösungsmenge?

   1) $a \cdot b^{x+1} = c$ 2) $a \cdot b^x + b = c$ 3) $a \cdot b^x = \frac{c}{b}$ 4)$a \cdot b^x + b = c$

   5) $x^2 = a$ 6) $x = \sqrt{a}$ 7) $x = \pm\sqrt{a}$ 9) $x = \sqrt{a}$ und $x = -\sqrt{a}$ 10) $x = \sqrt{a}$ oder $x = -\sqrt{a}$.

   c) Welcher Term muss im Kästchen □ stehen, damit die Gleichungen erfüllt sind?

   $5^{n+1} = 5^n \cdot \square$, $5^{n+1} = 5^n + \square$, $5^{3(n+1)+4} = 5^{3n+4} + \square$, $2(n+1)^2 = 2n^2 + \square$

   $\frac{(n+1)(n+2)}{2}^2 = \frac{(n+1)}{2} \cdot \square$, $\frac{(n+1)(n+2)}{2}^2 = \frac{(n+1)}{2} + \square$, $\frac{(n+1)(n+2)}{2}^2 = \frac{n(n+1)}{2}^2 + \square$

   $2^{12} = \square^4$

18. Fehler finden

   a) Suchen Sie Fehler in den Termen und verbessern Sie diese. Nicht immer ist alles falsch.

   1) $3^{n+1} - 3^n = 3$ 2) $3^{n+1} \cdot 3^n = 3^{2n+1}$ 3) $\sin x + \cos(x - \pi) = 2 \cdot \sin x$

   4) $3^{2n} : 3^n = 3^2$ 5) $\frac{a^2 - b^2}{a - b} = a + b$ 6) $x^5 - 1 = (x^4 + 1)(x - 1)$

   7) $6^{4(n+1)} = 6^{4n} + 3 \cdot 6^{4n}$

   b) Suchen Sie Fehler in den Gleichungen und verbessern Sie diese. Nicht immer ist alles falsch.

   1) $(x - 2)^4 = 16 \Leftrightarrow x - 2 = 2$

   2) $3^{n+1} = 54 \Leftrightarrow 3^n = 53$

   3) $\sin x - 1 = 0 \Leftrightarrow x = \frac{-\pi}{2}$

   4) $(x - 2)^4 = 16 \Rightarrow x - 2 = 2$

   5) $3^{n+1} = 54 \Leftrightarrow 3^n = 18$

   6) $-\sin -x - 1 = 0 \Leftrightarrow \sin x - 1 = 0$.

   c) Welche Fehler unterlaufen Ihnen am ehesten beim Umgang mit Termen und Gleichungen? Worin liegen die Fehler begründet und welches der Konzepte aus diesem Kapitel und Kap. 1 könnte helfen, diese zu überwinden?

Bisher erschienene Bände der Reihe Mathematik Primarstufe und Sekundarstufe I + II

Herausgegeben von
Prof. Dr. Friedhelm Padberg, Universität Bielefeld
Prof. Dr. Andreas Büchter, Universität Duisburg-Essen

Bisher erschienene Bände (Auswahl)
Didaktik der Mathematik
T. Bardy/P. Bardy: Mathematisch begabte Kinder und Jugendliche (P)
C. Benz/A. Peter-Koop/M. Grüßing: Frühe mathematische Bildung (P)
M. Franke/S. Reinhold: Didaktik der Geometrie (P)
M. Franke/S. Ruwisch: Didaktik des Sachrechnens in der Grundschule (P)
K. Hasemann/H. Gasteiger: Anfangsunterricht Mathematik (P)
K. Heckmann/F. Padberg: Unterrichtsentwürfe Mathematik Primarstufe, Band 1 (P)
K. Heckmann/F. Padberg: Unterrichtsentwürfe Mathematik Primarstufe, Band 2 (P)
F. Käpnick: Mathematiklernen in der Grundschule (P)
G. Krauthausen: Digitale Medien im Mathematikunterricht der Grundschule (P)
G. Krauthausen: Einführung in die Mathematikdidaktik (P)
G. Krummheuer/M. Fetzer: Der Alltag im Mathematikunterricht (P)
F. Padberg/C. Benz: Didaktik der Arithmetik (P)
E. Rathgeb-Schnierer/C. Rechtsteiner: Rechnen lernen und Flexibilität entwickeln (P)
P. Scherer/E. Moser Opitz: Fördern im Mathematikunterricht der Primarstufe (P)
H.-D. Sill/G. Kurtzmann: Didaktik der Stochastik in der Primarstufe (P)
A.-S. Steinweg: Algebra in der Grundschule (P)
G. Hinrichs: Modellierung im Mathematikunterricht (P/S)
A. Pallack: Digitale Medien im Mathematikunterricht der Sekundarstufen I + II (P/S)
R. Danckwerts/D. Vogel: Analysis verständlich unterrichten (S)
C. Geldermann/F. Padberg/U. Sprekelmeyer: Unterrichtsentwürfe Mathematik Sekundarstufe II (S)
G. Greefrath: Didaktik des Sachrechnens in der Sekundarstufe (S)
G. Greefrath: Anwendungen und Modellieren im Mathematikunterricht (S)

© Springer-Verlag GmbH Deutschland, ein Teil von Springer Nature 2021
B. Barzel et al., *Algebra und Funktionen*, Mathematik Primarstufe und Sekundarstufe I + II, https://doi.org/10.1007/978-3-662-61393-1

G. Greefrath/R. Oldenburg/H.-S. Siller/V. Ulm/H.-G. Weigand: Didaktik der Analysis für die Sekundarstufe II (S)

K. Heckmann/F. Padberg: Unterrichtsentwürfe Mathematik Sekundarstufe I (S)

K. Krüger/H.-D. Sill/C. Sikora: Didaktik der Stochastik in der Sekundarstufe (S)

F. Padberg/S. Wartha: Didaktik der Bruchrechnung (S)

V. Ulm/M. Zehnder, Mathematische Begabung in der Sekundarstufe (S)

H.-J. Vollrath/H.-G. Weigand: Algebra in der Sekundarstufe (S)

H.-J. Vollrath/J. Roth: Grundlagen des Mathematikunterrichts in der Sekundarstufe (S)

H.-G. Weigand/T. Weth: Computer im Mathematikunterricht (S)

H.-G. Weigand et al.: Didaktik der Geometrie für die Sekundarstufe I (S)

Mathematik

M. Helmerich/K. Lengnink: Einführung Mathematik Primarstufe – Geometrie (P)

A. Büchter/F. Padberg: Arithmetik und Zahlentheorie (P/S)

A. Büchter/F. Padberg: Einführung in die Arithmetik (P/S)

K. Appell/J. Appell: Mengen – Zahlen – Zahlbereiche (P/S)

A. Filler: Elementare Lineare Algebra (P/S)

H. Humenberger/B. Schuppar: Mit Funktionen Zusammenhänge und Veränderungen beschreiben (P/S)

S. Krauter/C. Bescherer: Erlebnis Elementargeometrie (P/S)

H. Kütting/M. Sauer: Elementare Stochastik (P/S)

T. Leuders: Erlebnis Algebra (P/S)

T. Leuders: Erlebnis Arithmetik (P/S)

F. Padberg/A. Büchter: Elementare Zahlentheorie (P/S)

F. Padberg/R. Danckwerts/M. Stein: Zahlbereiche (P/S)

H. Albrecht: Elementare Koordinatengeometrie(S)

B. Barzel/M. Glade/M. Klinger: Algebra und Funktionen – Fachlich und Fachdidaktisch (S)

A. Büchter/H.-W. Henn: Elementare Analysis (S)

B. Schuppar: Geometrie auf der Kugel – Alltägliche Phänomene rund um Erde und Himmel (S)

B. Schuppar/H. Humenberger: Elementare Numerik für die Sekundarstufe (S)

G. Wittmann: Elementare Funktionen und ihre Anwendungen (S)

S. Bauer, Mathematisches Modellieren (S)

P: Schwerpunkt Primarstufe

S: Schwerpunkt Sekundarstufe

Literatur

Affolter, W., Beerli, G., Hurschler, H., Jaggi, B., Jundt, W., Krummenacher, R., & Wieland, G. (2014). *mathbuch 2: Mathematik, Lehrmittel Sekundarstufe 1*. Zug, Bern: Klett, Berner Lehrmittel- und Medienverlag.

Albright, T. P., Moorhouse, T. G., & McNabb, T. J. (2004). The rise and fall of water hyacinth in Lake Victoria and the Kagera River basin, 1989–2001. *Journal of Aquatic Plant Management, 42,* 73–84.

Alle, G. (1981). Zinseszinsen, Wachstum und Zerfall: Exponentielles Wachstum mit dem Taschenrechner greifbar gemacht (9. Schuljahr). *Monatshefte für die Unterrichtspraxis: Die Scholle, 49*(5), 329–336.

Andelfinger, B. (1985). *Didaktischer Informationsdienst Mathematik. Thema: Arithmetik, Algebra und Funktionen.* Soest: Soester Verl.-Kontor.

Anderson, J. A., & Wood, H. O. (1925). Description and theory of the Torsion Seismometer. *Bulletin of the Seismological Society of America, 15*(1), 2–71.

Bachmann, P. et al. (2009). Waldwachstum. Skript für die Vorlesung (S. 196). https://www.wsl.ch/forest/waldman/vorlesung/ww_tk0.ehtml. Zugegriffen: 8. Dez. 2019.

Barzel, B. (2009). Mathematik mit allen Sinnen erfahren – Auch in der Sekundarstufe! In T. Leuders, L. Hefendehl-Hebeker, & H.-G. Weigand (Hrsg.), *Mathemagische Momente* (Kap. 1, S. 6–17). Berlin: Cornelsen.

Barzel, B. (2013). Ideenkiste: Verhältnisse ändern sich. *mathematik lehren, 179,* 50.

Barzel, B., & Greefrath, G. (2015). Digitale Mathematikwerkzeuge sinn- voll integrieren. In W. Blum, S. Vogel, C. Drüke-Noe, & A. Roppelt (Hrsg.), *Bildungsstandards aktuell: Mathematik in der Sekundarstufe II* (S. 145–157). Braunschweig: Diesterweg Schroedel Westermann.

Barzel, B., & Holzäpfel, L. (2011). Gleichungen verstehen. *mathematik lehren, 169,* 2–7.

Barzel, B., & Holzäpfel, L. (2017). Strukturen als Basis der Algebra. *mathematik lehren, 202,* 2–8.

Barzel, B., & Möller, R. (2001). About the use of the TI-92 for an open learning approach to power functions: A teaching study. *Zentralblatt für Didaktik der Mathematik, 33*(1), 1–5.

Barzel, B., Prediger, S., Hußmann, S., & Leuders, T. (Hrsg.). (2015). *Mathewerkstatt 8: Schulbuch.* Berlin: Cornelsen.

Barzel, B., Hußmann, S., Leuders, T., & Prediger, S. (2016). *Mathewerkstatt 9.* Berlin: Cornelsen.

Barzel, B., Hußmann, S., Leuders, T., & Prediger, S. (Hrsg.). (2017). *Mathewerkstatt: Teil 10.* Berlin: Cornelsen.

Beutelspacher, A. (2018). *Zahlen, Formeln, Gleichungen: Algebra für Studium und Unterricht.* Wiesbaden: Springer Spektrum.

© Springer-Verlag GmbH Deutschland, ein Teil von Springer Nature 2021
B. Barzel et al., *Algebra und Funktionen*, Mathematik Primarstufe und Sekundarstufe I + II, https://doi.org/10.1007/978-3-662-61393-1

Block, J. (2014). Eine didaktische Landkarte quadratischer Gleichungen als Konzeptualisierung für flexibles algebraisches Handeln. In J. Roth, & J. Ames (Hrsg.), *Beiträge zum Mathematikunterricht 2014* (S. 197–200). Münster: WTM.

Blum, W. (1985). Anwendungsorientierter Mathematikunterricht in der didaktischen Diskussion. *Mathematische Semesterberichte, 32*(2), 195–232.

Blum, W. (2000). Perspektiven für den Analysisunterricht. *Der Mathematikunterricht, 46*(4–5), 5–17.

Bormann, P. (2012). Magnitude calibration formulas and tables, comments on their use and complementary data. In P. Bormann (Hrsg.), *New manual of seismological observatory practice 2 (NMSOP-2)* (S. 1–19). Potsdam: Deutsches GeoForschungsZentrum.

Greefrath, G., Kaiser, G., Blum, W., & Borromeo Ferri, R. (2013). Mathematisches Modellieren: Eine Einführung in theoretische und didaktische Hintergründe. In R. Borromeo Ferri, G. Greefrath, & G. Kaiser (Hrsg.), *Mathematisches Modellieren für Schule und Hochschule: Theoretische und didaktische Hintergründe* (S. 11–37). Wiesbaden: Springer Spektrum.

Büchter, A. (2008). Funktionale Zusammenhänge erkunden. *mathematik lehren, 148,* 4–10.

Büchter, A. (2016). Zur Problematik des Übergangs von der Schule in die Hochschule - Diskussion aktueller Herausforderungen und Lösungsansätze für mathematikhaltige Studiengänge. In Institut für Mathematik und Informatik (Hrsg.), *Beiträge zum Mathematikunterricht 2016* (S. 201–204). Münster: WTM.

Challenger, M. (2009). *From triangles to a concept: a phenomenographic study of A-level students' development of the concept of trigonometry* (Dissertation, University of Warwick, Warwick).

Confrey, J., & Smith, E. (1995). Splitting, covariation, and their role in the development of exponential functions. *Journal for Research in Mathematics Education, 26*(1), 66–86.

De Bock, D., Van Dooren, W., Janssens, D., & Verschaffel, L. (2002). Improper use of linear reasoning: An in-depth study of the nature and the irresistibility of secondary school students´ errors. *Educational Studies in Mathematics, 50*(3), 311–334.

De Bock, D., Van Dooren, W., Janssens, D., & Verschaffel, L. (2007). *The illusion of linearity: From analysis to improvement.* New York: Springer.

De Bock, D., van Dooren, W., & Verschaffel, L. (2012). Verführerische Linearität: Das Verhalten von Längen, Flächen und Volumen bei Vergrößerungs- und Verkleinerungsvorgängen. *Praxis des Mathematikunterrichts, 54*(44), 9–14.

Duval, R. (1999). Representation, vision and visualization: Cognitive functions in mathematical thinking – Basic issues for learning. In F. Hitt, & M. Santos (Hrsg.), *Proceedings of the 21st Annual Meeting of the North American Chapter of the International Group for the Psychology of Mathematics Education.* Cuernavaca: PME.

Duval, R. (2006). A cognitive analysis of problems of comprehension in a learning of mathematics. *Educational Studies in Mathematics, 61*(1–2), 103–131.

Ebersbach, M., Van Dooren, W., Van Den Noortgate, W., & Resing, W. (2008). Understanding linear and exponential growth: Searching for the roots in 6- to 9-years-olds. *Cognitive Development, 23*(2), 237–257.

Ellis, A. B., & Grinstead, P. (2008). Hidden Lessons: How a focus on slope-like properties of quadratic functions encouraged unexpected generalisations. *Journal of Mathematical Behavior, 27*(4), 277–296.

Engel, J. (2016). Funktionen, Daten und Modelle: Vernetzende Zugänge zu zentralen Themen der (Schul-)mathematik. *Journal für Mathematik-Didaktik, 37*(1), 107–139.

Euklid (1975, nach Heibergs Text aus dem Griechischen übersetzt und herausgegeben von C. Thaler). *Die Elemente Buch I-XIII.* Darmstadt: Wissenschaftliche Buchgesellschaft.

Euler, L. (1755). *Institutiones calculi differentialis.* https://mdz-nbn-resolving.de/urn:nbn:de:bvb:12-bsb10053431-0. Zugegriffen: 5. Dez. 2019.

Euler, L. (1770). *Vollständige Anleitung zur Algebra*. St. Petersburg: Royal Academy of Sciences.

Euler, L. (1983). *Einleitung in die Analysis des Unendlichen: Erster Teil/Mit einer Einführung zur Reprintausgabe von Wolfgang Walter*. Berlin: Springer.

Glade, M. (2016). *Individuelle Prozesse der fortschreitenden Schematisierung – Empirische Rekonstruktionen zum Anteil vom Anteil*. Wiesbaden: Springer Spektrum. https://doi.org/10.1007/978-3-658-11254-7.

Gorski, H.-J., & Müller-Philipp, S. (2014). *Leitfaden Geometrie: Für Studierende der Lehrämter* (6. Aufl.). Wiesbaden: Springer Spektrum.

Greefrath, G. (2018). *Anwendungen und Modellieren im Mathematikunterricht: Didaktische Perspektiven zum Sachrechnen in der Sekundarstufe* (2. Aufl.). Berlin: Springer Spektrum.

Griesel, H., Postel, H., Suhr, F., Ladenthin, W., & Lösche, M. (Hrsg.). (2017). *Elemente der Mathematik 8: Berlin/Brandenburg*. Braunschweig: Schroedel.

Grieser, D. (2015). *Analysis I: Eine Einführung in die Mathematik des Kontinuums*. Wiesbaden: Springer Spektrum.

Gutzmer, A. (Hrsg.). (1905). *Reformvorschläge für den mathematischen und naturwissenschaftlichen Unterricht*. Leipzig: Teubner.

Heiderich, S., & Hußmann, S. (2013) „Linear, proportional, antiproportional... wie soll ich das denn alles auseinanderhalten" – Funktionen verstehen mit Merksätzen?!. In H. Allmendinger, K. Lengnink, A. Vohns, & G. Wickel (Hrsg.), *Mathematik verständlich unterrichten: Perspektiven für Unterricht und Lehrerbildung* (S. 27–45). Wiesbaden: Springer Spektrum.

Heintz, G., Elschenbroich, H.-J., Laakmann, H., Langlotz, H., Schacht, F., & Schmidt, R. (2014). Digitale Werkzeugkompetenzen im Mathematikunterricht. *Der mathematische und naturwissenschaftliche Unterricht, 67*(5), 300–306.

Heintz, G., Pinkernell, G., & Schacht, F. (2016). Mathematikunterricht und digitale Werkzeuge. In G. Heintz, G. Pinkernell, & F. Schacht (Hrsg.), *Digitale Werkzeuge für den Mathematikunterricht: Festschrift für Hans-Jürgen Elschenbroich* (S. 12–21). Neuss: Seeberger.

Henze, N. M., & Klinger, M. (2020). Lerntheke: Viele Graphen für eine Funktion. *mathematik lehren, 218*, Beiheft MatheWelt – Das Schülerarbeitsheft.

Herget, W., & Maaß, K. (2016). Mathematik nutzen – mit Verantwortung. *mathematik lehren, 194*, 2–6.

Herget, W., Malitte, E., & Richter, K. (2000). Funktionen haben viele Gesichter – auch im Unterricht! In L. Flade, & W. Herget (Hrsg.), *Mathematik: Lehren und Lernen nach TIMSS/Anregungen für die Sekundarstufen* (S. 115–124). Berlin: Volk und Wissen.

Heugl, H., Klinger, W., & Lechner, J. (1996). *Mathematikunterricht mit Computeralgebra-Systemen: Ein didaktisches Leherbuch mit Erfahrungen aus dem österreichischen DERIVE-Projekt*. Bonn: Addison-Wesley.

Hußmann, S. (2010). Veränderungen verstehen – aus qualitativer Sicht. *Praxis der Mathematik in der Schule, 52*(31), 4–8.

Hußmann, S., & Laakmann, H. (2011). Eine Funktion – viele Gesichter: Darstellen und Darstellungen wechseln. *Praxis der Mathematik in der Schule, 53*(38), 2–11.

Hußmann, S., & Leuders, T. (2008). Wie geht es weiter? Wachstum und Prognose. *Praxis der Mathematik in der Schule, 50*(19), 1–7.

Hußmann, S., & Schwarzkopf, R. (2017). Funktionaler Zusammenhang. In M. Abshagen, B. Barzel, J. Kramer, T. Riecke-Baulecke, B. Rösken-Winter, & C. Selter (Hrsg.), *Basiswissen Lehrerbildung: Mathematik unterrichten* (S. 113–130). Seelze: Klett Kallmeyer.

Hußmann, S., Leuders, T., Prediger, S., & Barzel, B. (Hrsg.) (2015). *Mathewerkstatt 8*. Berlin: Cornelsen.

Itsios, C., & Barzel, B. (2018). Potenzen und Potenzrechnung – eine Herausforderung. In Fach-gruppe Didaktik der Mathematik der Universität Paderborn (Hrsg.), *Beiträge zum Mathematik-unterricht 2018* (Bd. 2, S. 867–870). Münster: WTM.

Itsios, C., & Barzel, B. (2019). Vorstellungsorientierung im Bereich der Potenzen: Entwicklung eines Diagnoseinstruments. In A. Frank, S. Krauss, & K. Binder (Hrsg.), *Beiträge zum Mathematikunterricht 2019* (S. 1399). Münster: WTM.

Janvier, C. (1981). Use of situations in mathematics education. *Educational Studies in Mathematics, 12*(1), 113–122.

Janvier, C. (1978). *The interpretation of complex cartesian graphs representing situations: Studies and teaching experiments* (Dissertation, University of Nottingham, Nottingham).

Kirsch, A. (1979). Anschauung und Strenge bei der Behandlung der Sinusfunktion und ihrer Ableitung. *Der Mathematikunterricht, 25*(3), 51–71.

Klinger, M. (2015). *Vorkurs Mathematik für Nebenfachstudierende: Mathematisches Grundwissen für den Einstieg ins Studium als Nicht-Mathematiker.* Wiesbaden: Springer Spektrum.

Klinger, M. (2018). *Funktionales Denken beim Übergang von der Funktionenlehre zur Analysis: Entwicklung eines Testinstruments und empirische Befunde aus der gymnasialen Oberstufe.* Wiesbaden: Springer Spektrum.

Klinger, M. (2018). *Funktionales Denken beim Übergang von der Funktionenlehre zur Analysis: Entwicklung eines Testinstruments und empirische Befunde aus der gymnasialen Oberstufe.* Wiesbaden: Springer Spektrum.

Klinger, M. (2019). Grundvorstellungen versus Concept Image? Gemeinsamkeiten und Unter-schiede beider Theorien am Beispiel des Funktionsbegriffs. In A. Büchter, M. Glade, R. Herold-Blasius, M. Klinger, F. Schacht, & P. Scherer (Hrsg.), *Vielfältige Zugänge zum Mathematikunterricht: Konzepte und Beispiele aus Forschung und Praxis* (S. 61–75). Wies-baden: Springer Spektrum.

Klinger, M. & Barzel, B. (2019). Der Funktionsbegriff: Zur Illusion von Linearität und anderen Hürden beim Funktionalen Denken. *Unikate: Berichte aus Forschung und Lehre, 53*, 35–46. https://doi.org/10.17185/duepublico/48757

Klinger, M., & Thurm. D. (2016). Zwei Graphen aber eine Funktion? – Konzeptuelles Verständnis von Koordinatensystemen mit digitalen Werkzeugen entwickeln. *transfer Forschung ↔ Schule, 2*(2), 225–232.

Korpal, G. (2015). Say crease! Folding paper in half. *At Right Angles, 4*(3), 20–23.

Krabbendam, H. (1982). The non-quantitative way of describing relations and the role of graphs: Some experiments. In G. van Barneveld, & H. Krabbendam (Hrsg.), *Conference on functions: Report 1* (S. 125–146). Enschede: Foundation for Curriculum Development.

Krägeloh, N., & Prediger, S. (2015). Der Textaufgabenknacker – Ein Beispiel zur Spezifizierung und Förderung fachspezifischer Lese- und Verstehensstrategien. *Der mathematische und natur-wissenschaftliche Unterricht, 68*(3), 138–144.

Krämer, S. (1988). *Symbolische Maschinen: Die Idee der Formalisierung in geschichtlichem Abriß.* Darmstadt: Wissenschaftliche Buchgesellschaft.

Krämer, S. (2003). "Schriftbildlichkeit" oder: Über eine (fast) vergessene Dimension der Schrift. In H. Bredekamp, & S. Krämer (Hrsg.), *Bild, Schrift, Zahl* (S. 157–176). München: Fink.

Krüger, K. (2000). *Erziehung zum funktionalen Denken: Zur Begriffsgeschichte eines didaktischen Prinzips.* Berlin: Logos.

Krüger, K. (2000). Kinematisch-funktionales Denken als Ziel des höheren Mathematikunterrichts – das Scheitern der Meraner Reform. *Mathematische Semesterberichte, 47*(2), 221–241.

Krüger, K. (2002). Funktionales Denken – „alte" Ideen und „neue" Medien. In W. Herget, R. Sommer, H.-G. Weigand, & T. Weth (Hrsg.), *Medien verbreiten Mathematik: Bericht über die*

19. Arbeitstagung des Arbeitskreises „Mathematikunterricht und Informatik" in der Gesellschaft für Didaktik der Mathematik e. V. (S. 120–127). Hildesheim: Franzbecker.

Laakmann, H. (2013). *Darstellungen und Darstellungswechsel als Mittel zur Begriffsbildung: Eine Untersuchung in rechner-unterstützten Lernumgebungen.* Wiesbaden: Springer Spektrum.

Leuders, T., & Prediger, S. (2005). Funktioniert's? – Denken in Funktionen. *Praxis der Mathematik in der Schule, 47*(2), 1–7.

Liesen, J., & Mehrmann, V. (2015). *Lineare Algebra. Ein Lehrbuch über die Theorie mit Blick auf die Praxis.* Wiesbaden: Springer Spektrum.

Malle, G. (1986). Variable: Basisartikel mit Überlegungen zur elementaren Algebra. *mathematik lehren, 15,* 2–8.

Malle, G. (1993). *Didaktische Probleme der elementaren Algebra.* Braunschweig: Vieweg.

Malle, G. (2000). Zwei Aspekte von Funktionen: Zuordnung und Kovariation. *mathematik lehren, 103,* 8–11.

Marxer, M. (2012a). Arithmetisches Modellieren. Vorerfahrungen zu Variablen und Termen ermöglichen. *mathematik lehren, 171,* 49–54.

Marxer, M. (2012b). Von der Arithmetik zur Algebra – Wege zu einem inhaltlichen Verständnis von Variablen, Termen und Termstrukturen. In M. Ludwig, & M. Kleine (Hrsg.), *Beiträge zum Mathematikunterricht* (S. 581–584). Münster: WTM.

Marxer, M., & Wittmann, G. (2009). Normative Modellierungen. Mit Mathematik Realität(en) gestalten. *mathematik lehren, 153,* 10–15.

McDermott, L., Rosenquist, M., & vanZee, E. (1987). Student difficulties in connecting graphs and physics: Example from kinematics. *American Journal of Physics, 55*(6), 503–513.

Müller, J.-H. (2014). Wie berechnet der Taschenrechner eigentlich Sinus-Werte? In H.-W. Henn, & J. Meyer (Hrsg.), *Neue Materialien für einen realitätsbezogenen Mathematikunterricht 1: ISTRON-Schriftenreihe* (S. 85–98). Wiesbaden: Springer Spektrum.

Muller, J.-M. (2016). *Elementary functions: Algorithms and implementation* (3. Aufl.). New York: Birkhäuser.

KMK. (2004). *Bildungsstandards im Fach Mathematik für den Mittleren Schulabschluss: Beschluss vom 4.12.2003.* München: Wolters Kluwer.

Nitsch, R. (2014). Schülerfehler verstehen: Typische Fehlermuster im funktionalen Denken. *mathematik lehren, 187,* 8–11.

Nitsch, R. (2015). *Diagnose von Lernschwierigkeiten im Bereich funktionaler Zusammenhänge: Eine Studie zu typischen Fehlermustern bei Darstellungswechseln.* Wiesbaden: Springer Spektrum.

Nitsch, R., Fredebohm, A., Bruder, R., Kelava, A., Naccarella, D., Leuders, T., & Wirtz, M. (2015). Students' competencies in working with functions in secondary mathematics education – Empirical examination of a competence structure model. *International Journal of Science and Mathematics Education, 13*(3), 657–682.

Nydegger-Haas, A. (2018). *Algebraisieren von Sachsituationen: Wechselwirkungen zwischen relationaler und operationaler Denk- und Sichtweise.* Wiesbaden: Springer Spektrum.

Oehl, W. (1970). *Der Rechenunterricht in der Hauptschule* (4. Aufl.). Hannover: Schroedel.

Padberg, F., Dankwerts, R., & Stein, M. (1995). *Zahlbereiche: Eine elementare Einführung.* Heidelberg: Spektrum.

OECD (Organisation for Economic Co-operation and Development) (Hrsg.). (2002). *Beispielaufgaben aus der PISA 2000-Erhebung: Lesekompetenz, mathematische und naturwissenschaftliche Grundbildung.* Paris: OECD.

Pickover, C. A. (2009). *The math book: From Pythagoras to the 57th dimension, 250 milestones in the history of mathematics.* New York: Sterling.

Prediger, S. (2008). "…nee, so darf man das Gleich doch nicht denken!": Lehramtsstudierende auf dem Weg zur fachdidaktisch fundierten diagnostischen Kompetenz. In B. Barzel, T. Berlin, D. Bertalan, & A. Fischer (Hrsg.), *Algebraisches Denken: Festschrift für Lisa Hefendehl-Hebeker* (S. 89–99). Hildesheim: Franzbecker.

Prediger, S. (2009). Inhaltliches Denken vor Kalkül – Ein didaktisches Prinzip zur Vorbeugung und Förderung bei Rechenschwierigkeiten. In A. Fritz, & S. Schmidt (Hrsg.), *Fördernder Mathematikunterricht in der Sek. I. Rechenschwierigkeiten erkennen und überwinden* (S. 213–234). Weinheim: Belz.

Prediger, S. (2009). Inhaltliches Denken vor Kalkül: Ein didaktisches Prinzip zur Vorbeugung und Förderung bei Rechenschwierigkeiten. In A. Fritz, & S. Schmidt (Hrsg.), *Fördernder Mathematikunterricht in der Sek. I: Rechenschwierigkeiten erkennen und überwinden* (S. 213–234). Weinheim: Beltz.

Prediger, S. (2009). Inhaltliches Denken vor Kalkül – Ein didaktisches Prinzip zur Vorbeugung und Förderung bei Rechenschwierigkeiten. In A. Fritz, & S. Schmidt (Hrsg.), *Fördernder Mathematikunterricht in der Sek. I.: Rechenschwierigkeiten erkennen und überwinden* (S. 213–234). Weinheim: Belz.

Prediger, S. (2010). „Aber wie sag ich es mathematisch?" – Empirische Befunde und Konsequenzen zum Lernen von Mathematik als Mittel zur Beschreibung von Welt. In D. Höttecke (Hrsg.), *Entwicklung naturwissenschaftlichen Denkens zwischen Phänomen und Systematik* (S. 6–20). Berlin: LIT.

Prediger, S., Barzel, B., Hußmann, S., & Leuders, T. (Hrsg.) (2013). *Mathewerkstatt 6*. Berlin: Cornelsen.

Prediger, S., Barzel, B., Hußmann, S., & Leuders, T. (Hrsg.) (2017). *Mathewerkstatt 10*. Berlin: Cornelsen.

Richter, C. F. (1935). An instrumental earthquake magnitude scale. *Bulletin of the Seismological Society of America, 25*(1), 1–32.

Roth, J. (2017). Zum y-Wert den x-Wert finden: Trigonometrische Funktionen umkehren. *mathematik lehren, 204*, 33–35.

Rüede, C. (2012). Ein Blick für Termstrukturen. *mathematik lehren, 171*, 55–59.

Rüede, C. (2015). *Strukturierungen von Termen und Gleichungen: Theorie und Empirie des Gebrauchs algebraischer Zeichen durch Experten und Novizen*. Wiesbaden: Springer Spektrum.

Schlöglhofer, F. (2000). Vom Foto-Graph zum Funktions-Graph. *mathematik lehren, 103*, 16–17.

Sfard, A. (1991). On the dual nature of mathematical conceptions: Reflections on processes and objects as different sides of the same coin. *Educational Studies in Mathematics, 22*(1), 1–36.

Siebel, S. (2005). *Elementare Algebra und ihre Fachsprache: Eine allgemein-mathematische Untersuchung*. Mühltal: Verlag Allgemeine Wissenschaft.

Sierpinska, A. (1992). On understanding the notion of function. In G. Harel, & E. Dubinsky (Hrsg.), *The concept of function: Aspects of epistemology and pedagogy* (S. 25–58). Washington: Mathematical Association of America.

Stacey, K. (2011). Eine Reise über die Jahrgänge – Vom Rechenausdruck zum Lösen von Gleichungen. *mathematik lehren, 169*, 8–12.

Stachowiak, H. (1973). *Allgemeine Modelltheorie*. Wien: Springer.

Steinweg, A. S. (2013). *Algebra in der Grundschule: Muster und Strukturen – Gleichungen – funktionale Beziehungen*. Berlin: Springer Spektrum.

Stellmacher, H. (1986). Die nichtquantitative Beschreibung von Funktionen durch Graphen beim Einführungsunterricht. In G. von Harten, H. N. Jahnke, T. Mormann, M. Otte, F. Seeger, H. Steinbring, & H. Stellmacher (Hrsg.), *Funktionsbegriff und funktionales Denken* (Kap. 2, S. 21–34). Köln: Aulis Deubner.

Strehl, R. (1996). *Zahlbereiche*. Hildesheim: Franzbecker.

Swan, M. (1982). The teaching of functions and graphs. In G. van Barneveld, & H. Krabbendam (Hrsg.), *Conference on functions: Report 1* (S. 151–165). Enschede: Foundation for Curriculum Development.

Swan, M. (Hrsg.). (1985). *The language of functions and graphs: An examination module for secondary schools.* Nottingham: Shell Centre for Mathematical Education.

Thiel-Schneider, A. (2018). *Zum Begriff des exponentiellen Wachstums: Entwicklung und Erforschung von Lehr-Lernprozessen in sinnstiftenden Kontexten aus inferentialistischer Perspektive.* Wiesbaden: Springer Spektrum.

Tietze, U.-P. (1988). Schülerfehler und Lernschwierigkeiten in Algebra und Arithmetik – Theoriebildung und empirische Ergebnisse aus einer Untersuchung. *Journal für Mathematik-Didaktik, 9*(2–3), 163–204.

Treffers, A. (1987). *Three dimensions: A model of goal and theory description in mathematics instruction – The wiskobas project.* Dordrecht: Reidel.

Tressel, T. (2017). Wann kommen wir da durch? Gezeiten-Modellierung für die sichere Klippenwanderung. *mathematik lehren, 204,* 36–39.

Tropfke, J. (1902). *Geschichte der Elementar-Mathematik in systematischer Darstellung.* Leipzig: von Veit.

van Someren, M. W., Boshuizen, H. P. A., de Jong, T., & Reimann, P. (1998). Introduction. In M. W. van Someren, P. Reimann, H. P. A. Boshuizen, & T. de Jong (Hrsg.), *Learning with multiple representations* (Kap. 1, S. 1–5). Amsterdam: Pergamon.

Vehling, R. (2018). Über Symmetrie zur Lösung quadratischer Gleichungen. *mathematik lehren, 207,* 46–47.

Vlacq, A. (1767). *Tabellen der Sinuum, Tangentium, Secantium: Logarithmi der Sinuum Tangentium und der Zahlen von 1 bis 10000.* Frankfurt: Fleischer. Abrufbar unter https://doi.org/10.3931/e-rara-4552

Vlassis, J. (2002). The balance model: Hindrance or support for the solving of linear equations with one unknown. *Educational Studies in Mathematics, 49*(3), 341–359.

Vollrath, H.-J. (1989). Funktionales Denken. *Journal für Mathematik-Didaktik, 10*(1), 3–37.

Vollrath, H. J. (1994). *Algebra in der Sekundarstufe.* Mannheim: BI-Wissenschaftsverlag.

Vom Hofe, R. (1992). Grundvorstellungen mathematischer Inhalte als didaktisches Modell. *Journal für Mathematikdidaktik, 13*(4), 345–364.

Vom Hofe, R. (1995). *Grundvorstellungen mathematischer Inhalte.* Heidelberg: Spektrum.

Vom Hofe, R. (2003). Grundbildung durch Grundvorstellungen. *mathematik lehren, 118,* 4–8.

vom Hofe, R. (2003). Grundbildung durch Grundvorstellungen. *mathematik lehren, 118,* 4–8.

vom Hofe, R., Lotz, J., & Salle, A. (2015). Analysis: Leitidee Zuordnung und Veränderung. In R. Bruder, L. Hefendehl-Hebeker, B. Schmidt-Thieme, & H.-G. Weigand (Hrsg.), *Handbuch der Mathematikdidaktik* (S. 149–184). Berlin: Springer Spektrum.

Wallace, R. E. (1990). *The San Andreas fault system, California: U.S. geological survey professional paper 1515.* Washtington, D.C.: United States Government Printing Office.

Wieland, G. (2002). „x-beliebig", ein Zugang zur elementaren Algebra. In W. Peschek (Hrsg.), *Beiträge zum Mathematikunterricht* (S. 519–523). Hildesheim: Franzbecker.

Wittmann, E. (2003). Was ist Mathematik und welche Bedeutung hat das wohlverstandene Fach für den Mathematikunterricht auch der Grundschule? In M. Baum, & H. Wielpütz (Hrsg.), *Mathematik in der Grundschule: Ein Arbeitsbuch* (S. 18–46). Seelze: Kallmeyer.

Wittmann, G. (2008). *Elementare Funktionen und ihre Anwendungen.* Berlin: Spektrum.

Wußing, H. (2009). *6000 Jahre Mathematik: Eine kulturgeschichtliche Zeitreise – Von Euler bis zur Gegenwart.* Berlin: Springer.

Wußing, H. (2013). *6000 Jahre Mathematik: Eine kulturgeschichtliche Zeitreise / 1. Von den Anfängen bis Leibniz und Newton.* Berlin: Springer Spektrum.

Zindel, C. (2019). *Den Kern des Funktionsbegriffs verstehen: Eine Entwicklungsforschungsstudie zur fach- und sprachintegrierten Förderung.* Wiesbaden: Springer Spektrum.

Zindel, C., Brauner, U., Jungel, C., & Hoffmann, M. (2018). Um welche Größen gehts? Die Sprache funktionaler Zusammenhänge verstehen und nutzen. *mathematik lehren, 206,* 23–28.

Zwetzschler, L. (2016). *Gleichwertigkeit von Termen: Entwicklung und Beforschung eines diagnosegeleiteten Lehr-Lernarrangements im Mathematikunterricht der 8. Klasse.* Wiesbaden: Springer Spektrum. https://doi.org/10.1007/978-3-658-08770-8.

Stichwortverzeichnis

© Springer-Verlag GmbH Deutschland, ein Teil von Springer Nature 2021
B. Barzel et al., *Algebra und Funktionen,* Mathematik Primarstufe und Sekundarstufe I +
II, https://doi.org/10.1007/978-3-662-61393-1

Printed in the United States
by Baker & Taylor Publisher Services